ATOMTHEORIE

VON

ARTHUR HAAS

DR. PHIL.,
PROFESSOR FÜR PHYSIK AN DER UNIVERSITÄT IN WIEN

MIT 81 FIGUREN IM TEXT UND AUF FÜNF TAFELN

DRITTE, VÖLLIG UMGEARBEITETE UND
WESENTLICH VERMEHRTE AUFLAGE

BERLIN UND LEIPZIG 1936
WALTER DE GRUYTER & CO.
VORMALS G. J. GÖSCHEN'SCHE VERLAGSHANDLUNG - J. GUTTENTAG, VERLAGS-
BUCHHANDLUNG - GEORG REIMER - KARL J. TRÜBNER - VEIT & COMP.

---

vormals G. J. Göschen'sche Verlagshandlung — J. Guttentag, Verlagsbuchhandlung — Georg Reimer — Karl J. Trübner — Veit & Comp.
Berlin W 35, Woyrschstraße 13.
Printed in Germany

Archiv-Nr. 52 20 35

Druck von Metzger & Wittig in Leipzig

FREDERICK GEORGE DONNAN

C. B. E., F. R. S.

Professor der anorganischen und der physikalischen Chemie
an der Universität in London

in Dankbarkeit gewidmet

Aus dem Vorwort zur ersten Auflage.

Das vorliegende Buch ist aus Vorlesungen entstanden, die ich an der Wiener Universität gehalten habe. Ihr Ziel war, die Grundideen und die wichtigsten Ergebnisse der modernen Atomtheorie übersichtlich in einer elementaren Weise darzustellen, die eine Benutzung höherer Mathematik vermeidet. Da auch in physikalischer Hinsicht in diesem Buche nicht mehr Kenntnisse vorausgesetzt werden, als etwa im Gymnasium vermittelt werden, so hoffe ich, daß dieses Buch nicht bloß von Physikern wird benutzt werden können, sondern auch von Laien, die sich etwas eingehender mit der Atomtheorie zu beschäftigen wünschen.

Wien, im Juni 1924.

Vorwort zur dritten Auflage.

Schon die zweite, 1929 erschienene Auflage der „Atomtheorie" hat sich infolge der raschen Entwicklung der Atomphysik so sehr von der ursprünglichen Fassung unterschieden, daß fast zwei Drittel der damaligen Auflage vollkommen neu waren. Auch die vorliegende dritte Auflage enthält zahlreiche neue Abschnitte, in denen vor allem die großen Fortschritte der Kernphysik behandelt werden, daneben aber auch die mannigfachen neuen Erkenntnisse auf den Gebieten der korpuskularen Strahlung, der Spektroskopie und der Struktur der Atomhüllen.

Zu besonderem Danke bin ich Herrn Dr. phil. Eugen Guth in Wien verpflichtet, der mir sowohl bei der Abfassung des Manuskriptes der neuen Teile als auch bei der Durchsicht der Korrekturen wertvolle Hilfe zuteil werden ließ.

Derzeit als Tallman Visiting Professor of Physics an dem Bowdoin College in

Brunswick (Maine, U. S. A.), im Oktober 1935.

Arthur Haas.

Inhaltsverzeichnis.

I. Kapitel. Elektronen, Atome und Lichtquanten.

II. Kapitel. Die Grundlagen der Atommechanik.

III. Kapitel. Die Spektren der Atome.

IV. Kapitel. Die Röntgenstrahlen.

V. Kapitel. Die Atomkerne.

VI. Kapitel. Die Molekeln.

VII. Kapitel. Die Wechselwirkung zwischen Licht und Materie.

Anhang.

I. Kapitel.

Elektronen, Atome und Lichtquanten.

§ 1. Das elektrische Elementarquantum.

So alt wie alle theoretische Physik ist auch der Gedanke, daß die Materie eine individuelle Zusammensetzung besitze, daß sie aus winzig kleinen, unsichtbaren, einzelnen Teilchen bestehe. Dieser Gedanke ist schon im Altertum von dem griechischen Philosophen DEMOKRIT begründet worden, der die unsichtbaren kleinsten Teilchen, in die er die Materie auflöste, als Atome bezeichnete. Dieser Ausdruck wird auch von der modernen Naturwissenschaft für die kleinsten Teilchen der chemischen Grundstoffe beibehalten; auf die Zusammenfügung der Atome zu sogenannten Molekeln führt ja die neuere, von DALTON begründete Chemie die Mannigfaltigkeit der chemischen Verbindungen zurück.

Eine Fülle physikalischer Erscheinungen offenbart es aber nun, daß die Atome jedenfalls elektrische Ladungen enthalten müssen. Vor allem zeigt die Tatsache der Elektrolyse, daß die Atome durch elektrische Kräfte beeinflußt werden. Auch das altbekannte Phänomen der durch die Materie bewirkten Dispersion des Lichtes konnte seit dem Bestehen der elektromagnetischen Lichttheorie nicht anders gedeutet werden als durch die Annahme einer Wechselwirkung zwischen elektromagnetischen Wellen und elektrischen Ladungen, die in den Atomen der Materie enthalten sind. Die Vorstellung einer atomistischen Struktur der Materie führte so mit Notwendigkeit zu der Vorstellung eines Atomismus der Elektrizität, also zu dem Begriff eines Elementarquantums der Elektrizitätsmenge. Doch nicht allein theoretische Erwägungen leiteten zu dieser für die moderne Atomtheorie fundamentalen Annahme; sie findet eine unmittelbare empirische Bestätigung in Versuchen von MILLIKAN, die auch eine direkte, sehr genaue Bestimmung des elektrischen Elementarquantums ermöglichten.

MILLIKANS Versuche beziehen sich auf einzelne kleine Materieteilchen, die schwache elektrische Ladungen tragen und deren Bewegungen unter dem zweifachen Einfluß der eigenen Schwere und eines vertikal nach aufwärts gerichteten Feldes mittels eines Mikroskopes untersucht werden. Diese Methode der sogenannten „Individualbeobachtung“[1] wurde im Jahre 1909 von EHRENHAFT und etwas später auch von MILLIKAN ersonnen und in den folgenden Jahren weiter ausgebildet und verwertet[2].

MILLIKAN experimentierte mit Öltröpfchen, die einen Durchmesser von ungefähr 10^{-4} cm hatten; gegenüber Teilchen aus anderem Material haben die Öltröpfchen den Vorzug, daß sie nicht durch Verdunstung ihre Größe ändern. Mittels eines Zerstäubers wird ein feiner Sprühregen von Öl in eine Kammer geblasen, aus der durch eine kleine, im Boden angebrachte Öffnung bisweilen ein Tröpfchen in einen unterhalb der Kammer befindlichen Kondensator eintritt, der von zwei parallelen, horizontalen Platten gebildet wird. Infolge der bei dem Zerstäuben eintretenden Reibung ist ein solches Tröpfchen fast immer elektrisch geladen. Durch einen Umschalter können die Platten des Kondensators an eine Akkumulatorenbatterie von etwa 10000 Volt Spannung angeschlossen werden. Das im Kondensator befindliche Teilchen wird durch starke Lichtquellen von der Seite her beleuchtet und zugleich durch ein in dem Kondensator angebrachtes Fenster mittels eines Mikroskopes betrachtet; es erscheint dann, ohne daß seine wahre Gestalt kenntlich würde, als heller Punkt auf schwarzem Hintergrund. Ist das elektrische Feld nicht eingeschaltet, so sinkt ein solches Tröpfchen infolge seiner Schwere und der starken Reibung mit konstanter Geschwindigkeit langsam zu Boden; wird hingegen durch Umschaltung die Spannung der Batterie angelegt, so bewegt sich das Teilchen, und zwar ebenfalls mit konstanter Geschwindigkeit, langsam aufwärts, woferne die elektrische Kraft nicht allzusehr über die Schwere überwiegt. (Bei der angegebenen Tropfengröße und der angegebenen Spannung besteht gerade das richtige Verhältnis.) Indem man immer im richtigen Augenblick umschaltet, kann man derart ein Tröpfchen beliebig oft zwischen den beiden Kondensatorplatten hin und her wandern lassen.

Infolge der starken Reibung ist sowohl bei der Abwärts- als auch bei der Aufwärtsbewegung die Geschwindigkeit der einwirkenden Kraft proportional, wie dies sowohl aus mechanischen Beziehungen folgt, als auch durch die Versuche unmittelbar bestätigt wird. Bezeichnen wir also die Geschwindigkeit der Abwärtsbewegung mit v_1 und die der Aufwärtsbewegung mit v_2, bezeichnen wir ferner die Masse des Tröpfchens mit m und seine Ladung mit Q, die Beschleunigung der Erdschwere mit g

---

[1] Das wesentlich Neue an dieser Methode war eben, daß sie sich auf einzelne Teilchen bezog, während frühere Methoden sich immer nur auf die Mittelwerte der Ladungen einer großen Zahl von Teilchen bezogen hatten.

[2] MILLIKAN hat über seine Forschungen zusammenhängend in seinem Buche berichtet „The Electron, its Isolation and Measurement“, Chicago 1917; neue Auflage unter dem Titel „Electrons (+ and —), Protons, Photons, Neutrons and Cosmic Rays“, Chicago 1935; erste Auflage auch deutsch von K. STÖCKEL, Braunschweig 1922 (Sammlung „Die Wissenschaft“, Verlag Vieweg, Band 69).

und die elektrische Feldstärke (also den Quotienten aus Spannung und Plattenabstand) mit E, so muß daher die Beziehung bestehen:

$$\frac{v_2}{v_1} = \frac{QE - mg}{mg}. \tag{1}$$

Die Geschwindigkeit wird nun einfach bestimmt, indem man die Zeit mißt, die das Teilchen braucht, um die Strecke zwischen zwei Querfäden im Beobachtungsfernrohr zurückzulegen. Tab. I gibt in Sekunden die Werte wieder, die MILLIKAN bei einem Versuche für die Zeit t_1 der Abwärts- und die Zeit t_2 der Aufwärtsbewegung zwischen den Querfäden erhielt; dem Abstand der Querfäden entsprach dabei eine wirkliche Fallstrecke von 0,5222 cm.

Tabelle I.

t_1	t_2	t_1	t_2
13,6	12,5	13,8	34,6
13,8		13,7	
13,4	12,4	13,8	34,8
13,4	21,8	13,6	16,0
13,6	34,8	13,5	34,8
13,6		13,4	
13,7	84,5	13,8	34,6
13,5	85,5	13,4	21,9
13,5		Mittelwert: 13,595	

Wie die Tabelle zeigt, erfolgt die Abwärtsbewegung des Teilchens bei der gegebenen Batteriespannung immer mit derselben Geschwindigkeit; hingegen nimmt die Größe t_2 (und somit auch die Größe v_2) abwechselnd verschiedene Werte an, wobei im Verlaufe der Hin- und Herbewegung frühere Werte später wiederkehren.

Die sprunghaften Änderungen des Wertes von t_2 müssen offenbar darauf zurückgeführt werden, daß das positiv elektrische Öltröpfchen Luftionen einfängt und daß sich dadurch die Ladung des bewegten Teilchens ändert. Die Anlagerung eines negativen Ions hat eine Verzögerung der Aufwärtsbewegung, also eine Vergrößerung des Wertes von t_2 zur Folge, während eine Verminderung des Wertes von t_2 in der Anlagerung eines positiven Ions oder in der Abstoßung eines negativen ihre Ursache hat.

Bezeichnen wir nun die Ladung des Ions mit Q' und die Geschwindigkeit der Aufwärtsbewegung nach Anlagerung des Ions mit v_2', so muß nach Gl. 1 die Beziehung gelten:

$$\frac{v_2'}{v_1} = \frac{QE + Q'E - mg}{mg}. \tag{2}$$

Subtrahieren wir die Gl. 1 von der Gl. 2, so finden wir somit:

$$\frac{v_2' - v_2}{v_1} = \frac{Q'E}{mg}. \tag{3}$$

In Tab. II sind nun in der ersten Vertikalrubrik die Werte eingetragen, die sich für die Geschwindigkeit der Aufwärtsbewegung ergeben, wenn die Fallstrecke von 0,5222 cm durch die der Tab. I entnommenen Werte von t_2 dividiert wird[3]. Die zweite Vertikalrubrik verzeichnet zunächst die Differenzen zwischen den in der ersten Vertikalrubrik aufeinanderfolgenden Zahlen.

Tabelle II.

Geschwindigkeit der Aufwärtsbewegung	Unterschied
$\frac{0,5222}{12,45} = 0,04196$	
	$\frac{0,01806}{2} = 0,00903$
$\frac{0,5222}{21,8} = 0,02390$	
	$\frac{0,00885}{1} = 0,00885$
$\frac{0,5222}{34,7} = 0,01505$	
	$\frac{0,00891}{1} = 0,00891$
$\frac{0,5222}{85,0} = 0,00614$	
	$\frac{0,00891}{1} = 0,00891$
$\frac{0,5222}{34,7} = 0,01505$	
	$\frac{0,01759}{2} = 0,00880$
$\frac{0,5222}{16,0} = 0,03264$	
	$\frac{0,01759}{2} = 0,00880$
$\frac{0,5222}{34,7} = 0,01505$	
	$\frac{0,00891}{1} = 0,00891$
$\frac{0,5222}{21,85} = 0,02396$	

Wie die Tab. II zeigt, ergibt diese Differenz aber nun stets denselben Wert oder gerade den doppelten Betrag (oder auch bei anderen Versuchen den dreifachen oder vierfachen). Da für ein gegebenes Tröpfchen bei gegebener Spannung die Größen m, v_1, E und g als Konstante anzusehen sind, so folgt also hieraus gemäß Gl. 3, daß die Ladung der Luftionen stets ein ganzzahliges Vielfaches einer elementaren Ladung darstellen muß. Die Daten der Tab. II bilden so einen unmittelbaren experimentellen Beweis für die atomistische Struktur der Elektrizität.

Auch die eigentliche Tröpfchenladung Q läßt sich ohne weiteres mit der Ionenladung Q' und somit mit dem Elementarquantum vergleichen. Wir brauchen hierzu nur von der Gl. 1 auszugehen, aus der die Beziehung folgt

[3] Wenn in der Tab. I zwei nahezu gleiche Werte von t_2 aufeinanderfolgen, wurde in Tab. II der Mittelwert benutzt.

$$\frac{v_2 + v_1}{v_1} = \frac{QE}{mg} \tag{4}$$

oder in Verbindung mit Gl. 3

$$\frac{v_2 + v_1}{v_2' - v_2} = \frac{Q}{Q'} \,. \tag{5}$$

Da die Geschwindigkeiten v_1, v_2 und v_2' gemessen werden können, kann somit die Ladung Q mit der kleinsten Ladung verglichen werden, als deren ganzzahlige Vielfache sich die Ionenladungen offenbaren. MILLIKAN fand, daß sich auch die Tröpfchenladung stets als ein genau ganzzahliges Vielfaches jener Elementarladung erweist. Alle ganzzahligen Vielfachen der Elementarladung bis etwa fünfzig konnte MILLIKAN mit größter Genauigkeit nachweisen, und bis etwa 150 konnte er immerhin noch die Elementarquanten zählen, die einem Öltröpfchen anhaften. Mit zunehmender Vervielfachungszahl nimmt natürlich die Genauigkeit der Zählung ab, weil die Fehlergrenze bei dieser Methode etwa ein halbes Prozent beträgt und somit bei einer Ladung von mehr als 200 Elementarquanten bereits mehr als ein Elementarquantum ausmacht.

Es ist nun klar, daß gemäß der Gl. 1 auch die absolute Größe des elektrischen Elementarquantums ermittelt werden kann, wofern man das Gewicht eines Tröpfchens kennt. Dieses läßt sich aber wiederum auf Grund der Beziehung bestimmen, die die konstante Fallgeschwindigkeit mit dem Halbmesser des Teilchens verknüpft. Wie schon STOKES im Jahre 1845 gefunden hatte, ist die Fallgeschwindigkeit einer Kugel vom Halbmesser a und der Dichte ϱ in einem Mittel von der Dichte ϱ' und dem inneren Reibungskoeffizienten η durch die Formel gegeben:

$$v = \frac{2}{9} \, \frac{g\, a^2 (\varrho - \varrho')}{\eta} \,. \tag{6}$$

MILLIKAN und seine Mitarbeiter richteten nun die Versuche, die der Bestimmung des Tropfengewichtes dienten, so ein, daß dabei nach Möglichkeit auf das exakteste die Voraussetzungen erfüllt waren, an die die Gültigkeit des STOKESschen Gesetzes geknüpft ist[4]. Soweit diese Voraussetzungen aber nicht vollkommen erfüllt werden konnten, untersuchten MILLIKAN und seine Mitarbeiter wieder genau die durch die Unvollkommenheiten bewirkten Abweichungen. Mittels des von ihnen derart modifizierten Fallgesetzes[5] vermochten sie den Halbmesser der Tröpfchen mit größter Genauigkeit zu ermitteln, und damit war bei der bekannten Dichte auch deren genaues Gewicht gegeben.

Jahrelange Messungen an vielen Tausenden von Tropfen ermöglichten es derart MILLIKAN, den Wert des heute allgemein mit e be-

---

[4] Von besonderer Wichtigkeit war es, daß die Öltröpfchen vollkommene Kugelgestalt hatten, was durch besondere Kunstgriffe erreicht wurde.

[5] Näheres hierüber in dem erwähnten Buche von MILLIKAN.

zeichneten elektrischen Elementarquantums mit einer Genauigkeit von ein Promille zu bestimmen; das Ergebnis seiner Messungen ist[6]

$$e = (4{,}768 \pm 0{,}005)\cdot 10^{-10} \text{ elektrostat. Einh.} \tag{7}$$

Ein näheres Eingehen auf die MILLIKANschen Messungsmethoden erscheint hier deshalb überflüssig, weil in späteren Abschnitten noch verschiedene andere Methoden behandelt werden, die, ganz unabhängig von MILLIKANS Forschungen, auf indirekten Wegen zu ganz demselben Werte von e führen[7].

In historischer Hinsicht sei noch bemerkt, daß die ersten direkten Bestimmungen des elektrischen Elementarquantums in den Jahren 1897 und 1898 von TOWNSEND und J. J. THOMSON durchgeführt wurden. Diese Untersuchungen, die für e einen Wert von etwa $3\cdot 10^{-10}$ elektrostat. Einh. ergaben, bezogen sich aber nicht auf einzelne Materieteilchen, sondern auf langsam fallende Nebelwolken, in denen die Kondensationskerne der Wassertropfen von Luftionen gebildet werden. Aus der Fallgeschwindigkeit der Nebelwolke konnte auf Grund des STOKESschen Fallgesetzes der Radius der Wassertropfen und somit bei festgestelltem Gewicht der Wolke die Zahl der Tropfen ermittelt werden. Da andererseits auch die gesamte elektrische Ladung der Wolke gemessen werden konnte, konnte so die Ladung eines einzelnen Ions berechnet werden[8]. Indem diese Ladung willkürlich einem Elementar-

[6] Vgl. hierzu und überhaupt wegen der Werte der physikalischen Konstanten R. T. BIRGE, Phys. Rev. Supplement *1*, 1929, S. 1; Phys. Rev. *42*, 1932, S. 228; auch R. A. MILLIKAN, Phys. Rev. *35*, 1930, S. 1231 mit dem Ergebnis $e = (4{,}770 \pm 0{,}005)\cdot 10^{-10}$.

[7] Daraus folgt auch, daß Einwände, die gegen die MILLIKANsche Methode erhoben wurden, keinesfalls die Existenz eines elektrischen Elementarquantums in Frage zu stellen vermögen, die durch zahlreiche andere Methoden sicher erwiesen erscheint. — Einwände wurden gegen MILLIKANS Arbeiten von EHRENHAFT und seinen Schülern erhoben, die mit kugelförmigen Teilchen aus verschiedenem Material (Quecksilber, Silber, Gold, Öl u. a.) in verschiedenen chemisch inerten Gasen (Stickstoff, Argon) experimentierten; die Teilchen hatten Radien von etwa $5\cdot 10^{-5}$ cm bis hinab zu etwa $5\cdot 10^{-6}$ cm (der Grenze der Beobachtbarkeit). Aus diesen Versuchen, die zum Teil schon vor MILLIKANS erster Veröffentlichung publiziert worden waren, schloß EHRENHAFT, daß mit abnehmendem Radius (also mit abnehmender elektrostatischer Kapazität) auch die Ladung der Teilchen derart abnehme, daß das Elementarquantum dabei wesentlich unterschritten werde. Überdies glaubte EHRENHAFT später zu finden, daß die Teilchen, wenn sie einen Gehalt an radioaktiver Substanz hatten, die Geschwindigkeit ihrer Vertikalbewegungen trotz der Konstanz des elektrischen Feldes kontinuierlich änderten. Darin erblickt EHRENHAFT einen weiteren Beweis gegen die Annahme einer ausnahmslos sprunghaften Änderung einer Ladung von der Größenordnung des Elementarquantums. Von anderer Seite wurden die von EHRENHAFT entdeckten Unterschreitungen des elektrischen Elementarquantums auf vermutliche Dichteänderungen zurückgeführt, die ihre Ursache in einer schwammigen oder flockigen Struktur besonders kleiner Teilchen (von geringerer Größe als die MILLIKANschen Öltröpfchen) oder in einer Gasadsorption haben könnten.

[8] Näheres hierüber z. B. im MILLIKANschen Buch.

quantum gleichgesetzt wurde, ergab sich für dieses ein in der Größenordnung richtiger Wert.

§ 2. Die Elektrolyse und die Masse des Wasserstoffatoms.

Schon lange, bevor den Physikern die absoluten Werte der Atommassen bekannt waren, waren die Chemiker in der Lage, die relativen Gewichte der Atome, d. h. die Verhältnisse zwischen ihren Massen zu ermitteln, und zwar auf Grund des von DALTON im Jahre 1805 entdeckten Gesetzes der sogenannten multiplen Proportionen. Wie DALTON fand und in diesem bekannten Gesetze lehrte, läßt sich jedem Grundstoff eine bestimmte, für ihn charakteristische Zahl derart zuordnen, daß die in einer chemischen Verbindung enthaltenen Mengen der Grundstoffe sich untereinander so verhalten wie ganzzahlige Vielfache der für die betreffenden Elemente charakteristischen Zahlen.

Indem man die für Sauerstoff charakteristische Zahl in konventioneller Weise genau gleich 16 setzt, ergeben sich derart die sogenannten Atomgewichte der Grundstoffe. Das kleinste hat Wasserstoff mit 1,008, das größte Uran mit 238,14. Auf die bekannten Methoden, mittels deren die Chemie die Atomgewichte ermittelt, braucht hier wohl nicht näher eingegangen zu werden.

Die Zahl nun, durch die man die Atomgewichtszahlen dividieren muß, um die absoluten Massen der Atome in Grammen zu erhalten, wird heute allgemein als die LOSCHMIDTsche Zahl oder auch als AVOGADROsche Konstante bezeichnet. Denn LOSCHMIDT hat im Jahre 1865 als erster mittels einer (hier nicht näher zu erörternden) gastheoretischen Methode die absolute Größe der Atome ungefähr ermittelt. Bezeichnen wir die in Grammen gemessene Masse des Wasserstoffatoms mit m_H und die LOSCHMIDTsche Zahl mit L, so ist also

$$m_H = \frac{1{,}008}{L} \text{ Gramm.} \tag{1}$$

In analoger Weise erhalten wir die Masse jedes beliebigen Atoms, indem wir das Atomgewicht des betreffenden Grundstoffs durch die LOSCHMIDTsche Zahl dividieren. Die Masse eines Stoffes von soviel Gramm, wie das Atom- oder Molekulargewicht des Stoffes beträgt, wird entweder als ein Grammatom oder als ein Mol (eine Gramm-Molekel) des betreffenden Stoffes bezeichnet. Es ist also z. B. ein Grammatom Sauerstoff 16 g, ein Mol Wasser rund 18 g und so fort. Die LOSCHMIDTsche Zahl gibt demnach für jeden beliebigen Stoff die Zahl der Atome im Grammatom oder der Molekeln im Mol an. Ist nun erst einmal das elektrische Elementarquantum bekannt, so können wir daraus auch die LOSCHMIDTsche Zahl sehr genau auf Grund elektrochemischer Messungsergebnisse berechnen.

Schon im Jahre 1833 hatte nämlich FARADAY aus seinen Beobachtungen über die Elektrolyse das Grundgesetz der Elektrochemie abgeleitet. Danach ist die in einer bestimmten Zeit elektrolytisch ausgeschiedene Menge eines bestimmten Stoffes vollkommen durch die Stromstärke bestimmt und ihr direkt proportional. Andererseits sind die Mengen, die von einem Strome von bestimmter Stärke aus verschiedenen Elektrolyten abgeschieden werden, „chemisch äquivalent", d. h. sie verhalten sich wie die Quotienten aus Atomgewicht und chemischer Wertigkeit. Ein Strom, der in der Zeiteinheit 1,008 g des einwertigen Wasserstoffs absondert, scheidet daher in der Zeiteinheit 8 g des zweiwertigen Sauerstoffs vom Atomgewicht 16 ab, und so fort.

Das elektrochemische Grundgesetz findet nun eine sehr einfache Erklärung, wenn man annimmt, daß in einem Elektrolyten die Molekeln ganz oder zum Teile in entgegengesetzt elektrisch geladene Bestandteile, in sogenannte Ionen, gespalten oder dissoziiert sind und daß der Leitungsstrom im Elektrolyten auf einem Transport solcher Ionen beruht. Die positiven Ionen würden dann in der Richtung des Stromes zu dessen Austrittsstelle, zur sogenannten Kathode, die negativen in der entgegengesetzten Richtung zur Eintrittsstelle, der sogenannten Anode, wandern. Das FARADAYsche Gesetz ergibt sich derart mittels der Hypothese, daß die Ladung bei allen einwertigen Ionen ein elektrisches Elementarquantum betrage, bei den zweiwertigen Ionen zwei, bei den dreiwertigen Ionen drei Elementarquanten, und so fort.

Bezeichnen wir nämlich die Zahl der Atome, die in der Zeiteinheit etwa an der Kathode abgeschieden werden, mit N und die Wertigkeit mit z, so ist die Stromstärke als die in der Zeiteinheit die Kathode passierende Elektrizitätsmenge

$$J = N z e . \tag{2}$$

Andererseits ist, wenn wir das Atomgewicht mit A bezeichnen, die Masse des einzelnen Atoms durch den Quotienten aus Atomgewicht und LOSCHMIDTscher Zahl gegeben, also durch die Größe A/L. Die in der Zeiteinheit abgeschiedene Menge des betreffenden Stoffes ist demnach durch die Beziehung bestimmt

$$M = \frac{NA}{L} . \tag{3}$$

Hierfür können wir nach Gl. 2 auch schreiben

$$M = \frac{A}{z} \frac{J}{Le} . \tag{4}$$

Diese Gleichung drückt aber in der Tat das elektrochemische Grundgesetz aus. Da L und e universelle Konstanten sind, folgt nämlich aus dieser Gleichung einerseits, daß bei gegebenem Stoffe, also bei gegebenen Werten von A und z, die in der Zeiteinheit abgeschiedene Masse M der

Stromstärke J proportional ist; andererseits folgt aus der Gl. 4, daß bei gegebenem Strom die Größe M dem Quotienten aus Atomgewicht und Wertigkeit proportional ist.

Da nach dem früher Gesagten die Größe M/A die Zahl der Grammatome bedeutet, so erkennen wir auch aus der Gl. 4, daß das Produkt aus der Loschmidtschen Zahl und dem elektrischen Elementarquantum nichts anderes darstellt als diejenige in elektrostatischem Maß gemessene Stromstärke, bei der in der Zeiteinheit ein Grammatom eines einwertigen Grundstoffes ausgeschieden wird.

Sehr genaue Messungen, die man vor allem an Silber angestellt hat, haben nun ergeben, daß ein Grammatom eines einwertigen Stoffes in der Zeiteinheit bei einer Stromstärke von 96494 Ampere ausgeschieden würde. Um diese Stromstärke in elektrostatischem Maß auszudrücken, müssen wir noch mit dem zehnten Teil der Lichtgeschwindigkeit multiplizieren. Da die Lichtgeschwindigkeit gleich ist $2{,}99796 \cdot 10^{10}$ cm sec^{-1}, so finden wir derart

$$L e = (2{,}8927 \pm 0{,}0002) \cdot 10^{14} \text{ elektrostat. Einh.} \tag{5}$$

Hieraus folgt bei Benutzung des schon früher angegebenen Wertes des elektrischen Elementarquantums für die Loschmidtsche Zahl

$$L = 6{,}06 \cdot 10^{23}\,. \tag{6}$$

Nach Gl. 1 ergibt sich somit die Masse des Wasserstoffatoms zu

$$m_H = 1{,}662 \cdot 10^{-24}\,\text{g}\,. \tag{7}$$

Für das Verhältnis zwischen Ladung und Masse, also für die sogenannte spezifische Ladung des ionisierten Wasserstoffatoms finden wir nach Gl. 1

$$\frac{e}{m_H} = \frac{L e}{1{,}008} \tag{8}$$

oder nach Gl. 5

$$\frac{e}{m_H} = 2{,}87 \cdot 10^{14} \text{ abs. Einh.} \tag{9}$$

§ 3. Die negative Strahlung und das Elektron.

Im Jahre 1859 hat Plücker merkwürdige Strahlen entdeckt, die in stark evakuierten Geisslerschen Röhren von der Kathode ausgehen und die deshalb allgemein als Kathodenstrahlen bezeichnet werden; ihre Eigenschaften sind namentlich von Hittorf (1869) und Crookes (1879) näher untersucht worden. Hittorf machte auch die überraschende Feststellung, daß die im allgemeinen sich geradlinig ausbreitenden Strahlen durch einen Magneten sehr leicht abgelenkt werden. Überdies wies Goldstein (1876) nach, daß die Kathodenstrahlen auch in einem elektrischen Felde eine Ablenkung erfahren. Schließlich vermochte Perrin zu zeigen, daß die Strahlen negativ elektrische Ladungen mit sich führen[1].

Die Eigenschaften der Kathodenstrahlen lassen sich nun, wie zuerst J. J. THOMSON und KAUFMANN (1897) erkannten, leicht erklären, wenn man annimmt, daß die Kathodenstrahlen aus rasch bewegten, elektrisch geladenen Teilchen bestehen, die zugleich eine träge Masse besitzen. Aus ihrer Trägheit folgt ihre geradlinige Ausbreitung, aus ihrer elektrischen Ladung ergeben sich mit Notwendigkeit die beobachteten Ablenkungen sowohl im magnetischen als auch im elektrischen Felde; der Sinn der Ablenkung zeigt in beiden Fällen, daß die Ladung negativ sein muß. Die Kathodenstrahlen stellen also nicht wie die Licht- oder Wärmestrahlen elektromagnetische Wellenstrahlen dar, sondern eine materielle Strahlung, die aus einem Strom träger Massenteilchen besteht.

Nun folgt aus der Elektrizitätstheorie ohne Zuhilfenahme irgendwelcher atomistischer Vorstellungen, daß eine bewegte, elektrisch geladene Masse in einem transversalen, homogenen Magnetfeld mit konstanter Geschwindigkeit eine kreisförmige Bahn beschreiben muß, und zwar in einer zu den magnetischen Kraftlinien senkrechten Ebene; für den Radius der Kreisbahn gilt dabei[2] die einfache Beziehung

$$r = \frac{c\,v}{\gamma H}, \tag{1}$$

wenn H der Betrag der magnetischen Feldstärke ist, γ die spezifische Ladung der bewegten Masse und v ihre Geschwindigkeit.

Ebenso folgt aus der Elektrizitätstheorie (ohne Zuhilfenahme irgendwelcher atomistischer Anschauungen), daß in einem transversalen, homogenen elektrischen Felde ein bewegter geladener Körper eine Parabel beschreibt, deren Krümmung außer von der elektrischen Feldstärke nur von der spezifischen Ladung und der Geschwindigkeit abhängt. Wählen wir nämlich die ursprüngliche Bahnrichtung als x-Achse und die Richtung der elektrischen Kraft als z-Achse und wählen wir den Koordinatenursprung so, daß sich zur Zeit $t = 0$ der bewegte Körper in dem Ursprung befindet, so gilt die Beziehung[3]

$$\frac{z}{x^2} = \frac{1}{2}\,\frac{\gamma}{v^2}\,E, \tag{2}$$

wenn E der Betrag der elektrischen Feldstärke ist.

Die Kathodenstrahlteilchen bewegen sich nun in der Tat, wie die Beobachtung zeigt, im transversalen Magnetfeld in einer kreisförmigen, im transversalen elektrischen Feld in einer parabolischen Bahn. In den

[1] Wesentlich gefördert wurde das Studium der Kathodenstrahlen durch einen Kunstgriff LENARDS, der durch eine dünne, in die Röhrenwand eingefügte Metallfolie (sogenanntes LENARDsches Fenster) die Kathodenstrahlen aus der Röhre austreten ließ.

[2] Vgl. z. B. des Verf. „Einführung in die theoretische Physik“, 5. u. 6. Aufl., Bd. I, Gl. 11 des § 71.

[3] Vgl. ebenda, Gl. 3 des § 71.

beiden Gleichungen können wir also, indem wir sie auf die Kathodenstrahlteilchen anwenden, γ und v als Unbekannte ansehen und aus den durch Messungen bekannten Werten der magnetischen und der elektrischen Feldstärke derart die Geschwindigkeit und die spezifische Ladung der Kathodenstrahlteilchen ermitteln.

Für die Geschwindigkeit ergeben sich außerordentlich große Werte, nahezu von der Größenordnung der Lichtgeschwindigkeit. Im übrigen hängt die Geschwindigkeit natürlich von der Spannung der Kathodenröhre ab (nämlich von dem Potentialunterschied, den die Teilchen durchlaufen). Ist die Röhrenspannung V und die Ladung eines Kathodenstrahlteilchens Q, so muß ja das Produkt QV der kinetischen Energie gleich sein, die das Kathodenstrahlteilchen bei dem Verlassen der Röhre besitzt, also gleich sein $\frac{1}{2} m v^2$. Daraus folgt

$$v = \sqrt{2\gamma V}\,. \tag{3}$$

Es ist somit die Geschwindigkeit proportional der Quadratwurzel aus der Röhrenspannung.

Für die spezifische Ladung ergaben schon gegen Ende des 19. Jahrhunderts die Messungen einen ungefähren Wert von $5 \cdot 10^{17}$ elektrostat. Einh./Gramm. Vergleichen wir diesen Wert mit demjenigen, der für die spezifische Ladung des ionisierten Wasserstoffatoms gilt, so sehen wir, daß er rund 2000 mal größer ist. Machen wir die sehr naheliegende Annahme, daß die Ladung eines Kathodenstrahlteilchens ein elektrisches Elementarquantum betrage, so müssen wir somit den Kathodenstrahlteilchen eine Masse zuschreiben, die ungefähr 2000mal kleiner ist als die des Wasserstoffatoms.

Eine solche Annahme erschien, als sie gegen das Ende des 19. Jahrhunderts zuerst geäußert wurde, den Physikern zunächst sehr überraschend, da bis dahin die Masse des Wasserstoffatoms als die kleinste überhaupt mögliche Masse gegolten hatte. Indessen führte zu derselben Annahme auch der im Jahre 1896 entdeckte (später näher zu besprechende) ZEEMAN-Effekt (die Zerlegung von Spektrallinien in einem Magnetfeld), und durch die späteren Fortschritte der theoretischen Physik schienen auch alle Folgerungen durchaus bestätigt, die sich aus der Annahme kleinster Teilchen ergeben, deren Masse noch etwa 2000 mal kleiner ist als die des Wasserstoffatoms. Solche Teilchen mit der negativen Ladung eines elektrischen Elementarquantums werden heute allgemein als Elektronen bezeichnet.

Eine sehr vollkommene Methode zur absoluten Messung von Geschwindigkeiten von Elektronenstrahlen hat KIRCHNER[4] ausgebildet, wobei er an einen schon 1897 von DES COUDRES[5] entwickelten Gedanken und an einen früheren Versuch von WIECHERT[6] anknüpfte. KIRCHNER

[4] F. KIRCHNER, Ann. d. Phys. *8*, 1931, S. 975; *12*, 1932, S. 503.
[5] TH. DES COUDRES, Verh. Berliner Physik. Ges. *16*, 1897, S. 157.
[6] E. WIECHERT, Ann. d. Phys. *69*, 1899, S. 739.

sandte die zu messenden Strahlen durch zwei Kondensatoren, an die er elektrische Schwingungen anlegte. Die Elektronen vermögen dann durch einen Kondensator nur in solchen Augenblicken ohne Ablenkung hindurchzugehen, in denen die Feldstärke des elektrischen Wechselfeldes den Nullwert passiert. Sollen also die Elektronen beide Kondensatoren hintereinander ohne Ablenkung passieren, so muß die Zeit, die sie zu der Zurücklegung des Abstandes zwischen den beiden Kondensatormitten benötigen, gerade einer halben Schwingungsdauer oder einem ganzzahligen Vielfachen einer halben Periode gleich sein. Nur dann erhält man auf einem Leuchtschirm ein einziges, nicht abgelenktes Bild, wenn diese Bedingung erfüllt ist; dies läßt sich durch Regulierung der Schwingungsfrequenz oder auch durch Variation eines elektrischen Feldes erreichen, das die Elektronen vor dem Erreichen des Kondensators beschleunigt.

Die KIRCHNERsche Methode ermöglicht außerordentlich präzise Geschwindigkeitsmessungen, womit auch die Möglichkeit einer sehr genauen Bestimmung von e/m gegeben ist[7]. Aus den KIRCHNERschen Messungen folgt für e/m in elektromagnetischem Maß, dessen man sich gewöhnlich bei derartigen Angaben bedient, der Wert $1{,}759 \cdot 10^7$. Als derzeit (1935) genauester Wert ist vielleicht auf Grund später (§ 40) zu besprechender spektroskopischer Methoden nach SHANE und SPEDDING[8]

$$\frac{e}{m} = (1{,}758 \pm 0{,}001) \cdot 10^7 \text{ in elektromagn. Maß} \tag{4}$$

anzusehen bzw., wie wir durch Multiplikation mit der Lichtgeschwindigkeit finden

$$\frac{e}{m} = (5{,}274 \pm 0{,}003) \cdot 10^{17} \text{ elektrostat. Einh./Gramm.} \tag{5}$$

Aus Gl. 7 des § 1 folgt somit für die Elektronenmasse

$$m = 9{,}04 \cdot 10^{-28}\,\text{g} \tag{6}$$

oder auf Grund der Gl. 5 sowie der Gl. 9 des § 1

$$\frac{m_H}{m} = 1838\,. \tag{7}$$

Außer den künstlich hervorgerufenen negativen Strahlen kennt die Physik auch spontan auftretende, die ebenfalls aus Elektronen zusammengesetzt sind, jedoch eine im allgemeinen viel größere Geschwindigkeit besitzen; diese Strahlen sind in der Strahlung enthalten, die von den sogenannten radioaktiven Substanzen ausgeht. Im Jahre 1896 machte BECQUEREL die überraschende Entdeckung, daß Uranerze ohne jede äußere Einwirkung ständig Strahlen aussenden, die imstande sind, eine photographische Platte durch eine undurchsichtige Hülle hin-

---

[7] Vgl. auch die Präzisionsmessungen nach demselben Prinzip von C. T. PERRY und E. L. CHAFFEE, Phys. Rev. *36*, 1930, S. 904 mit dem Ergebnis $(1{,}7602 \pm 0{,}013) \cdot 10^7$.

[8] C. D. SHANE u. F. H. SPEDDING, Phys. Rev. *47*, 1935, S. 33.

durch zu schwärzen sowie die Luft zu ionisieren und dadurch leitend zu machen, so daß ein in der Nähe aufgestelltes Elektroskop seine Ladung verliert. Zwei Jahre später, im Jahre 1898, fanden PIERRE und MARYA CURIE, daß die BECQUEREL-Strahlen, wie man sie ursprünglich nannte, in der Tat vor allem von Salzen eines in der Pechblende enthaltenen, damals noch unbekannten Metalls ausgehen, das sie nach mühevollen Untersuchungen aus der Pechblende isolierten und das sie als Radium bezeichneten[9]. Die nähere Untersuchung der von dem Radium und anderen Substanzen ausgesandten „radioaktiven Strahlung" zeigte nun, daß sie in der Tat aus drei ganz verschiedenen Strahlenarten besteht, die man als Alpha-, Beta- und Gammastrahlen unterscheidet; die Trennung der drei Strahlenarten wird durch ihr verschiedenes Verhalten im Magnetfeld möglich. Während nämlich die γ-Strahlen überhaupt nicht abgelenkt werden und somit als elektromagnetische Wellenstrahlen anzusehen sind, erwiesen sich die α- und β-Strahlen als materielle Strahlen, die durch einen Magneten abgebogen werden; und zwar zeigt es sich, daß die (später zu besprechenden) α-Strahlen positive, die β-Strahlen hingegen negative Ladungen mitführen.

Geschwindigkeit und spezifische Ladung konnten für die Betastrahlen nach derselben Methode wie bei den Kathodenstrahlen ermittelt werden. Für die spezifische Ladung wurde derselbe Wert wie bei den Kathodenstrahlen gefunden, wodurch es erwiesen schien, daß die β-Strahlen ebenfalls aus Elektronen bestehen. Sie sind also den Kathodenstrahlen durchaus wesensgleich; sie unterscheiden sich aber von ihnen durch eine größere Geschwindigkeit, für die Werte von 10 bis zu 99,8% der Lichtgeschwindigkeit ermittelt wurden.

Die Bewegung der β-Teilchen ist die rascheste materielle Bewegung, die die Physik kennt. Schon früh legten sich die Physiker die Frage vor, ob nicht bei diesen gewaltigen Geschwindigkeiten Abweichungen von der klassischen Mechanik auftreten. In der Tat vermochte bereits 1901 KAUFMANN zu zeigen, daß mit wachsender Geschwindigkeit die spezifische Ladung der β-Teilchen derart zunimmt, daß sie null für eine Grenzgeschwindigkeit würde, die sich aus den Ausmessungen gleich der Lichtgeschwindigkeit ergab. Unter der Voraussetzung konstanter Ladung bedeutet dies aber Vermehrung der Masse bis zu dem Grenzwerte ∞.

LORENTZ sowie EINSTEIN haben später für die Abhängigkeit der Masse von der Geschwindigkeit die allgemeine Formel deduziert

$$m = \frac{m_0}{\sqrt{1 - \frac{v^2}{c^2}}}, \tag{8}$$

[9] Die Gewinnung des metallischen Radiums ist Frau CURIE allerdings erst im Jahre 1910 gelungen; bis dahin waren nur die Salze des Radiums bekannt.

wenn m_0 den Wert der Masse für Geschwindigkeiten bedeute, die gegen die Lichtgeschwindigkeit c klein sind. Nach dieser Formel muß bei einer Geschwindigkeit von $v = c/2$ die Masse bereits etwa 1,15mal so groß sein wie m_0, bei einer Geschwindigkeit von 99,8% der Lichtgeschwindigkeit aber bereits etwa 16mal so groß. Messungen verschiedener Forscher haben in der Tat die Gl. 8 quantitativ bestätigt[10].

Mit den Kathoden- und β-Strahlen stimmen in ihrem Wesen auch die Strahlen überein, die eine Folge des sogenannten lichtelektrischen Effektes sind. Im Anschluß an eine frühere Arbeit von Hertz entdeckte im Jahre 1888 Hallwachs, daß sich eine mit ultraviolettem Licht bestrahlte Metallplatte positiv auflädt. Lenard hat als Ursache dieser Erscheinung eine negative Strahlung erkannt, die von dem belichteten Metalle ausgeht. Für die spezifische Ladung dieser Strahlung ergab sich derselbe Wert wie bei den Kathodenstrahlen, so daß sie also offenbar auch aus Elektronen bestehen müssen. Ihre Geschwindigkeit ergab sich hingegen viel kleiner als die der Kathodenstrahlen, zu nur einigen Tausendsteln der Lichtgeschwindigkeit. Von derselben Größenordnung sind auch die Geschwindigkeiten der Elektronen, die, wie zuerst Richardson im Jahre 1903 feststellte, von glühenden Körpern emitiert werden.

Der Quotient aus der kinetischen Energie des Elektrons und der Elektronenladung stellt, in absolutem elektrostatischen Maß die „äquivalente Spannung" dar; denn durch das Durchsetzen einer Potentialdifferenz dieses Betrages erlangt das Elektron die betreffende Energie. Die äquivalente Spannung wird allgemein in Volt angegeben, wozu man die in absolutem Maß gefundene Zahl noch mit 300 zu multiplizieren hat. Am geringsten ist die äquivalente Spannung bei den glühelektrisch ausgelösten Elektronen, nämlich nur von der Größenordnung von einigen hundertstel bis zu einigen Volt. Bei den lichtelektrisch ausgelösten und noch feststellbaren Elektronen liegt sie zwischen etwa einen halben und einigen Volt. In Gasentladungsröhren sind Spannungen von einigen hundert Volt aufwärts erforderlich. Die schnellsten künstlichen Kathodenstrahlen wurden mittels Spannungen von einigen Millionen Volt erzeugt. Die β-Strahlen weisen äquivalente Spannungen von etwa 10000 bis zu 10000000 Volt auf.

Die Arbeit, die ein Elektron bei dem Durchlaufen eines Potentialunterschiedes von 1 Volt leistet, dient in der Atomphysik üblicherweise als Einheit der Energie und wird als Elektron-Volt (eV) bezeichnet. Berücksichtigt man, daß ein Volt gleich ist dem 300. Teil der Spannungseinheit in absolutem elektrostatischen Maß, so findet man aus dem Werte der Elektronenladung für das Umrechnungsverhältnis zwischen eV und Erg:

$$1 \text{ eV} = 1{,}59 \cdot 10^{-12} \text{ Erg}. \tag{9}$$

[10] Vgl. vor allem C. E. Guye, S. Ratnowski u. C. Lavanchy, Mém. Soc. phys. Genf *39*, 1921, S. 273; A. R. Tricker, Proc. Roy. Soc. London (A) *109*, 1925, S. 384.

Das Millionenfache des eV wird als Elektron-Megavolt (eMV) bezeichnet. Bei Elektronenstrahlen stimmt natürlich die in Volt ausgedrückte Spannung numerisch mit der Zahl der Elektron-Volt überein.

§ 4. Die positive Strahlung.

Als Gegenstück zu der bisher besprochenen negativen Strahlung wurden im Jahre 1886 von GOLDSTEIN die sogenannten Kanalstrahlen entdeckt. Sie gehen ebenso wie die Kathodenstrahlen von der Kathode einer hoch evakuierten Entladungsröhre aus, aber in entgegengesetzter Richtung wie die Kathodenstrahlen[1]. Auch von der Anode selbst gehen, wie 1906 GEHRCKE und REICHENHEIM entdeckten, positive Strahlen aus, die man Anodenstrahlen nennt. Zwischen den Kanalstrahlen und den Anodenstrahlen besteht kein wesentlicher Unterschied. Die Geschwindigkeit und die spezifische Ladung können nach derselben Methode bestimmt werden wie bei den negativen Strahlen, wobei der Sinn der Ablenkung es deutlich zeigt, daß die Teilchen der Kanal- und der Anodenstrahlen positiv geladen sind. Die Geschwindigkeit ergibt sich zu einigen Tausendsteln der Lichtgeschwindigkeit.

Für die spezifische Ladung ergibt die Messung viel kleinere Werte als bei den negativen Strahlen; und zwar hängt der Wert der spezifischen Ladung davon ab, von welchen Gasen in der evakuierten Röhre Überreste enthalten sind. Den größten Wert der spezifischen Ladung erhält man, wenn die Röhre vor der Evakuierung mit Wasserstoff gefüllt war; und zwar stimmt dieser Wert mit demjenigen überein, der sich aus den elektrolytischen Erscheinungen für die spezifische Ladung des Wasserstoffions ergibt. War die Röhre vor ihrer Evakuierung mit Quecksilberdampf gefüllt, so ergibt sich für die spezifische Ladung ein 200mal kleinerer Wert, entsprechend der Tatsache, daß das Atomgewicht des Quecksilbers 200 beträgt. In den Teilchen der positiven Strahlen müssen wir also elektrisch geladene Atome erblicken, deren Ladung ein oder bisweilen auch mehrere Elementarquanten beträgt[2].

Nun müssen aber die Teilchen materieller Strahlen in einem transversalen elektrischen oder magnetischen Felde eine Ablenkung erfahren, und wenn das elektrische Feld senkrecht zu dem magnetischen gerichtet ist, so treffen, wie sich zeigen läßt, alle Teilchen, die dieselbe spezifische Ladung besitzen, auf eine normal zu den Strahlen aufgestellte photographische Platte entlang einer Parabel auf. Wenn in einer positiven Strahlung Atome verschiedener Masse enthalten sind, müssen sie daher Parabeln von verschiedener Krümmung erzeugen. Auf

---

[1] Damit die Strahlen aus der Kathode austreten können, muß die Kathode in der Form kleiner Kanäle durchlöchert sein; daher rührt der Name „Kanalstrahlen".

[2] Neben geladenen Atomen können natürlich auch geladene Atomkomplexe auftreten, z. B. Chlorwasserstoffmolekeln, die eine positive Ladung von einem Elementarquantum aufweisen, und so fort.

dieser Tatsache beruht die zuerst von J. J. Thomson erkannte und verwertete Möglichkeit einer Analyse positiver Strahlen.

Zu einer der wichtigsten experimentellen Forschungsmethoden der Atomphysik ist die Strahlenanalyse von Aston im Jahre 1919 ausgebildet worden. Aston konnte auf Grund eines Fokussierungseffektes mit seinem Apparate[3] eine viel stärkere Auflösung erzielen, als dies nach der ursprünglichen Methode möglich gewesen war. Derart konnte er die Massen beliebiger Teilchen untereinander genau vergleichen; und abgesehen von anderen, sehr wichtigen Forschungsergebnissen, die erst später eingehender besprochen werden sollen, brachten Astons Untersuchungen den sehr bedeutungsvollen Nachweis, daß die Massen beliebiger positiver Strahlenteilchen immer nahezu ganzzahlige Vielfache der Masse des Wasserstoffatoms sind, oder, genauer gesagt, nahezu stets ganze Zahlen, woferne sie auf die genau gleich 16 gesetzte Masse des Sauerstoffatoms bezogen werden.

Ebenso wie die Kathodenstrahlen sind auch die Kanal- und die Anodenstrahlen künstliche Erzeugnisse der experimentellen Physik. Als natürliche Strahlung sind das Gegenstück zu den negativen β-Strahlen die positiven Alphastrahlen, die, wie schon erwähnt, gleich den β-Strahlen von radioaktiven Substanzen ausgehen. Ihr positiv elektrischer Charakter ist dadurch erwiesen, daß sie von einem Magneten abgelenkt werden, aber in entgegengesetztem Sinne wie die β-Strahlen.

Für die Geschwindigkeit der α-Strahlen ergeben sich je nach dem chemischen Charakter der radioaktiven Substanz Werte zwischen etwa fünf und sieben Prozent der Lichtgeschwindigkeit. Für die spezifische Ladung folgt aus den Messungen der Wert

(1) $$\gamma = 1{,}44 \cdot 10^{14} \text{ elektrostat. Einh./Gramm.}$$

Die spezifische Ladung der α-Teilchen ist also halb so groß wie die des ionisierten Wasserstoffatoms. Von großer Wichtigkeit ist es nun, daß die von einer radioaktiven Substanz ausgesandten α-Teilchen gezählt werden können, wodurch wiederum die Ladung eines einzelnen α-Teilchens direkt bestimmt werden kann. Dies gelingt auf Grund einer merkwürdigen Erscheinung, die als Szintillation bezeichnet wird. Bringt man nämlich in die Nähe eines radioaktiven Präparats einen fluoreszierenden Schirm (aus Zinkblende oder sehr dünn geschliffenem Diamanten), dann zeigt sich ein ständiges Aufblitzen diskreter Lichtpunkte; es liegt die Annahme nahe, daß jeder einzelne Lichtblitz durch

[3] Bei der Methode Astons werden das elektrische und das magnetische Feld so gelegt, daß die durch sie hervorgebrachten Ablenkungen einander gerade entgegengesetzt sind. Ein sehr dünnes ausgesondertes Strahlenbündel wird durch das elektrische Feld zu einem „elektrischen Spektrum" verbreitert und ein Teil hiervon durch das Magnetfeld durchgelassen; es läßt sich zeigen, daß alle Teilchen von gleicher Masse auf einer photographischen Platte bei geeigneter Versuchsanordnung entlang einer geraden Linie auftreffen, die sich derart auf der Platte scharf abbildet.

das Auftreffen eines einzelnen α-Teilchens verursacht wird[4]. Man kann nun vor das radioaktive Präparat eine die α-Strahlung absorbierende Blende mit kleiner Öffnung bringen, die nur einen kleinen, genau berechenbaren Bruchteil der gesamten, von dem Präparat ausgehenden α-Strahlung hindurchläßt. Diesen Bruchteil der Strahlung läßt man auf einen kleinen Teil des Schirmes auftreffen, den man unter dem Mikroskop betrachtet. Derart kann man die in einer bestimmten Zeit auftretenden Szintillationen bequem zählen und so bei bekannter Blendenöffnung feststellen, wieviel α-Teilchen ein bestimmtes Präparat in einer Sekunde emittiert. Derartige Bestimmungen sind zuerst von RUTHERFORD und GEIGER (1908) durchgeführt worden.

Andererseits kann man eine Metallplatte durch radioaktive Bestrahlung positiv aufladen, wenn man die gleichzeitig mit den α-Strahlen ausgesandten β-Strahlen durch magnetische Ablenkung ausschaltet. Die gesamte Ladung, die die Platte in einer bestimmten Zeit empfängt, braucht man nun nur durch die bekannte Zahl der α-Teilchen zu dividieren, die in derselben Zeit auf die Platte auftreffen; die Division ergibt dann die elektrische Ladung eines einzelnen α-Teilchens. Die Messungen von RUTHERFORD und GEIGER ergaben so für die Ladung des α-Teilchens einen Wert, der gerade doppelt so groß ist wie der des elektrischen Elementarquantums. Da andererseits die spezifische Ladung nur halb so groß ist wie bei dem ionisierten Wasserstoffatom, so müssen wir den α-Teilchen eine Masse von vier Wasserstoffatomen bei einer positiven Ladung von zwei Elementarquanten zuschreiben. Nach der Methode von RUTHERFORD und GEIGER führte übrigens später SCHOPPER[5] eine Präzisionsbestimmung des elektrischen Elementarquantums durch, die in vollkommener Übereinstimmung mit dem MILLIKANschen Ergebnis den Wert

$$e = (4{,}768 \pm 0{,}005) \cdot 10^{-10} \text{ elektrostat. Einh.} \tag{2}$$

lieferte.

Bei dem Durchgang durch gewöhnliche Materie werden die α-Strahlen viel stärker absorbiert als die β-Strahlen; aber auch die Art der Absorption ist eine ganz andere. Während nämlich die β-Strahlen von der Materie nach einem Exponentialgesetz absorbiert werden, hört die Wirkung der α-Strahlen (also die Schwärzung einer photographischen Platte oder die Ionisierung der Luft) ganz plötzlich auf, wenn die Strahlen in einem bestimmten Mittel eine bestimmte Entfernung zurückgelegt haben; diese Entfernung wird als die Reichweite bezeichnet. Sie hängt von dem chemischen Charakter des α-Strahlers

[4] Diese Annahme findet, wie später gezeigt werden wird, ihre Bestätigung darin, daß sich die Zerfallskonstante des Radiums nach anderen Methoden ebenso groß ergibt wie nach der Szintillationsmethode.

[5] E. SCHOPPER, Zeitschr. f. Phys. *93*, 1934, S. 1.

und auch von der Natur des absorbierenden Mittels ab. Je größer die Anfangsgeschwindigkeit der α-Strahlen bei ihrem Austritt aus der radioaktiven Substanz ist, desto größer ist auch die Reichweite, und zwar ist sie, wie GEIGER auf empirischem Wege gefunden hat, der dritten Potenz der Anfangsgeschwindigkeit proportional. In gewöhnlicher Luft betragen die Reichweiten der bekannten α-Strahlen zwischen 2,7 und 8,6 cm; in Wasserstoff haben die schnellsten α-Strahlen (bei Zimmertemperatur und gewöhnlichem Druck) eine Reichweite von über 20 cm.

Fig. 1.
Bahnen von α-Strahlen.

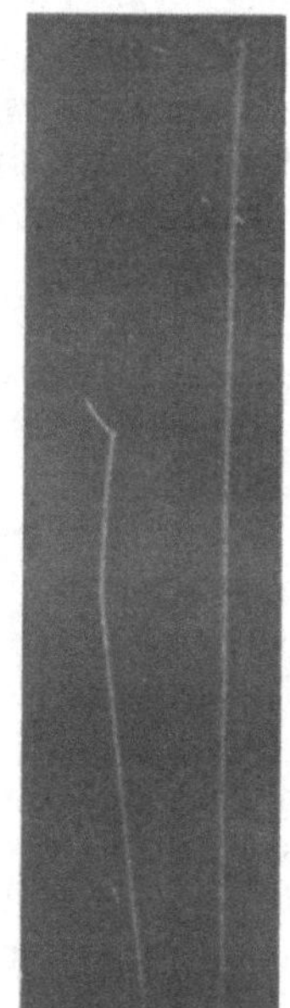

Fig. 2.
Bahnen von α-Strahlen.

Eine Aluminiumplatte von 0,06 mm vermag auch die schnellsten α-Strahlen vollkommen zu absorbieren, während β-Strahlen auch Aluminiumplatten von einigen Millimetern noch zu durchdringen vermögen.

Der Durchgang der α-Strahlen durch die Materie ist mit besonderem Erfolge von C. T. R. WILSON (1912) untersucht worden. Seine Experimente gründeten sich auf die bekannte Tatsache, daß sich in übersättigtem Wasserdampf um elektrisch geladene Teilchen Tröpfchen kondensieren. Indem nun WILSON ein radioaktives Präparat in die Nähe eines Kästchens brachte, das übersättigten Wasserdampf enthielt, konnte er die Ansammlung der Wassertröpfchen photographieren, die ein α-Teilchen auf seinem Wege erzeugt. Die Photographie der so entstandenen Nebelstreifen bildet zugleich die Bahnen der α-Teilchen selbst ab. Die Photographien (Fig. 1 und 2) zeigen nun im allgemeinen gerade Linien, von denen jedoch manche am Ende um ziemlich große Winkel geknickt erscheinen. Diese Tatsache ist, wovon später noch ausführlich die Rede sein wird, von fundamentaler Bedeutung für die moderne Atomtheorie.

Neben den Kanal-, Anoden- und α-Strahlen kennt die Physik als eine vierte Art positiver Strahlen noch die sogenannten H-Strahlen, die im Jahre 1914 von MARSDEN entdeckt wurden. Als nämlich MARSDEN die von Radium C herrührenden α-Strahlen durch Wasserstoff hindurchsandte, in dem sie eine Reichweite von 24 cm haben, konnte er Szintillationen auf einem Schirme noch bis zu wesentlich größeren Entfernungen wahrnehmen. Es war klar, daß diese Szintillationen nicht von den α-Strahlen herrühren konnten, sondern nur von anderen Strahlen, die wiederum durch die α-Strahlen erzeugt werden. Die Bestimmung der spezifischen Ladung ergab für die neu entdeckten Strahlen denselben Wert wie die elektrolytischen Messungen für die Wasserstoffionen. Daher werden diese Strahlen nach dem chemischen Symbol des Wasserstoffs als H-Strahlen bezeichnet.

§ 5. Das elementare Wirkungsquantum.

Bei der Untersuchung des lichtelektrischen Effekts hat bereits LENARD im Jahre 1902 die merkwürdige Tatsache entdeckt, daß die Geschwindigkeit der durch ultraviolettes Licht ausgelösten Elektronen von der Intensität des auslösenden Lichtes ganz unabhängig ist. Die Geschwindigkeit kann nicht durch Erhöhung der Intensität gesteigert werden, sondern nur durch Erhöhung der Frequenz des auslösenden Lichtes. Die Erhöhung der Intensität vermehrt nur die Zahl der ausgelösten Elektronen, nicht aber deren Geschwindigkeit.

Die quantitativen Messungen des lichtelektrischen Effektes gründen sich auf die Tatsache, daß man den Austritt der Elektronen aus der bestrahlten Metallplatte verhindern kann, indem man diese positiv auflädt. Für eine Platte aus bestimmtem Metall kann man bei gegebener Frequenz des einfallenden Lichtes derart eine ganz bestimmte Gegenspannung ermitteln, bei deren Erreichung der Austritt der Elektronen völlig aufhört. Nennen wir die Gegenspannung V, so zeigt die Beobachtung, daß V genau linear mit der Frequenz des Lichtes wächst. Es kann gesetzt werden

$$V = C\nu - P\,, \tag{1}$$

wobei C und P positive Konstanten sind. Dabei zeigt das Experiment, daß nur die Konstante P von der Natur des Metalls abhängt[1], daß hingegen die Konstante C auch hiervon unabhängig ist und somit eine

[1] Einen großen Einfluß hat allerdings auch das Vorhandensein adsorbierter oder okkludierter Gase.

universelle Konstante darstellt. Nun bedeutet andererseits das Produkt $e\,V$ die kinetische Energie, die die raschesten ausgelösten Elektronen haben. Es liegt daher der Gedanke nahe, die Gl. 1 noch mit e zu multiplizieren. Wir wollen das Produkt $C\,e$ mit h bezeichnen; dann nimmt die Gl. 1 die Form an:

$$e\,(V + P) = h\,\nu\,. \tag{2}$$

Da das Produkt $e\,V$ eine Arbeit, also eine Energie darstellt, eine Frequenz aber die Dimension einer reziproken Zeit hat, so muß die Konstante h die Dimension eines Produktes aus Energie und Zeit haben. Ein solches Produkt wird in der Mechanik Wirkung genannt, und darum bezeichnet man die Konstante h als das elementare Wirkungsquantum. Dieses tritt als viertes Elementarquantum zu dem elektrischen Elementarquantum und den Massen des Elektrons und des Wasserstoffatoms hinzu. Seine Größe ergibt sich aus den Ausmessungen des lichtelektrischen Effektes[2] zu

$$h = (6{,}547 \pm 0{,}008)\cdot 10^{-27}\ \text{erg sec}\,. \tag{3}$$

Die Hypothese des elementaren Wirkungsquantums ist in die theoretische Physik von Planck im Jahre 1900 eingeführt worden. Durch diese Hypothese gelangte (worauf hier nicht näher eingegangen werden soll) Planck zu der Lösung eines schwierigen Grundproblems in der Theorie der Wärmestrahlung. Planck nahm dazu an, daß die Aussendung von Wellenstrahlung diskontinuierlich erfolge, derart, daß dabei Energieelemente von der Größe $h\,\nu$ eine Rolle spielen.

§ 6. Lichtkorpuskeln und Materiewellen.

In Erweiterung der Planckschen Hypothese der diskontinuierlichen Strahlungsemission schuf im Jahre 1905 Einstein die Vorstellung der Lichtquanten, deren Energie durch das Produkt aus der Frequenz und dem elementaren Wirkungsquantum bestimmt sein soll. Einstein nahm an, daß alle wechselseitige Umwandlung zwischen elektromagnetischer Wellenstrahlung und materieller Strahlung so vor sich gehe, daß dabei entweder ein einzelnes Lichtquant zu der Loslösung eines einzelnen Elektrons aufgebraucht wird oder aber im umgekehrten Falle ein einzelnes Lichtquant durch die Bewegungsenergie eines einzelnen Elektrons erzeugt wird. In der Tat folgt aus der Einsteinschen Annahme notwendigerweise (und in Übereinstimmung mit der Gl. 2 des § 5), daß bei dem lichtelektrischen Effekt ein Lichtquant des auslösenden Lichtes gleich sein muß der kinetischen Energie, mit der ein ausgelöstes Elektron das bestrahlte Metall verläßt, vermehrt um die Arbeit, die das Elektron bei seinem Austritt aus dem Metall verrichtet.

---

[2] Siehe P. Lukirsky und S. Prilezaev, Zeitschr. f. Phys. *49*, 1928, S. 236 und R. T. Birge, Phys. Rev. Suppl. *1*, 1929, S. 1; R. T. Birge, Phys. Rev. *42*, 1932, S. 228.

Aus einer Entdeckung, die im Jahre 1923 A. H. COMPTON glückte, ging nun deutlich hervor, daß die Lichtquanten auch ebenso wie materielle Körper mechanische Bewegungsgröße besitzen müssen[1]. COMPTON fand, daß Röntgenstrahlen bei ihrer Streuung durch locker gebundene Elektronen eine Verminderung ihrer Frequenz erfahren. Die Gesetzmäßigkeiten des in einem späteren Abschnitt näher zu besprechenden COMPTON-Effektes erklären sich aber einfach aus der Annahme, daß bei den Zusammenstößen zwischen Lichtquanten und Elektronen die Gesetze der Erhaltung der Energie und der Erhaltung der Bewegungsgröße erfüllt sind, woferne man jedem Lichtquant außer der Energie $h\nu$ überdies eine Bewegungsgröße in der Bewegungsrichtung, also einen Impuls, und zwar von der Größe

$$G = \frac{h\nu}{c} \tag{1}$$

zuschreibt. Dieser Wert des Impulses ergibt sich auf Grund des relativitätstheoretischen Satzes von der trägen Masse der Energie. Nach diesem Satze kommt jeder Energie E eine Masse E/c^2 zu; danach müßte also ein Lichtquant eine Masse $h\nu/c^2$ besitzen[2]. Multipliziert man aber diese Größe mit der Geschwindigkeit, mit der sich die Lichtquanten fortbewegen, also mit c, so ergibt sich für den als Produkt aus Masse und Geschwindigkeit definierten Impuls der Wert der Gl. 1. Man kann auf Grund der Beziehung, daß die Lichtgeschwindigkeit das Produkt aus Frequenz und Wellenlänge (λ) darstellt, auch

$$G = \frac{h}{\lambda} \tag{2}$$

setzen.

Im übrigen findet auch der schon längst bekannte DOPPLER-Effekt durch die Annahme korpuskularer Lichtquanten eine einfache Erklärung. Sendet nämlich ein mit der Geschwindigkeit v bewegter Körper von der Masse m in der Bewegungsrichtung ein Lichtquant aus, so folgt aus dem Satze von der Erhaltung des Impulses:

$$m v = \frac{h\nu}{c} + m(v - \Delta v) \tag{3}$$

oder

$$m\,\Delta v = \frac{h\nu}{c}\,. \tag{4}$$

Andererseits folgt aus dem Satze von der Erhaltung der Energie die Beziehung:

$$\frac{m v^2}{2} + E = \frac{m}{2}(v - \Delta v)^2 + h\nu\,; \tag{5}$$

[1] Als Betrachtungen über die Wechselwirkung zwischen Strahlung und Materie hat diese Folgerung übrigens bereits EINSTEIN im Jahre 1917 gezogen (Physik. Zeitschr. *18*, 1917, S. 121).

[2] Die „Ruhemasse" der Lichtquanten hätte man nach Gl. 8 des § 3 gleich Null anzunehmen. Die mit dieser Vorstellung verbundene Schwierigkeit vermeidet man am besten, indem man statt der Masse eines Lichtquants dessen Impuls betrachtet.

dabei bedeutet E die durch die Emission des Lichtquants bewirkte Energieänderung. Sie ist gleich $h\nu_0$, wenn wir unter ν_0 die Emissionsfrequenz im Falle der Ruhe verstehen. Wenn Δv klein ist gegen v, so nimmt somit die Gl. 5 die Form an:

$$h(\nu - \nu_0) = m\,v\,\Delta v \tag{6}$$

oder nach Gl. 4

$$\nu - \nu_0 = \nu \frac{v}{c}\,. \tag{7}$$

Näherungsweise ergibt sich somit die bekannte, die Linienverschiebung ausdrückende DOPPLERsche Formel

$$\Delta\nu = \nu_0 \frac{v}{c}\,. \tag{8}$$

Erfolgt die Emission entgegengesetzt der Bewegungsrichtung, so tritt statt der Frequenzerhöhung eine ebenso große Frequenzerniedrigung ein. Schließt die Emissionsrichtung mit der Bewegungsrichtung einen beliebigen Winkel ein, so ist unter v die Komponente der Geschwindigkeit in der Bewegungsrichtung zu verstehen.

Durch die Fortschritte der Physik wurden so die hypothetischen Lichtquanten allmählich zu materieartigen Korpuskeln des Lichtes. In der Tat folgt aus Beobachtungen, die schon früher durch EINSTEINS allgemeine Relativitätstheorie veranlaßt worden waren, daß den Lichtquanten nicht nur mechanische Bewegungsgröße, sondern in einem Schwerefelde auch potentielle Gravitationsenergie zukommt. Ein Körper von der Masse m besitzt bekanntlich an der Oberfläche eines Himmelskörpers von der Masse M und dem Radius R eine potentielle Energie von dem Betrage $f\,M\,m/R$, wenn f ($6{,}68 \cdot 10^{-8}$) die universelle Gravitationskonstante bedeutet. Die potentielle Energie mißt dabei die Arbeit, die erforderlich ist, um den Körper von der Oberfläche des Himmelskörpers völlig aus dessen Schwerebereich zu entfernen.

Wenn nun den Lichtquanten im Schwerefeld eine potentielle Energie zukommt, so müssen wir annehmen, daß ein von der Oberfläche eines Sternes ausgestrahltes Lichtquant gegen die Anziehung seitens des Sternes eine Arbeit von dem Gesamtbetrag

$$A = \frac{h\,\nu}{c^2}\,\frac{f\,M}{R} \tag{9}$$

verrichten muß. Aus der Vorstellung individueller Lichtquanten folgt, daß diese Arbeit von jedem Lichtquant einzeln zu leisten wäre, und da die Energie eines Lichtquants bis auf den universellen Proportionalitätsfaktor h mit der Frequenz übereinstimmt, so müßte das Entweichen aus dem Schwerebereich eine Verminderung der Lichtfrequenz zur Folge haben, gemäß der Beziehung

$$h\,\nu' = h\,\nu - A\,. \tag{10}$$

Wenn wir die Frequenzverminderung mit $\Delta\nu$ bezeichnen, so ist nach Gl. 9

$$(11) \qquad \frac{\Delta\nu}{\nu} = -\frac{fM}{Rc^2}\,.$$

Diese Formel beschreibt die sogenannte Rotverschiebung[3], die die von Sternen herrührenden Spektrallinien gegenüber solchen Linien aufweisen müßten, die ihren Ursprung in irdischen Lichtquellen haben. Die Gl. 11 wurde zuerst im Jahre 1915, ganz unabhängig von der Lichtquantenhypothese, durch EINSTEIN auf Grund seiner allgemeinen Relativitätstheorie abgeleitet. Für die Erde ist das Verhältnis fM/Rc^2 etwa $6\cdot10^{-10}$, für die Sonne $2\cdot10^{-6}$. Der zuerst von EINSTEIN vorausgesagte Effekt liegt für die Sonne derart an der Grenze der Erkennbarkeit; verschiedene Beobachtungen sprechen für sein Vorhandensein, das indessen noch nicht sichergestellt ist. Eine andere Folgerung, die sich aus der Vorstellung gravitierender Lichtkorpuskeln ergibt, wird durch die Erfahrung bestätigt, daß nämlich ein Lichtstrahl bei dem Vorbeigehen an der Sonne durch deren Schwerewirkung eine Krümmung erfährt.

Da durch die Vorstellung der Lichtquanten oder, wie man sie neuestens auch nennt, der Photonen[4] die wesentlichen Eigenschaften der Materie, nämlich ihre diskontinuierliche Struktur, ihr Impuls und ihre Schwere, auf das Licht übertragen worden waren, so lag der Gedanke nahe, auch umgekehrt der Materie diejenige Eigentümlichkeit zuzuschreiben, die vor allem das Licht kennzeichnet, nämlich dessen Wellennatur. Als Ergänzung zu der korpuskularen Auffassung des Lichtes ist derart im Jahre 1924 die durch LOUIS DE BROGLIE begründete Undulationstheorie der Materie entstanden.

Diese Theorie, die später eingehender besprochen werden soll, ordnet jedem bewegten Materieteilchen eine Materiewelle, im besonderen also eine charakteristische Wellenlänge zu, die in derselben Beziehung zu dem Impuls des Teilchens stehen soll wie die Wellenlänge eines Lichtquants zu dessen Impuls; d. h. es soll gemäß Gl. 2 auch für Materiewellen die Beziehung erfüllt sein

$$(12) \qquad \lambda = \frac{h}{mv}\,,$$

wenn m die Masse des Teilchens und v dessen Geschwindigkeit bedeutet.

Für ein Elektron hat der Quotient h/m den Wert 7,27. Für Elektronen, deren Geschwindigkeit von der Größenordnung 10^7 bis 10^9 cm/sec ist, stimmen daher die Wellenlängen der zugehörigen Materiewellen mit

[3] Von einer Rotverschiebung wird gesprochen, weil innerhalb des sichtbaren Spektrums die Frequenz in der Richtung vom Violett zum Rot abnimmt.

[4] Der Name „Photon“ stammt von G. N. LEWIS, Nature *118*, 1926, S. 874.

jenen von Röntgenstrahlen überein. In der Tat vermochten im Jahre 1927 DAVISSON und GERMER zu zeigen, daß von glühenden Drähten emittierte Elektronen von Kristallen ebenso selektiv reflektiert, d.h. in bestimmten ausgezeichneten und durch die Struktur der Kristalle bedingten Richtungen zurückgeworfen werden wie Röntgenstrahlen. Diese und ähnliche Versuche, von denen später (§ 38) noch eingehender die Rede sein wird, beweisen auf das deutlichste, daß heute korpuskulare und undulatorische Auffassung nicht mehr wie früher als Grundlagen verschiedener physikalischer Wissenszweige angesehen werden dürfen, sondern daß sie einander ergänzende Züge einer allgemeinen und einheitlichen Naturbeschreibung darstellen.

§ 7. Das Kernatom.

Die Erscheinungen der elektrischen Strahlung offenbaren, wie gezeigt wurde, einerseits die Existenz von Teilchen, die bei einer negativen Ladung von einem elektrischen Elementarquantum immer dieselbe Masse von dem ungefähr 1840sten Teil der Wasserstoffatommasse besitzen; andererseits die Existenz von Gebilden, die eine positive Ladung von einem oder von einigen wenigen Elementarquanten haben und zugleich eine Masse, die stets ein nahezu ganzzahliges Vielfaches der Wasserstoffatommasse ist.

Aus diesen negativen und positiven Gebilden müssen sich jedenfalls die Atome zusammensetzen; und über die Art der Zusammensetzung gewähren wichtige Aufschlüsse die bereits besprochenen Beobachtungen über den Durchgang von Alphastrahlen durch Materie. Diese Beobachtungen zeigen, daß ein α-Teilchen in Luft Wege von einigen Zentimetern geradlinig zurücklegen kann. Nun sind in einem Kubikzentimeter Luft (wie aus der bekannten Dichte und dem bekannten Werte der LOSCHMIDTschen Zahl folgt) ungefähr $5 \cdot 10^{19}$ Atome enthalten[1]. Andererseits war es schon lange aus der Gastheorie bekannt, daß der Durchmesser der Atome ungefähr von der Größenordnung 10^{-8} cm ist, so daß in einem Luftvolumen ungefähr der 100000ste Teil von den Atomen ausgefüllt ist und eine Linie von 1 cm Länge durch Tausende von Atomen hindurchgeht. Ein α-Teilchen vermag demnach viele Tausende von Atomen zu durchqueren, ohne eine merkliche Änderung seiner Richtung zu erfahren. Bisweilen aber ruft, wie die WILSONschen Photographien zeigen, ein einziges Atom eine Ablenkung des α-Teilchens um sehr große Winkel hervor.

Diese merkwürdige Tatsache läßt sich auf Grund des COULOMBschen Gesetzes leicht durch die Annahme erklären, daß die Ablenkung die Folge einer elektrischen Kraft ist, die auf das positiv elektrische α-Teilchen durch einen Atomkern ausgeübt wird, dessen Volumen nur

[1] Halb so groß ist die Zahl der Molekeln.

einen sehr geringen Teil des gesamten Volumens des Atoms bildet. Die elektrische Kraft könnte dabei von vornherein sowohl als anziehende wie auch als abstoßende gedacht, der Atomkern also sowohl negativ als auch positiv angenommen werden.

Nun folgt aber aus dem Prinzip der Gleichheit von Aktion und Reaktion, daß die tatsächlich beobachteten, außerordentlich großen Ablenkungen der α-Strahlen nur möglich sind, wenn die Masse des Kernes wesentlich größer ist als die Masse des abgelenkten α-Teilchens. In der Tat zeigen die Beobachtungen, daß die Größe der starken Ablenkungen mit dem Atomgewicht der ablenkenden Substanz zunimmt. Wir müssen daher annehmen, daß im wesentlichen die Masse des Atoms im Kern konzentriert ist.

Da die Masse der Elektronen verschwindend klein ist gegenüber der Masse der positiv elektrischen Teilchen, so müssen wir somit annehmen, daß die Kerne der Atome positiv elektrisch sind. Weil die Atome nach außen hin im allgemeinen elektrisch neutral sind, muß diese positive Ladung durch negative Ladungen kompensiert sein; und da man in den Kathoden- und β-Strahlen negative Teilchen nur als Elektronen kennt, so muß offenbar die positive Kernladung durch Elektronen kompensiert sein, die den Kern umgeben. Woferne sich diese Elektronen genügend rasch um den Kern bewegen, wäre die elektrische Anziehung, die sonst zu ihrer Vereinigung mit dem Kern führen müßte, durch die Zentrifugalkraft aufgehoben. Wir gelangen so zu einem Modell des Atoms, das zuerst von RUTHERFORD im Jahre 1911 in die theoretische Physik eingeführt wurde; danach bestehen die Atome aus positiv elektrischen Kernen, um die in den sogenannten Atomhüllen Elektronen nach einem häufig gebrauchten Bilde ähnlich wie die Planeten um die Sonne kreisen[2].

Das einfachste überhaupt denkbare Atommodell ist nun jedenfalls ein solches, bei dem sich ein einziges Elektron um einen Atomkern bewegt, dessen Ladung ein positives Elementarquantum beträgt. Es liegt der Gedanke nahe, dieses Modell dem leichtesten aller Atome, dem Wasserstoffatom, zuzuschreiben, und in der Tat zeigen sich alle

[2] RUTHERFORD gründete sein Atommodell, das er bereits ein Jahr vor WILSONS Versuchen schuf, auf Beobachtungen über den Durchgang von α-Strahlen durch Metallfolien. — Lediglich eine historische Bedeutung kommt heute dem seinerzeit viel beachteten Atommodell von J. J. THOMSON zu. THOMSON dachte sich das Atom aus einer gleichmäßig dichten, kugelförmigen Volumladung von positiver Elektrizität bestehend, innerhalb deren die Elektronen kreisförmige Bahnen um den Kugelmittelpunkt beschreiben. Die auf ein Elektron wirkende Kraft ist dann dem Abstand vom Zentrum direkt proportional (weil auf das Elektron immer nur ein Teil der Kugelladung wirkt). Die Annahme solcher Kräfte erwies sich wohl als sehr fruchtbar für die Deutung der Dispersion und der magneto-optischen Phänomene; doch mußte das THOMSONsche Atommodell auf Grund der Beobachtungen über den Durchgang der α-Strahlen durch die Materie aufgegeben werden.

Folgerungen, die aus dieser Annahme theoretisch gewonnen werden können, durch die Erfahrung vollauf bestätigt. Die positiven Urteilchen der Materie, die heute allgemein als Protonen bezeichnet werden, erweisen sich demnach als mit den Wasserstoffkernen identisch.

§ 8. Die charakteristischen Potentiale und die Spektralterme.

Wenn die Atome aus Teilchen zusammengesetzt sind, zwischen denen anziehende und abstoßende, von der Entfernung abhängige Kräfte wirken, so ist wohl anzunehmen, daß den Atomen eine innere Energie zukommt und diese durch Energiezufuhr von außen gesteigert oder unter Umständen durch Energieabgabe nach außen verringert werden kann. Daß in der Tat eine Energieaufnahme seitens der Atome möglich ist, geht deutlich aus Versuchen über Zusammenstöße zwischen Atomen und freien Elektronen hervor. Diese Versuche offenbaren zugleich aber auch die ungemein bedeutungsvolle Tatsache, daß ein Atom nicht beliebige, sondern nur ganz bestimmte Energiebeträge aufnehmen kann. Insbesondere zeigt es sich, daß, solange keine abnormalen Verhältnisse herrschen (woferne sich also das Atom im Grundzustand befindet), ein Atom keinerlei Energiebetrag aufzunehmen vermag, der unterhalb eines gewissen Minimums liegt. Dieses Minimum wird als die Anregungsenergie des Atoms bezeichnet.

Die Erscheinungen der Elektronenstöße, die zuerst von Franck und Hertz im Jahre 1913 untersucht wurden, müssen offenbar aus zwei Gründen viel einfacher sein und übersichtlichere Ergebnisse liefern als Zusammenstöße zwischen Atomen. Einerseits ist nämlich die kinetische Energie eines einzelnen Elektrons durch Feststellung der elektrostatischen Spannung genau meßbar; andererseits ist die Masse eines Elektrons ganz unwesentlich neben der Masse eines Atoms, und daher kann die seitens eines Elektrons abgegebene und genau meßbare kinetische Energie ohne weiteres gleich gesetzt werden der Vermehrung, die durch den Zusammenstoß die innere Energie des getroffenen Atoms erfährt.

Solange nun die lebendige Kraft eines Elektrons kleiner ist als die zu der Anregung eines Atoms erforderliche Energie, müssen die Elektronen bei den Zusammenstößen ihre kinetische Energie unvermindert beibehalten. Es sind in diesem Falle nur „elastische" Stöße möglich. Unelastische Stöße (bei denen das stoßende Elektron Energie abgibt) erscheinen erst möglich, sobald ein kritischer Wert der Spannung erreicht ist, der, mit dem elektrischen Elementarquantum multipliziert, der Anregungsenergie gleich ist; dieser kritische Wert wird als die Anregungsspannung oder das Anregungspotential bezeichnet.

Die Anregungsspannung konnte für viele Grundstoffe direkt experimentell bestimmt werden. Man läßt hierzu mittels einer geeigneten Versuchsanordnung die Elektronen das Gas oder den Dampf passieren und mißt mittels eines Galvanometers die sich ergebende Stromstärke in ihrer Abhängigkeit von der gleichzeitig gemessenen Spannung. Stellt man diese Abhängigkeit graphisch dar, so zeigt die Kurve eine scharf ausgeprägte Unstetigkeit bei derjenigen Spannung, bei der zum erstenmal unelastische Stöße eintreten. Für die Anregungsspannung wurden derart bei den verschiedenen Elementen Werte von einigen wenigen Volt ermittelt. Für Blei fand man z. B. 1,26, für Natrium 2,12, für Quecksilber 4,9 Volt, und so fort. In Erg erhält man die Anregungsenergie nach Gl. 9 des § 3; es beträgt z. B. die Anregungsenergie des Natriums $3{,}37 \cdot 10^{-12}$ Erg.

Ziemlich scharf läßt sich für viele Grundstoffe auch die Spannung bestimmen, bei der zum ersten Male eine Ionisierung von Gasatomen als Folge der Elektronenstöße eintritt. Diese Spannung wird als das Ionisierungspotential oder die Ionisierungsspannung bezeichnet; sie entspricht der sogenannten Ionisierungsenergie, nämlich derjenigen Arbeit, die erforderlich ist, um einem Atom das lockerste seiner Elektronen zu entreißen. Die Ionisierungsspannungen der Grundstoffe erweisen sich als ungefähr zwei- bis dreimal so groß wie ihre Anregungsspannungen. So beträgt z. B. die Ionisierungsspannung des Natriums 5,1, die des Quecksilbers 10,4 Volt.

Neben den Ionisierungspotentialen im engeren Sinne konnten bei den Erdalkalien auch die Ionisierungsspannungen zweiter Ordnung experimentell ermittelt werden, nämlich diejenigen Spannungen, bei denen den Atomen das zweitlockerste ihrer Elektronen nach bereits erfolgter Entfernung des ersten entrissen wird. Bei Magnesium betragen beispielsweise die beiden Ionisierungsspannungen 7,6 und 15,0, bei Helium 24,5 und 54,2 Volt.

Da die Anregungsspannung stets kleiner als das Ionisierungspotential ist, müssen wir annehmen, daß in dem „angeregten" Zustand zwar das Atom alle Elektronen enthält, jedoch ein Elektron lockerer als in dem Grundzustand gebunden ist. Daß es für die Atome eines Grundstoffs mehr als einen einzigen abnormalen Zustand gibt, geht schon aus der Tatsache hervor, daß bei den Erdalkalien sowie bei Zink, Cadmium und Quecksilber zwei voneinander scharf unterscheidbare charakteristische Potentiale unterhalb der Ionisierungsspannung festgestellt werden können; z. B. bei Magnesium 2,7 und 4,3 Volt, während das erste Ionisierungspotential 7,6 Volt beträgt. Bei Quecksilber sind die entsprechenden drei Werte 4,9; 6,7 und 10,3 Volt. Unter günstigen Versuchsbedingungen konnten bei Quecksilber FRANCK und EINSPORN[1] überdies noch drei weitere charakteristische Potentiale von 5,5, von 7,7 und von 8,6 Volt feststellen.

Aus den Beobachtungen über Elektronenstöße ergibt sich somit die Folgerung, daß für jedes Atom eines Elementes außer einem Grundzustand noch eine Reihe höherer Zustände möglich sind, deren jeder

[1] J. FRANCK und E. EINSPORN, Zeitschr. f. Phys. *2*, 1920, S. 18.

durch einen ganz bestimmten Wert charakterisiert ist, um den in diesem Zustand die atomare Energie diejenige des Grundzustandes überragt. Wenn wir diese Erkenntnis mit der Vorstellung der Lichtquanten verknüpfen, nämlich mit der Annahme, daß die seitens eines einzelnen strahlenden Atoms frei werdende Energie sich in ein einzelnes Lichtquant umsetzt, so ergibt sich notwendigerweise die Folgerung, daß die Atome eines Grundstoffs nur Licht von ganz bestimmten, für diesen Grundstoff charakteristischen Frequenzen emittieren können. Weiterhin folgt aber auch, daß die Mannigfaltigkeit dieser Frequenzwerte als Differenzen je zweier Glieder einer Reihe darstellbar sein müssen, die den charakteristischen Potentialen universell proportional ist.

In der Tat haben bekanntlich schon im Jahre 1860 KIRCHHOFF und BUNSEN die bedeutungsvolle Entdeckung gemacht, daß in den Spektren von Flammen, in die Verbindungen verschiedener Metalle gebracht werden, für die Metalle charakteristische Spektrallinien von ganz bestimmten Wellenlängen auftreten, die sich als unabhängig von Druck und Temperatur und vor allem auch als unabhängig von der Art der chemischen Bindung des Metalls erweisen, so daß die Linien als eine charakteristische Eigentümlichkeit der Atome als solcher angesehen werden müssen. Im Jahre 1908 hat dann RITZ, indem er an spezielle ältere Untersuchungen von RYDBERG anknüpfte, entdeckt, daß sich die Frequenzen der Spektrallinien als Differenzen von sogenannten Spektraltermen darstellen lassen, die ihrerseits eine weit einfachere Mannigfaltigkeit darstellen als die Frequenzwerte selbst. Als eine Folge der Termdarstellbarkeit ergibt sich das von RITZ aufgestellte Kombinationsprinzip, nach dem die Frequenz einer Spektrallinie der Summe oder Differenz der Frequenzen zweier anderer Linien desselben Grundstoffs gleich sein kann. Das Prinzip der Termdarstellbarkeit, das zunächst nur für die optischen Spektren begründet worden war, hat sich später, nach der Entdeckung der Röntgenspektren, als auch für diese richtig und bedeutungsvoll erwiesen.

Vom Standpunkte der Lichtquantenhypothese läßt sich zunächst ein Zusammenhang zwischen der Anregungsenergie und derjenigen Spektrallinie vermuten, die in dem Spektrum eines Grundstoffs die größte Intensität aufweist. Im Falle des Natriums ist dies beispielsweise die bekannte starke gelbe Linie[2], der eine Wellenlänge von $5{,}89 \cdot 10^{-5}$ cm und somit (nach der Formel $E = h\,c/\lambda$) eine Energie von $3{,}34 \cdot 10^{-12}$ Erg zukommen. Dieser Wert stimmt aber sehr gut mit dem vorhin angegebenen Werte von $3{,}37 \cdot 10^{-12}$ Erg überein, der sich aus dem beobachteten Anregungspotential des Natriums ergibt. Ganz allgemein muß

$$\frac{h\,c}{\lambda} = e\,V \tag{1}$$

[2] Die gelbe Natriumlinie stellt eigentlich (wovon später noch ausführlich die Rede sein wird) ein Dublett dar.

sein. Wenn wir die Spannung statt in absoluten Einheiten des elektrostatischen Maßsystems in 300mal kleineren Volt und die Wellenlänge üblicherweise in Ångström-Einheiten (10^{-8} cm) angeben, wird also

$$\lambda V = 1{,}234 \cdot 10^4 \quad (\lambda \text{ in Å}, V \text{ in Volt}). \tag{2}$$

Diese Beziehung erweist sich durchwegs für den Zusammenhang zwischen Anregungspotential und stärkster Spektrallinie erfüllt, und zwar bei den Erdalkalien, bei Zink, Cadmium und Quecksilber zweifach, indem den beiden Werten charakteristischer Potentiale die beiden stärksten Linien entsprechen. Aber auch für die Ionisierungsspannung gilt eine der Gl. 2 entsprechende Beziehung. Die Erfahrung zeigt nämlich, daß sich die einem Grundstoff eigentümlichen Spektrallinien stets in eine Anzahl sogenannter Serien einordnen lassen, bei denen die Linien in der Richtung abnehmender Wellenlänge konvergieren. In dieser Richtung wird der Abstand zweier benachbarter, zu derselben Serie gehöriger Linien immer kleiner, während die Linien selbst in dieser Richtung immer unschärfer werden. Für jede Serie läßt sich derart eine Seriengrenze angeben, die durch eine bestimmte Frequenz oder Wellenlänge charakterisiert ist. Mit der Ionisierungsspannung ist aber nun, wie die Erfahrung zeigt (und wie ausführlicher in einem späteren Kapitel besprochen werden soll), in der Tat stets die Grenzwellenlänge einer bestimmten Serie durch die Gl. 2 verknüpft.

In der Spektroskopie ist es üblich, die Terme in reziproken Wellenlängen, in sogenannten Wellenzahlen, anzugeben, so daß für eine Spektrallinie, die durch Kombination zweier Terme T' und T'' entsteht, allgemein die Beziehung gilt:

$$\frac{\nu}{c} = T' - T''. \tag{3}$$

Der numerisch größte Term in dem Spektrum eines Atoms wird als dessen Grundterm bezeichnet; er beträgt beispielsweise für Natrium 41 449, entsprechend einer Grenzwellenlänge von $2{,}413 \cdot 10^{-5}$ cm. Nach dem früher Gesagten erweist sich der Grundterm eines neutralen Atoms als identisch mit der noch durch ch dividierten Ionisierungsenergie[3].

Ganz allgemein können somit die mit ch multiplizierten Spektralterme als die den einzelnen diskreten Zuständen entsprechenden Energiestufen oder Energieniveaus aufgefaßt werden. Der Grundterm entspricht dem normalen Grundzustand, während die numerisch kleineren Terme den energiereicheren, also „höheren" Zuständen zuzuordnen sind. Denn je „höher" der Zustand ist, desto geringer ist die dem Term proportionale Arbeit, die zu der Loslösung eines Elektrons

[3] Den Ionisierungsspannungen höherer Ordnung entsprechen die Grundterme in den sogenannten Funkenspektren, die von bereits ionisierten Atomen herrühren; vgl. das spätere Kapitel über die Spektren der Atome.

aus diesem Zustande erforderlich ist. Umgekehrt ist daher die Arbeit, die notwendig ist, um ein Atom aus seinem Grundzustand in einen durch den Term T' charakterisierten Zustand überzuführen,

$$A = ch(T_0 - T'), \tag{4}$$

wenn T_0 den Grundterm bedeutet. Die Umrechnung von Spannungs- in Termwerte erfolgt auf Grund der Beziehung

$$eV = chT \tag{5}$$

oder

$$T = 8{,}11 \cdot 10^3 \text{ cm}^{-1} \text{ pro Volt.} \tag{6}$$

Mit dem Übergang zwischen zwei verschiedenen Energieniveaus ist eine Wellenlänge verknüpft, deren reziproker Wert der Differenz der beiden Terme gleich ist. Je nachdem, ob dabei das Anfangs- oder das Endniveau höher ist, entsteht eine Emissions- oder eine Absorptionslinie. Daß, wie zuerst KIRCHHOFF und BUNSEN gefunden hatten, die Frequenzen des Absorptionsspektrums mit denen des Emissionsspektrums genau übereinstimmen, ergibt sich demnach auf Grund des Lichtquantenprinzips als eine notwendige Folge aus der Vorstellung der Energiestufung der Atome.

§ 9. Die Grundstoffreihe.

Aus der Vorstellung des Kernatoms folgt, daß jede Atomart durch eine ganze Zahl charakterisiert sein muß. Sie gibt, auf das elektrische Elementarquantum als Einheit bezogen, die Ladung des Atomkerns an und somit zugleich die Zahl der Planetenelektronen im neutralen Atomzustand.

Eine ungefähre Ermittlung dieser sogenannten Kernladungszahl ist schon auf Grund der Beobachtungen über den Durchgang von Alphastrahlen durch Metallfolien möglich. Wie in einem früheren Abschnitt (§ 4) erwähnt wurde, werden α-Strahlen bei ihrem Durchgang durch Materie seitens der Atomkerne abgelenkt. Die dadurch bewirkte sogenannte Streuung der α-Strahlen hängt somit von der Kernladungszahl ab, die derart für das durchquerte Metall mit einer Genauigkeit von 1% ermittelt werden konnte. Nach dieser Methode erhielt im Jahre 1920 CHADWICK für Platin den Wert 77,4 (was bei Berücksichtigung der Fehlergrenze von 1% entweder 77 oder 78 bedeutet), für Silber 46,3 und für Kupfer 29,3.

Eine viel vollkommenere Methode zur Bestimmung der Kernladungszahlen bieten die Gesetzmäßigkeiten der Röntgenspektren, wie bereits der Begründer der Röntgenspektroskopie MOSELEY im Jahre 1913 entdeckt hatte. In den Röntgenspektren, von denen in einem späteren Abschnitt eingehender die Rede sein wird, treten Serien von Linien auf, die für die verschiedenen Grundstoffe von gleichem Typus sind. Wie nun MOSELEY fand, lassen sich die Grundstoffe mit fortlaufender Numerierung derart in eine Reihe ordnen, daß die Quadratwurzel aus der Frequenz einer bestimmten Röntgenlinie linear mit der Nummer des Grundstoffs wächst.

Die sich so ergebende „natürliche“ Reihe der Grundstoffe stimmt, wie MOSELEY erkannte, im allgemeinen mit der Reihe überein, die man erhält, wenn man die Elemente nach steigendem Atomgewicht ordnet. Aber während der Gang der Atomgewichtszahlen ein ziemlich unregelmäßiger ist, vollzieht sich in der natürlichen Reihe die Verschiebung der Röntgenlinien von Element zu Element mit der allergrößten Genauigkeit, so daß sich jede etwaige Lücke in der Reihe deutlich durch einen zu großen Sprung offenbart.

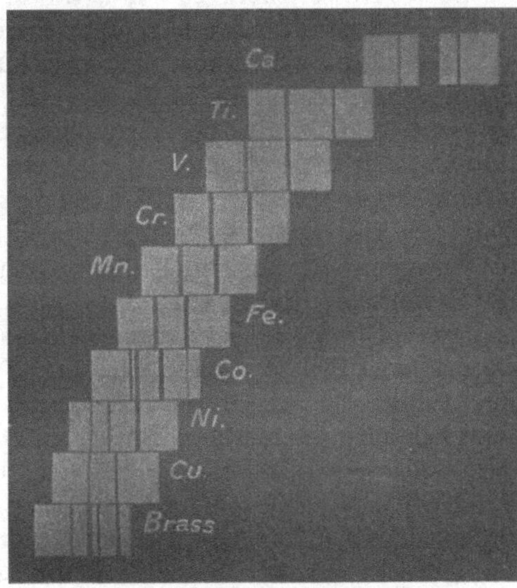

Fig. 3. K-Serie nach MOSELEY.

Fig. 3 zeigt für eine Reihe von Grundstoffen die von MOSELEY gemachten Aufnahmen der sogenannten K-Serie. Die Aufnahmen lassen neben der stärkeren K_α-Linie eine zweite schwächere (die K_β-Linie) erkennen. (Weitere Linien wurden erst später durch die Vervollkommnung der spektroskopischen Methoden erkennbar.) Die photographischen Bilder sind so angeordnet, daß übereinander liegenden Stellen die gleiche Wellenlänge entspricht. Die Wellenlänge nimmt von links nach rechts, die Frequenz also von rechts nach links zu, so daß in Fig. 3 das Element mit der niedrigeren Nummer oberhalb des Elementes mit der höheren Nummer liegt. Die Aufnahmen beziehen sich auf die Elemente: Calcium, Titan, Vanadium, Chrom, Mangan, Eisen, Kobalt, Nickel, Kupfer und Zink. Zink wurde in Form der Legierung mit Kupfer als Messing (englisch „Brass“) verwendet[1]. Die Aufnahmen zeigen auf das deutlichste, daß in der natürlichen Reihe die angegebenen Elemente aufeinanderfolgen, daß aber zwischen dem Calcium und dem Titan noch ein Element fehlt. (Es ist das Scandium, das wegen seiner Seltenheit MOSELEY damals nicht zur Verfügung stand.) Ferner zeigen, was sehr bemerkenswert ist, die Bilder, daß in der natürlichen Reihe das Kobalt dem Nickel vorangeht, obwohl es ein höheres Atomgewicht hat, nämlich 58,94 gegenüber

[1] Die Legierung wurde deshalb verwendet, weil Zink zu wenig hitzebeständig ist.

58,69. Messing zeigt sowohl die Zink- als auch die Kupferlinien; bei Kobalt zeigen sich Verunreinigungen durch Nickel und Eisen.

Direkte, mittels der Kristalle ausgeführte röntgenspektroskopische Messungen (die in einem späteren Abschnitt eingehender erörtert werden sollen) ermöglichten es bereits MOSELEY, die natürliche Reihe der Grundstoffe von dem Natrium bis zu dem höchsten Element, dem Uran, festzustellen. Spätere Messungen in dem Grenzgebiet zwischen Röntgenstrahlen und ultravioletten Strahlen gestatteten es andererseits, den Gang der Spektren von dem Natrium abwärts bis zu dem Grundstoff mit dem zweitkleinsten Atomgewicht, dem Helium, zu verfolgen.

Die natürliche Reihe, die zweifellos mit Wasserstoff an erster und Helium an zweiter Stelle beginnt, ist derart mit Sicherheit eindeutig festgestellt. Die höchste Kernladungszahl kommt unter allen bekannten Grundstoffen dem Element Uran zu, nämlich die Zahl 92. Nach dem gegenwärtigen Stande der Forschung weist die Grundstoffreihe nur noch drei Lücken auf, die den Zahlen 61, 85 und 87 entsprechen[2]. Die Reihe der Elemente ist in den späteren Tabb. III und XVIII dargestellt. In die natürliche Reihe wurden selbstverständlich auch die Elemente aufgenommen, von denen röntgenspektroskopische Aufnahmen nicht möglich waren (wie die Edelgase, Radium, Polonium, Actinium, Protactinium); die Stellung dieser Grundstoffe ergab sich einerseits aus der später zu besprechenden chemischen Periodizität, andererseits aus dem Atomgewicht. Das Atomgewicht nimmt nämlich in der natürlichen Grundstoffreihe von Stelle zu Stelle zu, mit nur vier Ausnahmen, indem nämlich trotz etwas höheren Atomgewichts das Argon dem Kalium vorausgeht (Nr. 18 und 19), ferner, wie schon erwähnt, das Kobalt dem Nickel (Nr. 27 und 28), sodann das Tellur dem Jod (Nr. 52 und 53) und endlich das Thorium dem Protactinium (Nr. 90 und 91).

Die auf Grund des MOSELEYschen Gesetzes sich ergebenden Kernladungszahlen stimmen in der Tat mit denjenigen überein, die später nach der CHADWICKschen Methode ermittelt wurden. Die Erkenntnis, daß die Ordnungszahlen der MOSELEYschen Reihe zugleich die Kernladungszahlen bedeuten, ist von VAN DEN BROEK im Jahre 1913 begründet worden.

§ 10. Die chemische Periodizität.

In der natürlichen Reihe der Grundstoffe nehmen, wie die Erfahrung zeigt, sechs Elemente, zwischen deren Ordnungszahlen einfache zahlenmäßige Zusammenhänge bestehen, eine ausgezeichnete Sonderstellung ein. Diese Elemente verhalten sich nämlich in chemischer

[2] Zur Zeit der MOSELEYschen Entdeckung betrug die Zahl der Lücken noch sechs. 1922 entdeckten HEVESY und COSTER das 72. Element (Hafnium), 1925 NODDACK und TACKE die Elemente 43 und 75 (Masurium und Rhenium).

Hinsicht nahezu vollkommen passiv, indem sie im Gegensatze zu allen anderen Grundstoffen im allgemeinen keine chemischen Verbindungen eingehen; es sind die sogenannten Edelgase, nämlich Helium, Neon, Argon, Krypton, Xenon und die Emanation. Ihre Ordnungszahlen sind

$$2, 10, 18, 36, 54, 86.$$

Die Differenzen zwischen diesen Zahlen sind

$$8, 8, 18, 18, 32,$$

und von vornherein läßt sich ein tieferer Grund dafür vermuten, daß die erste Ordnungszahl und die folgenden Differenzen von der Form sind

$$2z^2 \ (z = 1, 2, 3, 4).$$

Vom Standpunkte der modernen Atomtheorie ist nun offenbar jede chemische Aktivität auf elektrische Kräfte zurückzuführen, die von den Atomen ausgehen; diese Kräfte sind es, die zu einer Vereinigung entgegengesetzt geladener Atome und damit zur Molekelbildung führen. Da im neutralen Zustand die Zahl der den Kern umgebenden Elektronen der Kernladungszahl gleich ist, kann somit ein Atom nur dann chemisch aktiv werden, wenn sich die Zahl der seinen Kern umgebenden Elektronen entweder unter die Kernladungszahl vermindert oder über sie erhöht hat; im ersten Falle wird das Atom als Ganzes positiv, im zweiten negativ elektrisch, und die Ladung ist wiederum durch die Zahl der abgegebenen oder aufgenommenen Elektronen bestimmt. Aus der chemischen Passivität der Edelgase muß somit geschlossen werden, daß in ihren Atomen die Anordnung der Elektronen um den Kern im allgemeinen eine derart stabile ist, daß weder Elektronen aus dem Atomverband abgegeben noch fremde in ihn aufgenommen werden, was bei allen anderen Atomen möglich erscheint.

Die Edelgase stellen gewissermaßen die Marksteine in der natürlichen Reihe der Grundstoffe dar. Durch sie zerfällt die Reihe in sieben Perioden. Die erste umfaßt die ersten zwei Elemente (Wasserstoff und Helium); die zweite und dritte Periode umfassen je acht Elemente, Nr. 3 bis 10 (Lithium bis Neon) und Nr. 11 bis 18 (Natrium bis Argon). Die vierte und fünfte Periode erstrecken sich über je achtzehn Elemente, Nr. 19 bis 36 (Kalium bis Krypton) und Nr. 37 bis 54 (Rubidium bis Xenon). Die sechste Periode umfaßt zweiunddreißig Grundstoffe, Nr. 55 bis 86 (Cäsium bis Emanation). Die siebente Periode, die mit dem unbekannten Element Nr. 87 beginnt, bricht scheinbar an sechster Stelle mit dem Uran ab.

Schon im Jahre 1869 haben nun gleichzeitig, doch unabhängig voneinander, Lothar Meyer und Mendelejeff die wichtige Entdeckung gemacht, daß in einer nach steigendem Atomgewicht gebildeten Reihe der Elemente charakteristische physikalische und chemische Eigen-

Tabelle III.

Das periodische System der Elemente.

	I a	I b	II a	II b	III a	III b	IV a	IV b	V a	V b	VI a	VI b	VII a	VII b	VIII a	VIII b
1	1 H															2 He
2	3 Li		4 Be			5 B		6 C		7 N		8 O		9 F		10 Ne
3	11 Na		12 Mg			13 Al		14 Si		15 P		16 S		17 Cl		18 Ar
4	19 K	29 Cu	20 Ca	30 Zn	21 Sc	31 Ga	22 Ti	32 Ge	23 V	33 As	24 Cr	34 Se	25 Mn	35 Br	26 Fe 27 Co 28 Ni	36 Kr
5	37 Rb	47 Ag	38 Sr	48 Cd	39 Y	49 In	40 Zr	50 Sn	41 Nb	51 Sb	42 Mo	52 Te	43 Ms	53 J	44 Ru 45 Rh 46 Pd	54 X
6	55 Cs	79 Au	56 Ba	80 Hg	57—71 seltene Erden	81 Tl	72 Hf	82 Pb	73 Ta	83 Bi	74 W	84 Po	75 Re	85	76 Os 77 Ir 78 Pt	86 Em
7	87		88 Ra		89 Ac		90 Th		91 Pa		92 U					

schaften periodisch wiederkehren[1], und infolgedessen, wenn man die Perioden untereinander schreibt, eine Anordnung möglich ist, bei der in den einzelnen Vertikalreihen einander ähnliche Elemente verzeichnet sind. Die weitere Ausbildung des sogenannten periodischen Systems führte zu der Unterscheidung von acht Vertikalgruppen mit je zwei Untergruppen; doch wurde eine exakte Darstellung erst möglich, seit durch die Kenntnis der Ordnungszahlen auch die Zahl der Stellen in den Perioden genau bekannt geworden war.

Wie die Erfahrung zeigt, ist nun die Tabelle des periodischen Systems folgendermaßen zu konstruieren (Tab. III). Man legt acht Vertikalreihen mit je zwei Untergruppen an. Man bezeichnet die den Vertikalreihen entsprechenden Gruppen mit I, II usw. bis VIII; die Untergruppen mögen in der Tabelle mit a und b unterschieden werden. Die beiden Elemente der ersten Periode weist man in die Gruppen Ia und VIIIb. Die acht Elemente der zweiten und dritten Periode verteilt man derart auf die acht Gruppen, daß die ersten zwei in die a-Reihe kommen und die letzten sechs in die b-Reihe. In der vierten und fünften, je 18 Elemente umfassenden Periode verfährt man folgendermaßen: Man verteilt die ersten acht Elemente auf die acht Vertikalreihen in der a-Gruppe und die letzten acht auf die acht Vertikalreihen in der b-Gruppe; das neunte und zehnte Element weist man ebenfalls in die Reihe VIIIa, so daß diese Reihe in der vierten und fünften Periode je eine Triade aufweist. In der sechsten Periode wählt man dieselbe Anordnung wie in der vierten und fünften, jedoch mit dem Unterschied, daß man in der IIIa-Reihe statt eines einzigen Elementes eine Gruppe von fünfzehn Elementen unterbringt; in der sechsten Periode erscheinen also von den 16 Stellen der acht a- und b-Reihen eine mit 3 und eine mit 15 Elementen besetzt. In der siebenten Periode werden endlich die ersten sechs Grundstoffe dieser Periode in den a-Reihen untergebracht. Die drei Triaden werden gebildet von den Eisen-, den Palladium- und den Platinmetallen. Die Fünfzehnergruppe wird als die Gruppe der seltenen Erden bezeichnet.

[1] Zu den physikalischen, periodisch wiederkehrenden Eigenschaften gehören vor allem: Atomvolumen, Schmelzpunkt und Siedepunkt.

II. Kapitel.

Die Grundlagen der Atommechanik.

§ 11. Die Theorie von de Broglie.

Die Hypothese der Materiewellen führt, wie de Broglie erkannte, zu einem besonders bedeutungsvollen Ergebnis, wenn sie auf periodische Bewegungen eines Materieteilchens angewendet wird. Ein Wellenstrahl ist ja bekanntlich dadurch charakterisiert, daß in jedem Augenblicke solche Stellen des Wellenfeldes denselben Schwingungszustand aufweisen, die längs des Strahles um ein ganzzahliges Vielfaches der Wellenlänge voneinander abstehen. Da nun innerhalb einer Welle unmöglich zwei verschiedene Schwingungszustände gleichzeitig an derselben Stelle vorhanden sein können, so erscheint auf Grund der Vorstellung der Materiewellen eine Bewegung in einer geschlossenen Bahn bei konstanter Geschwindigkeit nur dann möglich, wenn die Länge der Bahn (l) ein ganzzahliges Vielfaches der Wellenlänge ist, wenn also die Beziehung erfüllt ist

(1) $$\frac{l}{\lambda} = n \quad (n = 1,\ 2,\ 3 \text{ usw.}).$$

Ist die Geschwindigkeit und somit auch die Wellenlänge veränderlich, so müssen wir offenbar die Bahnlänge l in Wegelemente ds zerlegen und jedes durch den zugehörigen Wert der Wellenlänge dividieren. Wenn wir mit dem üblichen Symbol $\left(\oint\right)$ das über die geschlossene Bahn erstreckte Integral bezeichnen, tritt dann an die Stelle der Gl. 1 die allgemeinere Beziehung

(2) $$\oint \frac{ds}{\lambda} = n\,.$$

Hierfür können wir aber nach Gl. 2 des § 6 auch schreiben:

(3) $$\oint G\,ds = n\,h\,;$$

das über die geschlossene Bahn erstreckte Wegintegral des Impulses stellt also ein ganzzahliges Vielfaches des elementaren Wirkungsquantums dar. In dem besonderen Falle einer mit konstanter Geschwindigkeit erfolgenden Kreisbewegung muß somit der durch das Produkt aus Masse, Geschwindigkeit und Bahnradius gegebene Drehimpuls

$$m\,a\,v = \frac{n\,h}{2\pi} \tag{4}$$

sein.

Aus der Vorstellung der Materiewellen ergibt sich derart notwendigerweise eine Annahme, die bereits im Jahre 1913 von BOHR als selbständige Hypothese begründet und von ihm mit größtem Erfolg zur Deutung der Linienspektren verwendet worden war. BOHR setzte nämlich für den Grundzustand des Wasserstoffatoms den mit 2π multiplizierten Drehimpuls dem elementaren Wirkungsquantum gleich, während er ihn für die abnormalen Zustände des Wasserstoffatoms gleich $2h$, $3h$, $4h$ usw. annahm. BOHR ermittelte also zunächst nach den Prinzipen der klassischen Mechanik die Gesamtheit aller im Atom möglichen Bahnen und sonderte dann aus dieser Gesamtheit als „quantentheoretisch zulässig" diejenigen Bahnen aus, die der Quantenbedingung der Gl. 4 genügen. Diese Auszeichnung der „gequantelten" Bahnen mußte indessen vom Standpunkte der klassischen Mechanik aus völlig unverständlich bleiben, und nicht minder die Bestimmung der mechanischen Bahnen durch die optische Fundamentalkonstante h. Beide Schwierigkeiten fanden erst durch die Theorie DE BROGLIES ihre Lösung.

Die Fortpflanzungsgeschwindigkeit einer Materiewelle ist natürlich gemäß einer allgemein gültigen wellentheoretischen Beziehung dem Produkt aus Wellenlänge und Frequenz gleich, also

$$u = \lambda\,\nu\,. \tag{5}$$

Setzen wir für λ den Wert aus Gl. 12 des § 6 ein (nämlich h/mv) und setzen wir $h\nu$ in naheliegender Weise gleich $m\,c^2$, so ergibt sich die Beziehung

$$u = \frac{c^2}{v}\,. \tag{6}$$

Die Geschwindigkeit der Materiewellen ist also der zugehörigen mechanischen Geschwindigkeit umgekehrt proportional.

Durch diese der DE BROGLIEschen Theorie eigentümliche Beziehung erscheint ein enger Zusammenhang zwischen zwei alten physikalischen Prinzipen hergestellt, deren eines als oberstes geometrisch-optisches und deren anderes als oberstes mechanisches Theorem angesehen wurden. Das optische Prinzip wurde in der ersten Hälfte des 17. Jahrhunderts von FERMAT als Satz der kürzesten Lichtzeit aufgestellt. Nach diesem Satze ist die Zeit, die das Licht zur Zurücklegung des wirklichen Weges zwischen zwei Punkten braucht, ein Minimum[1].

---

[1] Aus dem FERMATschen Prinzip läßt sich die Form des Lichtstrahls richtig bestimmen, beispielsweise sehr leicht das Brechungsgesetz ableiten.

Da die Zeit gleich dem Quotienten aus Weg und Geschwindigkeit ist, findet das FERMATsche Prinzip seinen mathematischen Ausdruck in der Forderung, daß das Wegintegral der reziproken Wellengeschwindigkeit ($\int ds/u$) ein Minimum darstelle.

Das oberste mechanische Prinzip, das von MAUPERTUIS in der Mitte des 18. Jahrhunderts aufgestellt und von EULER später exakter formuliert wurde, stellte wiederum das Wegintegral der mechanischen Geschwindigkeit $\left(\int v\,ds\right)$ als ein Minimum hin[2]. In dem MAUPERTUISschen Theorem spielt also die mechanische Geschwindigkeit dieselbe Rolle wie in dem FERMATschen Prinzip die reziproke Wellengeschwindigkeit. Das FERMATsche Prinzip ist nun ein unter gewissen Voraussetzungen[3] für alle Arten von Wellen angenähert gültiges generelles Prinzip. Auf Grund der Vorstellung der Materiewellen (vgl. Gl. 6) ergibt sich also das mechanische Prinzip von MAUPERTUIS als eine notwendige Folge des allgemeinen Wellenprinzips von FERMAT.

Da die mechanische Geschwindigkeit v jedenfalls kleiner als c ist, so müßten sich nach Gl. 6 die mit einem bewegten Körper verknüpften Materiewellen mit Überlichtgeschwindigkeit ausbreiten. Für ein rasches Automobil wären die Wellen rund hundert Billionen mal schneller als das Automobil selbst, und für langsamere Bewegungen wäre das Mißverhältnis noch größer. Dieser scheinbare Widerspruch findet indessen eine befriedigende Lösung durch den schon in der Mitte des 19. Jahrhunderts in die Physik eingeführten Begriff der Gruppengeschwindigkeit. Unter einer Wellengruppe versteht man eine Gesamtheit von Wellen, deren Frequenzen einen gewissen Bereich erfüllen. Das Verhalten einer solchen Wellengruppe wird verständlich, wenn man bedenkt, daß der Mittelwert des Sinus aller möglichen Winkel bei Berücksichtigung des Vorzeichens verschwindet. Denn jedem positiven Werte des Sinus entspricht ein gleich großer negativer und umgekehrt, so daß sie einander wechselseitig aufheben. Betrachten wir daher eine Gesamtheit von Schwingungen, deren Phasen nicht irgendwie übereinstimmen, so ist im allgemeinen die resultierende Schwingung, die sich durch Summierung der Produkte aus den Amplituden und den Sinus der zugehörigen Phasen ergibt, sehr klein gegenüber der algebraischen Summe der Amplitudenbeträge.

Innerhalb einer Wellengruppe betrachten wir nun eine Stelle, an der eine ziemlich weitgehende Übereinstimmung der Phase für die einzelnen, zu der Gruppe gehörigen Wellen bestehe und an der somit auch die

[2] Vgl. hierzu des Verfassers „Grundgleichungen der Mechanik", 19. Vorles., Leipzig (Veit) 1914. Allgemeiner und auch vom relativitätstheoretischen Standpunkte aus exakt ist die Forderung, daß $\int G\,ds$ ein Minimum sei.

[3] Zu diesen Voraussetzungen gehört vor allem, daß die Lineardimensionen des Bereiches, auf den das Prinzip angewendet wird, groß gegenüber der Wellenlänge sind.

resultierende Schwingung verhältnismäßig groß ist. Eine solche Stelle, die wir als ein Energiezentrum der Wellengruppe bezeichnen wollen, ist offenbar dadurch charakterisiert, daß für zwei Wellen, deren Frequenzen unendlich wenig verschieden sind, der Phasenunterschied verschwindend klein von der zweiten Ordnung wird. Für ein Energiezentrum muß also, wenn wir die Phase mit ψ bezeichnen,

$$\frac{\partial \psi}{\partial \nu} = 0 \tag{7}$$

sein.

Nun gilt aber in bekannter Weise[4] für die Phase die Beziehung

$$\psi = 2\pi \nu \left(t - \frac{s}{u}\right) + \varepsilon, \tag{8}$$

wenn t die Zeit bedeutet, ε die sogenannte Phasenkonstante und s die von irgendeiner Nullstelle an gerechnete Länge des Strahls. Es ist daher

$$\frac{\partial \psi}{\partial \nu} = 2\pi t - 2\pi s \frac{d\left(\frac{\nu}{u}\right)}{d\nu} + \frac{d\varepsilon}{d\nu}, \tag{9}$$

und somit ergibt sich aus Gl. 7 die Beziehung:

$$s = \left[\frac{d\left(\frac{\nu}{u}\right)}{d\nu}\right]^{-1} \left(t + \frac{1}{2\pi}\frac{d\varepsilon}{d\nu}\right). \tag{10}$$

Da die Größe s von der Zeit abhängt, muß also das Energiezentrum selbst fortwandern, und zwar mit einer Geschwindigkeit

$$g = \left[\frac{d\left(\frac{\nu}{u}\right)}{d\nu}\right]^{-1}. \tag{11}$$

Diese Größe g stellt die Geschwindigkeit dar, mit der sich die Energiezentren fortbewegen, mit der sich also die Energie der Wellen ausbreitet. Sie wird nach Lord RAYLEIGH als die Gruppengeschwindigkeit bezeichnet, die daher wohl von der Wellengeschwindigkeit zu unterscheiden ist, woferne nicht im besonderen letztere von der Frequenz unabhängig ist[5].

---

[4] Vgl. des Verf. „Einführung in die theoretische Physik", 5. u. 6. Aufl., Bd. I, Gl. 10 des § 42; die Gl. 8 kann, wenn man die zu der Frequenz reziproke Periode τ und die Wellenlänge λ einführt ($u = \lambda\nu$), auch in der anderen bekannten Form geschrieben werden:

$$\psi = 2\pi\left(\frac{t}{\tau} - \frac{s}{\lambda}\right) + \varepsilon.$$

[5] Wenn in Gl. 11 die Differentiation ausgeführt wird, ergibt sich die Gleichung:

$$\frac{1}{g} = \frac{1}{u} - \frac{\nu}{u^2}\frac{du}{d\nu}.$$

Hieraus folgt in der Tat, daß bei dem Fehlen von Dispersion (nämlich dann, wenn u von ν unabhängig ist) die Gruppengeschwindigkeit mit der Wellengeschwindigkeit übereinstimmt.

Nach Gl. 6 wird nun für die Materiewellen

(12) $$\frac{\nu}{u} = \frac{\nu v}{c^2}$$

und somit

(13) $$\frac{d\left(\frac{\nu}{u}\right)}{d\nu} = \frac{v}{c^2} + \frac{\nu}{c^2}\,\frac{dv}{d\nu}\,.$$

Andererseits setzten wir aber

(14) $$\nu = \frac{m\,c^2}{h}\,.$$

Berücksichtigen wir die Abhängigkeit der Masse von der Ruhemasse m_0 und von v gemäß Gl. 8 des § 3, so finden wir somit:

(15) $$\nu = \frac{m_0\,c^2}{h\sqrt{1-\frac{v^2}{c^2}}}\,.$$

Hieraus folgt

(16) $$\frac{d\nu}{dv} = \frac{m_0\,v}{h\left(1-\frac{v^2}{c^2}\right)^{\frac{3}{2}}} = \frac{\nu v}{c^2-v^2}\,.$$

Setzen wir dies in Gl. 13 ein, so finden wir:

(17) $$\frac{d\left(\frac{\nu}{u}\right)}{d\nu} = \frac{v}{c^2} + \frac{c^2-v^2}{c^2\,v} = \frac{1}{v}\,.$$

Ein Vergleich mit Gl. 11 liefert das wichtige Ergebnis

(18) $$g = v\,.$$

Die mechanischen Geschwindigkeiten der Materieteilchen erweisen sich also als gleichbedeutend mit den Gruppengeschwindigkeiten der Materiewellen.

Umgekehrt kann man, wie der Verfasser dieses Buches gezeigt hat[6], von der Hypothese ausgehen, daß die mechanischen Geschwindigkeiten Gruppengeschwindigkeiten von Wellen irgendwelcher Art darstellen, deren Energie aus Energieelementen $h\,\nu$ zusammengesetzt ist, und sodann aus der klassischen Mechanik die fundamentalen Gesetze der Relativitätstheorie[7] ableiten.

§ 12. Die Theorie von SCHRÖDINGER.

Die Vorstellung der Materiewellen legt den Gedanken nahe, als Grundlage der Atommechanik eine Differentialgleichung von jener Art

[6] A. HAAS, Physik. Zeitschr. *28*, 1927, S. 632. Hierüber und wegen mancher Einzelheiten der DE BROGLIEschen Theorie vgl. auch des Verfassers Buch „Materiewellen und Quantenmechanik", Leipzig (Akademische Verlagsgesellschaft), 4. und 5. Aufl., 1934.

[7] Es sind dies die Formeln für die Abhängigkeit der Masse von der Geschwindigkeit, die Formeln für die longitudinale und die transversale Masse, der Satz von der trägen Masse der Energie und die sogenannte LORENTZ-Transformation der Zeit.

zu wählen, die ganz allgemein die Ausbreitung von irgendwelchen Wellen beschreibt. Dieser Vorgang findet, wie aus der elementaren mathematischen Physik bekannt ist[1], seine einfachste Darstellung durch eine Wellengleichung von der Form

$$\Delta S + \frac{4\pi^2}{\lambda^2} S = 0, \tag{1}$$

wobei S die schwingende Größe bedeutet und λ die Wellenlänge (ΔS, die sogenannte LAPLACEsche Ableitung von S, ist die Summe der zweiten partiellen Differentialquotienten nach den drei Koordinaten).

Wenn wir diese Gleichung auf die Materiewellen eines einzelnen Teilchens anwenden und dabei die Bedeutung des „Feldskalars" S zunächst noch unbestimmt lassen, wird nach Gl. 12 des § 6

$$\frac{1}{\lambda^2} = \frac{m^2 v^2}{h^2}. \tag{2}$$

Andererseits ist, wenn wir mit E die Gesamtenergie und mit V die potentielle Energie des Teilchens bezeichnen[2],

$$m v^2 = 2(E - V). \tag{3}$$

Daher kann auf Grund der Gl. 2 die Gl. 1 auch in der Form geschrieben werden:

$$\Delta S + \frac{8\pi^2 m}{h^2}(E - V) S = 0. \tag{4}$$

Diese Differentialgleichung wurde im Jahre 1925 von SCHRÖDINGER als die Grundgleichung der Atommechanik aufgestellt. Er versuchte dadurch auf mechanischem Gebiete jene Verallgemeinerung, die dem Übergange von der gröberen geometrischen Strahlenoptik zu der feineren physikalischen Wellenoptik entspricht.

Aus der Theorie der Differentialgleichungen war es nun schon lange bekannt, daß die Möglichkeit, für eine Differentialgleichung eine eindeutige, endliche und stetige Lösung zu finden, nur bei bestimmten Werten der in der Gleichung vorkommenden Parameter besteht; diese

---

[1] Die allgemeine Differentialgleichung einer Welle lautet (vgl. des Verf. „Einführung in die theoretische Physik", 5. u. 6. Aufl., Bd. I, Gl. 1 des § 43)

$$\frac{\partial^2 S}{\partial t^2} = \frac{\lambda^2}{\tau^2} \Delta S,$$

wobei τ die Periode bedeutet. Ist im besonderen die periodische Zeitfunktion S eine Sinusfunktion, also

$$S = A \sin\left(\frac{2\pi t}{\tau} + B\right),$$

wobei B eine Funktion der Koordinaten ist, so wird

$$\frac{\partial^2 S}{\partial t^2} = -\frac{4\pi^2}{\tau^2} S,$$

woraus dann die Gl. 1 folgt.

[2] Dann ist also $(E - V)$ die lebendige Kraft $(\frac{1}{2} m v^2)$.

Werte werden als die Eigenwerte der Differentialgleichung bezeichnet. In der SCHRÖDINGERschen Gleichung stellt die Gesamtenergie E einen solchen konstanten Parameter dar, während die potentielle Energie von den Koordinaten abhängt. Durch die Eigenwerte, die die SCHRÖDINGERsche Gleichung in irgendeinem speziellen Falle besitzt, erscheinen somit ganz bestimmte, diskrete Werte der Energie festgelegt. So wurde durch SCHRÖDINGER das physikalische Problem der Quantisierung der Energie auf ein rein mathematisches Problem zurückgeführt, nämlich auf das für alle wichtigeren Fälle längst gelöste Eigenwertproblem aus der Theorie der Differentialgleichungen.

Betrachten wir beispielsweise die Differentialgleichung

$$\frac{d^2 y}{d x^2} + (a - x^2)\, y = 0\,, \tag{5}$$

so folgt aus rein mathematischen Überlegungen, daß alle ungeraden ganzen Zahlen, aber auch nur diese (also $a = 1$, 3, 5 usw.) Eigenwerte dieser Gleichung sind[3]. Als ein zweites Beispiel sei die sogenannte Differentialgleichung der Kugelfunktionen angeführt. Wir gelangen zu ihr, wenn wir die LAPLACEsche Ableitung von den rechtwinkligen Koordinaten auf räumliche Polarkoordinaten umformen. Als solche benutzt man bekanntlich die Entfernung (r) von einem festen Punkte und zwei Winkel, die, wenn wir an die Erdkugel denken, der geographischen Länge und dem Polabstand entsprechen. Die Umformung führt zu einem Ausdruck, der in dem besonderen Falle, daß r als konstant und gleich der Längeneinheit angenommen wird, mit Δ' bezeichnet werde. Betrachten wir nun die Differentialgleichung

$$\Delta' \psi + a \psi = 0\,, \tag{6}$$

so folgt aus der Theorie der Kugelfunktionen, daß diese Differentialgleichung eine auf der ganzen Kugelfläche endliche und stetige Lösung nur besitzen kann, wenn

$$a = n\,(n + 1) \tag{7}$$

bei ganzzahligem Werte von n ist[4]. Die Eigenwerte der Gl. 6 sind also die Zahlen 2, 6, 12, 20, 30, 42, 56 und so fort.

Die beiden angeführten Beispiele aus der mathematischen Theorie der Differentialgleichungen gestatten sogleich eine Anwendung auf die beiden physikalisch bedeutungsvollen Probleme des linearen Oszillators und des Rotators. Unter einem Oszillator versteht man ein um eine feste Ruhelage schwingendes Teilchen, z. B. ein Elektron. Im besonderen wird der Oszillator als linear bezeichnet, wenn die Schwingungen in einer Geraden erfolgen, und als harmonisch, wenn es sich um reine

---

[3] Vgl. z. B. COURANT und HILBERT, Methoden der mathematischen Physik, Bd. I (2. Aufl., Berlin, Springer, 1931), S. 283.

[4] Ebenda, S. 281, 282; 441 ff.

Sinusschwingungen handelt. Ist q die Entfernung von der Ruhelage, ν die Schwingungsfrequenz und A die Amplitude, so ist

$$q = A \sin(2\pi \nu t) . \tag{8}$$

Durch Differentiation nach der Zeit ergibt sich die Geschwindigkeit, und daher ist die kinetische Energie als halbes Produkt aus Masse und Geschwindigkeitsquadrat

$$L = 2A^2 \pi^2 \nu^2 m \cos^2(2\pi \nu t) . \tag{9}$$

Da der größte, für L mögliche Wert die Gesamtenergie darstellen muß (denn die potentielle Energie verschwindet für $q = 0$), so wird

$$E = 2A^2 \pi^2 \nu^2 m , \tag{10}$$

und daher wird V als Differenz von E und L

$$V = 2\pi^2 \nu^2 m q^2 . \tag{11}$$

In dem speziellen Fall des linearen, harmonischen Oszillators nimmt also die Schrödingersche Gleichung die Form an:

$$\frac{d^2 S}{dq^2} + \frac{8\pi^2 m}{h^2}(E - 2\pi^2 \nu^2 m q^2) S = 0 . \tag{12}$$

Wie setzen nun vorübergehend zur Abkürzung

$$\frac{8\pi^2 m}{h^2} E = a \tag{13}$$

und

$$\frac{4\pi^2 m \nu}{h} = b . \tag{14}$$

Führen wir eine neue Variable x durch die Gleichung

$$x = q\sqrt{b} \tag{15}$$

ein, so wird

$$\frac{d^2 S}{dq^2} = b \frac{d^2 S}{dx^2} \tag{16}$$

und

$$q^2 = \frac{x^2}{b} . \tag{17}$$

Indem wir die Gl. 12 durch b dividieren, finden wir somit

$$\frac{d^2 S}{dx^2} + \left(\frac{a}{b} - x^2\right) S = 0 . \tag{18}$$

Diese Gleichung ist von ganz derselben Form wie die frühere Gl. 5, nur daß an die Stelle von a jetzt a/b getreten ist und statt y nunmehr S geschrieben ist. Da nur die ungeraden Zahlen Eigenwerte dieser Gleichung sind, muß also

$$\frac{a}{b} = 2n + 1 \tag{19}$$

sein. Aus den Gleichungen 13 und 14 folgt aber, daß

(20) $$\frac{a}{b} = \frac{2E}{h\nu}$$

ist; es muß somit

(21) $$E = (2n + 1)\frac{h\nu}{2}$$

sein.

In der SCHRÖDINGERschen Mechanik erweist sich demnach die Energie eines linearen, harmonischen Oszillators als ungerades Vielfaches eines halben Energieelementes, wenn wir unter einem solchen in üblicher Weise das Produkt $h\nu$ verstehen. Dieses Resultat weicht von dem der älteren Quantentheorie ab, die die Energie stets einem ganzzahligen Vielfachen eines ganzen Energieelementes gleichgesetzt hatte. Im Gegensatze zu der älteren Theorie folgt aus der SCHRÖDINGERschen Mechanik, daß der niedrigste Energiewert, den ein Oszillator annehmen kann, von Null verschieden ist. Die theoretische Physik führt nun den Wärmeinhalt fester Körper im wesentlichen auf Schwingungen zurück, die die Atome des festen Körpers um gewisse Ruhelagen ausführen und deren Energie sich als Wärme offenbaren soll. Verschiedene Erscheinungen, die bei äußerst tiefen Temperaturen beobachtet werden, hatten schon vor SCHRÖDINGER einige Physiker, wie vor allem NERNST, zu der Hypothese der sogenannten Nullpunktsenergie geführt; danach soll auch bei dem absoluten Nullpunkt, bei dem nach der früheren Theorie die Oszillationsenergie völlig verschwinden müßte, jeder Oszillator die Energie $h\nu/2$ besitzen. Diese Annahme, die früher erzwungen erschien, ergibt sich in der SCHRÖDINGERschen Theorie als natürliche Folge ihrer Grundlagen.

Ebenso wie der Oszillator hatte auch der Rotator schon in der älteren Quantentheorie eine große Rolle gespielt; aber auch hier gelangte die SCHRÖDINGERsche Theorie zu einem Ergebnis, das von dem früheren abweicht. Unter einem Rotator versteht man ein Teilchen, das sich in konstanter Entfernung um ein festes Anziehungszentrum bewegt. Ist die Bewegung an eine bestimmte Ebene gebunden, erfolgt sie also in einem Kreise, so spricht man von einem Rotator mit fester Achse. Ist eine solche Bindung nicht vorhanden, erfolgt also die Bewegung in einer Kugelfläche, so spricht man von einem Rotator mit freier Achse. Ein solcher möge im folgenden betrachtet werden.

Wenn die feste Entfernung der Längeneinheit gleich ist, so können wir in der SCHRÖDINGERschen Differentialgleichung die LAPLACEsche Ableitung durch das vorhin gebrauchte Symbol Δ' ersetzen. Sonst ist natürlich, weil die LAPLACEsche Ableitung die Quadrate der Differentiale der Koordinaten in den Nennern enthält, durch r^2 zu dividieren, wenn r die feste Entfernung bedeutet. Statt ΔS ist also dann $\Delta' S/r^2$ zu schreiben. Da im Falle des Rotators die potentielle Energie konstant ist, so gilt dasselbe auch von der kinetischen Energie (L), und wir können daher die SCHRÖDINGERsche Gleichung (nach Multiplikation mit r^2) in der folgenden Form schreiben:

$$\Delta' S + \frac{8\pi^2 m}{h^2} r^2 L S = 0 . \tag{22}$$

Die Eigenwerte dieser Gleichung sind nach den Gl. 6 und 7 durch die Beziehung bestimmt, daß für einen ganzzahligen Wert von n

$$\frac{8\pi^2 m r^2 L}{h^2} = n(n+1) \tag{23}$$

sein muß.

Nun ist aber, wenn wir den Drehimpuls U $(= m v r)$ einführen,

$$L = \tfrac{1}{2} m v^2 = \frac{U^2}{2 m r^2} . \tag{24}$$

Wir finden somit

$$\frac{4\pi^2 U^2}{h^2} = n(n+1)$$

oder

$$U = \frac{h}{2\pi} \sqrt{n(n+1)} . \tag{25}$$

Auch bei dem Rotator ist das Ergebnis der SCHRÖDINGERschen Theorie verschieden von dem der älteren Quantentheorie, die den Drehimpuls einem ganzzahligen Vielfachen von $h/2\pi$ gleichgesetzt hatte.

Mit den Eigenfunktionen ist, wie, im Anschluß an SCHRÖDINGER, ECKART[5] nachwies, auch die Übergangswahrscheinlichkeit zwischen zwei quantisierten Zuständen gegeben. Man findet hierfür

$$a(n, m) = \int \psi_n \psi_m^* \, q \, dq , \tag{26}$$

wobei sich die Indices n und m auf die beiden quantisierten Zustände beziehen, ψ_n und ψ_m die den beiden Zuständen eigentümlichen Eigenfunktionen sind, ψ^* die zu ψ konjugierte Größe bedeutet und die Integration über sämtliche mögliche Werte der Koordinate q zu erstrecken ist.

Eine Verallgemeinerung der SCHRÖDINGERschen Differentialgleichung ist notwendig, wenn Vorgänge betrachtet werden, an denen mehr als ein einziges Materieteilchen beteiligt sind. Bezeichnen wir mit dem Symbol Δ_1 die Summe der zweiten partiellen Differentialquotienten nach den Koordinaten des ersten Teilchens und mit m_1 dessen Masse usw., so lautet die SCHRÖDINGERsche Gleichung des Mehrteilchenproblems, wie in dem nächsten Abschnitt eingehender begründet werden soll, folgendermaßen:

$$\frac{1}{m_1} \Delta_1 S + \frac{1}{m_2} \Delta_2 S + \ldots + \frac{8\pi^2}{h^2} (E - V) S = 0 . \tag{27}$$

Es ist indessen zu beachten, daß diese Gleichung keine eigentliche Wellengleichung im üblichen Sinne mehr darstellt. Der durch sie beschriebene

[5] C. ECKART, Phys. Rev. *28*, 1926, S. 711.

Vorgang kann als eine „Welle" nur in einem sogenannten Konfigurationsraum aufgefaßt werden, dessen Dimensionszahl dreimal so groß wie die Teilchenzahl ist und in dem die Koordinaten die Bedeutung von Strecken haben, die noch mit der Quadratwurzel aus der Masse des betreffenden Teilchens multipliziert sind[6].

§ 13. Die Quantenmechanik von Heisenberg.

Die auf der Vorstellung der Materiewellen aufgebaute Theorie von Schrödinger stellt nicht den einzigen Versuch einer Neubegründung der Atommechanik dar. Um einige Monate älter ist die von Heisenberg geschaffene Quantenmechanik, die indessen, wie später Schrödinger zu zeigen vermochte, in einem engen Zusammenhang mit seiner eigenen Theorie steht. Es ist dies um so merkwürdiger, als das Ziel, das sich Heisenberg bei der Aufstellung seiner Theorie setzte, völlig verschieden von den Zielen war, die de Broglie und Schrödinger vorschwebten. Diese beiden Forscher waren bestrebt, das atomare Geschehen mittels der Methoden der klassischen Physik zu erklären und derart die Kluft zu überbrücken, die die „quantisierte" Atomphysik von der klassischen Physik trennte. Heisenberg ging von der entgegengesetzten Auffassung aus: daß nämlich nur ein endgültiger Verzicht auf die hergebrachten klassischen Vorstellungen ein wirkliches Verständnis der atomaren Gesetzmäßigkeiten erschließen könne. Es war Heisenbergs Überzeugung, daß in der Atomtheorie jeder Versuch einer Anschaulichkeit als sinnlos und zwecklos von vorneherein vermieden werden müsse und daß aus der theoretischen Physik diejenigen Größen ausgemerzt werden müßten, die einer experimentellen Beobachtung nicht zugänglich sein können.

An die Stelle der früheren Quantentheorie, die durch die Erfahrung nicht kontrollierbare Vorstellungen von Elektronenbahnen benutzt hatte, suchte darum Heisenberg eine neue Quantenmechanik zu setzen, die lediglich Beziehungen zwischen beobachtbaren atomphysikalischen Größen enthalten sollte. Als solche sah Heisenberg nur die Frequenzen und Intensitäten der für die Atome charakteristischen Spektrallinien an sowie die durch die Versuche über Elektronenstöße feststellbaren Energiestufen der Atome. Die Aufgabe der neuen Quantenmechanik erblickte Heisenberg darin, zunächst aus diesen Spektralgrößen Rechengrößen zu konstruieren, die an die Stelle der Koordinaten und Geschwindigkeiten der Elektronen treten könnten, und sodann zwischen diesen Rechengrößen, in möglichst enger Anlehnung an das Vorbild der klassischen Mechanik, Beziehungen herzustellen, die eine Gewinnung der Quantisierungsvorschriften gestatten.

---

[6] Die Komplikation, daß die Koordinaten die Dimension Länge mal Quadratwurzel aus der Masse haben, ist allerdings dann vermeidbar, wenn alle beteiligten Teilchen die gleiche Masse haben.

Zu diesem Zweck ersetzte HEISENBERG die periodisch veränderlichen Koordinaten der Elektronen durch eine Gesamtheit von Partialschwingungen, deren Frequenzen mit den Schwingungszahlen jener Spektrallinien übereinstimmen sollen, die durch das betreffende Elektron bei irgendeinem Übergang hervorgerufen werden können. Da jeder spektralen Frequenz ein Übergang zwischen zwei atomaren Zuständen entspricht, so müssen natürlich die Partialschwingungen, die zu einem einzelnen Elektron gehören, eine zweifache Mannigfaltigkeit bilden[1], also durch ein sogenanntes quadratisches Schema darstellbar sein. Dieses hätte, wenn wir zweckmäßig die fortlaufende Numerierung mit der dem Grundzustand zugeordneten Zahl Null beginnen, etwa die Form:

$$\begin{matrix} q_{00} & q_{01} & q_{02} & q_{03} & \cdots \\ q_{10} & q_{11} & q_{12} & q_{13} & \cdots \\ q_{20} & q_{21} & q_{22} & q_{23} & \cdots \\ q_{30} & q_{31} & q_{32} & q_{33} & \cdots \\ \cdots & & & & \end{matrix}$$

Dabei bedeutet, wenn wir zweckmäßigerweise im folgenden die Indizes in Klammern beifügen, statt sie, wie sonst, unten anzuschreiben, $q\,(n, m)$ eine Schwingung, die mit einer Frequenz $\nu\,(n, m)$ und mit einer Amplitude erfolgt, die ihrerseits ein Maß für die Wahrscheinlichkeit eines Übergangs zwischen dem m-ten und n-ten Zustand darstellen soll; das Quadrat dieser Amplitude soll die Intensität der Spektrallinie messen, die dem Übergange zwischen jenen zwei Zuständen entspricht.

Ein Schema von der vorhin angegebenen Art wird nun in der Algebra als eine Matrix bezeichnet. Die Matrizenrechnung war schon in der Mitte des 19. Jahrhunderts ausgebildet worden, wozu ihre Rechenoperationen in zweckentsprechender Weise definiert wurden. So wird als Produkt zweier Matrizen $A \times B$ eine Matrix C angesehen, die der Beziehung genügt:

$$C\,(n, m) = \sum_k A\,(n, k)\,B\,(k, m)\,. \tag{1}$$

Man erkennt leicht, daß auf Grund dieser Definition im allgemeinen das Produkt $B\,A$ von dem Produkte $A\,B$ verschieden sein muß, daß also im allgemeinen die Matrizenmultiplikation nicht kommutativ sein kann.

HEISENBERG faßte nun Koordinaten und Impulse als derartige Rechengrößen auf und gründete seine neue Quantenmechanik auf die Annahme, daß für die Multiplikation einer Impulskomponente eines Elek-

[1] Schon im Beginne des 19. Jahrhunderts hatte FOURIER durch sein bekanntes Theorem gezeigt, daß sich eine ganz willkürliche periodische Veränderlichkeit stets durch eine Gesamtheit von Partialschwingungen ersetzen läßt, die ihrerseits rein sinusförmig sind. An dieses FOURIERsche Theorem knüpfte HEISENBERG an, wobei er aber natürlich an die Stelle der einfachen FOURIERschen eine zweifache Mannigfaltigkeit treten lassen mußte.

trons mit der zugehörigen Koordinate die sogenannte Vertauschungsrelation gelte:

$$pq - qp = \frac{h}{2\pi i}\varepsilon . \tag{2}$$

Dabei bedeuten h das elementare Wirkungsquantum und i die imaginäre Einheit, ε aber eine sogenannte Einheitsmatrix von der Form

$$\begin{matrix} 1 & 0 & 0 & 0 \\ 0 & 1 & 0 & 0 \\ 0 & 0 & 1 & 0 \\ 0 & 0 & 0 & 1 \end{matrix} \text{ usw.}$$

Nach der Gl. 2 wäre der Fehler, den man dadurch begeht, daß man in der sonst üblichen Weise Impuls und Koordinate als bei der Multiplikation vertauschbare Größen ansieht, von der absoluten Größenordnung 10^{-27}, also vollkommen bedeutungslos für die Makromechanik.

Born und Jordan, denen die Ausgestaltung der Heisenbergschen Ideen zu einer systematischen Matrizenmechanik zu verdanken ist[2], vermochten nun zu zeigen, daß in der Tat die Anwendung der Vertauschungsrelation auf die aus den spektralen Größen gebildeten Matrizen sowohl den Satz von der Erhaltung der Energie als auch das Lichtquantenprinzip als notwendige Folgen ergibt[3]. In der Anwendung auf den Oszillator und Rotator stimmen die Ergebnisse der Matrizenmechanik mit denen der Eigenwertmechanik überein, ebenso hinsichtlich der vielfachen anderweitigen Anwendungen, von denen noch in späteren Abschnitten die Rede sein wird.

Daß nun trotz der völligen Verschiedenheit der Auffassungen die Heisenberg-Born-Jordansche Quantenmechanik mit der Schrödingerschen Eigenwertmechanik mathematisch äquivalent ist, hat zuerst Schrödinger selbst nachzuweisen vermocht[4]. Um den Grundgedanken seiner Beweisführung zu verstehen, gehen wir von dem Begriff des mathematischen Operators aus. In bekannter Weise können wir die Differentiation einer Funktion y nach einem Argument x symbolisch als Multiplikation von y mit einem Operator d/dx auffassen. In analoger Weise kann der zweite partielle Differentialquotient von y nach x als Multiplikation von y mit einem Operator $\partial^2/\partial x^2$ aufgefaßt werden. Auch können wir x selbst als Operator ansehen und darunter die Multiplikation mit x verstehen; in diesem Sinne können wir von einem Operator 1

[2] Heisenberg selbst stellte wohl das durch die Gl. 1 ausgedrückte Multiplikationsgesetz auf, ohne indessen den Zusammenhang mit dem Matrizenkalkül zu erkennen.

[3] Vgl. des Verfassers „Materiewellen und Quantenmechanik" (Leipzig, Akadem. Verlagsgesellschaft), 4. und 5. Aufl., 1934, 9. Kapitel.

[4] E. Schrödinger, „Über das Verhältnis der Heisenberg-Born-Jordanschen Quantenmechanik zu der meinen", Ann. d. Phys. (4) *79*, 1926, S. 734; auch in dem Sammelbande „Abhandlungen zur Wellenmechanik", Leipzig (Barth) 1927.

sprechen, der, auf irgendeine Funktion angewendet, eben diese Funktion ergibt. Unter dem Produkt zweier Operatoren haben wir dann einen Operator zu verstehen, der dasselbe Resultat ergibt wie die sukzessive Anwendung jener beiden Operatoren. Der zweite Differentialquotient erscheint derart als Quadrat des ersten, und das Operatorenprodukt $\frac{d}{dx}x$ bedeutet die nach x vorgenommene Differentiation des Produktes aus einer Funktion und x.

Auf Grund dieser Festsetzung erweist sich natürlich die Multiplikation zweier Operatoren als nicht kommutativ. Infolgedessen können auch für Operatoren Vertauschungsrelationen aufgestellt werden. Um eine solche zu gewinnen, gehen wir etwa von der Identität aus

$$\frac{\partial (x\,y)}{\partial x} = y + x\frac{\partial y}{\partial x}\,. \tag{3}$$

Indem wir uns durch Fortlassung der Funktion y auf die Operatoren beschränken, können wir die Operatorgleichung aufstellen

$$\frac{\partial}{\partial x}x - x\frac{\partial}{\partial x} = 1\,; \tag{4}$$

d. h. wenn wir irgendeine Funktion mit x multiplizieren und das so erhaltene Produkt nach x differentiieren und hiervon den noch mit x multiplizierten Differentialquotienten der Funktion nach x subtrahieren, so erhalten wir wiederum die urspüngliche Funktion.

Unter dem Operator x, der die Multiplikation mit x bedeutet, wollen wir nun im besonderen den Operator q verstehen, nämlich die Multiplikation mit der Koordinate q. Multiplizieren wir überdies die Gl. 4 mit dem Ausdruck $h/(2\pi i)$, so ergibt sich eine Vertauschungsrelation in der Form:

$$\frac{h}{2\pi i}\frac{\partial}{\partial q}q - q\frac{h}{2\pi i}\frac{\partial}{\partial q} = \frac{h}{2\pi i}1\,. \tag{5}$$

Wenn wir die Gleichungen (2) und (5) miteinander vergleichen, so sehen wir, daß bei Ersatz der Koordinatenmatrix durch den Operator q die Impulsmatrix durch den Operator

$$\frac{h}{2\pi i}\frac{\partial}{\partial q} \tag{6}$$

zu ersetzen ist.

Wir können nun eine Verallgemeinerung der Mechanik dadurch versuchen, daß wir in der Gleichung, die für einen einzelnen Massenpunkt die Erhaltung der Energie ausdrückt, jede Koordinate durch den entsprechenden Operator q und jede Impulskomponente durch den entsprechenden Ausdruck (6) ersetzen. Die kinetische Energie ist[5]

$$L = \frac{1}{2m}(p_x^2 + p_y^2 + p_z^2)\,. \tag{7}$$

[5] Die lebendige Kraft ist ja, wenn wir die Geschwindigkeitskomponenten mit v_x, v_y, v_z bezeichnen, gleich $\frac{1}{2}m\,(v_x^2+v_y^2+v_z^2)$; andererseits ist p_x gleich $m\,v_x$ usw.

Der Satz von der Erhaltung der Energie kann somit durch die Gleichung ausgedrückt werden

$$(8)\qquad \frac{1}{2m}(p_x^2 + p_y^2 + p_z^2) + V - E = 0,$$

wenn wiederum E als Konstante die gesamte Energie und V die potentielle Energie bedeuten. Wenn wir die linke Seite dieser Gleichung als Operator auffassen, so müssen wir den Klammerausdruck dieser Gleichung gemäß Formel (6) ersetzen durch

$$(9)\qquad \left(\frac{h}{2\pi i}\right)^2 \left(\frac{\partial^2}{\partial q_x^2} + \frac{\partial^2}{\partial q_y^2} + \frac{\partial^2}{\partial q_z^2}\right) \text{ oder } -\frac{h^2}{4\pi^2}\Delta,$$

wobei unter Δ wieder die LAPLACEsche Ableitung zu verstehen ist.

Die Anwendung der als Operatorgleichung aufgefaßten Gl. 8 auf eine beliebige Funktion S führt somit zu der Beziehung

$$(10)\qquad \left\{-\frac{h^2}{8\pi^2 m}\Delta + V - E\right\} S = 0$$

oder

$$(11)\qquad \Delta S + \frac{8\pi^2 m}{h^2}(E - V) S = 0,$$

in welcher Formel wir die Grundgleichung der SCHRÖDINGERschen Theorie wiedererkennen. Diese Grundgleichung ergibt sich also in der Tat aus der HEISENBERGschen Vertauschungsrelation durch deren Anwendung auf Operatoren. Die Amplituden der HEISENBERGschen Matrizenelemente erweisen sich im übrigen als identisch mit den Übergangswahrscheinlichkeiten, die sich aus den SCHRÖDINGERschen Eigenfunktionen ergeben (Gl. 26 des § 12).

Betrachten wir statt eines einzelnen Massenpunktes ein System von Massenpunkten und bezeichnen wir die Impulskomponenten des n-ten Teilchens mit p_{nx}, p_{ny}, p_{nz}, so nimmt die Gl. 8 die Form an:

$$(12)\qquad \sum_n \frac{1}{2m}(p_{nx}^2 + p_{ny}^2 + p_{nz}^2) + V - E = 0;$$

dabei bedeuten jetzt V die gesamte potentielle Energie und E die Totalenergie des Systems. Die Gl. 10 ist dann in der Form zu schreiben:

$$(13)\qquad \left\{-\frac{h^2}{8\pi^2}\sum_n \frac{1}{m_n}\Delta_n + V - E\right\} S = 0.$$

Hieraus ergibt sich aber die schon erwähnte verallgemeinerte SCHRÖDINGERsche Differentialgleichung, nämlich

$$(14)\qquad \sum_n \frac{1}{m_n}\Delta_n S + \frac{8\pi^2}{h^2}(E - V) S = 0$$

(vgl. Gl. 27 des § 12).

Außer mit der SCHRÖDINGERschen Theorie weist die Matrizenmechanik viele Berührungen auch mit einer dritten atomdynamischen

Theorie auf, die ebenfalls im Jahre 1925 entstand; es ist dies die von DIRAC begründete q-Zahlen-Mechanik[6]. Sie beruht auf der Annahme, daß die quantenmechanischen Größen durch eine Art „überkomplexer" Zahlen darzustellen seien, die DIRAC eben als q-Zahlen bezeichnete und die sich von den gewöhnlichen Zahlen (die DIRAC c-Zahlen nannte) dadurch unterscheiden, daß für sie das Gesetz der Kommutativität der Multiplikation nicht gelten soll. Als q-Zahlen sah die DIRACsche Theorie nicht nur die Koordinaten und Impulse sowie die als Funktion der Koordinaten und Impulse darstellbare Energie, sondern überdies auch die Zeit an. Im übrigen stimmen die Ergebnisse, zu denen in der Anwendung auf spezielle atomphysikalische Probleme die DIRACsche Theorie führt, mit denen der SCHRÖDINGERschen und der HEISENBERGschen Theorie überein. Auch sind die Formalismen aller dieser Theorien als Spezialfälle in einem allgemeinen, von DIRAC und JORDAN herrührenden quantenmechanischen Formalismus der sogenannten Transformationstheorie als Spezialfälle enthalten[7].

§ 14. Die statistische Deutung der Materiewellen.

Die Analogie zwischen Lichtkorpuskeln und Elektronen legt den Gedanken nahe, für den SCHRÖDINGERschen Feldskalar (S) eine ähnliche Deutung zu versuchen, wie sie vom Standpunkte der Lichtquantentheorie aus denjenigen Größen gegeben werden muß, die das optische Wellenfeld charakterisieren. Eine Korpuskulartheorie des Lichtes kann die Helligkeit und die Wellenamplitude, durch deren Quadrat die Helligkeit bestimmt ist, nur statistisch interpretieren. In dem Werte der Amplitude, den die Wellentheorie irgendeiner Stelle des Feldes zuschreibt, kann die Korpuskulartheorie nur ein Maß der Wahrscheinlichkeit erblicken, die für das Eintreffen eines Lichtquants an dieser Stelle besteht. Je größer diese Wahrscheinlichkeit ist, desto größer ist die Amplitude, desto größer die Lichtintensität an der betreffenden Stelle.

Eine solche Auffassung macht die unverständliche Annahme überflüssig, daß Lichtquanten einander wechselseitig zerstören können; wohl aber zeigt sie, daß unter Umständen die Wahrscheinlichkeit für das Eintreffen von Lichtquanten trotz der Nähe von Lichtquellen so gering werden kann, daß die betreffende Stelle dunkel bleibt. Eine derartige statistische Interpretation des Lichtquantenfeldes macht auch die strenge Gesetzmäßigkeit, die sich in den wahrnehmbaren optischen Interferenz- und Beugungsphänomenen offenbart, mit der Vorstellung verträglich, daß die Bewegung eines einzelnen Lichtquants unbestimmt, also nicht determiniert sei.

[6] P. A. M. DIRAC, Proc. Roy. Soc. London (A), *109*, 1926, S. 642; *110*, 1926, S. 561.
[7] Vgl. P. A. M. DIRAC, Quantum Mechanics, 2. Aufl., Oxford 1935.

BORN[1] hat nun in einer ähnlichen Weise die SCHRÖDINGERschen Wellen statistisch aufgefaßt und den SCHRÖDINGERschen Feldskalar als die Wahrscheinlichkeit gedeutet, die für das Eintreffen eines Materieteilchens an der betreffenden Stelle des Feldes besteht. Die Berechtigung dieser Annahme wird durch Beobachtungen über den lichtelektrischen Effekt erwiesen. Nach der BORNschen Auffassung müßten die zugehörigen Materiewellen die Richtungsverteilung für den durch den Körper emittierten Schwarm von Photoelektronen bestimmen. Wie in einem späteren Kapitel gezeigt werden wird, ergeben sich in der Tat für die Richtungsverteilung derart Beziehungen, die durch die Erfahrung gut bestätigt werden.

Die statistische Interpretation der Materiewellen löst auch den scheinbaren Widerspruch, der darin besteht, daß die SCHRÖDINGERsche Theorie, die Kontinuität und raum-zeitliche Darstellung voraussetzt, mit der Quantenmechanik äquivalent ist, die jene beiden Voraussetzungen verwirft. Denn wenn auch möglicherweise die elementaren Prozesse der Physik in keiner Weise determiniert sind, so können gleichwohl die Wahrscheinlichkeiten, die diesen individuellen Prozessen aus statistischen Gründen zuzuordnen sind, wie kontinuierlich veränderliche und determinierte Größen behandelt werden; sie können daher auch einer Differentialgleichung von „klassischem“ Typus genügen, wie es eben die SCHRÖDINGERsche Grundgleichung ist[2].

§ 15. Die elementare Unschärfe.

Aus den allgemeinen Bewegungsgleichungen der klassischen Mechanik folgt, daß der Bewegungszustand eines Systems von n Freiheitsgraden durch einen Punkt in einem $2n$-dimensionalen „Phasenraum“ dargestellt werden kann, in dem die n Lagenkoordinaten und die n Impulse des Systems die $2n$ Phasenkoordinaten ergeben[1]. Diesem Phasenraum kommen auch bestimmte, von den benutzten Koordinaten unabhängige Eigenschaften zu. Das einfachste Beispiel eines mechanischen Systems stellt nun ein Massenpunkt dar, der sich in einer geraden Linie bewegt. Der mechanische Zustand dieses Systems von nur einem Freiheitsgrad ist in einer zweidimensionalen Phasenebene darstellbar. Wir denken uns in dieser ein kleines Rechteck mit zu den Achsen parallelen Seiten konstruiert. Die Basis des Rechtecks hat die Dimension einer Länge, die

[1] M. BORN, Zeitschr. f. Phys. *37*, 1926, S. 863; *38*, 1926, S. 803.

[2] SCHRÖDINGER selbst nahm an, daß der von ihm in die Physik eingeführte Feldskalar (S) ein Maß für die mittlere elektrische Ladungsdichte darstelle, und daß es eben die periodischen Änderungen der mittleren Ladungsdichte sind, die die Strahlung im Sinne der klassischen Feldtheorie hervorrufen.

[1] Vgl. z. B. des Verf. „Einführung in die theoretische Physik“ (5. u. 6. Auflage), Bd. II, § 180.

Höhe die Dimension eines Impulses, und der Flächeninhalt somit die Dimension g cm^2 sec^{-1} oder Erg. sec, also die Dimension einer Wirkung.

Wenn es nun eine universelle Konstante in der Form des elementaren Wirkungsquantums gibt, wenn also die mechanische Wirkung als solche sozusagen „atomisiert" ist, dann liegt jedenfalls der Gedanke nahe, auch der Phasenebene eine atomistische Struktur zuzuschreiben. Der mechanische Zustand des betrachteten Körpers wäre dann in der Phasenebene nicht (wie in der klassischen Mechanik) durch scharfe Punkte, sondern nur durch Zellen von der Größe des elementaren Wirkungsquantums darstellbar. Die Form der Zellen mag willkürlich sein, keinesfalls aber ihr stets konstanter Flächeninhalt.

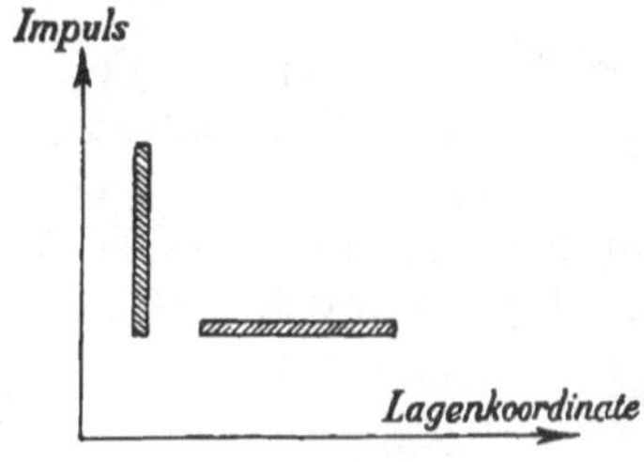

Fig. 4.

Hat die Zelle, wie wir annahmen, die Form eines zu den Achsen parallelen Rechtecks, so bezieht sich die Basis auf die Schärfe der Lagenbestimmung und die Höhe auf die Schärfe der Impuls-, also der Geschwindigkeitsbestimmung. Schärfe der Lagenbestimmung bedeutet nun eine ganz schmale Basis des Rechtecks, also, da der Flächeninhalt des Rechtecks gegeben ist, beträchtliche Höhe und somit Unschärfe in der Geschwindigkeitsbestimmung. Umgekehrt ist bei scharfer Geschwindigkeitsbestimmung das Rechteck sehr niedrig, also seine Basis beträchtlich und somit die Lagenbestimmung unscharf (Fig. 4). Jeder Versuch, den mechanischen Zustand zu determinieren, muß also notwendigerweise mit einem Fehler von der Größenordnung des elementaren Wirkungsquantums verbunden sein. Dieses Prinzip der „elementaren Unschärfe" ist zuerst von Heisenberg[2] im Jahre 1927, allerdings auf Grund andersartiger Überlegungen (vgl. § 13) gewonnen worden.

§ 16. Der Drehimpuls der Elektronen und Atome.

Bereits im Jahre 1915 haben gleichzeitig, doch unabhängig voneinander, Sommerfeld und W. Wilson die wichtige Erkenntnis gewonnen, daß die Einführung einer zweiten Quantenzahl in die Atomtheorie notwendig ist, woferne die Theorie nicht auf die spezielle Betrachtung gleichförmiger Kreisbewegungen beschränkt bleiben soll. Eine beliebige ebene, periodische Bewegung weist bekanntlich zwei Freiheitsgrade auf, so daß zu der Beschreibung einer solchen Bewegung zwei voneinander unabhängige Lagenkoordinaten (im allgemeinen Sinne dieses Wortes) erforderlich sind. Indem man die kinetische Energie mittels dieser beiden Lagenkoordinaten darstellt, erhält man in be-

[2] W. Heisenberg, Zeitschr. f. Phys. *43*, 1927, S. 172.

kannter Weise durch partielle Differentiation nach den zeitlichen Ableitungen der Koordinaten die ihnen entsprechenden Impulse[1]. Bezeichnen wir die beiden Koordinaten mit q_1 und q_2 und die zugehörigen Impulse mit p_1 und p_2, so sollen nach der Annahme von SOMMERFELD und WILSON in Analogie zu der BOHRschen Quantenbedingung (Gl. 3 des § 11) die beiden Beziehungen erfüllt sein:

$$\oint p_1\, ds = n_1 h\,; \qquad \oint p_2\, ds = n_2 h\,. \tag{1}$$

Die Integrale sind dabei über einen Umlauf zu erstrecken, während n_1 und n_2 zwei verschiedene ganze Quantenzahlen bedeuten.

Benutzen wir zu der Beschreibung einer ebenen periodischen Bewegung in naheliegender Weise ebene Polarkoordinaten (r und φ), so ist bekanntlich[2] die lebendige Kraft

$$L = \frac{m}{2}(\dot r^2 + r^2 \dot\varphi^2) \tag{2}$$

($\dot r$ und $\dot\varphi$ bedeuten die zeitlichen Differentialquotienten von r und φ, und m die Masse). Daher finden wir

$$p_r = \frac{\partial L}{\partial \dot r} = m\,\dot r \tag{3}$$

und

$$p_\varphi = \frac{\partial L}{\partial \dot\varphi} = m\,r^2\,\dot\varphi = m f\,, \tag{4}$$

wenn wir mit f die Flächengeschwindigkeit bezeichnen und darunter in üblicher Weise den doppelten Betrag der von dem Radiusvektor pro Zeiteinheit zurückgelegten Fläche verstehen[3]. Nach dem bekannten KEPLERschen Gesetz[4] ist die Flächengeschwindigkeit und somit auch p_φ konstant, wenn die Kraft nach einem festen Punkte gerichtet und dem

[1] Ebensowenig wie die „generalisierten" Koordinaten die Dimension einer Länge haben müssen, müssen die generalisierten Impulse die Dimension des Produktes aus Masse und Geschwindigkeit haben. Das Produkt aus einer Koordinate und dem zugehörigen Impuls hat hingegen stets die Dimension einer Wirkung.

[2] Es gelten die Beziehungen:

$$x = r\cos\varphi, \qquad y = r\sin\varphi.$$

Hieraus folgt durch Differentiation nach der Zeit:

$$\dot x = \dot r\cos\varphi - r\sin\varphi\cdot\dot\varphi$$
$$\dot y = \dot r\sin\varphi + r\cos\varphi\cdot\dot\varphi.$$

Werden diese beiden Gleichungen quadriert und addiert, so erhält man den Wert des Geschwindigkeitsquadrates; und wird dieses schließlich mit der halben Masse multipliziert, so ergibt sich für die kinetische Energie die Gl. 2.

[3] In dem Zeitelement dt durchstreicht der Radiusvektor ein gleichschenkliges Dreieck, dessen Schenkel r und dessen Basis $r\,\dot\varphi\,dt$ ist.

[4] Vgl. z. B. des Verf. „Einführung in die theoretische Physik", 5. u. 6. Aufl., Bd. I, § 8.

Quadrate der Entfernung von diesem Punkte umgekehrt proportional ist. Das Produkt aus der Flächengeschwindigkeit und der Masse stellt aber wiederum den Drehimpuls dar. Die eine der beiden Quantenzahlen (n_φ) mißt also den Drehimpuls der periodischen Umlaufsbewegung des Elektrons. Diese Zahl möge im folgenden mit l bezeichnet werden.

Betrachten wir im besonderen ein Atom, in dem sich nur ein einziges Elektron um den Atomkern bewegt, so führen die atommechanischen Berechnungen, die hier nicht wiedergegeben werden mögen[5], zu dem Ergebnis, daß die Energie in dem durch die beiden Quantenzahlen n_r und n_φ gekennzeichneten Zustand näherungsweise[6] gleich ist

$$E = -\frac{C}{(n_r + n_\varphi)^2}, \tag{5}$$

wobei C eine für das Atom charakteristische Konstante bedeutet. Die Energie erscheint also näherungsweise durch eine Quantenzahl bestimmt, die mit n bezeichnet werde, wobei

$$n = n_r + n_\varphi \tag{6}$$

ist.

Wesentlich anders liegen die Verhältnisse, wenn mehrere Elektronen den Kern umgeben. Die anderen Elektronen rufen dann ein Zusatzfeld hervor, das sich über das durch den Kern erzeugte „COULOMBsche" Feld superponiert. Die Folge davon ist, daß, wie die genaueren Berechnungen ergeben, das umlaufende Elektron eine Rosettenbewegung ausführt, bei der auch das Perihel der KEPLER-Ellipse umläuft und bei der die Energie eines bestimmten Zustandes außer von der Quantenzahl n auch von der den Drehimpuls bestimmenden Zahl l abhängt.

Atommechanische Betrachtungen, auf die hier nicht näher eingegangen werden möge, führen auch zu der Folgerung, daß sich bei Quantensprüngen des Atoms die Zahl l um Eins ändern, daß also

$$\Delta l = \pm 1 \tag{7}$$

sein müsse, während für die Änderung der anderen Zahl n keine derartige Beschränkung besteht. Die Beobachtungen über die optischen Spektren zeigen in der Tat, daß sich die Spektralterme eines Grundstoffs in verschiedene Folgen einreihen lassen, wobei im allgemeinen Terme derselben Folge untereinander nicht kombinieren und Kombinationen nur zwischen benachbarten Folgen auftreten. Wir müssen

[5] Vgl., auch wegen des Folgenden, A. SOMMERFELD, Atombau und Spektrallinien, 5. Aufl., 1931.

[6] Wird die Abhängigkeit der Masse von der Geschwindigkeit berücksichtigt, so ergibt sich auch für das Ein-Elektron-Atom in geringem Ausmaß eine Abhängigkeit der Energie von der Quantenzahl l.

daher offenbar den verschiedenen Folgen verschiedene Werte der den Drehimpuls bestimmenden Zahl l zuordnen, während sich innerhalb einer Folge die einzelnen Terme durch den Wert der Zahl n unterscheiden. Ferner zeigen die Beobachtungen, daß unter den Termfolgen diejenige mit dem niedrigsten l-Werte insofern eine Sonderstellung einnimmt, als ihre Terme im Gegensatze zu den Termen der anderen Folgen niemals doppelt oder mehrfach zusammengesetzt, sondern stets einfach sind. Auf Grund der in dem nächsten Abschnitt zu erörternden Theorie der Multiplizität muß diese Eigentümlichkeit so gedeutet werden, daß dieser Termfolge der Wert $l = 0$ zukommt.

Andererseits folgt aus der Atommechanik (worauf hier nicht näher eingegangen werde), daß zu einem gegebenen Werte der Zahl n insgesamt n verschiedene, untereinander um Eins abstehende Werte der Zahl l möglich sind. Wenn die Zählung von l mit Null beginnt, erscheinen somit bei gegebenem Werte von n die folgenden l-Werte möglich:

$$l = 0,\ 1,\ 2\ \ldots\ (n-1)\,. \tag{8}$$

Die Größe n wird heute allgemein als die Hauptquantenzahl bezeichnet, während die den Drehimpuls messende Größe l die Nebenquantenzahl genannt wird.

Die neue Quanten- und Wellenmechanik verwirft, wie schon erwähnt wurde, die Vorstellung bestimmter Elektronenbahnen; aber auch sie hat zu dem Ergebnis geführt, daß der eigentlichen Hauptquantenzahl noch eine Nebenquantenzahl zuzuordnen sei, welche die durch die Gl. 8 angegebenen Werte anzunehmen vermag. Der durch die Nebenquantenzahl l bestimmte Drehimpuls wird dabei im Sinne der Ergebnisse der neuen Quantentheorie (Gl. 25 des § 12) gleichgesetzt

$$U\,(l) = \frac{h}{2\pi}\sqrt{l\,(l+1)}\,. \tag{9}$$

Daß für den gesamten Drehimpuls eines Atoms indessen nicht nur die Translationsbewegungen seiner Elektronen maßgebend sind, sondern daß überdies auch eine Eigenrotation der Elektronen in Betracht gezogen werden muß, haben zuerst im Jahre 1925 UHLENBECK und GOUDSMIT[7] erkannt. Diese Eigenrotation, dieser „Spin", wie er mit einem kurzen englischen Worte häufig genannt wird, soll den Elektronen die Eigentümlichkeiten winziger Magnete verleihen. UHLENBECK und GOUDSMIT ordneten dem Elektronen-Spin eine halbe Quantenzahl zu, indem sie zwei Möglichkeiten entgegengesetzter Rotation unterschieden, für die die algebraische Differenz der Quantenzahlen Eins sein soll. Daß auch die Protonen eine analoge Eigenrotation

[7] G. E. UHLENBECK und S. GOUDSMIT, Naturwiss. *13*, 1925, S. 953; Nature *117*, 1926, S. 264.

aufweisen, kann aus dem Bandenspektrum der Wasserstoffmolekel (wie später gezeigt werden wird) gefolgert werden.

Einem jeden Elektron im Atom können derart zwei Vektoren zugeordnet werden; der eine stellt den Drehimpuls des Umlaufs dar, der andere den Drehimpuls der Eigenrotation; für diese beiden Vektoren mögen die Symbole $\mathfrak{l}_i$ und $\mathfrak{r}_i$ gebraucht werden, wobei durch den Index i verschiedene Elektronen unterschieden werden mögen. Wenn wir alle diese Größen für sämtliche in Betracht kommenden Elektronen vektoriell addieren, so erhalten wir den gesamten Drehimpuls des Atoms. Eine fundamentale Annahme, die schon im Jahre 1925 von RUSSELL und SAUNDERS begründet wurde[8], postuliert nun, daß die Einzelvektoren so gerichtet sein müssen, daß die Resultierende aus ihnen wiederum im Sinne der Gl. 9 durch eine ganze oder halbwertige Quantenzahl darstellbar sein müsse; mit anderen Worten, das Vektorgerüst des Atoms muß so beschaffen sein, daß es wiederum eine quantisierte Resultierende ergibt. Für diesen Vektor wollen wir das Symbol $\mathfrak{j}$, für seine Quantenzahl die Bezeichnung j gebrauchen, so daß also

$$|\mathfrak{j}| = \frac{h}{2\pi}\sqrt{j(j+1)} \tag{10}$$

sei[9].

Überdies muß aber aus den spektroskopischen Erfahrungstatsachen geschlossen werden, daß nicht nur die Größe $\mathfrak{j}$ an sich quantisiert sei, sondern daß dies auch für die Resultierende aus allen $\mathfrak{l}_i$ gelte, die mit $\mathfrak{l}$ bezeichnet werde. Es muß also auch

$$|\mathfrak{l}| = \frac{h}{2\pi}\sqrt{l(l+1)} \tag{11}$$

mit einem ganzzahligen Werte von l sein. Endlich müssen wir annehmen, daß die Vektoren $\mathfrak{r}_i$ untereinander parallel oder antiparallel sind, so daß sich bei z Elektronen für die resultierende Quantenzahl r die folgenden Möglichkeiten ergeben:

$$\left\{\begin{array}{ll} r = \tfrac{1}{2}, \tfrac{3}{2} \dots \dfrac{z}{2}, & \text{also halbwertig bei ungeradem } z \\ r = 0, 1 \dots \dfrac{z}{2}, & \text{also ganzzahlig bei geradem } z. \end{array}\right. \tag{12}$$

Wie atommechanische Betrachtungen, auf die hier jedoch nicht näher eingegangen werde, zeigen, kann sich die Quantenzahl j nur um Eins oder Null ändern; es ergeben sich somit drei Übergänge als möglich, nämlich

$$j \longrightarrow j+1\,; \quad j \longrightarrow j\,; \quad j \longrightarrow j-1\,. \tag{13}$$

---

[8] H. N. RUSSELL und F. A. SAUNDERS, Astrophys. Journ. *61*, 1925, S. 38.

[9] j stellt also nicht den Betrag des Vektors $\mathfrak{j}$ dar!

§ 17. Die Multiplizität der Spektralterme.

Die spektroskopischen Beobachtungen zeigen, daß bei dem Fehlen eines äußeren Feldes eine Hauptquantenzahl und eine Nebenzahl zu der Festlegung der Spektralterme so lange ausreichen, als von der Feinstruktur der Spektren abgesehen wird. Man versteht darunter die Erfahrungstatsache, daß viele Spektrallinien, die in minder scharfen Apparaten als einfache Linien erscheinen, sich in stärker auflösenden Spektralapparaten als Gruppen eng benachbarter Linien erweisen. Hieraus müssen wir natürlich folgern, daß im allgemeinen auch die Spektralterme zusammengesetzt sind, daß sie sogenannte Multipletts darstellen. Je nach der Zahl der Komponenten werden Dubletts, Tripletts, Quartetts usw. unterschieden, während einfache Terme auch als Singuletts bezeichnet werden. Die einzelnen Komponenten eines Multipletts unterscheiden sich also nur durch den Wert der als innere Quantenzahl bezeichneten Größe j, während die Hauptquantenzahl und die Nebenquantenzahl l für alle Komponenten eines Term-Multipletts dieselben sind. Die innere Quantenzahl wurde zur Erklärung der Feinstruktur bereits durch SOMMERFELD im Jahre 1920 in die Atomtheorie eingeführt.

Die grundlegenden Gesetzmäßigkeiten der spektralen Multiplizität ergeben sich in einfacher Weise aus der Vorstellung der Eigenrotationen der Elektronen. Da die innere Quantenzahl j die vektorielle Resultierende aus den Quantenzahlen l und r darstellt, so ist der höchste Wert, den j annehmen kann, nach dem in dem letzten Abschnitt Gesagten $(l + r)$. Die übrigen für j möglichen Werte sind alle nicht negativen Zahlen, die um eine ganze Zahl kleiner sind als $(l + r)$ und die andererseits auch nicht kleiner sein dürfen als der Unterschied zwischen l und r. Durch die Zahl $(2r + 1)$ ist daher die maximale Multiplizität des betreffenden Grundstoffs bestimmt. Die tatsächliche Multiplizität ist jedoch geringer, wenn l kleiner als r ist, da negative Werte von j nicht in Betracht kommen. Eine Sonderstellung kommt dem Falle $l = 0$ zu; in diesem Falle kann nämlich, weil der Vektor $\mathfrak{l}$ verschwindet, $\mathfrak{j}$ nur mit $\mathfrak{r}$ übereinstimmen. Für $l = 0$ sind also nur Singulett-Terme möglich, und umgekehrt rechtfertigt die Erfahrungstatsache, daß in den Spektren aller Elemente Singulett-Terme vorkommen, die mit Null beginnende Zählung der l-Werte. Die möglichen j-Werte, die sich nach dem eben Gesagten bei gegebenen Werten von l und r ergeben, sind in Tab. IV für $r = 0$ bis $\frac{1}{2}$ und $l = 0$ bis 3 zusammengestellt.

Für die Frequenzintervalle innerhalb eines Multipletts gelten, wie die Erfahrung zeigt, einfache Zahlenverhältnisse. Ist $\Delta \nu$ das Intervall zwischen zwei benachbarten Komponenten mit den inneren Quantenzahlen j und j' $(= j + 1)$, so erweist sich nämlich $\Delta \nu$ als proportional zu j'. Ist also ein Multiplett durch die Folge der inneren Quantenzahlen

$$j_1, j_2, j_3 \ldots j_s$$

dargestellt, so verhalten sich die $(s-1)$ Intervalle dieses s-fachen Termes untereinander wie

$$j_2 : j_3 : j_4 \ldots : j_s \,. \tag{1}$$

Tabelle IV.

Die möglichen Werte von j bei gegebenen Werten von l und r.

	$l=0$	$l=1$	$l=2$	$l=3$	Maximale Multiplizität bei gegebenem r
$r=0$	0	1	2	3	Singuletts
$r=\frac{1}{2}$	$\frac{1}{2}$	$\frac{1}{2}\ \frac{3}{2}$	$\frac{3}{2}\ \frac{5}{2}$	$\frac{5}{2}\ \frac{7}{2}$	Dubletts
$r=1$	1	0 1 2	1 2 3	2 3 4	Tripletts
$r=\frac{3}{2}$	$\frac{3}{2}$	$\frac{1}{2}\ \frac{3}{2}\ \frac{5}{2}$	$\frac{1}{2}\ \frac{3}{2}\ \frac{5}{2}\ \frac{7}{2}$	$\frac{3}{2}\ \frac{5}{2}\ \frac{7}{2}\ \frac{9}{2}$	Quartetts
$r=2$	2	1 2 3	0 1 2 3 4	1 2 3 4 5	Quintetts
$r=\frac{5}{2}$	$\frac{5}{2}$	$\frac{3}{2}\ \frac{5}{2}\ \frac{7}{2}$	$\frac{1}{2}\ \frac{3}{2}\ \frac{5}{2}\ \frac{7}{2}\ \frac{9}{2}$	$\frac{1}{2}\ \frac{3}{2}\ \frac{5}{2}\ \frac{7}{2}\ \frac{9}{2}\ \frac{11}{2}$	Sextetts
$r=3$	3	2 3 4	1 2 3 4 5	0 1 2 3 4 5 6	Septetts
$r=\frac{7}{2}$	$\frac{7}{2}$	$\frac{5}{2}\ \frac{7}{2}\ \frac{9}{2}$	$\frac{3}{2}\ \frac{5}{2}\ \frac{7}{2}\ \frac{9}{2}\ \frac{11}{2}$	$\frac{1}{2}\ \frac{3}{2}\ \frac{5}{2}\ \frac{7}{2}\ \frac{9}{2}\ \frac{11}{2}\ \frac{13}{2}$	Oktetts
Maximale Multiplizität bei gegebenem l	Singuletts	Tripletts	Quintetts	Septetts	

Betrachten wir beispielsweise in Tab. IV das Septett $l=3$, $r=3$, so ergeben sich für die sechs Intervalle die Verhältnisse $1:2:3:4:5:6$; hingegen sind die Verhältnisse für die Intervalle des Septetts $l=3$, $r=\frac{7}{2}$ die folgenden $3:5:7:9:11:13$.

Für die sogenannte Landésche Intervallregel, die $\Delta\nu$ proportional zu j' setzt, erhält man, wie Landé zeigte[1], eine theoretische Begründung, wenn man in naheliegender Weise annimmt, daß der Wechselwirkung zwischen l und r eine potentielle Energie entspricht, die dem Kosinus zwischen den Vektoren $\mathfrak{l}$ und $\mathfrak{r}$ proportional ist. Da die Vektoren $\mathfrak{j}$, $\mathfrak{l}$ und $\mathfrak{r}$ ein Dreieck bilden, wobei $\mathfrak{j}$ die Resultierende aus $\mathfrak{l}$ und $\mathfrak{r}$ ist, ist

$$|\mathfrak{j}|^2 = |\mathfrak{l}|^2 + |\mathfrak{r}|^2 - 2|\mathfrak{l}||\mathfrak{r}| \cos(\mathfrak{l}, \mathfrak{r}) \tag{2}$$

oder auf Grund der Gl. 25 des § 12

$$\cos(\mathfrak{l}, \mathfrak{r}) = \frac{l(l+1) + r(r+1) - j(j+1)}{2\sqrt{r\,l\,(r+1)(l+1)}} \,. \tag{3}$$

[1] A. Landé, Zeitschr. f. Phys. *15*, 1923. S. 189.

Nach der vorhin erwähnten Annahme haben wir nun die einer Komponente des mehrfachen Terms entsprechende Energie E gleichzusetzen

(4) $$E = E_0 + K \cos(\mathfrak{l}, \mathfrak{r}),$$

wobei sowohl E_0 als auch K von der inneren Quantenzahl unabhängig sein müssen. Indem wir die letzte Gleichung durch das elementare Wirkungsquantum dividieren und mit C eine andere, von j unabhängige Größe bezeichnen, finden wir

(5) $$|\Delta \nu| = C[j'(j'+1) - j(j+1)]$$

oder, da j' gleich $j+1$ ist,

(6) $$|\Delta \nu| = 2Cj';$$

es ergibt sich also tatsächlich Proportionalität zwischen dem Frequenzintervall und der größeren inneren Quantenzahl.

§ 18. Die Aufspaltung der Spektralterme im Magnetfeld.

Die Beschreibung der atomaren Zustände durch die drei bisher betrachteten Quantenzahlen (Haupt-, Neben- und innere Quantenzahl) genügt nur so lange, als das Atom durch kein äußeres Feld beeinflußt wird. Wie zuerst LANDÉ im Jahre 1921 erkannte, erfordert die Untersuchung des Verhaltens von Atomen in Magnetfeldern die Einführung einer weiteren Quantenzahl, die von ihm als magnetische Quantenzahl bezeichnet wurde. Vom Standpunkte der klassischen Mechanik müßte nämlich für ein System elektrisch geladener Teilchen in einem homogenen Magnetfeld die in die Feldrichtung fallende Komponente des gesamten Drehimpulses ihrerseits konstant sein. Da die Atommechanik den gesamten Drehimpuls des Atoms (U) quantisiert, so liegt es daher nahe, auch die konstante Komponente in der Feldrichtung (sie werde U_z genannt) als quantisiert anzusehen und ihr eine besondere „magnetische" Quantenzahl zuzuordnen, die mit m bezeichnet werde. Sie muß jedenfalls der Beschränkung unterliegen, daß der Betrag von U_z nicht größer als der Betrag von U sein kann. Es ist also

(1) $$-j \leqq m \leqq +j.$$

Die genauen quantenmechanischen Berechnungen zeigen ebenso wie die ältere Quantentheorie, daß

(2) $$U_z = m \frac{h}{2\pi}$$

ist und daß für die magnetische Quantenzahl dieselben Übergangsmöglichkeiten bestehen wie für die innere Quantenzahl, nämlich:

(3) $$m \longrightarrow m+1, \quad m \longrightarrow m, \quad m \longrightarrow m-1.$$

Es kann infolgedessen m alle um Eins voneinander abstehenden Werte von $-j$ bis $+j$ annehmen; es ist

(4) $$m = (-j), \quad (-j+1) \ldots \quad (j-1), \quad j.$$

Dies ergibt insgesamt $(2j + 1)$ verschiedene Werte von m bei gegebenem Werte von j. Ihnen entsprechen $(2j + 1)$ verschiedene Einstellungen des Atoms im Magnetfeld, so daß also im Magnetfeld auch eine Richtungsquantelung eintritt.

Aus der klassischen Theorie des elektromagnetischen Feldes folgt nun[1], daß ein mit einer Geschwindigkeit v bewegter und mit der Elektrizitätsmenge e geladener Körper in einem Magnetfeld von der Feldstärke H eine Kraft erfährt, die sowohl auf der Feld- als auch auf der Bewegungsrichtung senkrecht steht und deren Betrag durch die Beziehung gegeben ist

$$K = \frac{e}{c} v H \sin\gamma \; ; \tag{5}$$

dabei bedeutet γ den Winkel, den die Bewegungsrichtung mit der Feldrichtung einschließt. Andererseits ist es aus der klassischen Mechanik bekannt[2], daß ein Körper, dessen mechanisches Verhalten auf ein selbst rotierendes Koordinatensystem bezogen wird, eine als CORIOLIS-Kraft bezeichnete scheinbare Zusatzkraft erfährt, die auf der Bewegungsrichtung und der Rotationsachse senkrecht steht und deren Betrag durch die Beziehung gegeben ist:

$$K' = 2\mu\, v\, w \sin\gamma' \; ; \tag{6}$$

dabei bedeutet μ die Masse, w die Winkelgeschwindigkeit der Rotation und γ' den Winkel, den die Bewegungsrichtung mit der Richtung der Achse einschließt. Wie ein Vergleich der letzten zwei Gleichungen erkennen läßt, besteht also die Wirkung des Magnetfeldes nur darin, daß sich über die Bewegungen, die der geladene Körper ohne Magnetfeld ausführen würde, noch eine gleichförmige Präzessionsbewegung des ganzen Systems um die Feldrichtung überlagert. Die Präzession erfolgt gemäß Gl. 5 und 6 mit einer Winkelgeschwindigkeit

$$w = \frac{e}{2\mu c} H \, , \tag{7}$$

also (wie wir durch Division durch 2π finden) mit einer Umlaufszahl ωH, wobei die universelle Konstante

$$\omega = \frac{e}{4\pi\mu c} \tag{8}$$

ist. Durch die Präzessionsbewegung erfährt, wie sich auf Grund der klassischen Physik zeigen läßt[3], die Energie des Systems eine Erhöhung um den Betrag

$$E' = U' w \, , \tag{9}$$

[1] Vgl. des Verf. „Einführung in die theoretische Physik“, 5. u. 6. Aufl., Bd. I, Gl. 4 des § 71.

[2] Vgl. ebenda, Gl. 2 des § 14.

[3] Wegen des verhältnismäßig einfachen Beweises vgl. z. B. den Abschnitt über den normalen ZEEMAN-Effekt bei SOMMERFELD, Atombau und Spektrallinien. Die durch das Magnetfeld hervorgerufene Präzession wird nach dem Forscher, der diesen Vorgang zuerst untersuchte, häufig als LARMOR-Präzession bezeichnet.

wenn U' die Komponente des Drehimpulses des Systems in bezug auf die Feldrichtung ist.

Wenden wir dieses Ergebnis auf das Atom an, so wird nach Gl. 2 (weil U' und U_z dasselbe bedeuten)

$$E' = m\,h\,\omega\,H\,. \tag{10}$$

Nach dieser Formel wäre zu erwarten, daß ein Term, dem die Frequenz ν entspricht, in einem Magnetfeld gemäß der Formel

$$\nu' = \nu + m\,\omega\,H$$

aufgespalten wird. Tatsächlich erfolgt aber, wofern das Feld verhältnismäßig schwach ist, die Aufspaltung nach der Formel

$$\nu' = \nu + g\,m\,\omega\,H\,, \tag{11}$$

wobei, wie LANDÉ 1923 ermittelte, der sogenannte Aufspaltungsfaktor g folgenden Wert hat:

$$g = 1 + \frac{j(j+1) + r(r+1) - l(l+1)}{2j(j+1)}\,. \tag{12}$$

Die LANDÉsche Aufspaltungsformel läßt sich sehr leicht aus dem Prinzip der vektoriellen Zusammensetzung der Quantenzahlen gewinnen, wenn man dieses Prinzip durch eine Hypothese ergänzt, die sich als eine notwendige Folge aus den Grundannahmen der DIRACschen Theorie ergab. Man muß nämlich annehmen, daß für die magnetische Zusatzenergie der Drehimpuls der Eigenrotationen der Elektronen zweifach in Rechnung zu ziehen ist. Es wäre also U' nicht gleich $m\,h/2\pi$, sondern

$$U' = \frac{m\,h}{2\pi} + U''\,; \tag{13}$$

dabei würde U'' den Drehimpuls der Eigenrotationen bedeuten, und zwar zunächst auf die Richtung des Vektors $\mathfrak{j}$ und dann nochmals auf die Feldrichtung projiziert[4].

Gehen wir also zu den Quantenzahlen über und ersetzen wir im Sinne der neueren Quantenmechanik j, r, l durch j^*, r^*, l^*, wobei

$$j^* = \sqrt{j\,(j+1)} \tag{14}$$

ist usw. (vgl. Gl. 3 des § 17), so tritt an die Stelle von m eine Zahl m' gemäß der Beziehung

$$m' = m + r^* \cos(\mathfrak{r}, \mathfrak{j}) \cos(\mathfrak{j}, \mathfrak{H})\,. \tag{15}$$

Nun ist einerseits

$$\cos(\mathfrak{j}, \mathfrak{H}) = \frac{m}{j^*}\,. \tag{16}$$

[4] Der durch die Quantenzahl r repräsentierte Drehimpuls der Eigenrotation ist insofern zweifach wirksam, als ja die den gesamten Drehimpuls (mit der Komponente U') darstellende Quantenzahl j bereits die Resultierende aus l und r ist.

Andererseits ist, weil der Vektor $\mathfrak{j}$ die geometrische Summe der Vektoren $\mathfrak{r}$ und $\mathfrak{l}$ ist,

$$l^{*2} = r^{*2} + j^{*2} - 2r^* j^* \cos(\mathfrak{r}, \mathfrak{j}). \tag{17}$$

Es wird daher

$$m' = m\left[1 + \frac{j(j+1) + r(r+1) - l(l+1)}{2j(j+1)}\right]. \tag{18}$$

Setzen wir also

$$m' = g\,m, \tag{19}$$

so ergibt sich in der Tat die Gl. 12.

Die LANDÉsche Aufspaltungsformel erweist sich nur für schwache Magnetfelder als gültig, genauer gesagt für solche Felder, bei denen die durch sie hervorgebrachten Frequenzänderungen klein sind gegen die Frequenzintervalle der Multipletts bei dem Fehlen eines Feldes. Durch stärkere Magnetfelder werden die Vektoren $\mathfrak{r}$ und $\mathfrak{l}$ auseinandergezerrt, so daß sie schließlich voneinander unabhängig werden. Jeder der beiden Vektoren erfährt dann für sich eine Richtungsquantelung, indem er eine gequantelte Komponente in der Feldrichtung aufweist. Die beiden Komponenten mögen mit m_r und m_l bezeichnet werden. Wenn wir also annehmen, daß für die Berechnung der magnetischen Zusatzenergie die Eigenrotation der Elektronen zweifach in Rechnung zu stellen ist, ergibt sich für die Zusatzenergie der Wert:

$$E' = h\,\omega\,(m_l + 2m_r)\,H. \tag{20}$$

Nun ist l ganzzahlig und daher auch m_l; und da jedenfalls $2r$ ganzzahlig ist, gilt dasselbe auch für $2m_r$. Die für einen Spektralterm charakteristische Frequenz ν verwandelt sich also in einem starken Magnetfeld in

$$\nu' = \nu + m\,\omega\,H, \tag{21}$$

wobei m eine ganze Zahl ist.

§ 19. Das PAULIsche Prinzip.

Auf die Methode der vierfachen Quantisierung der Atomzustände gründete im Jahre 1925 PAULI ein Prinzip, das sich nicht nur als ungemein fruchtbar in der Theorie der Spektren erwies, sondern auch den Schlüssel zu dem Verständnis des periodischen Systems der Grundstoffe lieferte. Das PAULIsche Prinzip besagt, daß es in einem Atom nie zwei Elektronen geben könne, die in allen vier Quantenzahlen übereinstimmen.

Wir wollen uns die Elektronen, die das Planetensystem eines Atoms bilden, nach dem Werte der Hauptquantenzahl in Gruppen und jede Gruppe wieder nach dem Werte der Nebenquantenzahl in Untergruppen zerlegt denken. Elektronen, die innerhalb einer Gruppe zu derselben Untergruppe gehören, die also in den Werten der Hauptquantenzahl und der Nebenquantenzahl übereinstimmen, wollen wir als **äquivalente Elektronen** bezeichnen.

Nach dem PAULIschen Prinzip ist deren Zahl durch das Verbot beschränkt, daß unter ihnen niemals irgendwelche in den beiden anderen Quantenzahlen übereinstimmen dürfen, die zu der vierfachen Quantisierung noch erforderlich sind. Als diese beiden anderen Quantenzahlen wählen wir zweckmäßig diejenigen, die sich auf die Komponenten von $\mathfrak{l}_i$ und $\mathfrak{r}_i$ in der Richtung eines starken Magnetfeldes beziehen[1]. Wegen der Äquivalenz muß natürlich l_i für alle Elektronen denselben Wert haben, der kurz mit l bezeichnet werde. Die Quantenzahlen der Komponenten mögen mit $m_i\ (l)$ und $m_i\ (r)$ bezeichnet werden. Dabei ist zu beachten, daß sich die rotierenden Elektronen als Elementarmagnete parallel oder antiparallel in die Feldrichtung einstellen müssen, so daß für $m_i\ (r)$ nur die Werte $+\frac{1}{2}$ und $-\frac{1}{2}$ möglich erscheinen. Hingegen kann $m_i\ (l)$ alle ganzzahligen Werte von $-l$ bis $+l$ annehmen. Für $m_i\ (l)$ sind demnach $(2l+1)$ verschiedene Werte möglich, deren jeder entweder mit dem Werte $+\frac{1}{2}$ oder $-\frac{1}{2}$ für $m_i\ (r)$ kombiniert werden kann. Für einen gegebenen Wert der Nebenquantenzahl l ergibt sich daher die **Maximalzahl äquivalenter Elektronen** zu

$$Z_{\max}(l) = 4l + 2\,. \tag{1}$$

Da bei **voller Besetzung** $m_i\ (l)$ **sämtliche** ganzzahligen Werte von $-l$ bis $+l$ und zwar jeden zweimal annimmt, so muß

$$\sum m_i\,(l) = 0 \tag{2}$$

sein. Ebenso muß, weil bei voller Besetzung für $m_i\ (r)$ der Wert $+\frac{1}{2}$ genau ebensooft vorkommt wie der Wert $-\frac{1}{2}$,

$$\sum m_i\,(r) = 0 \tag{3}$$

sein. Bezeichnen wir nun mit L die resultierende Quantenzahl aus allen Vektoren $\mathfrak{l}_i$, so müssen für $\sum m_i\ (l)$ **alle** ganzzahligen Werte von $-L$ bis $+L$ möglich sein. Aus Gl. 2 folgt somit

$$L = 0\,, \tag{4}$$

und in analoger Weise folgt, wenn mit r die resultierende Quantenzahl aus allen Vektoren $\mathfrak{r}_i$ bezeichnet wird, aus Gl. 3, daß auch

$$r = 0 \tag{5}$$

sein muß. Eine **voll besetzte Untergruppe** trägt also, wie die Gleichungen 4 und 5 zeigen, zu dem Vektorgerüst eines Atoms **nichts** bei, und dadurch erscheint es gerechtfertigt, daß sich die Theorie der Spektren

[1] Zu ganz denselben Ergebnissen gelangt man aber auch, wenn man als die beiden anderen Quantenzahlen j und m wählt.

auf die Betrachtung derjenigen Elektronen beschränkt, die dem Atom außerhalb der abgeschlossenen Gruppen und Untergruppen angehören.

Bei einer gegebenen Hauptquantenzahl n sind für l alle Werte von 0 bis $(n-1)$ möglich. Für die maximale Besetzungszahl einer n-quantigen Elektronengruppe ergibt sich somit die Beziehung:

$$Z_{\max}(n) = 4\sum_{l=0}^{l=n-1} l + 2n . \tag{6}$$

Nun ist aber

$$\sum_{l=0}^{l=n-1} l = \frac{(n-1)\,n}{2} . \tag{7}$$

Daher wird

$$Z_{\max}(n) = 2n^2 . \tag{8}$$

Eine einquantige Gruppe ist demnach mit 2, eine zweiquantige mit 8, eine dreiquantige mit 18 und eine vierquantige mit 32 Elektronen voll besetzt.

III. Kapitel.

Die Spektren der Atome.

§ 20. Das Spektrum des Wasserstoffs.

Schon im Jahre 1885 hat BALMER die wichtige Entdeckung gemacht, daß zwischen den Wellenlängen der vier Spektrallinien, die für den Wasserstoff im optischen Gebiete charakteristisch sind, sehr einfache Zahlenbeziehungen bestehen. Die Wellenzahlen dieser vier Linien (der roten Linie H_α, der blauen H_β und der beiden violetten H_γ und H_δ) sind nämlich durch die Formel verknüpft:

$$\frac{\nu}{c} = R\left(\frac{1}{4} - \frac{1}{n^2}\right). \tag{1}$$

Dabei bedeutet R die Zahl 109678, während n gleich 3, 4, 5 oder 6 zu setzen ist[1]. Mit größter Genauigkeit erweist sich die BALMERsche Formel auch für die zahlreichen Linien erfüllt, in denen sich die optische Serie des Wasserstoffs im Ultraviolett fortsetzt. Außer dieser Serie, die ihre Grenze bei 3647 Å hat und von der etwa 50 Linien gemessen werden konnten[2], sind heute noch vier weitere Wasserstoff-Serien bekannt. Im weiteren Ultraviolett liegt eine von LYMAN im Jahre 1914 entdeckte Serie[3], die durch die Formel darstellbar ist:

$$\frac{\nu}{c} = R\left(1 - \frac{1}{n^2}\right). \tag{2}$$

Im Ultrarot hat auf Grund einer Vorhersage von RITZ schon im Jahre 1909 PASCHEN eine Serie gefunden, die die Form hat:

---

[1] BALMER selbst gab seiner Formel die Gestalt

$$\lambda = C\frac{n^2}{n^2 - 4},$$

wobei C mit $4/R$ übereinstimmt.

[2] Eine so große Zahl von Linien konnte allerdings nur im Absorptionsspektrum beobachtet werden. Im Emissionsspektrum von Vakuumröhren konnten höchstens 20 Linien nachgewiesen werden; doch kennt man noch weitere 13 Emissionslinien aus den Aufnahmen von Nebelsternen.

[3] Von dieser Serie sind bisher die ersten drei Linien bekannt. Die Linie, für die $n = 2$ zu setzen ist, deren Wellenzahl also $\frac{3}{4}R$ ist, erscheint sehr scharf in sämtlichen Aufnahmen, die im äußersten Ultraviolett gemacht werden; ihre Wellenlänge beträgt 1215,7 Å.

(3) $$\frac{\nu}{c} = R\left(\frac{1}{9} - \frac{1}{n^2}\right).$$

Im Jahre 1922 gelang es BRACKETT, im weiteren Ultrarot auch die ersten zwei Linien einer Serie zu entdecken, die der Formel entspricht[4]

(4) $$\frac{\nu}{c} = R\left(\frac{1}{16} - \frac{1}{n^2}\right).$$

Endlich entdeckte im Jahre 1924 PFUND[5] eine Linie von der Wellenzahl

$$R\left(\frac{1}{25} - \frac{1}{36}\right).$$

Die genau erfüllten Gesetzmäßigkeiten der beobachteten Wasserstoffserien lassen es deutlich erkennen, daß sich die Wasserstoffterme untereinander umgekehrt wie die Quadratzahlen verhalten, daß sie also in der Form darstellbar sind

(5) $$T = \frac{R}{n^2}.$$

In der Tat ergeben sich die Wellenzahlen aller beobachteten Linien des Wasserstoffs als Differenzen zweier solcher Terme. Die Konstante R konnte aus den spektroskopischen Messungen mit einer Genauigkeit von einem Zehnmilliontel ermittelt werden; derart fand man aus dem Wasserstoffspektrum, was durch Hinzufügung des Index H ausgedrückt werde[6],

(6) $$R_H = 109677{,}759 \pm 0{,}008 \text{ cm}^{-1}.$$

Die äquivalenten Werte der Wellenlänge, Spannung und Energie sind

(7) $$R \sim 911{,}8 \text{ Å} \sim 13{,}52 \text{ Volt} \sim 2{,}15 \cdot 10^{-11} \text{ Erg}.$$

Die Größe R wird als die RYDBERGsche Konstante bezeichnet, und zwar deshalb, weil im Jahre 1895 RYDBERG entdeckte, daß diese Konstante nicht nur für das Wasserstoffspektrum, sondern auch für die Spektren anderer Elemente eine wesentliche Bedeutung hat. Im Jahre 1910 vermochte der Verfasser dieses Buches zu zeigen, daß diese Fundamentalkonstante der Spektroskopie in einem engen Zusammenhang mit dem elektrischen Elementarquantum, der Elektronenmasse und dem elementaren Wirkungsquantum steht[7]. In exakter Weise wurde dieser Zusammenhang im Jahre 1913 von BOHR auf Grund des RUTHERFORDschen Atommodells und des schon besprochenen Prinzips abgeleitet, wonach bei einer Kreisbewegung eines Elektrons der mit 2π multiplizierte

[4] Bei dieser Gelegenheit hat BRACKETT auch die dritte, vierte und fünfte Linie der PASCHEN-Serie gefunden, von der bis dahin nur die ersten zwei Linien bekannt gewesen waren.

[5] A. H. PFUND, Journ. Opt. Soc. Amer. *9*, 1924, S. 193.

[6] Der hier angegebene Wert, der zurzeit wohl als der genaueste gelten kann, gründet sich auf die Angabe von W. V. HOUSTON, Phys. Rev. *30*, 1927, S. 608.

[7] A. HAAS, Sitz.-Ber. Akad. Wiss. Wien, Abt. IIa, 1910, S. 119; auch Physik. Zeitschr. *11*, 1910, S. 537.

Drehimpuls einem ganzzahligen Vielfachen des elementaren Wirkungsquantums gleich ist.

Um den Zusammenhang zwischen der RYDBERGschen Konstanten und den Grundgrößen der Elektronentheorie abzuleiten, betrachten wir einen Kern, der eine positive Ladung von z Elementarquanten aufweise, und um den ein einziges Elektron eine Kreisbahn beschreibe (die Verallgemeinerung, daß wir nicht von vornherein $z = 1$ setzen, nehmen wir im Hinblick auf den nächsten Abschnitt vor). Auf das kreisende Elektron wirkt nun einerseits die elektrische Anziehung seitens des Kernes, andererseits die Fliehkraft. Nach dem dritten NEWTONschen Bewegungsgesetz müssen beide Kräfte einander gleich sein. Die Anziehung ist nach dem COULOMBschen Gesetz gleich $z e^2/a^2$; die Fliehkraft ist, wenn die Masse des Elektrons mit m bezeichnet wird, $m v^2/a$. Aus der Gleichsetzung der beiden Ausdrücke folgt die Beziehung

$$m v^2 a = z e^2 . \tag{8}$$

Andererseits muß, da der mit 2π multiplizierte Drehimpuls ein ganzzahliges Vielfaches des elementaren Wirkungsquantums sein soll, die Beziehung erfüllt sein

$$m a v = \frac{n h}{2\pi} . \tag{9}$$

Ist die Quantenzahl n gegeben, so enthalten die Gl. 8 und 9 als Unbekannte nur den Bahnhalbmesser a und die lineare Geschwindigkeit v, so daß aus den beiden Gleichungen beide Größen ermittelt werden können. Die Werte, die ihnen in dem n-quantigen Zustande zukommen, mögen mit dem Index n bezeichnet werden. Den Wert von a_n finden wir, indem wir die Gl. 9 quadrieren und durch die Gl. 8 dividieren; es ergibt sich so:

$$a_n = \frac{n^2 h^2}{4\pi^2 z e^2 m} . \tag{10}$$

Die Radien der quantentheoretisch ausgezeichneten Bahnen verhalten sich also wie die Quadrate der Quantenzahlen. Indem wir andererseits die Gl. 9 durch die Gl. 10 dividieren, finden wir:

$$v_n = \frac{2\pi z e^2}{n h} . \tag{11}$$

Die Energie des Elektrons setzt sich aus der kinetischen und der potentiellen zusammen. Die kinetische Energie erhalten wir, indem wir das halbe Geschwindigkeitsquadrat mit der Masse m multiplizieren. Die potentielle Energie ist nach dem COULOMBschen Gesetz

$$E_{\text{pot}} = -\frac{z e^2}{a} . \tag{12}$$

Das Vorzeichen muß dabei deshalb negativ gewählt werden, weil eine Vergrößerung der Entfernung a (wegen der Anziehung zwischen Kern und Elektron) eine Energiezufuhr erfordert, die Energie aber nur dann zugleich mit a zunimmt, wenn sie mit entgegengesetztem Vorzeichen zu a umgekehrt proportional ist. Natürlich ist trotz des negativen Vorzeichens die Energie selbst nicht negativ, weil in der Gl. 12 noch eine positive Konstante hinzukommt, die für alle Zustände denselben Wert hat. Im übrigen stellt die potentielle Energie die Arbeit dar, die notwendig wäre, um das Elektron, falls es ruhen würde, von seiner Stelle bis in das Unendliche zu entfernen.

Vergleichen wir die Gl. 12 mit der Gl. 8, so finden wir

$$E_{\text{pot}} = -m v^2 . \tag{13}$$

Die potentielle Energie ist also entgegengesetzt doppelt so groß wie die kinetische; daher ist die gesamte Energie als Summe aus der kinetischen und der potentiellen

$$E_n = -\frac{m v_n^2}{2} \tag{14}$$

oder nach Gl. 11

$$E_n = -\frac{2\pi^2 z^2 e^4 m}{n^2 h^2} . \tag{15}$$

Die Energiewerte, die den verschiedenquantigen Bahnen zukommen, verhalten sich also umgekehrt wie die Quadrate der Quantenzahlen.

Für die spektrale Frequenz, die bei einem Übergange zwischen zwei Zuständen auftritt, ergibt sich daher die Beziehung:

$$\nu = \frac{2\pi^2 z^2 e^4 m}{h^3} \left(\frac{1}{s^2} - \frac{1}{n^2}\right) . \tag{16}$$

Diese Gleichung stimmt mit der verallgemeinerten BALMERschen Formel

$$\frac{\nu}{c} = R\left(\frac{1}{s^2} - \frac{1}{n^2}\right) \tag{17}$$

überein; wir müssen dazu nur in dem Spezialfall $z = 1$

$$R\, c = \frac{2\pi^2 e^4 m}{h^3} \tag{18}$$

setzen. In der Tat erweist sich diese Formel als genau erfüllt, wenn wir auf der rechten Seite die Werte einsetzen, die für e, m und h auf Grund anderweitiger Beobachtungen ermittelt wurden. Durch diese Gleichung ist also der Zusammenhang zwischen der RYDBERGschen Konstanten und den Grundgrößen der Atomtheorie ausgedrückt[8].

Vom Standpunkte der BOHRschen Theorie erscheint im Emissionsspektrum die BALMER-Serie durch einen zweiquantigen Endzustand

[8] Diese Beziehung findet sich als Gl. 67 in der in Anm. 7 zitierten Abhandlung des Verfassers. Daß dort ein anderer Zahlenfaktor auftritt, erklärt sich aus der Benutzung des damals üblich gewesenen THOMSONschen Atommodells an Stelle des erst 1911 geschaffenen Atommodells von RUTHERFORD.

charakterisiert, indem beispielsweise die rote Linie H_α durch Übergang aus einem dreiquantigen in einen zweiquantigen Zustand entsteht, die blaue Linie H_β durch Übergang aus einem vierquantigen in einen zweiquantigen Zustand, und so fort. Die ultraviolette LYMAN-Serie entsteht bei der Emission durch Übergang in den Grundzustand, die PASCHEN-Serie durch Übergang in einen dreiquantigen, die BRACKETT-Serie durch Übergang in einen vierquantigen und die (allerdings nur in ihrem ersten Gliede bekannte) PFUND-Serie durch Übergang in einen fünfquantigen Endzustand (vgl. die schematische Darstellung nach GROTRIAN in Fig. 5).

Wenn wir in den früheren Gleichungen n und z gleich Eins setzen, so erhalten wir die für den Grundzustand des Wasserstoffatoms charakteristischen Größen. Wir finden aus Gl. 11

$$v^* = \frac{2\pi e^2}{h} = 2{,}18 \cdot 10^8 \text{ cm sec}^{-1} . \tag{19}$$

Für das eine wichtige Konstante darstellende Verhältnis dieser Geschwindigkeit zur Lichtgeschwindigkeit ergibt sich daraus der Wert

$$\alpha = \frac{v^*}{c} = 7{,}29 \cdot 10^{-3} . \tag{20}$$

Den Bahnhalbmesser im Normalzustand wollen wir mit a^* bezeichnen; nun ist die Energie, da sie (nach Gl. 13 und 14) die Hälfte der potentiellen Energie darstellt, gleich $-e^2/2a$, und daher ist

$$a^* = -\frac{e^2}{2E^*} = -\frac{e^2}{2hRc} . \tag{21}$$

Aus Gl. 7 folgt somit

$$a^* = 5{,}30 \cdot 10^{-9} \text{ cm} . \tag{22}$$

Die Umlaufszahl im Normalzustand ergibt sich endlich, wenn die Geschwindigkeit v^* durch den Bahnumfang dividiert wird. Es ist also

$$\omega^* = \frac{v^*}{2a^*\pi} , \tag{23}$$

oder nach Gl. 19 und 21

$$\omega^* = 2Rc . \tag{24}$$

Daraus folgt

$$\omega^* = 6{,}58 \cdot 10^{15} \text{ sec}^{-1} . \tag{25}$$

Die hier angegebenen Werte dürfen jedoch keinesfalls als exakte Werte der Atomphysik in demselben Sinne wie das elektrische Elementarquantum oder die Elektronenmasse oder das elementare Wirkungsquantum oder die LOSCHMIDTsche Zahl angesehen werden. Denn wir dürfen es nicht übersehen, daß sie sich nicht auf das Wasserstoffatom als solches beziehen, sondern nur auf ein bestimmtes, besonders einfaches Modell dieses Atoms.

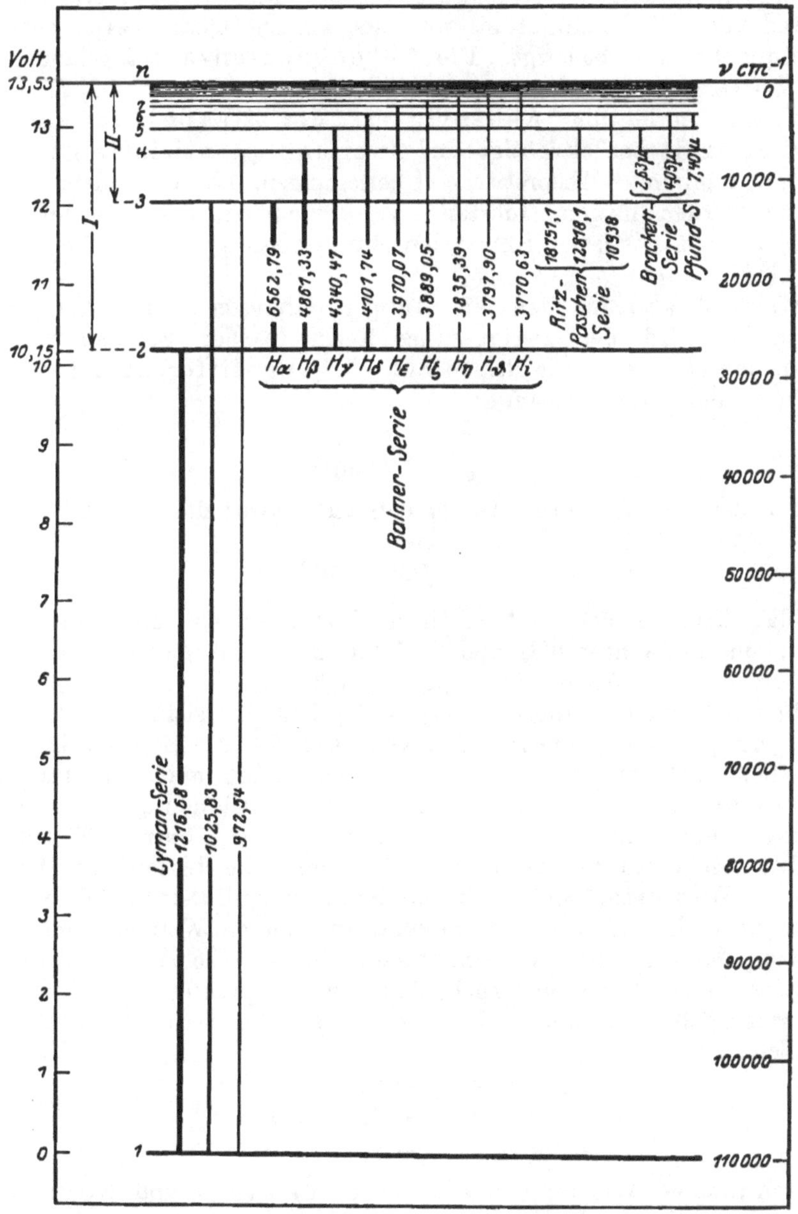

Fig. 5.

Schematische Darstellung des Wasserstoffspektrums; aus W. GROTRIAN, Graphische Darstellung der Spektren von Atomen und Ionen mit ein, zwei und drei Valenzelektronen, Berlin, Verlag Springer, 1928.

In den bisherigen Betrachtungen haben wir zu der Festlegung der Zustände des Wasserstoffatoms nur eine einzige Quantenzahl, eben die Hauptquantenzahl, benötigt. Die Nebenquantenzahl l gelangt, wie 1915 SOMMERFELD erkannte, zur Geltung, woferne man im Sinne der Relativitätstheorie die Abhängigkeit der Masse von der Geschwindigkeit berücksichtigt und zweifach quantisierte Ellipsenbahnen annimmt. Theoretische Überlegungen, die hier nicht wiedergegeben werden mögen, führten SOMMERFELD zu dem Ergebnis, daß durch die relativistische Korrektion ein n-quantiger Term n-fach aufgespalten wird[9].

Während also für den einquantigen Grundterm eine Aufspaltung unterbleibt, wird der zweiquantige Term in der SOMMERFELDschen Theorie ein Dublett, für dessen Schwingungsdifferenz SOMMERFELD den folgenden Wert ermittelte:

$$\frac{\Delta \nu_H}{c} = R \frac{\alpha^2}{16}. \tag{26}$$

Dabei bedeutet α die durch Gl. 20 definierte Zahl; daher wird

$$\frac{\Delta \nu_H}{c} = 0{,}365 \text{ cm}^{-1}. \tag{27}$$

Für das Triplett des dreiquantigen Terms erhielt SOMMERFELD als Schwingungsdifferenzen 8/81 und 8/27 von $\Delta \nu_H$, und noch kleinere Bruchteile errechnete er für die höherquantigen Terme.

Der Schwingungsdifferenz $\Delta \nu_H$ entspricht im sichtbaren Spektralgebiet ein Wellenlängenunterschied von etwa 0,1 Å. Es erscheint daher begreiflich, daß für die Spektrallinien selbst auch in stark auflösenden Apparaten nur die Duplizität des zweiquantigen Terms zur Geltung kommt, nicht aber die Multiplizität der höheren Terme. In der Tat erscheinen bei genügender Auflösung die Linien der BALMER-Serie als Dubletts, wobei für die Schwingungsdifferenz die Beobachtungen ungefähr den von SOMMERFELD errechneten Wert ergaben.

Vom Standpunkte der UHLENBECK-GOUDSMITschen Hypothese erschien es zunächst verwunderlich, daß der zweiquantige Term nur zweifach aufgespalten ist und nicht, wie zu erwarten wäre, dreifach gemäß dem Schema

$$\begin{aligned} n &= 2, \quad l = 0, \quad j = \tfrac{1}{2} \\ n &= 2, \quad l = 1, \quad j = \tfrac{1}{2} \\ n &= 2, \quad l = 1, \quad j = \tfrac{3}{2}. \end{aligned}$$

Den scheinbaren Widerspruch suchten UHLENBECK und GOUDSMIT[10] sowie SLATER[11] durch die Annahme zu lösen, daß Terme mit gleichen

[9] Vgl. A. SOMMERFELD, Atombau und Spektrallinien.

[10] G. E. UHLENBECK und S. GOUDSMIT, Physica *5*, 1925, S. 266.

[11] J. C. SLATER, Proc. Nat. Acad. Amer. *11*, 1925, S. 732.

Werten von n und j auch bei verschiedenem l-Werte zusammenfallen. Von dem eben angegebenen Triplett würden daher nur zwei Terme übrigbleiben.

In der Tat vermochten HEISENBERG und JORDAN[12] vom Standpunkte der neuen Quantenmechanik aus zu zeigen, daß die durch die innere Quantenzahl j bedingte Dublettaufspaltung des Termes $n = 2$, $l = 1$, $j = \frac{1}{2}$ bzw. $\frac{3}{2}$ mit der Schwingungsdifferenz übereinstimmt, die sich auf Grund der relativistischen Korrektion für den Abstand zwischen den Termen $n = 2$, $l = 0$, $j = \frac{1}{2}$ und $n = 2$, $l = 1$, $j = \frac{3}{2}$ ergibt. Die Folge davon ist eben das Zusammenfallen der beiden Terme von der inneren Quantenzahl $j = \frac{1}{2}$.

§ 21. Das Spektrum des ionisierten Heliums.

Während der Wasserstoffkern eine Ladung von einem einzigen elektrischen Elementarquantum aufweist, stellen, wie schon erwähnt, die Alphateilchen positive Gebilde dar, die eine doppelt so große Ladung und eine viermal so große Masse besitzen. Da andererseits der zweitleichteste Grundstoff, das Helium, das Atomgewicht vier hat, so liegt der Gedanke nahe, das α-Teilchen mit dem Heliumkern zu identifizieren. Eine unmittelbare Bestätigung dieser Auffassung bildet die zuerst von RAMSAY und SODDY im Jahre 1903 festgestellte Tatsache, daß aus radioaktiven, α-Strahlen aussendenden Substanzen Helium entsteht[1].

Wenn wir also in der BOHRschen Spektralformel (Gl. 16 des § 20) die Kernladungszahl z gleich zwei setzen, so muß die so spezialisierte Formel das Spektrum des ionisierten Heliumatoms darstellen, in dem nur ein einziges Elektron den zweifach geladenen Kern umkreist, während das im neutralen Zustand vorhandene zweite Elektron entfernt ist. Bei dem Übergang aus einer n-quantigen in eine s-quantige Bahn müßte bei dem ionisierten Helium eine viermal so große Schwingungszahl wie bei dem Wasserstoff hervorgerufen werden, weil ν proportional z^2 ist. Das Spektrum des ionisierten Heliums wäre also durch die Formel dargestellt

$$\frac{\nu}{c} = 4R\left(\frac{1}{s^2} - \frac{1}{n^2}\right), \tag{1}$$

wofür man auch schreiben kann:

$$\frac{\nu}{c} = R\left[\frac{1}{\left(\frac{s}{2}\right)^2} - \frac{1}{\left(\frac{n}{2}\right)^2}\right]. \tag{2}$$

In der Tat hat schon im Jahre 1897 PICKERING in dem Spektrum eines Sternes (es war ζ Puppis) eine Serie entdeckt, die der Gl. 2 für $s = 4$ entspricht. Im Jahre 1912 entdeckte dann FOWLER in dem

[12] W. HEISENBERG und P. JORDAN, Zeitschr. f. Phys. 37, 1926, S. 263.

[1] Vgl. § 42.

Spektrum einer GEISSLERschen Röhre eine Serie, die durch die Gl. 2 beschrieben wird, wenn darin $s = 3$ gesetzt wird[2]. Sowohl die PICKERING- als auch die FOWLER-Serie wurde ursprünglich fälschlich dem Wasserstoff zugeschrieben. Die BOHRsche Theorie läßt in ihnen Serien des Heliums erkennen, und es war ein großer Erfolg für die BOHRsche Theorie, daß es PASCHEN und BARTELS im Jahre 1914 gelang, die FOWLER-Serie in Röhren zu erzeugen, die mit reinem Heliumgas gefüllt und von jeder Beimengung von Wasserstoff völlig frei waren.

Nach den Formeln, die für die Linienspektren des Wasserstoffs und des Heliums abgeleitet wurden, müßte nun eigentlich jede zweite Linie der PICKERING-Serie mit einer Linie der BALMER-Serie zusammenfallen; denn da in der Gl. 2 für die PICKERING-Serie $s = 4$ zu setzen ist, so wäre für gerade Werte von n völlige Übereinstimmung mit der Gl. 1 des § 20 zu erwarten. Tatsächlich zeigen sich aber die entsprechenden Linien der PICKERING-Serie um eine Kleinigkeit in der Richtung zunehmender Frequenz, innerhalb des sichtbaren Spektralgebietes also in der Richtung gegen das Violett zu, verschoben. Erschien diese sogenannte Violettverschiebung der Heliumlinien vielleicht zunächst als ein Mangel der BOHRschen Theorie, so erwies sie sich als deren glänzende Bestätigung, als BOHR seine ursprüngliche Theorie dadurch vervollkommnete, daß er auch die Mitbewegung des Atomkernes berücksichtigte. Tatsächlich kreist ja nicht das Elektron um den Kern, sondern beide kreisen um ihren gemeinsamen Schwerpunkt.

Bezeichnen wir mit x und y die Entfernungen, die das Elektron und der Kern von dem Schwerpunkt haben, und mit M die Kernmasse, so gilt die Proportion

$$x : y = M : m \qquad (x + y = a)\,. \tag{3}$$

Daraus folgt:

$$x = a\,\frac{M}{M+m}\,, \qquad y = a\,\frac{m}{M+m}\,. \tag{4}$$

Die Geschwindigkeit des Elektrons sei v', die des Kernes v''. Dann ist, weil beide dieselbe Winkelgeschwindigkeit haben, die w genannt werde,

$$v' = x\,w\,, \qquad v'' = y\,w\,. \tag{5}$$

Für die kinetische Energie ergibt sich hieraus der Wert

$$E_{\text{kin}} = \frac{w^2}{2}\,(m\,x^2 + M\,y^2)$$

oder nach Gl. 4

$$E_{\text{kin}} = \frac{a^2\,w^2\,M\,m\,(M+m)}{2\,(M+m)^2}\,.$$

[2] Früher unterschied man zwei FOWLER-Serien, je nachdem, ob n gerade ist oder ungerade. Diese Unterscheidung erscheint aber vom Standpunkte der BOHRschen Theorie ganz überflüssig.

Setzen wir zur Vereinfachung der folgenden Rechnungen vorübergehend

$$\frac{M\,m}{M+m} = \mu\,, \tag{6}$$

so wird also

$$E_{\text{kin}} = \frac{a^2\,w^2\,\mu}{2}\,. \tag{7}$$

Andererseits muß die Fliehkraft der Anziehungskraft gleich sein; es ist also

$$m\,x\,w^2 = \frac{z\,e^2}{a^2}\,. \tag{8}$$

Da nach Gl. 4 und 6 nun $m\,x$ gleich ist $a\,\mu$, so wird daher

$$\mu\,a^2\,w^2 = \frac{z\,e^2}{a} \tag{9}$$

und somit nach Gl. 7

$$E_{\text{kin}} = \frac{z\,e^2}{2\,a}\,. \tag{10}$$

Die potentielle Energie ist

$$E_{\text{pot}} = -\frac{z\,e^2}{a}\,, \tag{11}$$

und daher wird die gesamte Energie in der n-quantigen Bahn

$$E_n = -\frac{z\,e^2}{2\,a_n} \tag{12}$$

(in Übereinstimmung mit § 20).

Für den Drehimpuls finden wir den Wert

$$U = m\,x\,v' + M\,y\,v'' = w\,(m\,x^2 + M\,y^2)\,, \tag{13}$$

also

$$U = \frac{2\,E_{\text{kin}}}{w}$$

oder nach Gl. 7

$$U = a^2\,w\,\mu\,. \tag{14}$$

Nach der fundamentalen Quantenbeziehung soll aber der mit 2π multiplizierte Drehimpuls gleich sein dem Produkt aus Quantenzahl und elementarem Wirkungsquantum, und somit finden wir:

$$2\pi\,a^2\,w\,\mu = n\,h\,. \tag{15}$$

Wenn wir diese Gleichung quadrieren und durch die Gl. 9 dividieren, so erhalten wir

$$a_n = \frac{n^2\,h^2}{4\pi^2\,z\,e^2\,\mu}\,. \tag{16}$$

Daraus folgt nach Gl. 12 für die Energie

$$E_n = -\frac{2\pi^2\,z^2\,e^4\,\mu}{n^2\,h^2}\,. \tag{17}$$

Wenn wir diese Formel mit der Gl. 15 des § 20 vergleichen, so erkennen wir eine völlige Übereinstimmung, nur daß an die Stelle von m nunmehr die Größe μ getreten ist. Indem wir die Konstante R durch die Gl. 18 des § 20 definieren, lautet also die verbesserte Bohrsche Spektralformel

$$\frac{\nu}{c} = z^2 R \frac{\mu}{m} \left(\frac{1}{s^2} - \frac{1}{n^2}\right)$$

oder

$$\frac{\nu}{c} = \frac{R}{1 + \frac{m}{M}} \left[\frac{1}{\left(\frac{s}{z}\right)^2} - \frac{1}{\left(\frac{n}{z}\right)^2}\right]. \tag{18}$$

Weder bei Wasserstoff noch bei Helium kann demnach die Konstante des Linienspektrums genau gleich sein der durch die Gl. 18 des § 20 definierten Rydbergschen Konstanten im engeren Sinne dieses Wortes. Diese möge mit R_∞ bezeichnet werden, und zwar deshalb, weil der Atomkern unendlich mal so schwer angenommen wird wie das ihn umkreisende Elektron.

Wir wollen die Konstanten der Spektren des Wasserstoffs und des Heliums mit R_H und R_{He} und die Kernmassen der beiden Atome mit M_H und M_{He} bezeichnen. Dann folgen aus der Gl. 18 die Beziehungen:

$$\left\{ \begin{aligned} R_H &= \frac{R_\infty}{1 + \frac{m}{M_H}} \\ R_{He} &= \frac{R_\infty}{1 + \frac{m}{M_{He}}}. \end{aligned} \right. \tag{19}$$

Nun hat aber der Heliumkern eine etwa viermal so große Masse wie der Wasserstoffkern; es muß daher

$$R_{He} > R_H \tag{20}$$

sein, woraus sich ohne weiteres die Violettverschiebung der Heliumlinien erklärt.

Genaue Messungen von Houston haben (wie zum Teil schon in § 20 angegeben wurde) für die beiden Größen R_H und R_{He} die Werte ergeben:

$$\left\{ \begin{aligned} R_H &= 109\,677{,}759 \quad (\pm\, 0{,}008) \\ R_{He} &= 109\,722{,}403 \quad (\pm\, 0{,}004)\,. \end{aligned} \right. \tag{21}$$

Andererseits sind die Atomgewichte von Wasserstoff und Helium

$$A_H = 1{,}008; \qquad A_{He} = 4{,}003\,. \tag{22}$$

Berücksichtigen wir, daß das Heliumatom zwei Planetenelektronen enthält, und das Wasserstoffatom eines, und daß das Atomgewicht eines

Elektrons (auch ohne daß man den ganz genauen Wert seiner Masse kennt) gleich 0,00055 gesetzt werden darf, so finden wir daher

$$\frac{M_{He}}{M_H} = \frac{4,0023}{1,0076} = 3,972 \ . \tag{23}$$

Wir setzen nun zur Abkürzung

$$\frac{m}{M_H} = x \ . \tag{24}$$

Dann wird nach Gl. 19

$$\frac{R_H}{R_{He}} = \frac{1 + \frac{x}{3,972}}{1 + x} \ . \tag{25}$$

Hieraus folgt

$$x = \frac{R_{He} - R_H}{R_H - \frac{1}{3,972} R_{He}} \ . \tag{26}$$

Somit wird

$$\frac{1}{x} = \frac{M_H}{m} = \frac{109\,678 - 27\,620}{44,644} = 1838 \ , \tag{27}$$

in ausgezeichneter Übereinstimmung mit dem Werte, den die vollkommensten Messungen auf Grund der Ablenkungen der Kathodenstrahlen lieferten (§ 3).

Setzen wir den Wert aus der Gl. 27 in die erste der Gl. 19 ein, so finden wir

$$R_\infty = 109737,42 \ , \tag{28}$$

und es ist somit (nach Gl. 18 des § 20)

$$109737,42 \cdot c = \frac{2\pi^2 e^4 m}{h^3} \ . \tag{29}$$

Hinsichtlich der Feinstruktur sind bei dem Spektrum des ionisierten Heliums natürlich analoge Gesetzmäßigkeiten wie bei dem Wasserstoffspektrum zu erwarten. Sowohl die SOMMERFELDsche Theorie, die sich auf die relativistische Massenformel gründet, als auch die Vorstellung rotierender Elektronen führt zu der Folgerung, daß die Aufspaltung der vierten Potenz der Kernladungszahl proportional sei und daher bei Helium sechzehnmal größer als bei Wasserstoff sein müsse. Das Spektrum des ionisierten Heliums bietet so eine Möglichkeit, die Feinstruktur des Wasserstoffspektrums indirekt viel genauer zu studieren, als dies durch direkte Beobachtungen möglich ist. In der Tat haben die Ausmessungen des Heliumspektrums für die Schwingungsdifferenz der Wasserstoffdubletts den theoretisch abgeleiteten Wert (Gl. 27 des § 20) ergeben und auch sonst zu keinen Widersprüchen mit der in dem vorhergehenden Abschnitt besprochenen SLATERschen Auffassung geführt.

Ebenso wie das Spektrum des einfach ionisierten Heliums eine Wiederholung des Wasserstoffspektrums mit vervierfachten Frequenzen darstellt, so ließ die Theorie eine Wiederholung mit verneunfachten und versechzehnfachten Frequenzen bei dem zweifach ionisierten Lithium und dem dreifach ionisierten Beryllium erwarten. Es bedeutet eine glänzende Bestätigung der BOHRschen Theorie, daß in der Tat im Jahre 1930 ERICSON und EDLÉN[3] im äußersten Ultraviolett die ersten Linien von Li^{++} und Be^{+++} bei 135,02 und 75,94 Å auffinden konnten, also in der Tat bei den Wellenlängen, die den neunten bzw. sechzehnten Teil derjenigen Wellenlänge darstellen, die der ersten Linie der LYMAN-Serie des Wasserstoffs zukommt.

§ 22. Die Spektren der Atome mit einem Valenzelektron.

Wenige Jahre, nachdem BALMER die fundamentale Gesetzmäßigkeit des Wasserstoffspektrums entdeckt hatte, gelang es KAYSER und RUNGE, auch in den Spektren der Alkalimetalle einfache Serienzusammenhänge aufzufinden. RYDBERG vermochte diese Zusammenhänge quantitativ durch Formeln zu beschreiben, die eine weitgehende Ähnlichkeit mit der BALMERschen Formel aufweisen und in denen eben die aus dem Wasserstoffspektrum bekannte, heute als RYDBERGsche Konstante bezeichnete Größe eine fundamentale Rolle spielt. Ähnliche Serienzusammenhänge wie bei den Alkalimetallen wurden bald darauf auch bei den Elementen der zweiten und dritten Vertikalreihe des periodischen Systems nachgewiesen.

Das gemeinsame Merkmal aller optischen Serien ist, wie schon erwähnt wurde, die mit abnehmender Wellenlänge, abnehmender Intensität und auch abnehmender Schärfe verbundene Konvergenz der Linien gegen eine Grenze, die bei der Emission dem Endniveau des Übergangs entspricht. Bei den Grundstoffen, bei denen eine Einordnung der optischen Spektrallinien in Serien möglich war, hat man nun bald als wichtigste Serien drei erkannt, die als Haupt- oder Prinzipalserie, als erste oder diffuse Nebenserie und als zweite oder scharfe Nebenserie bezeichnet wurden. Die beiden Nebenserien, die sich deutlich durch die verschiedene Schärfe ihrer Linien unterscheiden, haben, wie man fand, eine gemeinsame Grenze, die bei den Elementen der ersten zwei Vertikalreihen des periodischen Systems immer längerwellig ist als die Grenze der Hauptserie. Zu den drei genannten Serien kam später noch eine vierte, verhältnismäßig langwellige hinzu, die mit einem schlecht gewählten Ausdruck als Fundamentalserie oder auch nach einem ihrer Erforscher als BERGMANN-Serie bezeichnet wird[1].

[3] A. ERICSON und B. EDLÉN, Zeitschr. f. Phys. *59*, 1930, S. 656.
[1] Der eigentliche Entdecker der sogenannten BERGMANN-Serie war SAUNDERS.

Wie spätere Betrachtungen erkennen ließen, lassen sich die Wellenzahlen der wichtigsten Linien der genannten Serien als Differenzen zwischen den Gliedern von vier Termfolgen darstellen, die man nach den Anfangsbuchstaben der Worte „scharf“, „prinzipal“, „diffus“ und „fundamental“ als s-, p-, d- und f-Terme unterscheidet. Die vier erwähnten Serien entstehen nun bei der Emission durch die in dem folgenden Schema dargestellten Übergänge:

$$(1)\quad \left\{\begin{array}{lll} \text{Hauptserie} & \ldots\ldots\ldots & p \longrightarrow s\,, \\ \text{I. (diffuse) Nebenserie} & \ldots\ldots & d \longrightarrow p\,, \\ \text{II. (scharfe) Nebenserie} & \ldots & s \longrightarrow p\,, \\ \text{Fundamentalserie} & \ldots\ldots & f \longrightarrow d\,. \end{array}\right.$$

Da sich die s-Terme stets als einfach erweisen, müssen wir ihnen nach dem in einem früheren Abschnitt (§ 17) Gesagten offenbar die Nebenquantenzahl $l = 0$ zuweisen. Da sich andererseits bei Quantensprüngen, wie auch schon erwähnt, l um Eins ändern muß und die s-Terme normalerweise nur mit p-Termen kombinieren, muß den p-Termen der Wert $l = 1$ zugeordnet werden. Die p-Terme kombinieren wiederum außer mit s-Termen auch mit d-Termen und diese außer mit p-Termen auch mit f-Termen. Demnach ergeben sich für die optischen Spektralterme die folgenden Werte der Nebenquantenzahl:

$$(2)\quad \left\{\begin{array}{l} l = 0 \text{ für einen } s\text{-Term}, \\ l = 1 \text{ für einen } p\text{-Term}, \\ l = 2 \text{ für einen } d\text{-Term}, \\ l = 3 \text{ für einen } f\text{-Term}. \end{array}\right.$$

Die Terme, für die $l = 4$ und 5 zu setzen ist, werden als g- und h-Terme bezeichnet, und so fort[2].

Je niedriger bei der Emission die Nebenzahl des Anfangszustandes ist, desto schärfer ist, wie die Beobachtung zeigt, die entstehende Spektrallinie. Daher weist die zweite Nebenserie die größte Linienschärfe auf, eine geringere bereits die Hauptserie; bei der ersten, der diffusen, Nebenserie sind, wie schon der Name sagt, die Linien recht unscharf, und die geringste Schärfe zeigt die Fundamentalserie.

Die einzelnen Terme der Alkalimetalle sind, wie die Erfahrung zeigt, in der folgenden Form darstellbar:

$$(3)\qquad T = \frac{R}{[n + a\,(l) + \alpha\,(l)/n^2]^2} = \frac{R}{n^{*2}}\,,$$

wobei für einen gegebenen Grundstoff die Konstanten a und α nur von der Nebenquantenzahl abhängen, also für alle s-Terme dieselben Werte haben, und ebenso dieselben Werte für alle p-Terme, und so

[2] Häufig werden auch die Bezeichnungen f'-, f''-Terme usw. gebraucht.

fort. R bedeutet wie stets die RYDBERGsche Konstante, n die Hauptquantenzahl. Das erste Korrektionsglied a wird als die RYDBERG-Korrektion bezeichnet, das zweite α als die RITZ-Korrektion; die Zahl n^* wird die effektive Quantenzahl genannt.

Für eine erste Näherung genügt die RYDBERG-Korrektion. Sie ist, wie die Erfahrung zeigt, stets negativ, während sich die RITZ-Korrektion immer als positiv erweist. Theoretische, recht umständliche Überlegungen, auf die hier nicht eingegangen werden möge[3], liefern hierfür eine Begründung; sie ergeben auch für die Größe der Korrektionsglieder Formeln, die durch die Erfahrung verhältnismäßig gut bestätigt werden. Diese Formeln erklären es auch, warum mit zunehmendem l die Korrektionsglieder sehr rasch abnehmen[4]. In der Tat sind für die f-Terme die Korrektionsglieder ganz belanglos, so daß die f-Terme vollkommene „Wasserstoffähnlichkeit" zeigen; klein sind die Abweichungen für die d-Terme, dagegen beträchtlich größer für die p-Terme und im allgemeinen sehr groß für die s-Terme. SCHRÖDINGER[5] suchte dies durch die Annahme zu begründen, daß solche Terme sogenannten Tauchbahnen entsprechen, bei denen der Umlauf des Elektrons teilweise innerhalb des Atomrumpfes erfolgt, der von dem Atom nach Abtrennung des Valenzelektrons übrig bliebe. Dadurch erklärt es sich auch, daß die Korrektionsglieder mit zunehmender chemischer Ordnungszahl wachsen.

Tabelle V.

Effektive und wahre Quantenzahlen der tiefsten Spektralterme der Alkalimetalle.

Alkalimetall	Tiefster s-Term	Tiefster p-Term	Tiefster d-Term	Tiefster f-Term
Lithium . . .	1,59 (2)	1,96 (2)	3,00 (3)	4,00 (4)
Natrium . . .	1,63 (3)	2,12 (3)	2,99 (3)	4,00 (4)
Kalium . . .	1,77 (4)	2,23 (4)	2,85 (3)	3,99 (4)
Rubidium . .	1,80 (5)	2,28 (5)	2,77 (3)	3,99 (4)
Cäsium	1,87 (6)	2,33 (6)	2,55 (3)	3,99 (4)

Da die effektiven Quantenzahlen empirisch bekannt sind und die Korrektionen wenigstens näherungsweise theoretisch berechnet werden können, konnten für die Terme auch die wahren Quantenzahlen, also die Werte von n, ermittelt werden. So erweisen sich für das die

[3] Vgl. hierzu z. B. M. BORN, Vorlesungen über Atommechanik, I, § 28 (Berlin, Springer, 1925).

[4] Nach diesen Formeln, in denen die Polarisierbarkeit des Atomrumpfes eine wesentliche Rolle spielt, ist die RYDBERG-Korrektion der fünften, und die RITZ-Korrektion der dritten Potenz der Nebenquantenzahl umgekehrt proportional.

[5] E. SCHRÖDINGER, Zeitschr. f. Phys. *4*, 1921, S. 347.

zweite Periode des Grundstoffsystems eröffnende Lithium der tiefste *s*- und der tiefste *p*-Term als zweiquantig; für Natrium sind der tiefste *s*- und der tiefste *p*-Term dreiquantig, für Kalium vier-, für Rubidium fünf-, für Cäsium sechsquantig. Hingegen erweisen sich für alle Alkalimetalle der tiefste *d*-Term als dreiquantig und der tiefste *f*-Term als vierquantig. In Tabelle V sind für die Alkalimetalle die effektiven und daneben in Klammern die wahren Quantenzahlen für die tiefsten Terme zusammengestellt. Aus dieser Tabelle ist es ersichtlich, daß der allertiefste Term, also der Grundterm, für sämtliche Alkalimetalle ein *s*-Term ist. Dies wird auch durch die Erfahrungstatsache bestätigt, daß in den Absorptionsspektren, die von kalten Dämpfen dieser Metalle oder ihrer Verbindungen herrühren (also von ihren vorher nicht angeregten Atomen geliefert werden), nur die Hauptserie auftritt; denn sie ist die einzige Serie, für die bei der Emission ein *s*-Term das Endniveau darstellt.

Mit Ausnahme der *s*-Terme müssen nach dem in einem früheren Abschnitt (§ 17) Gesagten sämtliche Terme der Alkalimetalle Dublettterme sein. Die Erfahrung zeigt, und die Theorie vermag es zu begründen, daß die Dublettaufspaltung mit wachsender chemischer Ordnungszahl stark zunimmt, andererseits aber mit zunehmender Nebenquantenzahl und mit zunehmender effektiver Quantenzahl immer kleiner wird[6]. Da die Hauptserie durch Kombination des tiefsten *s*-Termes mit den verschiedenen zweifachen *p*-Termen entsteht, bei diesen aber die Aufspaltung mit zunehmender Hauptquantenzahl immer kleiner wird, so müssen die Linien der Hauptserie immer enger werdende Dubletts darstellen. Die Seriengrenze, die durch den einfachen *s*-Term gegeben ist, ist für beide Komponenten der Liniendubletts dieselbe. Da hingegen die scharfe Nebenserie durch Kombination zwischen *s*-Termen und dem tiefsten, seinerseits ein Dublett darstellenden *p*-Term entsteht, müssen die Linien der scharfen Nebenserie Dubletts mit konstanter Schwingungsdifferenz sein, so daß die scharfe Nebenserie auch eine zweifache Seriengrenze besitzt.

Die diffuse Nebenserie entsteht durch Kombination von doppelten *p*-Termen mit doppelten *d*-Termen, also durch Kombination zwischen Termen von der Nebenquantenzahl Eins und solchen von der Nebenquantenzahl Zwei. Die zugehörigen *j*-Werte sind daher $\frac{1}{2}$ und $\frac{3}{2}$ bzw. $\frac{3}{2}$ und $\frac{5}{2}$. Da sich die innere Quantenzahl *j* nur um 1 oder 0 ändern kann,

---

[6] Für die Dublettaufspaltung der Alkalimetalle hat LANDÉ die folgende Formel angegeben:

$$\Delta\nu = R\alpha^2 \frac{Z_i^2 Z_a^2}{n^{*3}\, l\,(l+1)}\,.$$

Dabei bedeutet α die durch Gl. 20 des § 20 zur Erklärung der Feinstruktur des Wasserstoffspektrums eingeführte Konstante, Z_a ist für neutrale Atome gleich Eins zu setzen, für einfach ionisierte gleich Zwei, und Z_i endlich bedeutet die mittlere, effektive Kernladung für die inneren Teile der Bahn. Vgl. E. BACK und A. LANDÉ, ZEEMAN-Effekt und Multiplett-Struktur, Berlin (Springer) 1925.

so ist von den vier denkbaren Kombinationen diejenige zwischen den j-Werten $\frac{1}{2}$ und $\frac{5}{2}$ ausgeschlossen. Die Linien der diffusen Nebenserie sind demnach Tripletts, und dasselbe gilt natürlich auch von den Linien der Fundamentalserie, die ebenfalls durch Kombinationen zwischen je zwei Dublettermen entsteht.

Die beiden Komponenten des tiefsten p-Niveaus haben die Eigentümlichkeit, daß aus ihnen im Falle der Lichtemission lediglich die Rückkehr in den Grundzustand möglich ist. Ein Atom, das Licht von einer dieser beiden Wellenlängen absorbiert und dadurch angeregt wird, kann daher bei seiner Rückkehr in den Grundzustand nur Licht von derselben Wellenlänge emittieren. Darum wird die doppelte Linie, die der Kombination des tiefsten p-Terms mit dem Grundterm entspricht, auch als die Resonanzlinie der Alkalimetalle bezeichnet. Bei Natrium ist es die bekannte gelbe, sogenannte D-Linie; sie ist die erste Linie der Hauptserie, von der nicht weniger als 57 Linien exakt gemessen werden konnten. In jedem Spektrum gibt es übrigens nicht bloß eine einzige Hauptserie und eine einzige diffuse und eine einzige scharfe Nebenserie, sondern es gibt eine Mannigfaltigkeit solcher Serien, weil beispielsweise das Endniveau einer emittierten Hauptserie ein beliebiger s-Term sein kann und nicht bloß der Grundterm. Als Haupt- und Nebenserien im engeren Sinne des Wortes werden aber stets die Serien bezeichnet, die bei der Emission das tiefste s-Niveau bzw. das tiefste p-Dublettniveau zum Endniveau haben.

Mit großer Genauigkeit genügt bei den Alkalimetallen die erste Linie der Hauptserie der schon in einem früheren Abschnitt (Gl. 2 des § 8) abgeleiteten Beziehung

$$\lambda V = 1{,}234 \cdot 10^4 \,, \tag{4}$$

wenn V die in Volt gemessene Anregungsspannung bedeutet und λ in Å angegeben wird. Ebenso zeigt sich diese Gleichung erfüllt, wenn für λ der reziproke Wert des Grundterms und für V die Ionisierungsspannung eingesetzt werden. In Tabelle VI sind die gut überein-

Tabelle VI.

Anregungs- und Ionisierungsspannungen der Alkalimetalle (in Volt).

		Li	Na	K	Rb	Cs
Anregungsspannung	ber.	1,84	2,09	1,61	1,55	1,38
„	beob.	—	2,12	1,63	1,66	1,48
Ionisierungsspannung	ber.	5,37	5,12	4,32	4,16	3,88
„	beob.	—	5,13	4,1	4,1	3,9

stimmenden Werte einander gegenübergestellt, die für die Anregungs- und Ionisierungsspannung der Alkalimetalle direkt beobachtet und auf Grund der spektroskopischen Daten berechnet wurden.

Die sogenannten Funkenspektren der Erdalkalien, nämlich die von den ionisierten Atomen dieser Grundstoffe herrührenden Spektren, weisen eine weitgehende Ähnlichkeit mit den neutralen „Bogenspektren" der Alkalimetalle auf[7]. Dabei erscheinen im Funkenspektrum die Bogenterme vervierfacht, da für das Bogenspektrum der Alkalimetalle ein Atomrumpf von der Ladung $+e$ wirksam ist, hingegen für das Funkenspektrum der Erdalkalien ein Atomrumpf von der Ladung $+2e$. Es ist ein ähnliches Verhältnis wie zwischen dem schon früher besprochenen Spektrum des ionisierten Heliums und dem des Wasserstoffs. Stellt man somit die Funkenterme der Erdalkalien in der Form $4 R/n^{*2}$ dar, so zeigt sich eine ziemliche Übereinstimmung zwischen den so erhaltenen effektiven Quantenzahlen der Erdalkali-Ionen und denen der neutralen Alkaliatome.

Den Alkalispektren sind auch die höheren Funkenspektren ähnlich, die von mehrfach ionisierten Atomen herrühren, denen alle Valenzelektronen bis auf eines entrissen sind. Ein derartiges Spektrum wurde zuerst von PASCHEN im Jahre 1923 bei dem zweifach ionisierten Aluminium und etwas später von FOWLER bei dem zweifach und dreifach ionisierten Silicium entdeckt. Diese Spektren zeigen gegenüber den Alkalispektren verneunfachte bzw. versechzehnfachte Terme. Mittels der Methode des explodierenden Vakuumfunkens erhielten schließlich in den Jahren 1924 bis 1926 MILLIKAN und BOWEN[8] die Spektren der Atome mit einem Valenzelektron (der sogenannten „stripped atoms") in der zweiten Periode des Grundstoffsystems bis zu dem Sauerstoff und in der dritten Periode bis zum Chlor[9]. Auch hier ergab sich Analogie mit den Spektren der Alkalimetalle. Eine ziemliche Ähnlichkeit mit den Alkalispektren weisen übrigens auch Termsysteme in den Bogenspektren der Elemente Kupfer, Silber und Gold auf, die ja in ihrem chemischen Verhalten vielfach mit den Alkalimetallen übereinstimmen und gleich ihnen der ersten Vertikalreihe des periodischen Systems angehören.

§ 23. Die Spektren der Atome mit zwei Valenzelektronen.

Enthält ein Atom mehrere Valenzelektronen, so müssen im allgemeinen ebenso viele Nebenquantenzahlen l_i unterschieden werden, als Valenzelektronen vorhanden sind, und überdies eine weitere Neben-

[7] Die Spektren der ionisierten Atome setzen höhere Temperaturen oder stärkere elektrische Felder voraus als die Spektren der neutralen Atome. Während die Spektren der neutralen Atome außer in Entladungsröhren vor allem im elektrischen Lichtbogen erzeugt werden, ruft man die Spektren der ionisierten Atome am besten durch elektrische Funkenentladung hervor. Darum unterscheidet man nach der Erzeugungsart die Spektren der neutralen und der ionisierten Atome gewöhnlich als Bogen- und Funkenspektren.

[8] Verschiedene Abhandlungen in Physical Review 1924—1926.

[9] Es handelt sich also hierbei z. B. um fünffach ionisierten Sauerstoff, der mit OVI bezeichnet wird, indem die Zählung bei dem neutralen Atom (OI) beginnt, und um sechsfach ionisiertes Chlor (ClVII).

quantenzahl, die der **Resultierenden** aus den einzelnen Vektoren $\mathfrak{l}_i$ entspricht und die mit L bezeichnet werde. Die verschiedenen Werte von L ($L = 0$, 1, 2, 3 usw.) ergeben Terme, die mit großen Buchstaben bezeichnet werden mögen, also S-, P-, D-, F-Terme und so fort. Es kann beispielsweise ein P-Term ($L = 1$) durch zwei d-Elektronen ($l_1 = 2$, $l_2 = 2$) bedingt sein. Jedem Valenzelektron ist ferner eine Quantenzahl $r_i = \frac{1}{2}$ zuzuordnen, die seiner **Eigenrotation** entspricht. Die Zusammensetzung aller gleich oder entgegengesetzt gerichteter Vektoren $\mathfrak{r}_i$ führt zu einer Resultierenden, der die Quantenzahl r entspreche; diese ist bei zwei Valenzelektronen also entweder Null oder Eins.

Die Zusammenfügung der beiden Vektoren von den Quantenzahlen L und r ergibt endlich den gesamten Drehimpuls des Atoms und damit die **innere Quantenzahl** j, durch deren Werte die Multiplizität der Terme bestimmt ist. Betrachten wir Atome mit **zwei Valenzelektronen**, so erhalten wir somit ein **Singulettsystem** für den Fall $r = 0$, hingegen ein **Triplettsystem** für den Fall $r = 1$, entsprechend den drei möglichen j-Werten $L + 1$, L und $L - 1$. In dem Singulettsystem wären sämtliche Terme einfach, in dem Triplettsystem hingegen alle dreifach mit alleiniger Ausnahme der S-Terme. In der Tat zeigen die Elemente der zweiten Vertikalreihe des periodischen Systems, also die **Erdalkalien** sowie die Elemente **Cadmium**, **Zink** und **Quecksilber**, ein derartiges Termschema.

Die am längsten bekannten Spektralterme dieser Grundstoffe entsprechen durchweg dem besonders einfachen Fall, daß eines der beiden Valenzelektronen ein s-Elektron ist, so daß also $l_1 = 0$ gesetzt werden kann und daher die Quantenzahl L mit l_2 übereinstimmt. Das sich derart ergebende Termschema kann dann im engeren Sinne als das Termsystem des betreffenden Grundstoffs angesehen werden. Es zerfällt nach dem eben Gesagten in ein Singulett- und ein Triplettsystem. Wir unterscheiden beide, indem wir dem großen Buchstaben, der einen Term bezeichnet, noch die hochgestellte Ziffer 1 oder 3 vorsetzen, also folgendermaßen schreiben: ${}^1S$, ${}^1P$, ${}^1D$ ... ${}^3S$, ${}^3P$, ${}^3D$ usw.[1] Die innere Quantenzahl fügt man als unteren Index hinzu, schreibt also beispielsweise ${}^3P_2$. Es ergibt sich derart folgendes Termschema:

$$\begin{array}{ccccc} {}^1S_0 & {}^1P_1 & {}^1D_2 & {}^1F_3 & \dots \\ & & {}^3S_1 & & \\ & {}^3P_0 & {}^3P_1 & {}^3P_2 & \\ & {}^3D_1 & {}^3D_2 & {}^3D_3 & \\ & {}^3F_2 & {}^3F_3 & {}^3F_4 & \text{usw.} \end{array}$$

[1] Für den dem Triplettsystem ($r = 1$) angehörenden S-Term wird also das Symbol ${}^3S$ gebraucht, obwohl dieser Term einfach ist. Nur derart ist die Unterscheidung zwischen den S-Termen der beiden Systeme möglich.

Wo es erforderlich ist (was sich aber meist erübrigt), kann vor das Symbol die Hauptquantenzahl gesetzt werden; bei einfachen Termen und wenn es nicht notwendig ist, kann natürlich der j-Index wegbleiben.

Die Ordnung der Terme erfolgt auf Grund der beiden schon erwähnten Regeln, daß nur solche Kombinationen möglich sind, für die

(1) $$\Delta L = \pm 1\,, \qquad \Delta j = \pm 1 \text{ oder } 0$$

ist. Die Erfahrung zeigt, daß außer den Linien, die diesen beiden Regeln widersprechen, auch solche Linien fehlen, die einem Übergange

(2) $$j = 0 \longrightarrow j = 0$$

entsprechen; es kommt also die Linie $^3P_0 \longrightarrow {}^1S_0$ im Spektrum nicht vor. Kombinationen zwischen den Termen der beiden Systeme, sogenannte

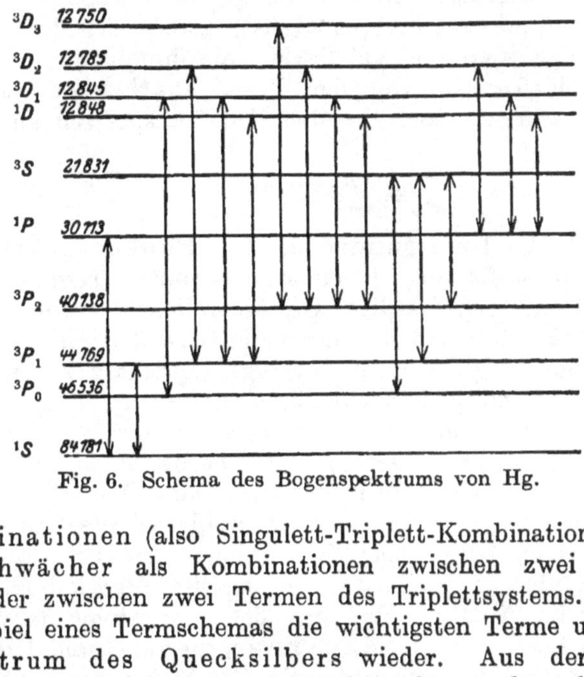

Fig. 6. Schema des Bogenspektrums von Hg.

Interkombinationen (also Singulett-Triplett-Kombinationen), erweisen sich als schwächer als Kombinationen zwischen zwei Termen des Singulett- oder zwischen zwei Termen des Triplettsystems. Fig. 6 gibt als ein Beispiel eines Termschemas die wichtigsten Terme und Linien im Bogenspektrum des Quecksilbers wieder. Aus der Darstellung ist es ersichtlich, daß der ^1S-Term den Grundterm darstellt und daß es zwei Terme gibt, aus denen bei der Emission nur die Rückkehr in den Grundzustand möglich erscheint. Es sind die Terme ^1P und $^3P_1$. Ihren Kombinationen mit dem Grundterm entsprechen die beiden Resonanzlinien des Quecksilbers; sie haben die Wellenlängen von 1849 und 2537 Å, liegen also bereits weit im Ultraviolett. Aus ihnen lassen sich die beiden Anregungsspannungen des Quecksilbers zu 4,87 und 6,67 Volt berechnen, während tatsächlich von FRANCK und EINSPORN[2] 4,9 und

[2] Vgl. Anm. 1 des § 8.

6,7 Volt beobachtet wurden. Eine ebenso gute Übereinstimmung besteht auch hinsichtlich der Anregungs- und Ionisierungspotentiale der anderen Elemente der zweiten Vertikalreihe. Aus dem Schema der Fig. 6 ist auch ersichtlich, daß bei den Multipletts des Quecksilbers stets die Komponente mit dem kleinsten j-Werte den tiefsten Term darstellt, daß hierauf die Komponente mit dem nächst größeren j-Wert folgt und so fort. Solche Multipletts werden als regelrechte Multipletts bezeichnet; sie sind sämtlichen Elementen der ersten drei Vertikalreihen eigentümlich.

Auch bei den Elementen der zweiten Vertikalreihe sind die Spektralterme durch die RYDBERG-RITZsche Formel darstellbar, wobei die Korrektionen im allgemeinen größer sind als bei den Alkalimetallen. Die wahren Quantenzahlen sind bei den S-, P- und F-Termen dieselben wie bei den benachbarten Alkalimetallen; aber während bei diesen der tiefste d-Term durchwegs dreiquantig ist, erweist sich der tiefste D-Term bei Strontium als vier- und bei Barium als fünfquantig.

Neben den Termen von der Form R/n^{*2} treten aber, wie im Jahre 1923 WENTZEL fand[3], in den Erdalkalispektren auch Terme von folgender Form auf:

$$(3) \qquad T = \frac{R}{n^{*2}} - (T_0' - T') ;$$

dabei bedeutet T_0' den Grundterm des Funkenspektrums des betreffenden Grundstoffs und T' einen bestimmten Term dieses Funkenspektrums. Diese merkwürdige Gesetzmäßigkeit wurde von WENTZEL richtig dahin gedeutet, daß die durch die Gl. 3 darstellbaren Terme atomaren Zuständen entsprechen, in denen gleichzeitig zwei Elektronen angeregt sind, so daß eine Spektrallinie, die auf einer Kombination eines solchen Terms mit einem gewöhnlichen beruht, durch einen gleichzeitigen Sprung zweier Elektronen hervorgerufen würde.

Die Terme, die in der Form der Gl. 3 darstellbar sind und die unter Umständen auch negativ sein können[4], werden als verschobene Terme der Erdalkalien bezeichnet; sie wurden zuerst bei Calcium, später auch bei den übrigen Elementen der zweiten Vertikalreihe festgestellt. Ihre Deutung im Sinne des Vektormodells der Atome ist vor allem das Verdienst von RUSSELL und SAUNDERS, die auf Grund der beobachteten Kombinationen und der Auswahlregeln (Gl. 1) für die verschiedenen verschobenen Terme die Werte von l_i zu ermitteln vermochten. Stellen wir einen verschobenen Term in der Form $l_1\, l_2\, L$ dar, wobei wir statt der Zahlen die ihnen entsprechenden Symbole aus der Reihe $s, p, d, f \ldots$

---

[3] Entdeckt wurden die neuen Terme um das Jahr 1923 von R. GOETZE, A. DEL CAMPO sowie von RUSSELL und SAUNDERS. WENTZEL gab die Erklärung der neuen Terme in der Physik. Zeitschr. *24*, 1923, S. 104 und *25*, 1924, S. 182.

[4] Die Arbeit, die zu der Überführung eines Atoms aus dem Grundzustand in einen solchen doppelt angeregten Zustand erforderlich ist, ist dann eben größer als die Ionisierungsarbeit.

S, P, D, F usw. gebrauchen, und fügen wir vor dem großen Buchstaben als hochgestellten Index noch die die Multiplizität angebende Zahl hinzu, so erscheinen die folgenden verschobenen Terme festgestellt[5]:

(4) $d\,d\,{}^3P$; $d\,p\,{}^3P$; $d\,p\,{}^3D$; $d\,p\,{}^3F$; $d\,d\,{}^3D$; $p\,p\,{}^3P$.

Bei dem gewöhnlichen Termsystem ist stets eines der beiden Elektronen ein s-Elektron, so daß der Grundterm die folgende Form hat:

(5) Grundterm (II. Vertikalreihe) $= s\,s\,{}^1S$.

Bei den verschobenen Erdalkalitermen sind im übrigen nur Interkombinationen mit den gewöhnlichen Termen bekannt, nicht aber Kombinationen von verschobenen Termen untereinander. Verschobene Terme wurden auch in den den Erdalkalispektren verwandten Funkenspektren festgestellt, die von den einfach ionisierten Atomen der alkalischen Erden oder von den mehrfach ionisierten Atomen der vierten, fünften, sechsten und siebenten Vertikalreihe herrühren[6].

Wie das Wasserstoffspektrum als ein entartetes Alkalispektrum gedeutet werden kann, so kann auch das Bogenspektrum des Heliums als ein entartetes Erdalkalispektrum aufgefaßt werden. Das Helium weist zwei verschiedene Termsysteme auf, zwischen denen lange Zeit hindurch Übergänge für unmöglich gehalten wurden; erst im Jahre 1922 vermochte LYMAN eine solche Interkombination festzustellen[7]. Früher wurden die beiden Termsysteme zwei verschiedenen Modifikationen des Heliums zugeschrieben, weshalb das eine Termsystem als das des Parheliums, das andere als das des Orthoheliums bezeichnet wird. Jenes besteht aus Singulettermen und enthält einen Grundzustand, in dem beide Elektronen einquantige s-Elektronen sind. Das Orthohelium weist statt des zu erwartenden Triplettsystems ein Dublettsystem auf, was wohl auf ein Zusa menfallen zweier Triplettkomponenten zurückzuführen sein dürfte[8]. Der Grundterm des Orthoheliums ist ebenfalls ein s-Term, der aber zweiquantig anzunehmen ist[9].

---

[5] Es ist natürlich ganz gleichgültig, ob man $d\,p\,{}^3P$ schreibt oder $p\,d\,{}^3P$. Beides bedeutet dasselbe.

[6] Vgl. „Series Spectra of Two-valence-electron Atoms of P_{IV}, S_V and Cl_{VI}" von R. A. MILLIKAN und I. S. BOWEN; Phys. Rev. *25*, 1925, S. 591.

[7] TH. LYMAN, Nature *110*, 1922, S. 278; Astrophys. Journ. *60*, 1924, S. 1.

[8] Vgl. hierzu W. HEISENBERG, Zeitschr. f. Phys. *39*, 1926, S. 499.

[9] In der Berechnung der Ionisierungsspannung des Heliums hatte die frühere Quantentheorie versagt. Auf Grund der SCHRÖDINGERschen Theorie ist es indessen G. W. KELLNER gelungen, einen mit der Erfahrung gut übereinstimmenden Wert zu deduzieren (Zeitschr. f. Phys. *44*, 1927, S. 91), und mit gesteigerter Genauigkeit nach derselben Methode E. A. HYLLERAAS (Zeitschr. f. Phys. *48*, 1928, S. 469; *54*, 1929, S. 347). Nach einer anderen Methode gelang dies J. C. SLATER (Proc. Nat. Acad. Amer. *13*, 1927, S. 423). HYLLERAAS erhielt in sechster Näherung für die Ionisierungsenergie des Heliums den Wert — 1,45162 Rh gegenüber dem empirisch ermittelten Werte von — 1,45175 Rh (R die RYDBERGsche Konstante, h das elementare Wirkungsquantum).

Der merkwürdige Gegensatz zwischen Para- und Orthohelium fand auf quantenmechanischer Grundlage durch HEISENBERG[10] eine Aufklärung. Wie HEISENBERG zeigte, sind nämlich die Eigenfunktionen, zu denen die quantenmechanische Behandlung des Zwei-Elektronen-Problems führt, von zweierlei Art. Sie sind teils symmetrische Funktionen, bei denen eine Vertauschung der beiden Elektronen keinen Vorzeichenwechsel herbeiführt, teils antisymmetrische Funktionen, die bei einer solchen Vertauschung ihr Vorzeichen umkehren. Es läßt sich somit auch die Gesamtheit der Energiestufen eines Zwei-Elektronen-Systems in zwei Teilsysteme zerlegen, deren eines den symmetrischen und deren anderes den antisymmetrischen Eigenfunktionen entspricht.

Die Übergangswahrscheinlichkeit zwischen zwei beliebigen Energiestufen ergibt sich nun bei dem Zwei-Elektronen-Problem in Verallgemeinerung der früheren Gl. 26 des § 12 zu

$$a\,(n, m) = \iint \psi_n \psi_m \,(q_1 + q_2)\, dq_1\, dq_2\,. \tag{6}$$

Dabei beziehen sich wiederum die Indizes n und m auf zwei verschiedenquantige Zustände, ψ_n und ψ_m sind die diesen Zuständen entsprechenden Eigenfunktionen und q_1 und q_2 die Koordinaten; über sämtliche möglichen Werte dieser Koordinaten ist die Integration zu erstrecken.

Der Wert der Übergangswahrscheinlichkeit muß aber nun davon unabhängig sein, welchem der beiden Elektronen in willkürlicher Weise die Nummer 1 gegeben wird. Eine Vertauschung der beiden Elektronen kann also keinesfalls den Wert von $a\,(n, m)$ ändern. Hingegen muß eine solche Vertauschung das Vorzeichen des Integranden und somit auch das Vorzeichen von a dann ändern, wenn von den beiden Eigenfunktionen die eine zur symmetrischen und die andere zur antisymmetrischen Gruppe gehört. In einem solchen Falle muß also bei einer Vertauschung der Elektronen a in $(-a)$ übergehen, ohne dabei seinen Wert zu ändern. Dies ist natürlich nur dann möglich, wenn

$$a\,(n, m) = 0 \tag{7}$$

ist. Es erscheinen also Übergänge zwischen zwei Zuständen ausgeschlossen, von denen der eine dem symmetrischen und der andere dem antisymmetrischen System angehört. Hierdurch erklärt sich das Auftreten zweier, im allgemeinen untereinander nicht kombinationsfähiger Helium-Modifikationen.

Daß indessen die angegebenen Überlegungen noch einer Verfeinerung bedürfen, geht bereits aus dem PAULIschen Prinzip hervor, das ja die Existenz solcher Zustände ausschließt, in denen die Eigenfunktionen in genau gleicher Weise von zwei verschiedenen Elektronen abhängen. Das Auftreten der symmetrischen Zustände wird vom Standpunkte des PAULI-

[10] W. HEISENBERG, Zeitschr. f. Phys. *41*, 1927, S. 239.

schen Prinzips erst durch die Einführung des Elektronenspins verständlich. Nach dem PAULIschen Prinzip muß in den Zuständen, die den symmetrischen Eigenfunktionen entsprechen, der Spin für die beiden Elektronen entgegengesetzt angenommen werden. Da andererseits bei entgegengesetztem Elektronenspin ein Singulettermsystem (nach § 17) zu erwarten ist und ein solches in der Tat das Parhelium charakterisiert, so müssen die symmetrischen Eigenfunktionen dem Parhelium, hingegen die antisymmetrischen dem Orthohelium zugeschrieben werden.

Der Spin bewirkt auch geringe Abweichungen der Eigenfunktionen von der Symmetrie und Antisymmetrie, und die Folge davon ist, daß die Übergangswahrscheinlichkeiten zwischen den Zuständen der entgegengesetzten Systeme nicht genau gleich sind, sondern kleine, von null verschiedene Werte aufweisen. Daß tatsächlich Heliumatome ausnahmsweise einen sonst verbotenen Übergang zwischen den beiden Modifikationen vollziehen können, erscheint durch die vorhin erwähnte schwache, von LYMAN entdeckte Interkombinationslinie erwiesen.

§ 24. Die Spektralterme äquivalenter Elektronensysteme.

Um auf Grund der bisher besprochenen Gesetzmäßigkeiten der Alkali- und Erdalkalispektren auch die optischen Spektren der anderen Grundstoffe verstehen zu können, müssen wir zunächst zwei ganz allgemeine Fragen beantworten. Die erste Frage ist die, welche Terme für ein System äquivalenter Elektronen möglich sind; die zweite Frage betrifft die Änderungen, die ein von einem gegebenen Elektronensystem gelieferter Term durch Hinzufügung eines bestimmten weiteren Elektrons erfährt.

Die Beantwortung der ersten Frage wird durch das PAULIsche Prinzip möglich. Aus diesem folgt, wie schon in einem früheren Abschnitt (§ 19) dargelegt wurde, daß es nicht mehr als zwei äquivalente s-Elektronen geben kann und daß für ein System zweier äquivalenter s-Elektronen $L = r = 0$ ist, so daß ein solches System nur einen ^1S-Term zu liefern vermag.

Für äquivalente p-Elektronen müssen wir sechs Fälle unterscheiden, je nachdem ob ihre Zahl 1, 2, 3, 4, 5 oder 6 ist. Ein einzelnes p-Elektron liefert natürlich einen P-Term, und zwar einen Dubletterm, entsprechend den beiden entgegengesetzten Einstellungsmöglichkeiten des rotierenden Elektrons. Bei zwei p-Elektronen kann (wenn wir wieder die Bezeichnungen des § 19 gebrauchen)

$$m_1(l) \text{ oder } m_2(l) = 1,\ 0 \quad -1\,,$$
$$m_1(r) \text{ oder } m_2(r) = +\tfrac{1}{2}, \quad -\tfrac{1}{2}$$

sein. Dabei ist aber zu beachten, daß, wofern $m_1(l) = m_2(l)$ ist, nach dem PAULIschen Prinzip $m_1(r)$ von $m_2(r)$ verschieden sein muß. Insgesamt ergeben sich für die Paare $m_L[=\sum m_i(l)]$ und $m_r[=\sum m_i(r)]$ die in der Tabelle VII zusammengestellten Möglichkeiten[1].

Tabelle VII.

Termschema für zwei äquivalente p-Elektronen.

$m_1(l)$	$m_2(l)$	$m_1(r)$	$m_2(r)$	m_L	m_r
1	1	$+\frac{1}{2}$	$-\frac{1}{2}$	2	0
1	0	$\pm\frac{1}{2}$	$\pm\frac{1}{2}$	1	1 0 0 −1
1	−1	$\pm\frac{1}{2}$	$\pm\frac{1}{2}$	0	1 0 0 −1
0	0	$+\frac{1}{2}$	$-\frac{1}{2}$	0	0
0	−1	$\pm\frac{1}{2}$	$\pm\frac{1}{2}$	−1	1 0 0 −1
−1	−1	$+\frac{1}{2}$	$-\frac{1}{2}$	−2	0

Da zu einem gegebenen Werte von L alle Werte für m_L von $+L$ bis $-L$ gehören, und zu einem gegebenen r-Werte alle Werte für m_r von $+r$ bis $-r$, so erkennen wir, daß die Tabelle VII die folgenden drei L-r-Kombinationen enthält:

$$(1) \qquad L=2\,,\quad r=0\,;\qquad L=1\,,\quad r=1\,;\qquad L=0\,,\quad r=0\,.$$

Nach dem in einem früheren Abschnitt (§ 17) über die Termmultiplizität Gesagten liefert also ein System von zwei äquivalenten p-Elektronen die folgenden Terme: ^1D, ^3P, ^1S. Wie die Erfahrung zeigt und Heisenberg[2] theoretisch zu begründen vermochte, gilt nun ausnahmslos die Regel, daß von den Termen, die ein System äquivalenter Elektronen liefert, ein Term um so tiefer liegt, je größer seine Multiplizität ist, und unter Termen von gleicher Multiplizität wiederum derjenige tiefer ist, der einen größeren L-Wert aufweist. Wir ordnen daher die drei Terme in die von höheren zu tieferen Niveaus führende Reihe: ^1S, ^1D, ^3P.

Für ein System von drei äquivalenten p-Elektronen erhalten wir auf Grund des Paulischen Prinzips die in Tabelle VIII zusammengestellten Möglichkeiten. Aus dieser Tabelle ersehen wir wiederum drei Kombinationen von L und r, nämlich

$$(2) \qquad L=2\,,\quad r=\tfrac{1}{2}\,;\qquad L=1\,,\quad r=\tfrac{1}{2}\,;\qquad L=0\,,\quad r=\tfrac{3}{2}\,.$$

Die entsprechenden Terme sind ^2D, ^2P, ^4S oder geordnet in der Reihenfolge von höheren zu tieferen Niveaus: ^2P, ^2D, ^4S.

[1] Die für das erste und zweite Elektron angegebenen Werte können natürlich untereinander vertauscht werden, wodurch aber keine neue Kombination entsteht; solche, nur durch Vertauschung entstehende Kombinationen sind darum in den Tabellen VII—X weggelassen.

[2] Vgl. Anm. 10 des § 23.

Tabelle VIII.

Termschema für drei äquivalente p-Elektronen.

$m_1(l)$	$m_2(l)$	$m_3(l)$	$m_1(r)$	$m_2(r)$	$m_3(r)$	m_L	m_r
1	1	0	$+\frac{1}{2}$	$-\frac{1}{2}$	$\pm\frac{1}{2}$	2	$\pm\frac{1}{2}$
1	1	-1	$+\frac{1}{2}$	$-\frac{1}{2}$	$\pm\frac{1}{2}$	1	$\pm\frac{1}{2}$
1	0	0	$\pm\frac{1}{2}$	$+\frac{1}{2}$	$-\frac{1}{2}$	1	$\pm\frac{1}{2}$
1	0	-1	$\pm\frac{1}{2}$	$\pm\frac{1}{2}$	$\pm\frac{1}{2}$	0	$\pm\frac{1}{2}\ \pm\frac{1}{2}\ \pm\frac{1}{2}\ \pm\frac{3}{2}$
1	-1	-1	$\pm\frac{1}{2}$	$+\frac{1}{2}$	$-\frac{1}{2}$	-1	$\pm\frac{1}{2}$
0	0	-1	$+\frac{1}{2}$	$-\frac{1}{2}$	$\pm\frac{1}{2}$	-1	$\pm\frac{1}{2}$
0	-1	-1	$\pm\frac{1}{2}$	$+\frac{1}{2}$	$-\frac{1}{2}$	-2	$\pm\frac{1}{2}$

In analoger Weise erhalten wir für ein System von vier äquivalenten p-Elektronen auf Grund des Paulischen Prinzips die in der Tabelle IX zusammengestellten Kombinationen.

Tabelle IX.

Termschema für vier äquivalente p-Elektronen.

$m_1(l)$	$m_2(l)$	$m_3(l)$	$m_4(l)$	$m_1(r)$	$m_2(r)$	$m_3(r)$	$m_4(r)$	m_L	m_r
1	1	0	0	$+\frac{1}{2}$	$-\frac{1}{2}$	$+\frac{1}{2}$	$-\frac{1}{2}$	2	0
1	1	0	-1	$+\frac{1}{2}$	$-\frac{1}{2}$	$\pm\frac{1}{2}$	$\pm\frac{1}{2}$	1	1 0 0 -1
1	1	-1	-1	$+\frac{1}{2}$	$-\frac{1}{2}$	$+\frac{1}{2}$	$-\frac{1}{2}$	0	0
1	0	0	-1	$\pm\frac{1}{2}$	$+\frac{1}{2}$	$-\frac{1}{2}$	$\pm\frac{1}{2}$	0	1 0 0 -1
1	0	-1	-1	$\pm\frac{1}{2}$	$\pm\frac{1}{2}$	$+\frac{1}{2}$	$-\frac{1}{2}$	-1	1 0 0 -1
0	0	-1	-1	$+\frac{1}{2}$	$-\frac{1}{2}$	$+\frac{1}{2}$	$-\frac{1}{2}$	-2	0

Hieraus folgen dieselben drei Kombinationen wie bei zwei äquivalenten p-Elektronen, nämlich:

(3) $$L = 2\,,\ r = 0\,;\qquad L = 1\,,\ r = 1\,;\qquad L = 0\,,\ r = 0\,.$$

Wir erhalten also wiederum die drei Terme ^1D, ^3P, ^1S oder geordnet: ^1S, ^1D, ^3P.

Bei fünf äquivalenten p-Elektronen sind die Möglichkeiten durch das Paulische Prinzip bereits sehr eingeschränkt, wie die Tabelle X zeigt. Wir erhalten als einzige mögliche Kombination:

(4) $$L = 1\,,\ r = \tfrac{1}{2}\,,$$

Tabelle X.

Termschema für fünf äquivalente p-Elektronen.

$m_1(l)$	$m_2(l)$	$m_3(l)$	$m_4(l)$	$m_5(l)$	$m_1(r)$	$m_2(r)$	$m_3(r)$	$m_4(r)$	$m_5(r)$	m_L	m_r
1	1	0	0	-1	$+\frac{1}{2}$	$-\frac{1}{2}$	$+\frac{1}{2}$	$-\frac{1}{2}$	$\pm\frac{1}{2}$	$+1$	$\pm\frac{1}{2}$
1	1	0	-1	-1	$+\frac{1}{2}$	$-\frac{1}{2}$	$\pm\frac{1}{2}$	$+\frac{1}{2}$	$-\frac{1}{2}$	0	$\pm\frac{1}{2}$
1	0	0	-1	-1	$\pm\frac{1}{2}$	$+\frac{1}{2}$	$-\frac{1}{2}$	$+\frac{1}{2}$	$-\frac{1}{2}$	-1	$\pm\frac{1}{2}$

also einen ^2P-Term ebenso wie bei einem einzelnen p-Elektron. Daß für ein System von sechs äquivalenten p-Elektronen

$$L = r = 0 \tag{5}$$

sein muß, geht schon aus den Betrachtungen des § 19 hervor; wir erhalten dann einen ^1S-Term.

Tabelle XI.

Die Terme eines Systems äquivalenter p-Elektronen.

Zahl äquivalenter Elektronen	Spektralterme
6	^1S
1 oder 5	^2P
2 oder 4	^1S ^1D ^3P
3	^2P ^2D ^4S

Die Terme, die sich auf Grund unserer Betrachtungen für ein System äquivalenter p-Elektronen ergaben, sind in Tabelle XI nochmals zusammengestellt. In ähnlicher Weise lassen sich auch die Terme eines Systems äquivalenter d-Elektronen berechnen; die Ergebnisse sind natürlich wesentlich komplizierter[3], und noch viel verwickelter sind selbstverständlich die Resultate für Systeme äquivalenter f-Elektronen.

Schließlich müssen wir uns noch die Frage vorlegen, welche Umwandlungen ein gegebener Spektralterm, der von einem System äquivalenter Elektronen herrührt, durch Hinzufügung eines weiteren, nicht äquivalenten Elektrons erfährt. Es sei l die Nebenquantenzahl der äquivalenten Elektronen und l' die des hinzugefügten Elektrons, die also mit l bei verschiedener Hauptquantenzahl auch übereinstimmen kann; L sei die Nebenquantenzahl des von den äquivalenten Elektronen hervorgerufenen Terms und x seine Multiplizität. Als neue Terme ergeben sich dann alle L-Werte, die zwischen der Summe und dem Betrag der Differenz von L und l' liegen. Wir finden also

$$L' = (L + l')\,,\quad (L + l' - 1)\,\ldots\,|L - l'|\,. \tag{6}$$

Die Multiplizität muß um Eins erhöht oder erniedrigt sein, so daß

$$x' = x \pm 1 \tag{7}$$

ist.

§ 25. Die Spektren der Achterreihen.

Nachdem die Spektren des Wasserstoffs und Heliums sowie der Elemente der ersten zwei Vertikalreihen des Grundstoffsystems bereits

[3] Vgl. hierzu F. Hund, Linienspektren und periodisches System, Berlin (Springer) 1927.

in früheren Abschnitten besprochen worden waren, vermögen wir auf Grund der zuletzt abgeleiteten Regeln nunmehr die Termstruktur der optischen Spektren im allgemeinen zu verstehen. Daß die erste Periode des Grundstoffsystems nur zwei Elemente enthält, ist eine notwendige Folge des PAULIschen Prinzips, das in keinem Atom mehr als zwei einquantige Elektronen zuläßt. Da nach demselben Prinzip die Maximalzahl zweiquantiger Elektronen acht beträgt und in der Tat auch die zweite Periode acht Grundstoffe umfaßt, so können wir in naheliegender Weise annehmen, daß alle acht Elemente der zweiten Periode im Grundzustand außer zwei einquantigen Elektronen nur zweiquantige Elektronen enthalten. Bei dem die zweite Periode abschließenden Neon sind von den acht zweiquantigen Elektronen offenbar zwei in einer vollbesetzten s- und sechs in einer vollbesetzten p-Untergruppe vereinigt. Von dem Lithium wissen wir nun, daß sein Grundterm ein zweiquantiger s-Term ist, und ebenso wissen wir von dem Natrium, das die dritte, ebenfalls acht Elemente umfassende Periode eröffnet, daß es als Grundterm einen dreiquantigen s-Term besitzt. Für das auf das Natrium folgende Magnesium erweist sich ebenfalls ein dreiquantiger s-Term als Grundterm; hingegen ist bei dem auf das Magnesium folgenden Aluminium ein dreiquantiger p-Term der tiefste Term. Diese spektroskopischen Erfahrungstatsachen machen für die acht Spalten der zweiten und dritten Periode die folgende Anordnung der zwei- bzw. dreiquantigen Elektronen wahrscheinlich:

$$(1) \quad \begin{cases} 1 & 2 & 3 & 4 & 5 & 6 & 7 & 8 \\ s & s^2 & s^2 p & s^2 p^2 & s^2 p^3 & s^2 p^4 & s^2 p^5 & s^2 p^6 . \end{cases}$$

Dabei ist mit dem Symbol $s^2 p^6$ eine Elektronengruppe bezeichnet, die zwei s- und sechs p-Elektronen enthält, und so fort.

In der Tat stehen die Folgerungen, die aus diesem Schema gezogen werden können, in guter Übereinstimmung mit der Erfahrung. Von den Alkalimetallen und Erdalkalien ist ja schon in früheren Abschnitten eingehend die Rede gewesen. Da s^2 eine abgeschlossene Untergruppe darstellt, die zu dem Vektorgerüst des Atoms nichts beiträgt, so ist für Aluminium ein Dublettermsystem mit einem dreiquantigen ^2P-Term als Grundterm zu erwarten. Tatsächlich zeigt das Aluminium ein sehr einfaches Dublettermsystem, das mit dem der Alkalimetalle eine ziemliche Ähnlichkeit aufweist.

Für das Bogenspektrum des Siliciums[1] ist nach dem vorhin angegebenen Schema die Anordnung im Grundzustand $s\,s\,p\,p$; ihr entsprechen nach Tabelle XI die Spektralterme ^1S, ^1D, ^3P. Außerhalb des Grundzustandes erscheint zunächst eine Anordnung möglich, bei der das

[1] Es ist vor allem von MAC LENNAN und von FOWLER analysiert worden.

vierte Elektron ein s-Elektron ist; dessen Hauptquantenzahl muß wenigstens vier sein, weil nach dem Paulischen Prinzip in dem Siliciumatom weder für ein einquantiges noch für ein zwei- oder dreiquantiges s-Elektron mehr Platz vorhanden ist. Da ein einzelnes p-Elektron einen ^2P-Term liefert, so müßten sich somit (nach Gl. 6 und 7 des § 24) durch die Hinzufügung eines s-Elektrons zu dem p-Elektron die Terme ^1P und ^3P ergeben. Eine weitere Anordnung wäre $s\,s\,p\,d$. Die Hinzufügung eines d-Elektrons ($l = 2$) zu einem System, das einen ^2P-Term ergibt, liefert (nach Gl. 6 und 7 des § 24) die folgenden Terme (in der Reihenfolge von höheren zu tieferen Niveaus): ^1P, ^1D, ^1F, ^3P, ^3D, ^3F. Das empirisch bekannte Termschema des neutralen Siliciums ist in Fig. 7 wiedergegeben; hierbei ist zugleich vermerkt, wie die Terme auf Grund der eben angegebenen theoretischen Resultate zu deuten sind[2]. Ganz ähnliche Züge wie das Bogenspektrum des Siliciums weisen auch die Bogenspektren von Zinn und Blei sowie das erste Funkenspektrum von Stickstoff auf.

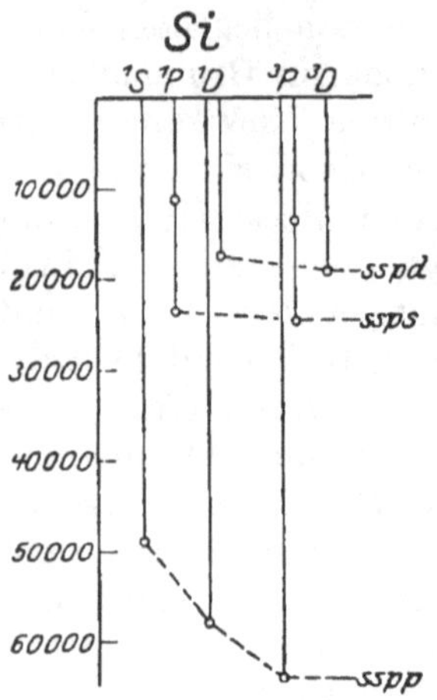

Fig. 7.
Termschema des Siliciums. [Aus Hund, Linienspektren und periodisches System, Berlin (Springer), 1927.]

Das allgemeine Termschema eines Elementes der fünften Spalte ist aus den Termen abzuleiten, die einem System zweier äquivalenter p-Elektronen entsprechen. Zu dem Grundzustand eines solchen Elementes ($s\,s\,p\,p\,p$) gehören nach Tabelle XI die folgenden Terme: ^2P, ^2D, ^4S. Als Grundterm ergibt sich also ein S-Term, der zu einem Quartettsystem gehört.

Einfachere Verhältnisse sind bei den Elementen der sechsten Spalte zu erwarten. Aus dem tiefsten Term der fünften Spalte, dem ^4S-Term, ergeben sich nämlich (nach Gl. 6 und 7 des § 24) durch Hinzufügung eines weiteren Elektrons Triplett- und Quintetterme, und zwar S-Terme bei Hinzufügung eines s-Elektrons, P-Terme bei dem Hinzukommen eines p-Elektrons und D-Terme bei dem Hinzufügen eines d-Elektrons. In der Tat zeigen Sauerstoff und Schwefel derartige Triplett- und Quintettsysteme.

Die Elemente der siebenten Spalte, die Halogene, lassen wieder kompliziertere Serienzusammenhänge erwarten. Ziemlich genau sind die Bogenspektren der Edelgase Neon und Argon (aus der achten Spalte)

[2] Eine weitere mögliche Anordnung ist auch die, daß zu der ($s\,s\,p$)-Gruppe ein nicht äquivalentes p-Elektron hinzukommt. Dieser Anordnung entsprechen einfache und dreifache S-, P- und D-Terme, die teilweise im Funkenspektrum des Stickstoffs beobachtet werden konnten.

erforscht[3]. Ihre recht verwickelten Spektren konnten auf Grund der theoretischen Vorhersage gedeutet werden, ebenso die Funkenspektren der Alkalimetalle[4], die den Charakter eines Edelgasspektrums zeigen.

§ 26. Die Spektren der Achtzehnerperioden.

Wesentlich komplizierter als die Spektren der zweiten und dritten sind diejenigen der vierten und fünften Periode, die je achtzehn Elemente umfassen. Die dritte Periode schließt mit dem Argon, ohne daß jedoch bei diesem die dreiquantige Elektronengruppe, die 18 Elektronen enthalten kann, voll ausgebildet wäre. Die dreiquantige Gruppe enthält vielmehr bei allen Elementen der dritten Periode im Grundzustand nur s- und p-Elektronen, während die d-Elektronen noch völlig fehlen.

Das auf das Argon folgende Element Kalium erweist sich als ein Alkalimetall und sein Grundterm als ein vierquantiger s-Term. Die nächsten Elemente sind Calcium und Scandium. Das Calcium ist ein Erdalkali und sowohl sein Bogen- als auch sein Funkenspektrum weist einen vierquantigen S-Term als Grundterm auf. Dasselbe würde man zunächst wohl auch für das Spektrum des zweifach ionisierten Scandiums erwarten. In der Tat ist aber, wie GIBBS und WHITE[1] zu zeigen vermochten und wie schon früher BOHR vermutet hatte[2], der Grundterm von Sc^{++} ein dreiquantiger D-Term. Hieraus müssen wir schließen, daß das einzige Elektron, das das zweifach ionisierte Scandiumatom außerhalb der Argon-Konfiguration enthält, ein d-Elektron ist. Zu diesem kommt bei Sc^+ noch ein weiteres Elektron hinzu. Von vornherein läßt sich natürlich nicht entscheiden, ob dieses ein s- oder ein d-Elektron ist. Im ersten Falle $(s\,d)$ ergibt sich (nach Gl. 6 und 7 des § 24) als tiefster Term ^3D, im anderen Falle erhalten wir (auf Grund von Überlegungen, die denen nach Tabelle VII analog sind) als tiefsten Term ^3F. Da die Erfahrung ersteres zeigt, muß dem Sc^+ die Anordnung $s\,d$ zugeschrieben werden.

Bei dem neutralen Scandium wären wieder die Anordnungen $s\,s\,d$ oder $s\,d\,d$ denkbar. Im ersten Falle wäre als Grundterm ^2D zu erwarten, im zweiten Falle ^4F. Tatsächlich ist die erste Möglichkeit im Bogenspektrum des Scandiums verwirklicht, die zweite im Funkenspektrum des nächsten Elementes, des Titans. In ähnlicher Weise können wir für die folgenden Grundstoffe die tiefsten Terme auf Grund der drei verschiedenen Annahmen berechnen, daß außerhalb der Edelgaskonfiguration 0 oder 1 oder 2 s-Elektronen vorhanden sind. Wir unterscheiden also,

[3] Das Spektrum des Neons wurde zuerst von PASCHEN analysiert, dasjenige des Argons von SAUNDERS und MEISSNER.

[4] Die Funkenspektren der Alkalien wurden von GOLDSTEIN entdeckt. Die Auffindung von Termen im Spektrum von K^+ ist zuerst DE BRUIN gelungen.

[1] R. C. GIBBS und H. E. WHITE, Proc. Nat. Acad. Amer. *12*, 1926, S. 598.

[2] Vgl. § 28.

wenn es sich um das $x$te Element der Periode handelt, die drei Anordnungsmöglichkeiten

$$d^x, \qquad s\,d^{x-1}, \qquad s^2\,d^{x-2}.$$

Ihnen entsprechen im allgemeinen drei verschiedene Grundterme, so daß wir in den Fällen, in denen der Grundterm empirisch bekannt ist, umgekehrt aus ihm auf die tatsächliche Elektronenanordnung schließen können. Die so erhaltenen Resultate sind in Tabelle XII zusammengestellt.

Tabelle XII.

Grundterme und Elektronenanordnung in den Achtzehner-Perioden.

1	2	3	4	5	6	7	8	9	10	11
K	Ca	Sc	Ti	V	Cr	Mn	Fe	Co	Ni	Cu
^2S	^1S	^2D	^3F	^4F	^7S	^6S	^5D	^4F	^3F	^2S
s	s^2	$s^2\,d$	$s^2\,d^2$	$s^2\,d^3$	$s\,d^5$	$s^2\,d^5$	$s^2\,d^6$	$s^2\,d^7$	$s^2\,d^8$	$s\,d^{10}$
Rb	Sr	Y	Zr	Nb	Mo	Ms	Ru	Rh	Pd	Ag
^2S	^1S	^2D	^3F	^6D	^7S	^6D	^5F	^4F	^1S	^2S
s	s^2	$s^2\,d$	$s^2\,d^2$	$s\,d^4$	$s\,d^5$	$s\,d^6$	$s\,d^7$	$s\,d^8$	d^{10}	$s\,d^{10}$

Wie aus dieser Tabelle ersichtlich ist[3], kommen in der vierten Periode sowohl Anordnungen mit einem als auch mit zwei s-Elektronen vor. In der fünften Periode sind Anordnungen mit einem einzigen s-Elektron häufiger als in der vierten Periode. In der sogenannten Palladiumreihe (Yttrium bis Palladium) erscheinen also die d-Elektronen fester an den Kern gebunden als in der sogenannten Eisenreihe (Scandium bis Nickel). Sehr bemerkenswert ist die eigenartige Sonderstellung des Palladiums, das, obwohl es der fünften Periode angehört, im Grundzustand kein einziges fünfquantiges Elektron enthält. Die Elemente, die in der vierten Periode auf das Kupfer und in der fünften auf das Silber folgen, sind sowohl in chemischer als auch in spektroskopischer Hinsicht den entsprechenden Grundstoffen in der zweiten bis achten Spalte der Achterperioden ähnlich.

Auf Grund der in der Tabelle XII gegebenen Elektronenanordnung ist es natürlich auch umgekehrt möglich, die höheren Terme der betreffenden Grundstoffe zu berechnen und derart zu einer theoretischen

[3] Von bekannten Anordnungen einfach ionisierter Atome seien nach HUND unter Beifügung des Grundterms angeführt:

Ca^+	^2S	s	Fe^+	^6D	sd^6
Sc^+	^3D	sd	Sr^+	^2S	s
Ti^+	^4F	sd^2	Y^+	^3D	sd
V^+	^5D	d^4	Zr^+	^4F	sd^3
Cr^+	^6S	d^5	Nb^+	^5D	d^4
Mn^+	^7S	sd^5			

Deutung der beobachteten Bogen- und Funkenspektren zu gelangen. Die Ordnung der recht komplizierten Spektren der Achtzehnerperioden ist vor allem das Verdienst von CATALÁN (Manganspektrum), WALTERS und LAPORTE (Eisenspektrum), von SOMMERFELD, von MAC LENNAN und von HUND, auf dessen Darstellung[4] wegen der Einzelheiten verwiesen sei.

Sehr merkwürdig ist das spektroskopische Verhalten des Kupfers, das zwei verschiedene Spektren zeigt. Ein alkaliähnliches mit einem ^2S-Grundterm entspricht der Elektronenanordnung $s\,d^{10}$, das andere[5] mit einem ^2D-Term als Grundterm entspricht der Anordnung $s^2\,d^9$. Hiermit dürfte es zusammenhängen, daß Kupfer sowohl einwertig als auch zweiwertig auftritt. Bei Silber sind Linien des zweiten Spektrums nicht bekannt, auch ist Silber stets einwertig; es ist dies wohl darauf zurückzuführen, daß die d-Elektronen in der fünften Periode fester an den Kern gebunden sind als in der vierten. Gold hingegen tritt sowohl ein- als auch dreiwertig auf und weist neben dem alkaliähnlichen Spektrum auch Terme eines zweiten Spektrums auf.

Tabelle XIII.

Die Multiplizität der Spektralterme in der dritten Periode.

K	Ca	Sc	Ti	V	Cr	Mn	Fe	Co	Ni	Cu	Zn
2	1, 3	2, 4	1, 3, 5	2, 4, 6	3, 5, 7	4, 6, 8	3, 5, 7	2, 4, 6	1, 3, 5	2, 4	1, 3
Ca^+	Sc^+	Ti^+	V^+	Cr^+	Mn^+	Fe^+					
2	3	2, 4	3, 5	4, 6	7	6					

Über die beobachteten Multiplizitäten in den Bogen- und Funkenspektren der Elemente von Kalium bis Zink gibt Tabelle XIII eine Übersicht. Sie bestätigt es, daß die maximale Multiplizität nie größer sein kann als die um Eins vermehrte Zahl der Valenzelektronen. Sie zeigt auch, daß, wie bereits RYDBERG gefunden und in seinem „Wechselsatz" zum Ausdruck gebracht hatte, gerade und ungerade Multiplizität abwechseln; erstere tritt bei ungerader, letztere bei gerader Valenz auf. Die Multipletts erweisen sich entweder als regelrecht, indem dem kleineren j-Wert der tiefere Term entspricht, oder als verkehrt, indem der tiefere Term dem größeren j-Wert zugeordnet ist, oder als partiell verkehrt, indem die Reihenfolge der Terme eine andere als die der j-Werte ist. Hinsichtlich der Grundterme gilt durchwegs eine von SLATER[6] aufgestellte Regel, wonach die Grundterme bei dem Ausbau einer äquivalenten Gruppe in der ersten Hälfte regelrecht, in der zweiten verkehrt und in der Mitte S-Terme sind. In der Tat ist der Grundterm von Sc, Ti und V regelrecht, der von Fe, Co und Ni verkehrt, während für Cr und Mn (vgl.

[4] Linienspektren und Periodisches System.

[5] Vgl. L. A. SOMMER, Zeitschr. f. Phys. *39*, 1926, S. 711.

[6] J. C. SLATER, Phys. Rev. *28*, 1926, S. 291.

Tab. XII) als Grundterm ein S-Term auftritt, der, weil ein solcher stets einfach ist, sowohl als regelrecht als auch als verkehrt angesehen werden kann.

Hinsichtlich der Spektrallinien selbst erweist sich allgemein eine Kombinationsregel als erfüllt, die von LAPORTE[7] und von RUSSELL[8] empirisch aufgestellt wurde und wellenmechanisch abgeleitet werden kann. Danach treten nur solche Kombinationen auf, für die die Summe der Änderungen der Werte von l_i ungerade ist. Mit wenigen Ausnahmen gilt übrigens eine speziellere, von HEISENBERG[9] formulierte Kombinationsregel, wonach nur solche Übergänge vorkommen, bei denen sich für ein Elektron l_1 um $\pm$ 1 ändert, während für ein anderes Elektron l_2 um 0 oder $\pm$ 2 springt.

Was schließlich die Spektren und die Elektronenanordnung in der sechsten Periode betrifft, so können wir aus den 32 Elementen dieser Periode drei Reihen bilden. Wir bilden zunächst eine Achterreihe aus den ersten zwei und letzten sechs Grundstoffen, also

Cs, Ba, Tl, Pb, Bi, Po, Nr. 85, Em.

Diese Elemente entsprechen in spektroskopischer Hinsicht ziemlich den Grundstoffen in den acht Spalten der zweiten oder dritten Periode. Es bleiben dann noch 24 Elemente übrig. Aus dem ersten und den letzten neun bilden wir die der Eisen- und Palladiumreihe analoge sogenannte Platinreihe, nämlich

La, Hf, Ta, W, Re, Os, Ir, Pt, Au, Hg.

Vom Wolfram wissen wir, daß es einen ^5D-Grundterm hat, woraus auf die Anordnung $s^2 d^4$ geschlossen werden kann. Platin hat einen ^3D-Term als Grundterm, woraus die Anordnung $s\, d^9$ abgeleitet werden kann. Bei Gold und Quecksilber sind Grundterm und Anordnung dieselben wie bei Silber und Cadmium.

Zwischen Lanthan und Hafnium liegen vierzehn, einander ziemlich ähnliche Elemente, die sogenannten seltenen Erden. BOHR deutete ihre Sonderstellung dahin, daß nach dem Lanthan die weitere Ausbildung der fünfquantigen d-Gruppe und der sechsquantigen Gruppe zunächst noch nicht fortgesetzt wird, sondern daß zwischen Lanthan und Hafnium die 14 Elektronen umfassende vierquantige f-Gruppe zur Ausbildung gelangt. Überdies enthalten die seltenen Erden ein 5 d-Elektron und zwei 6 s-Elektronen; es kommen bei ihnen Grundterme bis zu neunfacher Multiplizität vor. Einfache Verhältnisse sind für die dreifachen Ionen der seltenen Erden zu erwarten, da diese außerhalb der Edelgaskonfiguration nur vierquantige f-Elektronen, eins bis vierzehn an der Zahl, enthalten.

---

[7] O. LAPORTE, Zeitschr. f. Phys. *23*, 1924, S. 135; *26*, 1924, S. 1.
[8] H. N. RUSSELL, Science *69*, 1924, S. 512.
[9] W. HEISENBERG, Zeitschr. f. Phys. *32*, 1925, S. 841.

Die Zurückführung eines Linienspektrums auf seine Terme ist meist eine sehr schwierige Aufgabe, die indessen für sehr viele Grundstoffe heute bereits gelöst erscheint. Den ersten Schritt zu einer solchen Lösung bildet stets die Auffindung konstanter Wellenzahldifferenzen innerhalb von Liniengruppen, wodurch die Bestimmung von Termen möglich wird. Auf Grund der Kombinationsregeln und der LANDÉschen Intervallregel gelingt es dann, für die einzelnen Termkompo-

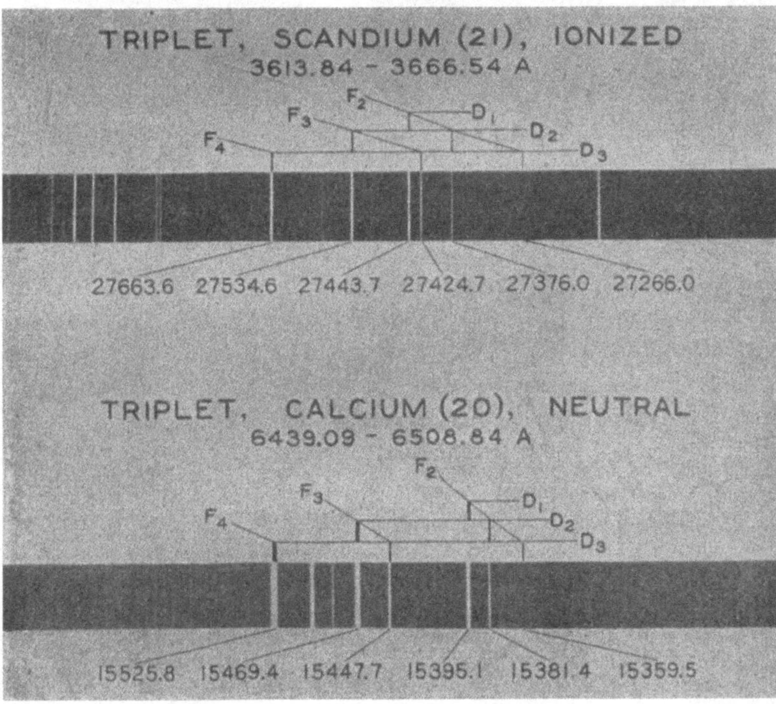

Fig. 8.

Liniensextett (Kombination zweier Tripletterme) in den Spektren von Sc^+ und Ca (nach MEGGERS).

nenten die Werte der inneren Quantenzahl zu ermitteln. Auf dieser Grundlage ist die Ordnung des Spektrums in Multipletts möglich. Erleichtert wird die Termanalyse der Spektren, wie in späteren Abschnitten gezeigt werden wird, auch durch die Befunde über die magnetische Aufspaltung der Linien und über ihre Intensitäten.

Fig. 8 zeigt nach MEGGERS[10] einerseits im Funkenspektrum des Scandiums und andererseits im Bogenspektrum des Calciums

[10] Vgl. Journ. Opt. Soc. Amer. 1924, 1925.

ein Liniensextett, das durch Kombination eines Triplett-D-Terms mit einem Triplett-F-Term hervorgerufen wird. In ähnlicher Weise zeigt, ebenfalls nach MEGGERS, Fig. 9 im Funkenspektrum des Chroms und im Bogenspektrum des Vanadiums eine Gruppe von

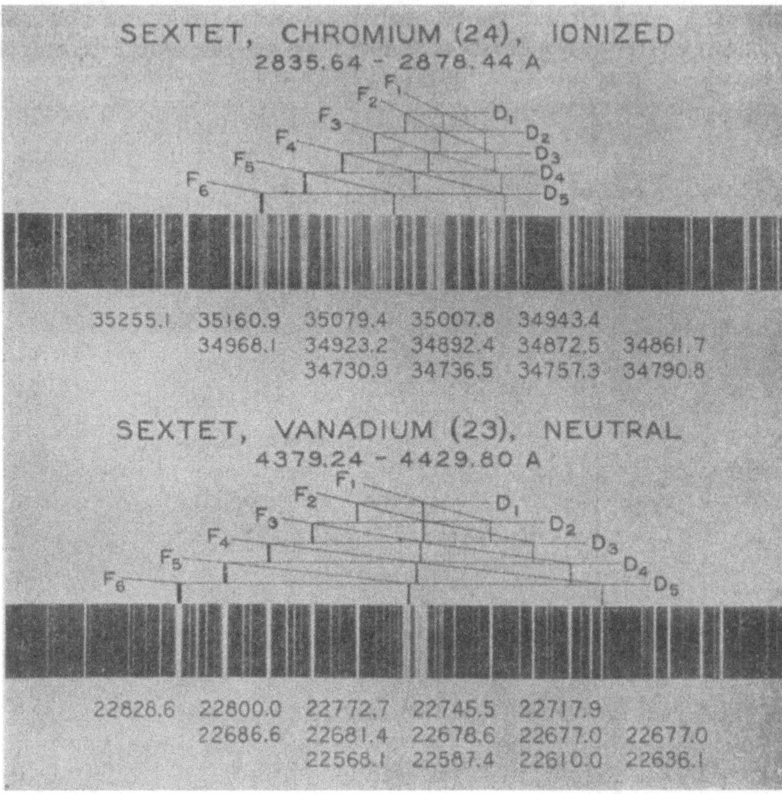

Fig. 9.
Linienmultiplett von 14 Komponenten (Kombination eines Quintett- und eines Sextettterms) in den Spektren von Cr^+ und V (nach MEGGERS).

vierzehn Linien, die durch Kombination eines Quintett-D-Terms mit einem Sextett-F-Term entstehen.

In Gittern von sehr starkem Auflösungsvermögen erweisen sich die Linien mancher Grundstoffe, insbesondere solcher von hohem Atomgewicht, als zusammengesetzt, wobei die Intervalle wesentlich kleiner sind als diejenigen, die durch den Spin der Valenzelektronen begründet sind. Fig. 10 (auf Tafel I) zeigt als ein Beispiel die von WHITE[11] untersuchte sogenannte Hyperfeinstruktur im Funkenspektrum des Praseo-

[11] H. E. WHITE, Phys. Rev. *34*, 1929, S. 1397.

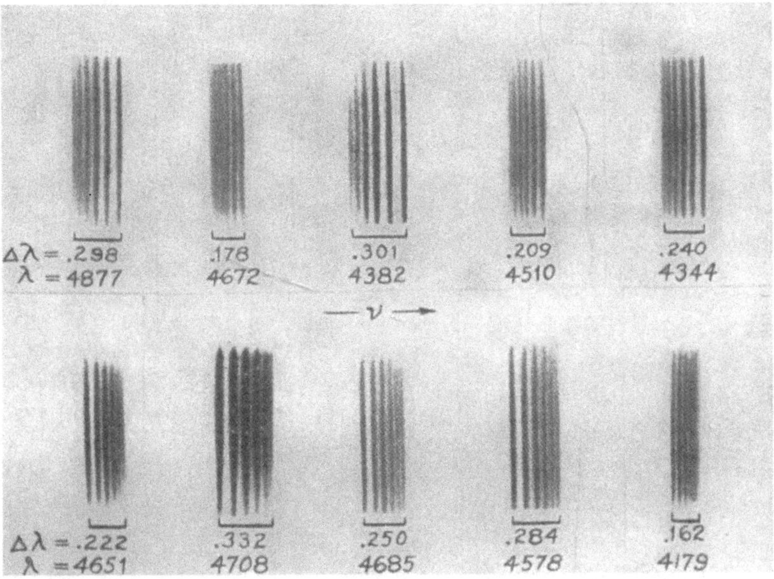

Fig. 10. Hyperfeinstruktur des Funkenspektrums des Praseodyms nach H. E. White; aus Physical Review (American Physical Society), Bd. 34, 1929.

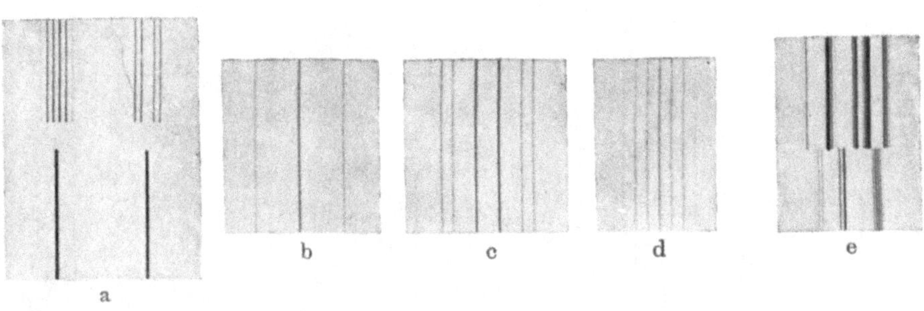

Fig. 21. Anomaler Zeeman-Effekt (a bei Natrium-Dublett, b—d bei Zink-Triplett, e Paschen-Back-Effekt eines Chrom-Tripletts). Aus E. Back und A. Landé, Zeeman-Effekt und Multiplettstruktur der Spektrallinien. Berlin (Verlag Springer) 1925.

Walter de Gruyter & Co., Berlin und Leipzig.

dyms. Von ungefähr 200 ausgemessenen Linien erschienen etwa hundert in je sechs Komponenten aufgelöst, wobei innerhalb jeder Gruppe das Intervall gemäß der LANDÉschen Intervallregel abnimmt und mit dem Intervall auch die Intensität in der einen oder anderen Richtung.

Schon im Jahre 1924 hatte PAULI[12] die Vermutung ausgesprochen, daß die Hyperfeinstruktur daher rühren könnte, daß im Atomkerne infolge des Vorhandenseins eines Drehimpulses eine Achsenrichtung ausgezeichnet sei. Nach der Begründung der Vorstellung des Elektronen-Spins lag es nahe, einen Drehimpuls eines Kernes gleich zu setzen $i\,h/2\pi$, wobei i eine für den Kern als solchen charakteristische, ganz- oder halbzahlige Spin-Quantenzahl darstellt. Die Wechselwirkung eines derartigen Kernspins mit den Momenten, die den Planetenelektronen zukommen, ergibt in der Tat eine Aufspaltung der einzelnen Multiplett-Terme. Setzt man nämlich den durch die innere Quantenzahl j gekennzeichneten gesamten Drehimpuls der Hülle (also des „Planetensystems") mit dem durch die Quantenzahl i dargestellten Kernspin vektoriell zusammen, so findet man, daß der gesamte Drehimpuls des aus Kern und Hülle gebildeten Atoms durch eine weitere Quantenzahl f repräsentiert ist, und zwar derart, daß man zu einem gegebenen Wertepaar (i, j) entweder $2i + 1$ oder $2j + 1$ verschiedene Werte erhält, je nachdem, ob j größer oder kleiner als i ist.

Die früher betrachteten Auswahlregeln, die für die Wechselwirkung zwischen den Umlaufsbewegungen der Planetenelektronen und ihren Spins gelten, lassen sich nun ohne weiteres auch auf die Wechselwirkung zwischen den Atomhüllen und Kernen übertragen. Man findet so, daß bei Quantensprüngen $\Delta f = \pm 1$ oder 0 sein muß, und daß in Analogie zu Formel (2) des § 23 Übergänge $f = 0 \longrightarrow f = 0$ verboten sind. Auch die noch später (§ 31) zu besprechenden Intensitätsregeln der Multipletts lassen sich auf die Hyperfeinstruktur übertragen, so daß man mit Hilfe dieser Regel die Kernspinzahl bestimmen kann.

Zu den bisher besprochenen Auswahl- und Intensitätsregeln genügt die Annahme eines mechanischen Drehimpulses. Nimmt man aber in Analogie zu den für die Elektronen entwickelten Vorstellungen bei den Kernen als Folge des Drehimpulses auch ein magnetisches Moment an, so findet man, daß die LANDÉsche Intervallregel (§ 17) auch für die Hyperfeinstruktur gilt, so daß sich auch mittels der Intervallregel die Zahl i bestimmen läßt. Vor allem aber führt die Annahme eines magnetischen Kernmomentes zu der wichtigen Folgerung, daß in starken Magnetfeldern[13] jeder Multiplett-Term in $2i + 1$ Komponenten gespalten wird[14]. Auf

[12] W. PAULI, Naturwiss. *12*, 1924, S. 741.

[13] Es ist dabei zu beachten, daß, wovon noch die Rede sein wird, das magnetische Moment der Kerne viel kleiner als das der Elektronen ist, und daher bereits einigermaßen starke Felder genügen.

[14] S. GOUDSMIT und E. BACK, Zeitschr. f. Phys. *43*, 1927, S. 321; *47*, 1928, S. 174. Diese Arbeiten brachten die ersten genaueren Analysen einer Hyperfeinaufspaltung, und zwar an den Spektren von Wismut und Thallium.

Grund dieser Beziehung ist am leichtesten die Bestimmung von i aus den Beobachtungen möglich.

Die Annahme eines magnetischen Kernmomentes ermöglicht es, für alle Spektren, die durch ein einziges Elektron hervorgerufen werden, genau und für die sonstigen Spektren wenigstens angenähert die Hyperfeinstruktur zu berechnen[15]. Umgekehrt können daher auch aus den durch die Beobachtung gegebenen Daten, wovon in § 53 noch eingehender die Rede sein wird, Schlüsse auf die Größe des magnetischen Kernmomentes gezogen werden. Eine wesentliche Komplizierung erfahren die Erscheinungen der Hyperfeinstruktur durch das Hinzukommen des in § 53 auch noch näher zu besprechenden Isotopie-Effektes[16].

§ 27. Die Röntgenspektren.

Im Jahre 1905 machte BARKLA die bedeutungsvolle Entdeckung der charakteristischen Röntgenstrahlung. Wenn ein Körper von primären Röntgenstrahlen getroffen wird, so besteht, wie BARKLA fand, die von ihm ausgehende sekundäre Röntgenstrahlung im wesentlichen aus homogenen Strahlen, deren Härte sich als eine charakteristische Eigenschaft der Atome des betreffenden Körpers erwies. BARKLA maß die Härte der Strahlen durch ihre Absorption in Aluminiumplatten; der Absorptionskoeffizient stellt dann eine für den betreffenden Grundstoff charakteristische Konstante dar. Die Strahlung von chemischen Verbindungen setzt sich, wie BARKLA fand, aus den Strahlen der verbundenen Grundstoffe zusammen. BARKLA fand auch, daß die Härte der charakteristischen Strahlen mit wachsendem Atomgewicht zunimmt, und er stellte auch fest, daß die meisten Grundstoffe nicht bloß einen, sondern zwei weit auseinanderliegende Werte des Absorptionskoeffizienten haben. BARKLA unterschied darum eine härtere K-Strahlung und eine weichere L-Strahlung. Die Ursache dafür, daß bei vielen Grundstoffen nur eine Strahlenart nachgewiesen wurde, erkannte BARKLA ganz richtig in der Beschränktheit der experimentellen Methode. Einerseits werden nämlich mit wachsendem Atomgewicht die K-Strahlen zu hart, als daß sie mit den damaligen Mitteln der Röntgentechnik erregt werden konnten, andererseits wird mit abnehmendem Atomgewicht die L-Strahlung zu weich, als daß sie mit den damals bekannten Methoden hätte nachgewiesen werden können. Im übrigen

[15] Vgl. z. B. E. J. HARGREAVES, Proc. Roy. Soc. London (A) *124*, 1928, S. 568; *127*, 1930, S. 141, 407; E. FERMI, Zeitschr. f. Phys. *60*, 1930, S. 320; *82*, 1933, S. 729 (mit E. SEGRÈ).

[16] Wegen der die Hyperfeinstruktur betreffenden Einzelfragen vgl. W. KALLMANN und H. SCHÜLER, Ergebn. d. exakt. Naturwiss. *11*, 1932, S. 134; H. E. WHITE, Introduction to Atomic Spectra, New York (Mc Graw-Hill) 1934; S. TOLANSKY, Fine Structure in Line Spectra and Nuclear Spin, London (Methuen) 1935; zahlreiche Aufsätze von H. SCHÜLER und Mitarbeitern in Zeitschr. f. Phys.

werden, wie BARKLA fand, die charakteristischen Strahlen nur durch solche primäre Strahlen hervorgerufen, die härter sind als sie selbst.

Die Erfindung der später zu erörternden Methode des Drehkristalls ermöglichte eine genaue Analyse der charakteristischen Strahlung und führte zu ihrer Auflösung in ein Linienspektrum, wobei zugleich an die Stelle der ungenauen Härtebestimmung die exakte Messung der Wellenlängen trat. Die Begründung der Röntgenspektroskopie ist das Verdienst von MOSELEY, der im Jahre 1913 mittels eines besonders konstruierten Vakuumspektrographen für zahlreiche Grundstoffe die K- und die L-Strahlung in einzelne scharfe Linien auflöste, deren Wellenlängen er genau ermittelte. Die K- und ebenso auch die L-Serie fand MOSELEY bei den verschiedenen Grundstoffen von gleichem Typus. Sowohl in der K- als auch in der L-Serie fand er eine Linie durch besondere Stärke auffallend, die er als K_a- bzw. L_a-Linie bezeichnete. Die späteren röntgenspektroskopischen Untersuchungen haben sowohl zu der Entdeckung neuer Linien in den beiden Serien als auch zu der Auffindung zweier weiterer Serien geführt, die wegen ihrer Weichheit allerdings nur bei den Elementen mit hohen und höchsten Atomgewichten nachgewiesen und als M- und N-Serie bezeichnet wurden. Die M-Serie wurde von SIEGBAHN entdeckt und vor allem von ihm und STENSTRÖM erforscht. Die N-Serie wurde zuerst von DOLEJSEK aufgefunden.

Bereits MOSELEY hat bei der Begründung der Röntgenspektroskopie eine wichtige Beziehung aufgefunden, die eine quantentheoretische Deutung der Röntgenlinien zuläßt. Wie MOSELEY fand, ist nämlich die stärkste Linie der K-Serie, die K_a-Linie, durch die für die Wellenzahl geltende Formel darstellbar

$$(1) \qquad \frac{\nu}{c}(K_a) = \frac{3}{4} R (z - a)^2 ,$$

wobei R die RYDBERGsche Konstante bedeutet, z die Kernladungszahl des betreffenden Grundstoffs und a eine konstante Zahl, die für die meisten Grundstoffe nur wenig von 1,6 verschieden ist.

Diese Gleichung kann offenbar so gedeutet werden, daß die K_a-Linie durch den Übergang eines Elektrons aus einem zweiquantigen in einen einquantigen Zustand entsteht (denn es ist ja $^3/_4$ gleich $^1/_{1^2} - ^1/_{2^2}$). Die Zahl a aber gewinnt, wofern wir das Atom in grober Annäherung als wasserstoffähnlich ansehen, die Bedeutung einer sogenannten Abschirmungskonstante. Der Kern wirkt so, als ob ein Teil seiner Ladung, nämlich $a \cdot e$ abgeschirmt wäre; denn in der Tat wirkt ja auf das den Übergang vollziehende Elektron nicht nur die Anziehung seitens des Atomkerns, sondern auch die Abstoßung seitens der anderen Elektronen, die außer dem betrachteten den Kern umgeben. Daß aber die Abschirmungskonstante der K_a-Linie für die verschiedensten Grundstoffe nahezu ganz denselben Wert hat, ist offenbar so zu deuten, daß sich der die K_a-Linie verursachende Übergang in einem Teilbereich des Atoms vollzieht, der (falls die Kernladungszahl nicht allzu klein ist) bei allen Atomen von beliebiger Kernladungszahl nahezu gleich beschaffen ist.

Für die stärkste Linie der L-Serie, für die sogenannte L_α-Linie, fand ebenfalls schon MOSELEY die Beziehung

$$\frac{\nu}{c}(L_\alpha) = \frac{5}{36} R (z - b)^2 , \tag{2}$$

wobei b wiederum eine Abschirmungskonstante ist. Für die meisten Grundstoffe ist sie ungefähr gleich 3,5; doch sind die Abweichungen in dem Werte der Abschirmungskonstante bei der L_α-Linie wesentlich größer als bei der K_α-Linie. Die L_α-Linie ist nach Gl. 2 offenbar so zu

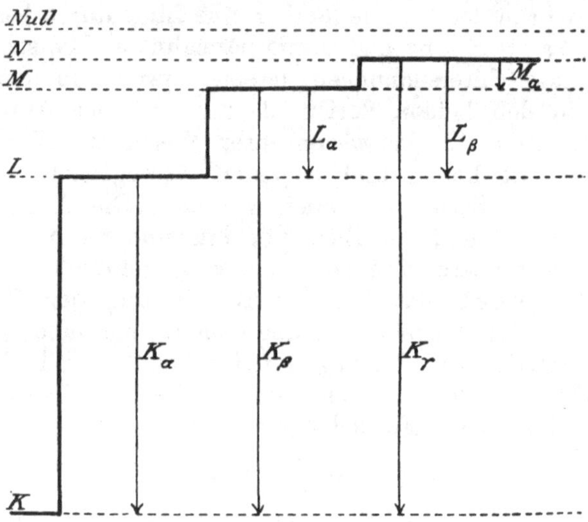

Fig. 11. Schema der wichtigsten Röntgenlinien.

deuten, daß sie durch den Übergang eines Elektrons aus einem dreiquantigen in einen zweiquantigen Zustand entsteht. Die zweitstärkste Linie der K-Serie, die gewöhnlich als K_β-Linie bezeichnet wird, entsteht, wie die Wellenlänge zeigt, durch den Übergang aus einem dreiquantigen in einen einquantigen Zustand. In ähnlicher Weise entsteht eine mit L_β bezeichnete Linie[1] durch den Übergang aus einem vierquantigen in den zweiquantigen Zustand, und die stärkste Linie der M-Serie, die sogenannte M_α-Linie, durch den Übergang aus einem vierquantigen in den dreiquantigen Zustand. Dem Übergang aus dem vierquantigen in den einquantigen Zustand entspricht eine schwache Linie der K-Serie, die sogenannte K_γ-Linie, die kürzerwellig als die K_β-Linie ist. Die Entstehung der genannten Linien ist schematisch durch die Fig. 11 dargestellt,

[1] Früher wurde diese Linie auch mit L_γ bezeichnet.

aus der sich ohne weiteres die folgenden, für die Frequenzen angenähert geltenden Kombinationsbeziehungen ergeben:

$$(3)\qquad \begin{cases} K_\beta = K_\alpha + L_\alpha\,, \\ K_\gamma = K_\alpha + L_\beta = K_\beta + M_\alpha\,, \\ L_\beta = L_\alpha + M_\alpha\,. \end{cases}$$

Für die Erregung der Röntgenlinien gilt, wie die Experimente schon bald nach der Entdeckung der Röntgenspektren gezeigt haben, die wichtige Gesetzmäßigkeit, daß die zur Erregung einer bestimmten Linie erforderliche Anregungsspannung immer gleich ist der charakteristischen Spannung des Endniveaus (wofern die Zuordnung von Term und Spannung gemäß Gl. 6 des § 8 erfolgt). Auch das Umgekehrte gilt. Wenn die Spannung allmählich wächst, so werden bei Erreichen einer bestimmten Spannung gleichzeitig alle Linien erregt, für die diese Spannung das gemeinschaftliche Endniveau darstellt.

Aus dieser Tatsache hat zuerst Kossel im Jahre 1914 den wichtigen Schluß gezogen, daß die Emission einer Röntgenlinie nur erfolgen kann, wenn vorher ein Elektron des emittierenden Atoms aus seiner normalen Bahn bis über die Atomgrenze entfernt wurde. Es muß also zunächst gewissermaßen ein Platz im Atom frei geworden sein. Kommt diesem Platz die Energie $- h\nu''$ zu und nimmt den leer gewordenen Platz ein Elektron ein, das vorher ein Energieniveau $- h\nu'$ inne hatte, so tritt eben eine Linie von der Frequenz $\nu'' - \nu'$ auf. Damit aber diese Linie entstehen könne, muß die Energie $h\nu''$ vorher aufgewendet worden sein.

Einen überzeugenden Beweis für die Richtigkeit der Kosselschen Auffassung bietet die Erscheinung der Absorptionskanten des kontinuierlichen Röntgenspektrums. Wenn das Röntgenlinienspektrum eines Grundstoffs statt durch Kathodenstrahlen durch primäre kontinuierliche Röntgenstrahlung erregt wird, dann offenbaren sich die Wellenlängen, die für die Energieniveaus des zu erregenden Linienspektrums charakteristisch sind, als Absorptionskanten in dem primären Röntgenspektrum.

Die Deutung dieser Erscheinung ist durch die Kosselsche Auffassung ohne weiteres gegeben. Nach dem Einsteinschen Lichtquantengesetz müssen wir ja annehmen, daß aus der primären kontinuierlichen Strahlung Lichtquanten absorbiert werden, die sich in Lichtquanten der sekundären Linienstrahlung umwandeln. Es kann demnach nach der Kosselschen Theorie eine Linie der K-Serie nur durch primäre Strahlen hervorgerufen werden, deren Frequenz zumindest so groß ist wie die charakteristische Frequenz des einquantigen Niveaus, des sogenannten K-Niveaus. Hingegen werden zur Erregung der K-Linien keine primären Strahlen absorbiert, deren Wellenlänge größer ist als die für das K-Niveau charakteristische Wellenlänge. Es ist daher das Auftreten einer Absorptionskante bei dieser Wellenlänge zu erwarten, und in analoger Weise bei den Wellenlängen, die für das zwei- und dreiquantige L- und M-Niveau charakteristisch sind.

In der Tat zeigt dies das Experiment. Fig. 12 gibt in ihrem oberen Teil photographisch die Absorptionskante der K-Serie des Silbers wieder; darunter sind (mit größeren Wellenlängen) vier Linien der K-Serie des Silbers eingetragen. Die primäre Röntgenstrahlung wurde durch eine Röhre von 40 Kilovolt hervorgerufen, so daß sich (gemäß der Gl. 2 des § 8) das kontinuierliche Röntgenspektrum bis hinab zu etwa 300 X erstreckte (1 X ist gleich 10^{-11} cm oder 10^{-3} Å). Die scharfe Absorptionskante, die die Photographie zeigt, entspricht einer Wellenlänge von 485 X. Da die Wellenlängen der Absorptionskanten für die Energieniveaus selbst charakteristisch sind, also dem Unterschied zwischen einem Niveau und der Nullinie entsprechen, so stellen (wie dies auch Fig. 12 zeigt) die **Absorptionskanten zugleich die Seriengrenzen** dar (wegen deren Feinstruktur vgl. § 63).

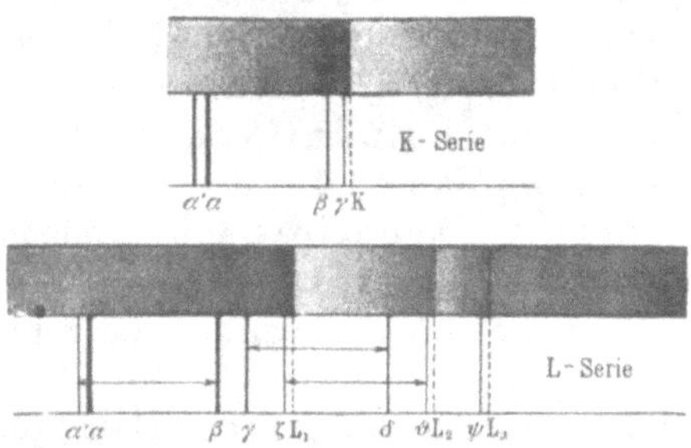

Fig. 12. Absorptionskanten des kontinuierlichen Röntgenspektrums.

Die Aufgabe der experimentellen Röntgenspektroskopie besteht nun vor allem in der Durchführung exakter Wellenlängenbestimmungen sowohl für die Absorptionskanten als auch die einzelnen Emissionslinien. Die weitaus präziseste Messungsmethode ist die direkte, die sich auf die später zu besprechenden Gesetze der Kristallreflexion gründet; doch ist diese Methode nur innerhalb eines beschränkten Wellenlängenbereichs anwendbar. Die meisten Wellenlängen werden mittels eines Steinsalz- oder Kalkspatkristalls gemessen, die für Wellenlängen bis hinauf zu etwa 5000 X ausreichen. Bis zu mehr als doppelt so großen Wellenlängen gelangt man bei Benutzung von Gips oder Glimmer, die eine größere Gitterkonstante aufweisen. Die Präzisionsmessungen mittels der Kristalle sind vor allem durch SIEGBAHN derart vervollkommnet worden, daß heute Röntgenwellenlängen mit einer Genauigkeit von etwa einem Milliontel des gemessenen Wertes bestimmt werden können. (Mit einer solchen Genauigkeit können nämlich Wellenlängen miteinander verglichen oder auf eine idealisierte Gitterkonstante bezogen werden[2]).

Im Jahre 1925 ist es A. H. COMPTON und DOAN[3] als ersten gelungen, die Wellenlängen von Röntgenlinien absolut mittels der in der

---

[2] S. § 37.

[3] R. L. DOAN und A. H. COMPTON, Proc. Nat. Acad. Amer. *11*, 1925, S. 598; Phys. Rev. *27*, 1926, S. 104.

Optik gebräuchlichen Gitter zu bestimmen. Sie benutzten dabei die Tatsache, daß der Brechungsindex der Röntgenstrahlen nur ganz wenig von 1 abweicht, indem er etwa um 10^{-6} kleiner ist. Für Röntgenstrahlen erscheint infolgedessen ein fester Körper gegen Luft als das optisch dünnere Mittel, und Röntgenstrahlen, die fast ganz streifend auf ein festes Medium auftreffen, können somit total reflektiert werden. COMPTON und DOAN konnten, indem sie Röntgenstrahlen von einem optischen Strichgitter[4] derart total reflektieren ließen, in der Tat Beugungsphänomene wahrnehmen. Dadurch konnten sie nicht nur einen unmittelbaren experimentellen Beweis für die lichtartige Natur der Röntgenstrahlung erbringen, sondern zuerst auch absolute Messungen der Röntgenwellenlängen ohne Benutzung von Kristallen durchführen. Die von ihnen so ermittelten absoluten Werte stimmen sehr gut mit den aus Kristallmessungen gewonnenen überein[5].

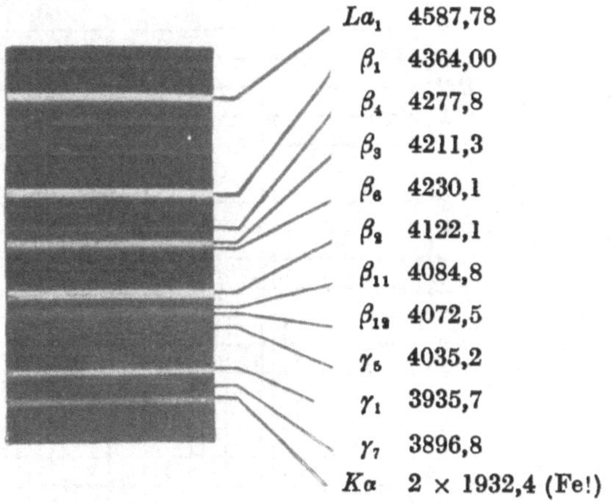

Fig. 13. *L*-Serie des Rhodiums (nach SIEGBAHN).

Die Zahl der Linien, die zu einer bestimmten Serie gehören, ist im allgemeinen verhältnismäßig groß; so zeigt Fig. 13 die *L*-Serie des Rhodiums mit 11 Linien[6]. Wir müssen daher jedenfalls mehrere *N*-, *M*- und *L*-Niveaus annehmen. Diese Notwendigkeit ergibt sich auch auf Grund der Beobachtungen über die Absorptionskanten. Es zeigt sich nämlich, daß die *L*-Grenze bei den Elementen, bei denen sie festgestellt wird, dreifach, die *M*-Grenze aber fünffach ist; nur die *K*-Grenze erweist sich durchweg als einheitlich (vgl. die frühere Fig. 12).

Das Schema der Röntgenterme, das im Jahre 1922 von SMEKAL, WENTZEL, COSTER und BOHR aufgestellt wurde, weist eine weitgehende Ähnlichkeit mit dem Termsystem der Alkalimetalle auf. Es

[4] Bei den Versuchen von COMPTON und DOAN wurde ein Metallgitter von der Gitterkonstante $2{,}000 \cdot 10^{-3}$ cm verwendet.

[5] Ausgemessen wurde im Jahre 1925 die $K_{\alpha 1}$-Linie des Molybdäns; das Ergebnis war damals (707 ± 3)X gegenüber $(707{,}8 \pm 0{,}2)$X aus den Kristallmessungen.

[6] Bei den Linien sind die entsprechenden Wellenlängen in X angegeben. Außer den Rhodiumlinien zeigt die Fig. 13 auch die $K\alpha$-Linie des Eisens, das als geringfügige Verunreinigung in dem Rhodium enthalten ist. Durch die Röntgenspektroskopie sind Verunreinigungen selbst dann erkennbar, wenn sie nur ein hundertstel bis ein zehntel Prozent betragen.

wird dies dadurch verständlich, daß ja eigentlich genau so, wie bei der Entstehung der Alkalispektren ein Elektron springt, so die Röntgenspektren durch „Sprünge einer Lücke“ von irgendeiner vollbesetzten zu einer anderen, sonst vollbesetzten Untergruppe hervorgerufen werden. Auch das System der Röntgenterme ist ein Dublettsystem, bei dem *s*-, *p*-, *d*- und *f*-Terme unterschieden werden können. Die einquantigen

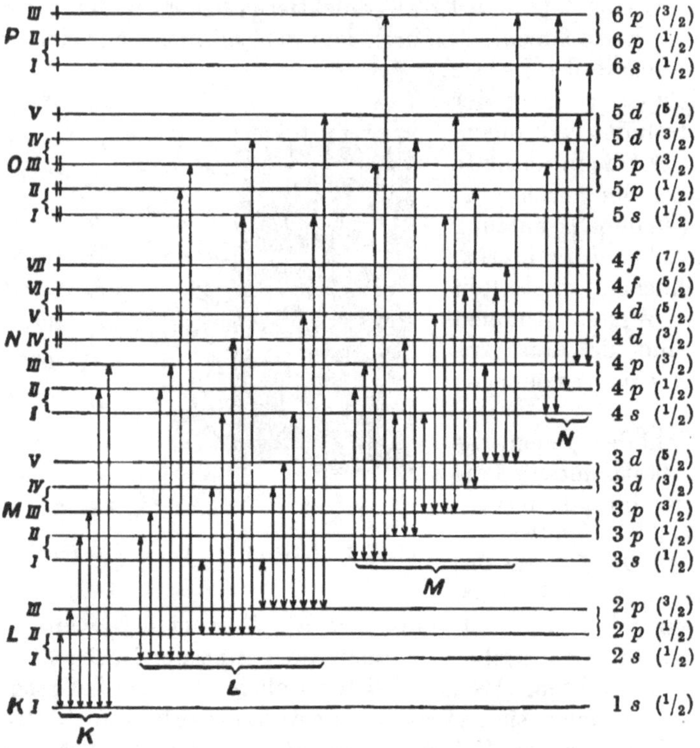

Fig. 14. Schema der Röntgenterme und Röntgenlinien.

Terme werden als *K*-Terme, die zweiquantigen als *L*-Terme, die drei-, vier-, fünf- und sechsquantigen als *M*-, *N*-, *O*- und *P*-Terme bezeichnet.

Fig. 14 stellt das Schema der Röntgenterme dar, wie es sich derart für die Elemente mit den höchsten Ordnungszahlen (von der Emanation angefangen) ergibt. Bei diesen höchsten Grundstoffen gibt es einen *K*-Term, drei *L*-Terme, fünf *M*-Terme, sieben *N*-Terme, fünf *O*-Terme und drei *P*-Terme. Durch einfache vertikale Striche am linken Rand sind die Terme bezeichnet, die allmählich in Wegfall kommen, wenn wir die natürliche Grundstoffreihe von der Emanation bis hinab zu dem Xenon verfolgen. Für die dem Krypton benachbarten Elemente fallen überdies auch die Terme weg, die in Fig. 14 durch zwei vertikale Striche gekennzeichnet sind. Auf dem rechten Rande der Fig. 14 sind die Bezeichnungen der Röntgenterme in der Terminologie der optischen Spektren angeführt, indem zuerst die Hauptquantenzahl angegeben ist, dann in üblicher Weise der die Nebenquantenzahl bezeichnende Buchstabe (*s* für 0, *p* für 1, *d* für 2 und *f* für 3) und schließlich in Klammern die innere Quantenzahl (*j*). Als zulässige Kombinationen zwischen den Termen erscheinen (nach Gl. 7 und 13 des § 16) solche, für die

$$\Delta l = \pm 1\,, \qquad \Delta j = \pm 1 \text{ oder } 0 \tag{4}$$

ist. Die sich derart ergebenden Kombinationen sind in Fig. 14 eingetragen; sie stimmen mit dem empirischen Befund überein. Es entsprechen beispielsweise dem Übergang aus einem L-Niveau in ein K-Niveau zwei, dem Übergang aus einem M-Niveau in ein L-Niveau sieben Linien. Aus der Fig. 14 ist es auch deutlich ersichtlich, wie die einzelnen Liniengruppen in Untergruppen zerfallen, die durch dasselbe Endniveau und somit durch dieselbe Absorptionskante gekennzeichnet sind.

Die Röntgenterme kennen wir heute für die meisten Elemente ziemlich genau. Sie konnten entweder unmittelbar durch Messung von Absorptionskanten ermittelt werden oder aber auf Grund des angegebenen Linienschemas durch Messung von Emissionslinien. In ihrer Abhängigkeit von der Ordnungszahl sind die Terme in Fig. 15 dargestellt; als Ordinaten sind dabei die Quadratwurzeln aus den Termen aufgetragen, die auf den Rydberg-Term als Einheit bezogen sind[7]. Die unterhalb der Figur eingetragenen Striche dienen einer späteren Betrachtung (in § 28). Die einzelnen Termkurven verlaufen, entsprechend dem Moseleyschen Gesetz, ziemlich geradlinig; sie sind um so flacher, je größer die Hauptquantenzahl ist.

Ähnliche Gesetzmäßigkeiten wie für die Alkalidubletts (s. § 22) gelten auch für die Dubletts der Röntgenterme. Terme, die sich nur hinsichtlich der inneren Quantenzahl unterscheiden, also in der Haupt- und Nebenquantenzahl übereinstimmen, bilden sogenannte reguläre Dubletts; sie sind in Fig. 14 durch Klammern auf der rechten Seite angedeutet. Ebenso wie bei den Alkalitermen nimmt auch bei den Röntgentermen die reguläre Dublettaufspaltung mit der chemischen Ordnungszahl rasch zu. Wie Sommerfeld im Jahre 1916 fand, gilt die einfache Beziehung

$$\Delta \nu = \Delta \nu_H (z - b)^4\,; \tag{5}$$

dabei bedeutet $\Delta \nu_H$ die sogenannte Schwingungsdifferenz des Wasserstoffdubletts (Gl. 26 des § 20), z die Ordnungszahl und b die betreffende Abschirmungskonstante.

---

[7] Die Terme ergeben sich also durch Multiplikation des Quadrates der Ordinate mit 109 737. Die noch ziemlich unsicheren P-Terme, die man natürlich nur für die allerhöchsten Grundstoffe berechnet hat, sind in Fig. 15 nicht eingetragen.

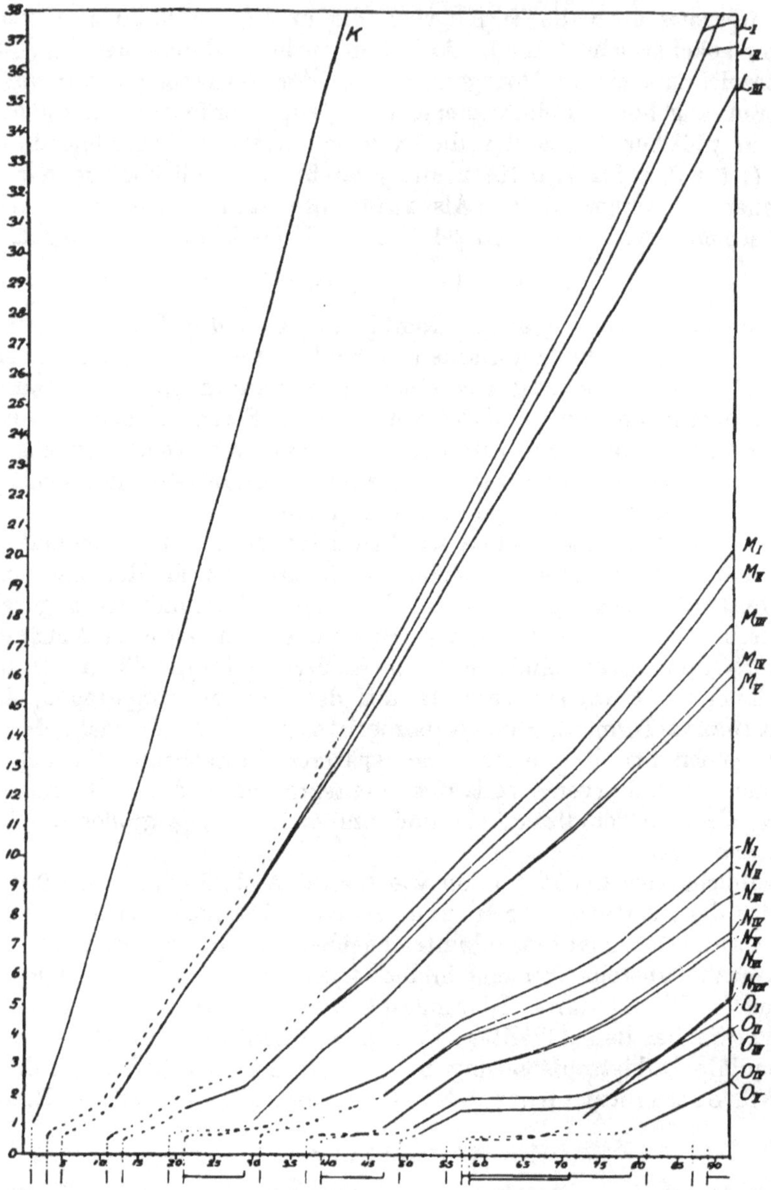

Fig. 15. Röntgenterme der Grundstoffe.

Mit der Schwingungsdifferenz hängt der Wellenlängenunterschied durch die einfache Beziehung zusammen

(6) $$\Delta \lambda = - \frac{c}{\nu^2} \Delta \nu ,$$

welche Formel sich ohne weiteres ergibt, indem man die Gleichung

$$c = \lambda \nu$$

differentiiert. Da nach dem MOSELEYschen Gesetz die Quadratwurzel aus der Frequenz proportional zu der um die Abschirmungskonstante verminderten Ordnungszahl ist, so folgt aus den Gl. 5 und 6, daß die Wellenlängendifferenz eines regulären Dubletts nahezu unabhängig von der Ordnungszahl ist. Im übrigen zeigt die Fig. 15 deutlich, daß ebenso wie bei den Alkalitermen so auch bei den Röntgentermen die reguläre Dublettaufspaltung mit zunehmender Haupt- und mit zunehmender Nebenquantenzahl kleiner wird.

Benachbarte Terme, die zwar in der inneren Quantenzahl übereinstimmen, aber in der Nebenquantenzahl verschieden sind, bilden sogenannte irreguläre Dubletts[8]; sie sind in Fig. 14 durch Klammern auf der linken Seite angedeutet. Für sie nimmt, wie G. HERTZ im Jahre 1920 fand, die Schwingungsdifferenz sehr langsam mit der Ordnungszahl zu. In Fig. 15 verlaufen daher die Kurven zweier Terme, die miteinander ein irreguläres Dublett bilden, nahezu parallel, während die Kurven zweier Terme, die ein reguläres Dublett bilden, mit fortschreitender Ordnungszahl immer mehr divergieren.

Es sei übrigens bemerkt, daß bei einigen Elementen außer den in dem Schema der Fig. 14 wiedergegebenen Linien auch noch kurzwellige „Satellite" festgestellt werden konnten, die auf sogenannte Doppelsprünge zurückzuführen sind. Erwähnenswert ist auch, daß in geringem Grade eine Abhängigkeit der Röntgenterme von der molekularen Konstitution festgestellt werden konnte[9].

§ 28. Das periodische System.

Die wichtigen Erkenntnisse, zu denen die optischen Spektren hinsichtlich des Atombaus und des Grundstoffsystems führen, finden durch die Röntgenspektren eine vollkommene Bestätigung. In der Tat zeigt ja das Schema der Röntgenterme (vgl. die kleinen vertikalen einfachen und doppelten Striche am linken Rande der Fig. 14) auf das deutlichste, daß am Ende der vierten Periode (bei dem Krypton) die vierquantigen d- und f-Elektronen noch fehlen, daß aber auch die fünfte Periode noch ohne $4f$- und $5d$-Elektronen abschließt und auch bei den höchsten Elementen die fünfquantige Gruppe nur s-, p- und d-, die sechsquantige bloß s- und p-Elektronen enthält.

---

[8] Früher wurden die regulären Dubletts als „relativistische", die irregulären als „Abschirmungsdubletts" bezeichnet. Die exakte Ableitung der Dublettformeln ist erst auf quantenmechanischer Grundlage HEISENBERG, JORDAN, PAULI und DIRAC gelungen; vgl. den vorletzten Abschnitt von § 21.

[9] Vgl. hierüber A. E. LINDH, „Röntgenspektroskopie" (Band 24/II des „Handbuchs der Experimentalphysik"), Leipzig (Akademische Verlagsgesellschaft) 1930.

Eine besonders gute Bestätigung finden die bereits auf Grund der optischen Spektren gewonnenen Erkenntnisse über die Vervollständigung der inneren Elektronengruppen durch die Kurven, die die Quadratwurzeln aus den röntgenspektroskopischen Termen der Grundstoffe in ihrer Abhängigkeit von der Ordnungszahl darstellen (vgl. die frühere Fig. 15). Diese Kurven müßten nach dem Moseleyschen

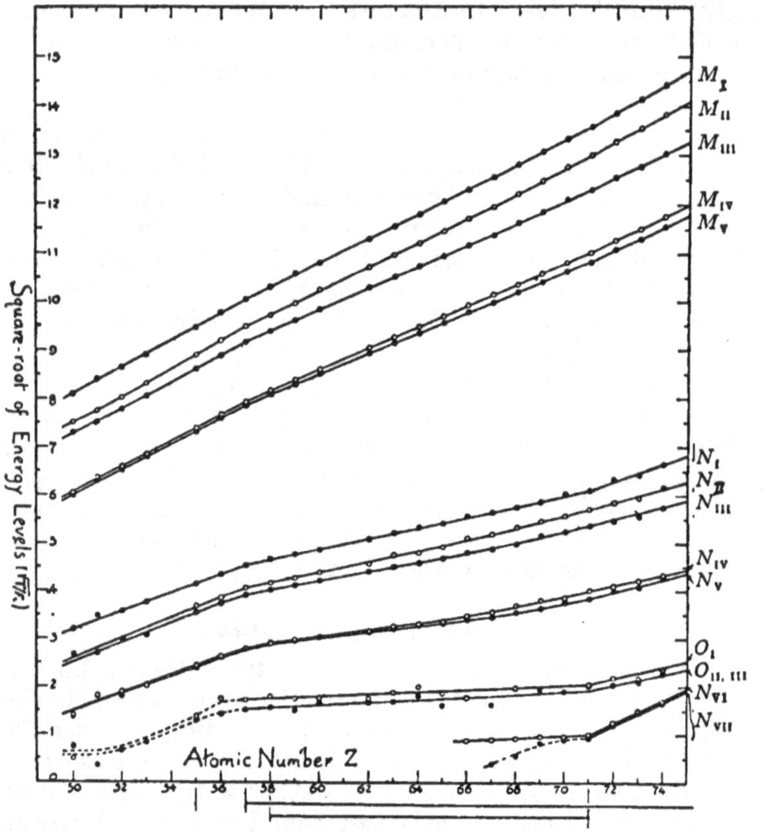

Fig. 16. Röntgenterme der Elemente Nr. 50 bis 74 (nach Nishina).

Gesetz genau geradlinig verlaufen, wofern mit der Ordnungszahl auch der für den betreffenden Term wirksame Teil der Kernladung um Eins zunimmt und sich dementsprechend auch die Bindungsenergie vermehrt. Die Zunahme der Bindungsenergie und somit das Wachstum des Terms muß aber nun jedenfalls während der Ausbildung einer inneren Elektronengruppe unterbrochen oder zumindest abgeschwächt werden, weil die Erhöhung der Kernladung ganz oder zum Teil wieder dadurch wettgemacht wird, daß sich auch die Zahl der die Kernladung abschirmenden inneren Elektronen um Eins erhöht. Während der Ausbildung einer inneren Elektronengruppe von bestimmter Quantenzahl müßten daher die Kurven der höherquantigen Terme horizontal oder wenigstens unter geringerer Neigung gegen die Abszissenachse verlaufen.

In der Tat zeigt dies die Fig. 15 (vgl. die Striche unterhalb der Figur) und noch deutlicher die Fig. 16; sie bezieht sich auf die Elemente Nr. 50 bis 74 und rührt von NISHINA her, dem sehr genaue Messungen der Röntgenterme zu verdanken sind[1]. Die Figur zeigt deutlich einen horizontalen Verlauf der fünfquantigen O-Terme während der Vervollständigung der vierquantigen Elektronengruppe von 18 auf 32; aber auch bei den N-Termen verlaufen während dieser Vervollständigung die Kurven flacher, weil ja auch die neu hinzukommenden Elektronen derselben Gruppe wenigstens teilweise abschirmend wirken. Daß mit der letzten seltenen Erde, dem Element Nr. 71, die Ausbildung der $4f$-Gruppe abgeschlossen ist, äußert sich in einem scharfen Knick, den bei 71 die Kurven für N_{VI} und N_{VII} aufweisen. Aus der früheren Fig. 15 ist es auch erkennbar, daß der $4f$-Term zunächst kleiner ist als der $5s$- und $5p$-Term, ja anfangs sogar kleiner als der $5d$-Term. Sobald aber einmal die Entwicklung der vierquantigen Elektronengruppe abgeschlossen ist (bei 71 Cp), nimmt die Bindungsenergie der $4f$-Terme rasch zu, so daß zwischen dem 75. und 83. Element die $4f$-Kurven die $5s$- und $5p$-Kurven überkreuzen.

Da die vierquantige Elektronengruppe bei den Elementen der sechsten Periode schon ziemlich weit im Atominnern liegt, so müssen wohl während ihrer Vervollständigung die chemischen und auch diejenigen physikalischen Eigenschaften fast ungeändert bleiben, die, wie die Valenz und das optisch-spektrale Verhalten, durch die peripheren Elektronen bedingt sind. In der Tat stimmen die auf das Lanthan folgenden Elemente untereinander und mit dem Lanthan in den chemischen und in wesentlichen physikalischen Eigenschaften durchaus überein, während das Lanthan von dem ihm vorangehenden Grundstoff, dem Barium, völlig verschieden ist. Auch diese Tatsache bestätigt es, daß bereits bei dem auf das Lanthan folgenden 58. Element, dem Cer, die Vervollständigung der vierquantigen Gruppe von 18 auf 32 Elektronen beginnt; und entsprechend der Differenz zwischen den Zahlen 32 und 18 müßte es natürlich insgesamt 14 Elemente geben, die dem Lanthan ähnlich sind, also einschließlich dieses Grundstoffs insgesamt fünfzehn seltene Erden.

In der Tat erstreckt sich die Übereinstimmung der peripheren Atomeigenschaften über 15 aufeinanderfolgende Elemente, angefangen von dem Lanthan bis zu dem 71. Grundstoff, dem Cassiopeium (das auch als Lutetium bezeichnet wird). Das 72. Element war bis zum Jahre 1922, in dem BOHR die Quantentheorie des periodischen Systems aufstellte,

[1] Y. NISHINA, Phil. Mag. *49*, 1925, S. 521.

noch nicht bekannt. Man hatte bis dahin gewöhnlich vermutet, daß es auch eine seltene Erde sein müsse und hatte darum nach ihm in solchen Mineralien gesucht, in denen andere seltene Erden aufgefunden worden waren. Aus der Quantentheorie des Grundstoffsystems folgte aber, daß es unmöglich eine seltene Erde sein könne (weil es eben mehr als 15 seltene Erden nicht geben kann), daß es vielmehr dem Zirkon homolog sein müsse, das in der fünften Periode den vierten Platz einnimmt. Da homologe Elemente in der Natur häufig miteinander vermengt auftreten, lag somit der Gedanke

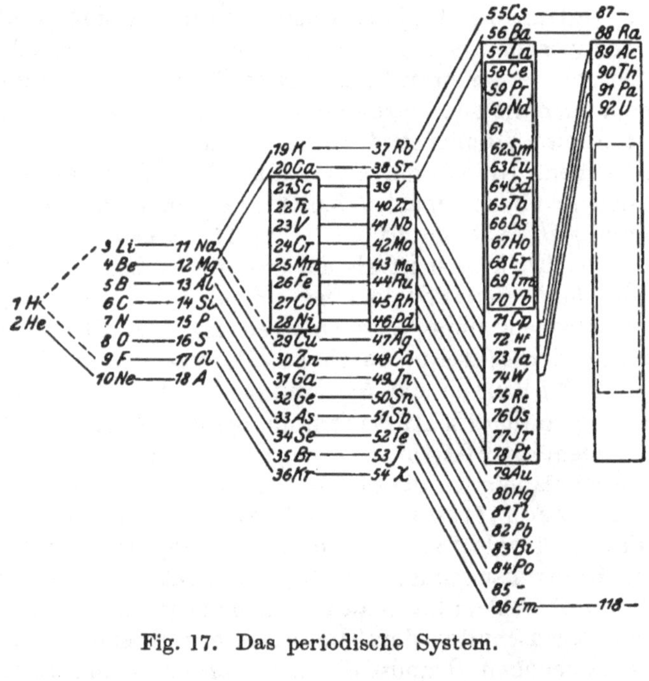

Fig. 17. Das periodische System.

nahe, nach dem unbekannten Element in Zirkonmineralien zu suchen. Es bedeutete einen glänzenden Erfolg für die neue Bohrsche Theorie, daß in der Tat im Jahre 1922 Hevesy und Coster in Zirkonmineralien das bis dahin unbekannte Element entdecken konnten; zu Ehren der Stadt Kopenhagen, in der die Entdeckung erfolgte, gaben sie ihm den Namen „Hafnium". Das Hafnium ist übrigens keineswegs selten, da beispielsweise das Nickel nur in einer ungefähr fünfmal so großen Menge in der Erdrinde enthalten ist; nur der weitgehenden Homologie zu dem Zirkon ist es zuzuschreiben, daß das Hafnium nicht schon viel früher entdeckt wurde[2].

[2] Die Entdeckung erfolgte mittels der Röntgenspektroskopie. Vgl. G. v. Hevesy, Das Element Hafnium, Berlin (Springer) 1927.

In der siebenten Periode des Grundstoffsystems müßten die sechsquantige Gruppe von 8 auf 18 und überdies die fünfquantige Gruppe von 18 auf 32 Elektronen vervollständigt werden. Aus der Homologie zwischen Actinium und Lanthan, zwischen Protactinium und Tantal sowie zwischen Uran und Wolfram müssen wir schließen, daß die Ausbildung der zweitäußersten Elektronengruppe (in diesem Falle der sechsquantigen) auch in der siebenten Periode (wie in der vierten, fünften und sechsten) bei dem dritten Element, also dem Actinium, beginnt; daß hingegen bis einschließlich dem Uran die weiter im Innern befindliche fünfquantige Gruppe keine Erhöhung der Elektronenzahl erfährt.

Die durch die Fig. 17 wiedergegebene Anordnung des periodischen Systems hebt deutlich aus der Mannigfaltigkeit der Grundstoffe diejenigen heraus, bei denen eine innere Elektronengruppe nicht abgeschlossene Untergruppen enthält. In der Tat zeigen die in Fig. 17 in die Einrahmungen fallenden Grundstoffe mit unvollständigem inneren Atombau Eigentümlichkeiten, die den übrigen Grundstoffen fehlen. Sie besitzen häufig eine mehrfache Valenz, sie bilden farbige Salze und sie sind in der Regel paramagnetisch. Die mehrfache Valenz ist offenbar dadurch begründet, daß Elektronen, die einer unvollständig entwickelten inneren Gruppe angehören, ebenso locker wie die peripheren Valenzelektronen gebunden sein können[3]. Ebenso wie diese vermögen sie daher auch Quanten des sichtbaren Lichtes zu absorbieren, so daß die Ionen, obwohl bei ihnen die Valenzelektronen fehlen, dennoch farbig erscheinen können. Der Paramagnetismus wird endlich, wie in einem späteren Abschnitt (§ 32) eingehender gezeigt werden wird, auf eine unvollständige Kompensation der magnetischen Momente der Elektronen in den einzelnen Atomen zurückgeführt und erscheint damit ebenfalls als Folge einer Asymmetrie des inneren Atombaues.

Die Quantentheorie des Grundstoffsystems ist, wie schon erwähnt wurde, im Jahre 1922 von Bohr begründet worden. Bohr hat im Jahre 1922 innerhalb jeder Hauptgruppe ganz richtig ebenso viele Untergruppen unterschieden, als die Hauptquantenzahl beträgt; aber er hat irrigerweise damals angenommen, daß sich in einer vollbesetzten Gruppe die Elektronen in gleicher Zahl auf die Untergruppen verteilen, so daß er sich also beispielsweise die vollbesetzte dreiquantige Gruppe aus drei Untergruppen zu je sechs Elektronen bestehend dachte. Daß die vollen Besetzungszahlen der Untergruppen mit 2, 6, 10 und 14 anzunehmen sind,

[3] Eine solche lockere Bindung von inneren Elektronen muß übrigens auch noch bei den Elementen angenommen werden, die in Fig. 17 zwar bereits außerhalb der Rahmen fallen, aber an sie angrenzen. So tritt das Kupfer, wie schon erwähnt, sowohl einwertig in sog. Cupro- als auch zweiwertig in sog. Cupriverbindungen auf. Jenen entspricht die Anordnung sd^{10}, diesen aber s^2d^9. In der Tat sind Cupro-Ionen farblos, Cupri-Ionen hingegen farbig.

Tabelle XIV.

Die Elektronengruppierung des periodischen Systems.

	1	2		3			4				5			6			7
	s	*s*	*p*	*s*	*p*	*d*	*s*	*p*	*d*	*f*	*s*	*p*	*d*	*s*	*p*	*d*	*s*
1 H	1																
2 He	2																
3 Li	2	1															
4 Be	2	2															
5 B	2	2	1														
6 C	2	2	2														
7 N	2	2	3														
8 O	2	2	4														
9 F	2	2	5														
10 Ne	2	2	6														
11 Na	2	2	6	1													
12 Mg	2	2	6	2													
13 Al	2	2	6	2	1												
14 Si	2	2	6	2	2												
15 P	2	2	6	2	3												
16 S	2	2	6	2	4												
17 Cl	2	2	6	2	5												
18 A	2	2	6	2	6												
19 K	2	2	6	2	6		1										
20 Ca	2	2	6	2	6		2										
21 Sc	2	2	6	2	6	1	2										
22 Ti	2	2	6	2	6	2	2										
23 V	2	2	6	2	6	3	2										
24 Cr	2	2	6	2	6	5	1										
25 Mn	2	2	6	2	6	5	2										
26 Fe	2	2	6	2	6	6	2										
27 Co	2	2	6	2	6	7	2										
28 Ni	2	2	6	2	6	8	2										
29 Cu	2	2	6	2	6	10	1										
30 Zn	2	2	6	2	6	10	2										
31 Ga	2	2	6	2	6	10	2	1									
32 Ge	2	2	6	2	6	10	2	2									
33 As	2	2	6	2	6	10	2	3									
34 Se	2	2	6	2	6	10	2	4									
35 Br	2	2	6	2	6	10	2	5									
36 Kr	2	2	6	2	6	10	2	6									
37 Rb	2	2	6	2	6	10	2	6			1						
38 Sr	2	2	6	2	6	10	2	6			2						
39 Y	2	2	6	2	6	10	2	6	1		2						

	1	2	3	4	5	6	7
	s	*s p*	*s p d*	*s p d f*	*s p d*	*s p d*	*s*
40 Zr	2	2 6	2 6 10	2 6 2	2		
41 Nb	2	2 6	2 6 10	2 6 4	1		
42 Mo	2	2 6	2 6 10	2 6 5	1		
43 Ms	2	2 6	2 6 10	2 6 (6)	(1)		
44 Ru	2	2 6	2 6 10	2 6 7	1		
45 Rh	2	2 6	2 6 10	2 6 8	1		
46 Pd	2	2 6	2 6 10	2 6 10			
47 Ag	2	2 6	2 6 10	2 6 10	1		
48 Cd	2	2 6	2 6 10	2 6 10	2		
49 In	2	2 6	2 6 10	2 6 10	2 1		
50 Sn	2	2 6	2 6 10	2 6 10	2 2		
51 Sb	2	2 6	2 6 10	2 6 10	2 3		
52 Te	2	2 6	2 6 10	2 6 10	2 4		
53 J	2	2 6	2 6 10	2 6 10	2 5		
54 X	2	2 6	2 6 10	2 6 10	2 6		
55 Cs	2	2 6	2 6 10	2 6 10	2 6	1	
56 Ba	2	2 6	2 6 10	2 6 10	2 6	2	
57 La	2	2 6	2 6 10	2 6 10	2 6 1	2	
58 Ce	2	2 6	2 6 10	2 6 10 1	2 6 1	2	
. .	.	. .	. . .	. . . .	. . .	.	
. .	.	. .	. . .	. . . .	. . .	.	
72 Hf	2	2 6	2 6 10	2 6 10 14	2 6 2	2	
73 Ta	2	2 6	2 6 10	2 6 10 14	2 6 (3)	(2)	
74 W	2	2 6	2 6 10	2 6 10 14	2 6 4	2	
75 Re	2	2 6	2 6 10	2 6 10 14	2 6 (5)	(2)	
76 Os	2	2 6	2 6 10	2 6 10 14	2 6 (6)	(2)	
77 Ir	2	2 6	2 6 10	2 6 10 14	2 6 (7)	(2)	
78 Pt	2	2 6	2 6 10	2 6 10 14	2 6 9	1	
79 Au	2	2 6	2 6 10	2 6 10 14	2 6 10	1	
80 Hg	2	2 6	2 6 10	2 6 10 14	2 6 10	2	
81 Tl	2	2 6	2 6 10	2 6 10 14	2 6 10	2 1	
82 Pb	2	2 6	2 6 10	2 6 10 14	2 6 10	2 2	
83 Bi	2	2 6	2 6 10	2 6 10 14	2 6 10	2 3	
84 Po	2	2 6	2 6 10	2 6 10 14	2 6 10	2 4	
85 —	2	2 6	2 6 10	2 6 10 14	2 6 10	2 5	
86 Em	2	2 6	2 6 10	2 6 10 14	2 6 10	2 6	
87 —	2	2 6	2 6 10	2 6 10 14	2 6 10	2 6	1
88 Ra	2	2 6	2 6 10	2 6 10 14	2 6 10	2 6	2
89 Ac	2	2 6	2 6 10	2 6 10 14	2 6 10	2 6 (1)	(2)
90 Th	2	2 6	2 6 10	2 6 10 14	2 6 10	2 6 (2)	(2)
91 Pa	2	2 6	2 6 10	2 6 10 14	2 6 10	2 6 (3)	(2)
92 U	2	2 6	2 6 10	2 6 10 14	2 6 10	2 6 (5)	(1)

haben zuerst STONER[4] und MAIN SMITH[5] im Jahre 1924 gezeigt. Eine Erklärung fanden die von diesen beiden Forschern festgestellten Gesetzmäßigkeiten aber erst durch das PAULIsche Prinzip, das in Verbindung mit den empirisch ermittelten Grundtermen die Elektronenanordnung für die meisten Elemente erkennen ließ, wie dies schon in den vorhergehenden Abschnitten gezeigt wurde. Unter Hinzufügung der Elemente der siebenten Periode, jedoch unter Fortlassung der seltenen Erden, ist im wesentlichen nach HUND[6] (und im Anschluß an MAC LENNAN[7]), jedoch unter Berücksichtigung neuerer Fortschritte, die Elektronengruppierung des periodischen Systems in Tabelle XIV wiedergegeben.

§ 29. Der ZEEMAN-Effekt.

Daß in einem Magnetfeld die Spektrallinien eine Aufspaltung erfahren, wurde im Jahre 1896 von ZEEMAN entdeckt. Unmittelbar darauf gab für diese Erscheinung LORENTZ eine Theorie, die zuerst die Masse des Elektrons zu ermitteln gestattete. Die nähere Erforschung des sogenannten ZEEMAN-Effektes führte zu der Unterscheidung zweier Arten des Phänomens, die einander als normaler und anomaler Effekt gegenübergestellt wurden. Bei dem normalen ZEEMAN-Effekt treten neben der ursprünglichen Linie (die indessen unter besonderen, später zu erörternden Umständen unsichtbar bleibt) zwei weitere Linien auf, die von der ursprünglichen nach beiden Seiten gleich weit abstehen, und zwar mit einem Wellenzahlenunterschied

$$\frac{\Delta\nu}{c} = \frac{\gamma}{4\pi c^2} H . \tag{1}$$

Dabei bedeuten H die magnetische Feldstärke und γ die spezifische Elektronenladung. Es wird also, wofern die Feldstärke in absoluten Einheiten, in sogenannten „Gauss" angegeben wird,

$$\frac{\Delta\nu}{c} = 4{,}70\cdot 10^{-5} H . \tag{2}$$

In Feldern von einigen zehntausend Gauss (stärkere als solche von etwa 100 000 Gauss vermag zur Zeit die Experimentalphysik dauernd noch nicht herzustellen) ist daher innerhalb des sichtbaren Spektralbereiches die Aufspaltung des ZEEMAN-Effektes etwa von der Größenordnung einer Å-E.

Der normale ZEEMAN-Effekt tritt nur bei solchen Linien auf, die auf Kombination zweier Singulett-Terme beruhen. Die Gl. 21 des § 18 bleibt, wie die näheren Berechnungen zeigen, auch hier bestehen; doch tritt an

[4] E. C. STONER, Phil. Mag. *48*, 1924, S. 719.

[5] J. D. MAIN SMITH, Journ. Soc. Chem. Ind. *44*, 1925, S. 944.

[6] F. HUND, Linienspektren und periodisches System, Berlin (Springer) 1927.

[7] J. C. MC LENNAN, A. B. MC LAY und H. G. SMITH, Proc. Roy. Soc. London (A) *112*, 1926, S. 76.

die Stelle von $m_l + 2\,m_r$, also an die Stelle der Summe zweier Quantenzahlen, die sich auf den Drehimpuls und den Spin beziehen, einfach eine Quantenzahl m, die die Komponente des Drehimpulses in der Feldrichtung darstellt. Es verwandelt sich also ein Term T_1 in

$$T_1' = T_1 + m_1 \frac{\gamma}{4\pi c^2} H \,, \tag{3}$$

wobei m die magnetische Quantenzahl bedeutet. Für einen zweiten Term gilt in analoger Weise die Beziehung:

$$T_2' = T_2 + m_2 \frac{\gamma}{4\pi c^2} H \,. \tag{4}$$

Der Kombination der Terme T_1 und T_2 möge bei dem Fehlen eines magnetischen Feldes eine Frequenz ν entsprechen; an ihre Stelle tritt im Magnetfeld eine Frequenz ν'. Da sich aber die magnetische Quantenzahl (nach Gl. 3 des § 18) bei einer atomaren Zustandsänderung nur um Eins oder Null ändern kann, muß entweder die Gl. 1 erfüllt oder $\nu' = \nu$ sein.

An die Stelle der ursprünglichen Linie tritt also bei dem normalen Zeeman-Effekt in Singulettspektren ein äquidistantes Linientriplett, dessen mittlere Linie mit der ursprünglichen zusammenfällt. Wenn sich nun die magnetische Quantenzahl um Eins ändert, so ändert sich (nach der Definition von m) dadurch auch der Drehimpuls des Licht emittierenden Atoms in der Feldrichtung. Nach dem Satze von der Erhaltung des Drehimpulses werden wir wohl annehmen müssen, daß die Differenz als Drehimpuls des emittierten Lichtquants in Erscheinung tritt, daß also mit anderen Worten zirkular polarisiertes Licht emittiert wird[1]. Hingegen werden wir für den Fall, daß m ungeändert bleibt, die Emission linearer Lichtschwingungen des elektrischen Feldvektors annehmen müssen und dabei in naheliegender Weise vermuten, daß die Schwingungen in der Feldrichtung erfolgen, ebenso wie im anderen Falle die zirkularen in einer zu der Feldrichtung senkrechten Ebene vor sich gehen.

Aus der klassischen Optik ist es nun bekannt, daß sich Lichtschwingungen nur in solchen Richtungen fortpflanzen können, die zu der Schwingungsrichtung normal sind. Bei Beobachtung in der Feldrichtung, bei dem sogenannten Longitudinaleffekt, muß daher die mittlere Linie fehlen, also nur ein Liniendublett wahrnehmbar sein, dessen beide Komponenten in entgegengesetztem Sinne zirkular polarisiert erscheinen[2]. Bei dem

[1] In allgemeiner Weise wurde diese wichtige Erkenntnis zuerst (1918) von Rubinowicz und Bohr als sogenannte „Polarisationsregel“ gewonnen, zugleich mit der „Auswahlregel“, wonach sich die den Drehimpuls des Atoms bestimmende Quantenzahl nur um ± 1 oder 0 ändern kann.

[2] Wie sich mittels der klassischen Theorie begründen läßt, stimmt bei der kürzerwelligen Komponente der Sinn der Zirkularpolarisation mit dem Sinn des positiven Stromes überein, der in den Windungen des Elektromagneten das Magnetfeld erzeugt.

Transversaleffekt müßte wohl das ganze Triplett sichtbar sein, jedoch mit durchwegs linearpolarisierten Linien; und zwar müßten für die beiden äußeren Linien die Schwingungen senkrecht zu der Feldrichtung, für die mittlere Linie dagegen in der Feldrichtung erfolgen. In der Tat zeigt die Beobachtung alle diese Folgerungen der Theorie (vgl. Fig. 18).

Aus den Ausmessungen des normalen Zeeman-Effektes bei den Singulett-Linien $^1P \longrightarrow {^1D}$ von Zink und Cadmium konnten Campbell und Houston[3] auf Grund der Gl. 1 die spezifische Elektronenladung mit großer Präzision bestimmen. Sie fanden

$$(5) \qquad \gamma = (1{,}7579 \pm 0{,}0025) \cdot 10^7 \text{ elektromagnet. Einh.}$$

Neben dem sogenannten linearen, nämlich der Feldstärke proportionalen normalen Zeeman-Effekt ist nach der vervollkommneten Theorie auch ein normaler quadratischer Zeeman-Effekt zu erwarten, der also mit dem Quadrate der magnetischen Feldstärke wächst. Tatsächlich beobachtet wurde der in theoretischer Hinsicht von Guth[4] untersuchte Effekt durch Segrè[5], und zwar an der Hauptserie des Natriums, wobei sich in der Größenordnung Übereinstimmung herausstellte.

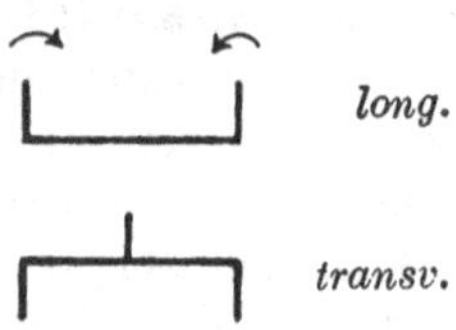

Fig. 18.
Schema des normalen Zeeman-Effektes.

Die Erscheinungen des anomalen Zeeman-Effektes lassen sich mittels der in einem früheren Abschnitt (§ 18) abgeleiteten Landéschen Aufspaltungsformel richtig voraussagen; diese bietet auch die Erklärung für zwei schon viel früher auf empirischem Wege gewonnene Regeln, die als die Prestonsche und die Rungesche Regel bezeichnet werden. Wie Preston im Jahre 1899 fand, zeigen verwandte Linien, also solche, die Kombinationen zwischen gleichartigen Termen darstellen, denselben anomalen Effekt, der sich im übrigen als unabhängig von der chemischen Natur des emittierenden Atoms erweist. Als gleichartig sind dabei im Sinne der späteren Quantentheorie Terme dann anzusehen, wenn sie bei gleicher Multiplizität denselben Charakter (also dieselbe, durch die Symbole S, P, D, F usw. ausgedrückte Nebenquantenzahl) haben. Aus der Prestonschen Regel folgt, daß die verschiedenen Linien einer Serie untereinander die gleiche Aufspaltung zeigen, daß aber die Aufspaltung auch dieselbe für zwei Linien sein muß, die entgegengesetzten Kombinationen entsprechen; d. h. wenn eine Serie durch Kombination von Termen von einem Typus I mit einem bestimmten Term vom Typus II entsteht und eine andere Serie durch Kombination von Termen vom Typus II mit einem bestimmten Term vom Typus I, so müssen die Linien beider Serien in gleicher Weise aufgespalten werden. In der Tat zeigen z. B. die Linien der Hauptserie

[3] J. S. Campbell und W. V. Houston, Phys. Rev. *39*, 1932, S. 601.

[4] E. Guth, Zeitschr. f. Phys. *58*, 1929, S. 368; auch Th. Sexl und O. Halpern, Ann. d. Phys. *3*, 1929, S. 565.

[5] E. Segrè, Nuovo Cim. *9*, 1934, S. 304.

der Alkalimetalle dieselbe Aufspaltung wie die Linien der scharfen Nebenserie.

Die PRESTONsche Regel, die eine wertvolle Handhabe für die Termanalyse optischer Spektren bietet, ist natürlich eine notwendige Folge der LANDÉschen Formel, nach der der Aufspaltungsfaktor von der Hauptquantenzahl sowie von allen chemischen Eigentümlichkeiten unabhängig und durch die Nebenquantenzahl und die Multiplizität bestimmt ist. Aus der LANDÉschen Formel ergibt sich auch die im Jahre 1907 von RUNGE aufgestellte Regel, daß die Aufspaltungen des anomalen ZEEMAN-Effektes stets rationale Vielfache der normalen Aufspaltung sind, d. h. auf diese als Einheit bezogen, von der Form z/u sind, wobei sowohl z, der RUNGEsche Zähler, als auch u, der RUNGEsche Nenner, ganze Zahlen sind.

Verhältnismäßig einfach ist der anomale ZEEMAN-Effekt bei den Alkalimetallen und Erdalkalien. Die entsprechenden g-Werte sind, wie sie sich aus der LANDÉschen Formel ergeben und auch empirisch ermittelt wurden, in Tabelle XV zusammengestellt. Für $j = 0$ tritt keine Aufspaltung ein, entsprechend dem Umstande, daß der Aufspaltungsfaktor 0/0, also unbestimmt wird. Aus der Tabelle XV ist auch ersichtlich, daß Linien, die auf Kombinationen zweier Singuletterme beruhen, das normale Triplett liefern müssen.

Tabelle XV.

Aufspaltungsfaktoren.

	Alkalimetalle				Erdalkalien								
	Dubletterme				Singuletterme				Tripletterme				
j-Werte	$\frac{1}{2}$	$\frac{3}{2}$	$\frac{5}{2}$	$\frac{7}{2}$	0	1	2	3	0	1	2	3	4
S	2				$\frac{0}{0}$					2			
P	$\frac{2}{3}$	$\frac{4}{3}$				1			$\frac{0}{0}$	$\frac{3}{2}$	$\frac{3}{2}$		
D		$\frac{4}{5}$	$\frac{6}{5}$				1			$\frac{1}{2}$	$\frac{7}{6}$	$\frac{4}{3}$	
F			$\frac{6}{7}$	$\frac{8}{7}$				1			$\frac{2}{3}$	$\frac{13}{12}$	$\frac{5}{4}$

Tabelle XVI.

Abweichungen der Alkaliterme bei dem anomalen ZEEMAN-Effekt.

$m =$	$-\frac{5}{2}$	$-\frac{3}{2}$	$-\frac{1}{2}$	$+\frac{1}{2}$	$+\frac{3}{2}$	$+\frac{5}{2}$
S			-1	$+1$		
$P_{1/2}$			$-\frac{1}{3}$	$+\frac{1}{3}$		
$P_{3/2}$		$-\frac{6}{3}$	$-\frac{2}{3}$	$+\frac{2}{3}$	$+\frac{6}{3}$	
$D_{3/2}$		$-\frac{6}{5}$	$-\frac{2}{5}$	$+\frac{2}{5}$	$+\frac{6}{5}$	
$D_{5/2}$	$-\frac{15}{5}$	$-\frac{9}{5}$	$-\frac{3}{5}$	$+\frac{3}{5}$	$+\frac{9}{5}$	$+\frac{15}{5}$

Betrachten wir zunächst die Alkalimetalle, so erhalten wir für die Terme die in Tabelle XVI wiedergegebenen Abweichungen von dem feldfreien Term, wofern diese Abweichungen auf die normale Aufspaltung als Einheit bezogen werden. Auf Grund dieses Schemas möge etwa die bekannte gelbe Natriumlinie, die sogenannte D-Linie[6], betrachtet werden. Diese Linie ist die erste Linie der Hauptserie und besteht aus den beiden Komponenten

$$D_1 = 5895{,}93\ \text{Å}\ ({}^2P_{1/2} \longrightarrow {}^2S)\,,$$
$$D_2 = 5889{,}96\ \text{Å}\ ({}^2P_{3/2} \longrightarrow {}^2S)\,.$$

Beachten wir die Kombinationsregel, nach der $\Delta m = \pm 1$ oder 0 sein muß, so erhalten wir für die Linienabweichungen, die die Differenzen der Termabweichungen darstellen, das folgende Schema, wobei die unterstrichenen Werte dem Fall $\Delta m = 0$ entsprechen:

$$(6)\qquad \begin{cases} D_1\text{-Linie} & -\frac{4}{3} & & \underline{-\frac{2}{3}} & \underline{+\frac{2}{3}} & & +\frac{4}{3}\,, \\ D_2\text{-Linie} & -\frac{5}{3} & -\frac{3}{3} & \underline{-\frac{1}{3}} & \underline{+\frac{1}{3}} & +\frac{3}{3} & +\frac{5}{3}\,. \end{cases}$$

Die D_1-Linie wird also vierfach, die D_2-Linie sechsfach aufgespalten, so daß im schwachen Magnetfeld an die Stelle des ursprünglichen Liniendubletts ein Multiplett von zehn Linien tritt. Im Falle $\Delta m = 0$ erfolgen nach dem früher Gesagten die Lichtschwingungen in der Feldrichtung, so daß bei dem Longitudinaleffekt die in dem Schema unterstrichenen Komponenten unsichtbar bleiben (vgl. Fig. 19, in der, ebenso wie in Fig. 20, die Länge der Striche die Intensität der Linien andeutet und solche Linien beim Longitudinaleffekt unsichtbar bleiben, deren Striche nach oben gerichtet sind).

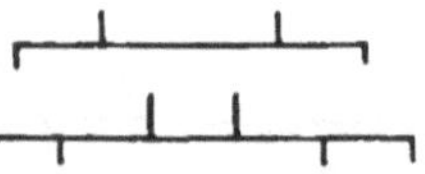

Fig. 19. Aufspaltung der D-Linie des Na.

Als ein weiteres Beispiel möge die anomale Aufspaltung des wichtigsten Linientripletts der Elemente der zweiten Vertikalreihe betrachtet werden, das den folgenden Übergängen entspricht:

$${}^3S \longrightarrow {}^3P_0\,, \qquad {}^3S \longrightarrow {}^3P_1\,, \qquad {}^3S \longrightarrow {}^3P_2$$

(vgl. die frühere Fig. 6). Bei Quecksilber sind die Wellenlängen der Komponenten dieses Linientripletts 4047, 4359 und 5461 Å. Bei dem ${}^3S$-Term ist nach Tabelle XV der Aufspaltungsfaktor 2, während (wegen $j = 1$) die möglichen m-Werte -1, 0, $+1$ sind. Bei dem ${}^3P_0$-Term ist der Aufspaltungsfaktor unbestimmt, als m-Wert ist (wegen $j = 0$) nur 0 möglich. Bei dem ${}^3P_1$-Term und ebenso bei dem ${}^3P_2$-Term ist nach Tabelle XV der Aufspaltungsfaktor 3/2; die möglichen m-Werte sind im ersten Fall $-1, 0, +1$, im zweiten Fall $-2, -1, 0, +1, +2$. Für die Abweichungen der Terme ergibt sich daher das Schema der Tabelle XVII.

[6] Die Bezeichnung dieser Linie als D-Linie rührt schon von FRAUNHOFER her und hat natürlich nichts mit den D-Termen zu tun.

Tabelle XVII.

Termabweichungen bei einem Element der zweiten Vertikalreihe.

$m =$	-2	-1	0	$+1$	$+2$
^3S		-2	0	$+2$	
$^3P_0$			0		
$^3P_1$		$-\frac{3}{2}$	0	$+\frac{3}{2}$	
$^3P_2$	-3	$-\frac{3}{2}$	0	$+\frac{3}{2}$	$+3$

Wir beachten nun die Kombinationsregel, daß $\Delta\, m$ gleich ± 1 oder 0 sein muß und nehmen überdies an (was sich atommechanisch exakt begründen läßt), daß die Linienintensität verschwindet, wenn bei einem Quantensprung sowohl $\Delta\, m$ als auch $\Delta\, j$ gleich Null ist. Wir erhalten dann die folgenden Linienabweichungen für das betrachtete Triplett, wobei wieder die bei dem Longitudinaleffekt unsichtbaren Komponenten unterstrichen sind:

$$(7)\quad \begin{cases} ^3S \to {}^3P_0 & -2, & & & \underline{0}, & & & +2, \\ ^3S \to {}^3P_1 & -2, & -\frac{3}{2}, & & \underline{-\frac{1}{2}}, & \underline{+\frac{1}{2}}, & & +\frac{3}{2}, \; +2, \\ ^3S \to {}^3P_2 & -2, & -\frac{3}{2}, & -1, & \underline{-\frac{1}{2}},\; \underline{0}, & \underline{+\frac{1}{2}}, & +1, & +\frac{3}{2}, \; +2. \end{cases}$$

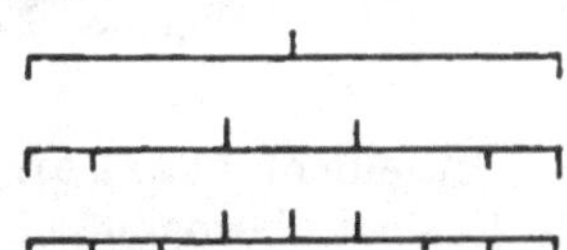

Fig. 20. Schema der anomalen Zeeman-Aufspaltung eines Linientripletts.

Von den drei Linien, die das feldfreie Triplett zeigt, wird also eine dreifach, eine sechsfach und eine (äquidistant) neunfach aufgespalten (vgl. das Schema der Fig. 20). Photographische Aufnahmen der Aufspaltung dieses Linientripletts bei dem Zink sind nach Back in den Abbildungen b bis d der Fig. 21 (auf Tafel I) wiedergegeben. Die Abbildung a der Fig. 21 zeigt (im oberen Teil) die anomale Aufspaltung des Natriumdubletts, dessen feldfreie Photographie die untere Hälfte bildet.

Bei der allmählichen Verstärkung eines „schwachen" Magnetfeldes muß nach der Theorie eine allmähliche Umwandlung des anomalen in den normalen Zeeman-Effekt eintreten. In der Tat haben im Jahre 1912 Paschen und Back die merkwürdige Entdeckung gemacht, daß bei allmählicher Verstärkung eines zunächst „schwachen" Feldes die Komponenten des Aufspaltungsbildes einander in eigentümlicher Weise zu beeinflussen beginnen, so, als ob zwischen ihnen anziehende und abstoßende Kräfte wirksam würden. Die Prestonsche Regel verliert ihre Gültigkeit, die Symmetrie des Aufspaltungsbildes geht verloren; deutlich zeigt dies die Abbildung e in Fig. 21 (auf Tafel I), die den sogenannten Paschen-Back-Effekt für ein Linientriplett des Chroms wiedergibt (der obere Teil zeigt die Komponenten, die senkrecht, der untere diejenigen, die parallel zu der Feldrichtung schwingen). Bei fortschreitender Verstärkung des Feldes geht schließlich der PASCHEN-BACK-Effekt in den normalen ZEEMAN-Effekt über, bei dem, wie die Photographie in Fig. 22 zeigt, die einzelnen Linien in äquidistante Tripletts aufgelöst sind. Die zu der Erzeugung des normalen Effektes erforderliche Feldstärke ist natürlich für verschiedene Linien verschieden. Bei dem Natriumdublett würde sie 180 000 Gauss betragen, eine Feldstärke, die bisher dauernd noch nicht hervorgerufen werden konnte[7]. Die ersten Anzeichen des PASCHEN-BACK-Effektes sind bei dem Natriumdublett jedoch bereits bei etwa 30 000 Gauss nachweisbar. Besonders deutlich konnte der allmähliche Übergang von dem anomalen zu dem normalen Effekt bei der roten Lithiumlinie (6708 Å) untersucht werden, da deren Komponenten nur um 0,13 Å voneinander abstehen.

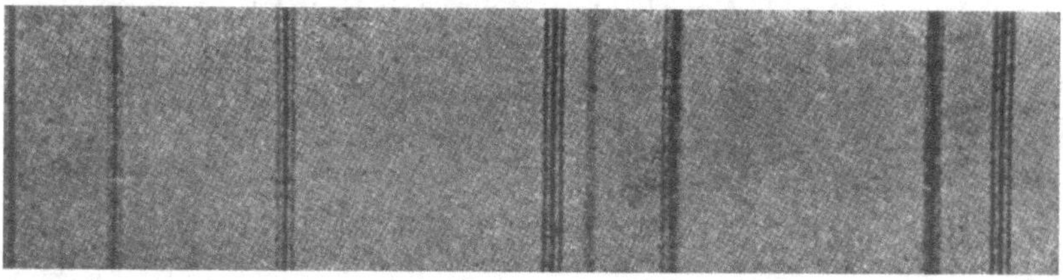

Fig. 22. Normaler ZEEMAN-Effekt (nach ZEEMAN).

In einem starken Magnetfeld ist, auf die normale Aufspaltung als Einheit bezogen, die Termabweichung (nach Gl. 20 des § 18) durch die Formel beschrieben

$$m^* = m_l + 2\,m_r\,. \tag{8}$$

Dabei bedeuten m_l und m_r die Komponenten der Vektoren $\mathfrak{l}$ und $\mathfrak{r}$, und zwar kann, wie schon früher erwähnt, m_l alle um Eins voneinander abstehenden Werte von $-l$ bis $+l$ annehmen und m_r alle um Eins voneinander abstehenden Werte von $-r$ bis $+r$. Die magnetische Quantenzahl im starken Felde, die mit m^* bezeichnet wurde, ist also verschieden von der magnetischen Quantenzahl im schwachen Felde, für die wir die einfache Bezeichnung m beibehalten wollen. Denn da m alle Werte von $-j$ bis $+j$ annimmt, und j der Resultierenden aus den durch die Quantenzahlen l und r dargestellten Vektoren entspricht, so ist (im Gegensatze zu Gl. 8)

$$m = m_l + m_r\,. \tag{9}$$

Betrachten wir Alkaliterme, so kann m_r nur $+\frac{1}{2}$ oder $-\frac{1}{2}$ sein. Für einen Alkali-S-Term ist $l = 0$, $r = \frac{1}{2}$; somit wird $m = -\frac{1}{2}$ oder $+\frac{1}{2}$ und

[7] Felder von einigen hunderttausend GAUSS konnte allerdings KAPITZA hervorrufen, jedoch nur für Intervalle von ungefähr $^1/_{100}$ Sekunde; P. KAPITZA und H. W. B. SKINNER, Proc. Roy. Soc. London (A) *109*, 1925, S. 224.

$m^* = -1$ oder $+1$. Bei einem ^2P-Term kann (wegen $l = 1$) $m_l = -1$, 0 oder $+1$ sein und m_r wieder $-\frac{1}{2}$ oder $+\frac{1}{2}$; es ergeben sich somit bei dem ^2P-Term die folgenden Möglichkeiten:

(10)

$m_l\, m_r$	$-1, -\frac{1}{2}$	$0, -\frac{1}{2}$	$+1, -\frac{1}{2}$	$-1, +\frac{1}{2}$	$0, +\frac{1}{2}$	$+1, +\frac{1}{2}$
m (schwaches Feld)	$-\frac{3}{2}$	$-\frac{1}{2}$	$+\frac{1}{2}$	$-\frac{1}{2}$	$+\frac{1}{2}$	$+\frac{3}{2}$
m^* (starkes Feld)	-2	-1	0	0	$+1$	$+2$

Ordnen wir andererseits die m^*-Werte nach den zugehörigen m-Werten, so erhalten wir die folgende Zusammenstellung:

$$\left\{\begin{array}{lcccc} m = & -\frac{3}{2} & -\frac{1}{2} & +\frac{1}{2} & +\frac{3}{2}, \\ m^* = & -2 & -1,\, 0 & 0,\, +1 & +2. \end{array}\right. \tag{11}$$

Es entsteht nun die Frage, wie die Terme im starken Magnetfeld den Termen im schwachen Feld zuzuordnen sind. Im schwachen Feld tritt ja bei dem ^2P-Term eine sechsfache Aufspaltung ein; der tieferen Komponente des Dubletts ($j = \frac{1}{2}$) entsprechen die m-Werte $-\frac{1}{2}$ und $+\frac{1}{2}$, der höheren Dublettkomponente ($j = \frac{3}{2}$) die m-Werte $-\frac{3}{2}$, $-\frac{1}{2}$, $+\frac{1}{2}$, $+\frac{3}{2}$. Da die Werte $m = -\frac{3}{2}$ und $m = +\frac{3}{2}$ jedenfalls nur bei dem j-Werte $\frac{3}{2}$ möglich sind, so ist es unzweifelhaft, daß die Terme $m^* = -2$ und $m^* = +2$ der höheren Dublettkomponente ($j = \frac{3}{2}$) zuzuordnen sind. Bezüglich der vier anderen m^*-Werte (von denen zwei als Nullwerte zusammenfallen), muß, wie Sommerfeld erkannte und später Pauli[8] eingehender begründete, die leicht verallgemeinerungsfähige Annahme gemacht werden, daß dort, wo zu einem m-Werte zwei m^*-Werte gehören, der tiefere m^*-Wert zu der tieferen Komponente des Dubletts gehört. Wir erhalten so die durch das folgende Schema wiedergegebene Zuordnung der Terme im schwachen und starken Feld[9]:

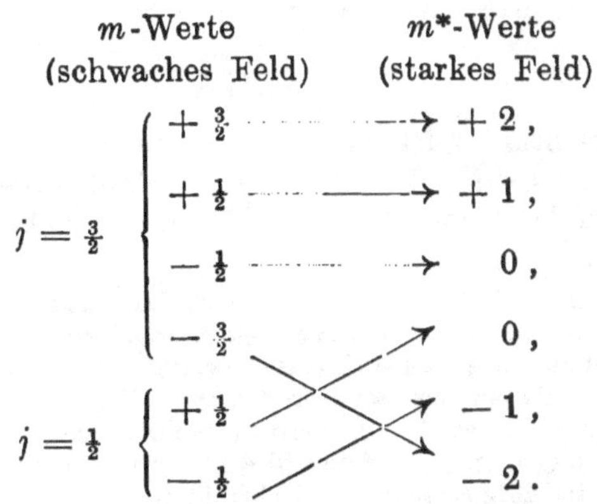

[8] W. Pauli, Zeitschr. f. Phys. *20*, 1923, S. 371.

[9] Bemerkenswert ist, daß bei dieser Zuordnung und auch bei ihrer Verallgemeinerung Terme mit gleichem m-Werte einander nicht schneiden.

Da bei dem normalen ZEEMAN-Effekt die Aufspaltung der Linien (im Gegensatze zur Termaufspaltung) stets nur ein Triplett ergibt, so muß im allgemeinen bei dem normalen ZEEMAN-Effekt eine und dieselbe Linienkomponente durch mehrere, verschiedene Übergänge hervorgerufen werden. Die Verzerrung der Linienaufspaltung in mittelstarken Feldern erklärt sich daraus, daß der kritische Wert der Feldstärke, bei dem die Umwandlung der anomalen in die normale Termaufspaltung eintritt, im allgemeinen für die beiden Terme, durch deren Kombination die betreffende Linie entsteht, verschieden ist[10].

§ 30. Der STARK-Effekt.

Die Aufspaltung der Spektrallinien im elektrischen Felde wurde im Jahre 1913 von STARK entdeckt und wird darum gewöhnlich als STARK-Effekt bezeichnet[1] (Fig. 23). Die Theorie des Effektes haben aus dem Quantenprinzip im Jahre 1916 SCHWARZSCHILD und EPSTEIN entwickelt. Zwischen den Ergebnissen der Theorie und dem experimentellen Befunde ergab sich eine so ausgezeichnete Übereinstimmung, daß der STARK-Effekt als eine der glänzendsten empirischen Bestätigungen des Quantenprinzips angesehen werden muß. Die Quantentheorie des STARK-Effektes ist allerdings zu schwierig, um hier eingehend wiedergegeben zu werden; es möge darum nur das Ergebnis, zu dem die Theorie führte, angegeben und diskutiert werden. Danach ist die Frequenz ν einer Wasserstofflinie in einem elektrischen Felde von der Feldstärke E durch den Ausdruck gegeben

$$\nu = \nu_0 \pm zE\sigma , \tag{1}$$

wenn ν_0 die Frequenz der Linie bei dem Fehlen eines äußeren Feldes ist; σ ist eine universelle Konstante von der Form

$$\sigma = \frac{3h}{8\pi^2 em} , \tag{2}$$

wobei h das elementare Wirkungsquantum bedeutet, e und m Ladung und Masse des Elektrons sind. Die stets ganze Zahl z aber, die „Ordnungszahl", hängt von den Hauptquantenzahlen n und s ab, die bei der Emission

---

[10] Wegen aller Einzelheiten vgl. vor allem E. BACK und A. LANDÉ, ZEEMAN-Effekt und Multiplettstruktur der Spektrallinien, Berlin (Springer) 1925.

[1] Die Entdeckung des STARK-Effektes gelang nur durch die geschickte Überwindung großer experimenteller Schwierigkeiten. Die Beobachtung der Linienaufspaltung ist nämlich nur in starken Feldern möglich, die aber in einer Entladungsröhre nicht hergestellt werden können, weil diese die Elektrizität verhältnismäßig zu gut leitet. STARK ließ darum die aufzuspaltenden Spektrallinien von Kanalstrahlenteilchen emittieren; zugleich brachte er in unmittelbarer Nachbarschaft der die Kanalstrahlen aussendenden Kathode eine Gegenelektrode an und rief dadurch auf der ganzen Strecke von wenigen Millimetern eine sehr große Potentialdifferenz hervor. In einem Felde von 30 000 Volt pro Zentimeter erstreckt sich die Aufspaltung der Linie H_β über 13 Å.

der Spektrallinie den Anfangs- und den Endzustand charakterisieren; es ist nämlich

$$(3) \qquad z = n\,n' \pm s\,s' \qquad \begin{cases} n' = 0\,,\,1\,,\,2\,.\;.\;.\,(n-1) \\ s' = 0\,,\,1\,,\,2\,.\;.\;.\,(s-1)\,. \end{cases}$$

Die Zahlen n' und s' können also einschließlich des Nullwertes alle ganzen Werte annehmen bis unterhalb der Zahlen n und s.

Die Theorie führt auch zu einer Regel, die für die Schwingungsrichtung des in den Spektrallinien zutage tretenden Lichtes gilt. Ist

$$(4) \qquad (n - s) + (n' - s') = k$$

gerade, so sollen die elektrischen Schwingungen parallel zu der Richtung der elektrischen Feldstärke erfolgen; dagegen sollen die elektrischen

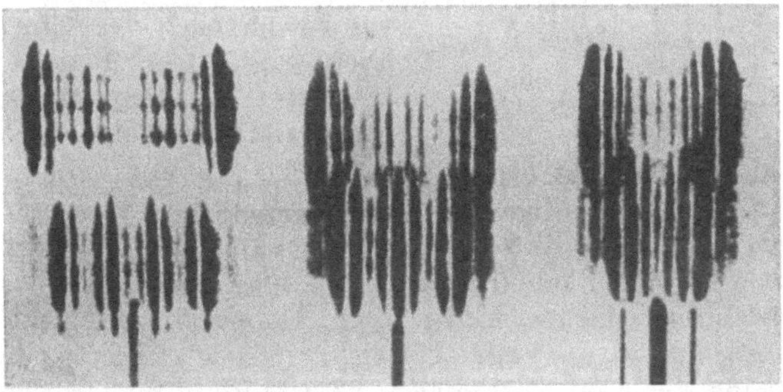

Fig. 23. Stark-Effekt der Wasserstofflinien H_δ, H_γ und H_β.

Schwingungen quer zu der Richtung der Feldstärke erfolgen, wenn der zur Abkürzung mit k bezeichnete Ausdruck ungerade ist. Es ergibt sich derart (wie bei dem Zeeman-Effekt) die Unterscheidung von zwei verschiedenen Arten von Komponenten, die nach den Anfangsbuchstaben der Worte „parallel“ und „quer“ als p- und q-Komponenten bezeichnet werden mögen; erstere bleiben bei dem Longitudinaleffekt unsichtbar.

Die Ergebnisse der Theorie mögen an zwei einfachen Beispielen diskutiert werden, nämlich an den beiden violetten Wasserstofflinien H_γ und H_δ. Die Linie H_γ entsteht, wie schon früher erwähnt wurde, als dritte Linie der Balmer-Serie durch Übergang aus einem fünfquantigen in einen zweiquantigen Zustand. Für die Linie H_γ ist also $n = 5$ und $s = 2$; daher kann n' die Werte 0, 1, 2, 3, 4 annehmen, s' hingegen kann nur 0 oder 1 sein. Es wird somit die Ordnungszahl z entweder gleich $5\,n'$ oder gleich $(5\,n' \pm 2)$. Im ersten Falle wird die durch die Gl. 4 definierte Zahl k gleich $(3 + n')$, im zweiten Falle hingegen gleich $(2 + n')$. Die p-Komponenten, für die k gerade sein muß, hätten also für ungerades n' Ordnungszahlen $5\,n'$ und für gerades n' die Ordnungszahlen $(5\,n' \pm 2)$.

Die p-Komponenten der Linie H_γ hätten demnach die Ordnungszahlen

2, 5, 8, 12, 15, 18, 22.

Hingegen hätten die q-Komponenten, für die k ungerade sein muß, für gerades n' die Ordnungszahlen $5\,n'$ und für ungerades n' die Ordnungszahlen $(5\,n' \pm 2)$. Die q-Komponenten der Linie H_γ hätten also die Ordnungszahlen

0, 3, 7, 10, 13, 17, 20.

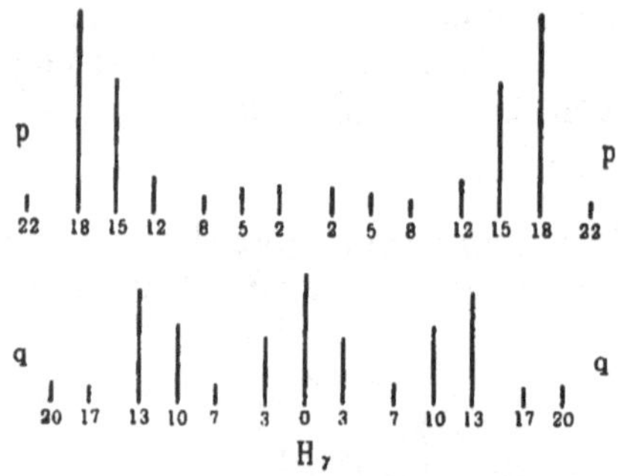

Fig. 24. Stark-Effekt der H_γ-Linie.

Die vollkommene **Übereinstimmung** zwischen den Ergebnissen der Theorie und der experimentellen Forschung ist aus Fig. 24 ersichtlich, die die Beobachtungsresultate von Stark wiedergibt, wobei die Länge der Striche die von Stark nach der Schwärzung der photographischen Platte geschätzte Intensität der betreffenden Komponente andeuten soll.

Die Linie H_δ entsteht als vierte Linie der Balmer-Serie durch Übergang aus einem sechsquantigen in einen zweiquantigen Zustand. Für diese Linie ist also zu setzen $n = 6$ und $s = 2$; es kann also $n' = 0, 1, 2, 3, 4, 5$ sein, hingegen s' wieder nur 0 oder 1. Es wird daher die Ordnungszahl z entweder gleich $6\,n'$ oder gleich $(6\,n' \pm 2)$. Im ersten Falle wird die Zahl k gleich $(4 + n')$, im zweiten Falle aber gleich $(3 + n')$. Die p-Komponenten, für die k gerade sein muß, hätten also für gerades n' die Ordnungszahl $6\,n'$ und für ungerades n' die Ordnungszahl $(6\,n' \pm 2)$. Die p-Komponenten der Linie H_δ hätten demnach die Ordnungszahlen

0, 4, 8, 12, 16,
20, 24, 28, 32.

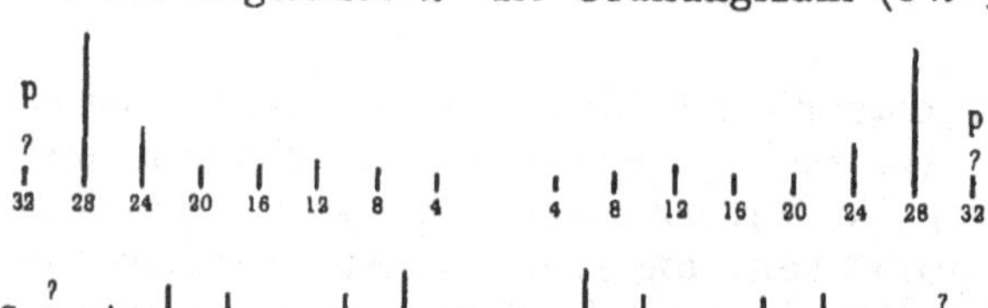

Fig. 25. Stark-Effekt der H_δ-Linie.

Hingegen hätten die q-Komponenten, für die l ungerade sein muß, die Ordnungszahl $6\,n'$ für ungerades n' und $(6\,n' \pm 2)$ für gerades n'. Die q-Komponenten der Linie H_δ hätten also die Ordnungszahlen

2, 6, 10, 14, 18, 22, 26, 30.

Auch bei der Linie H_δ zeigt sich, wie aus Fig. 25 ersichtlich ist, beste Übereinstimmung zwischen dem theoretischen Ergebnis und dem der Theorie vorangegangenen experimentellen Befund[2].

[2] Die Komponenten mit den höchsten Ordnungszahlen sind allerdings im experimentellen Befund fraglich gewesen, während die Linie von der Ordnungszahl Null ganz fehlt, möglicherweise wegen zu geringer Intensität.

Die durch die Gl. 1 und 2 dargestellten Frequenzänderungen bedeuten nur eine erste Annäherung; sie beschreiben nur den sogenannten linearen Stark-Effekt, der der elektrischen Feldstärke proportional ist. Die genaueren Rechnungen, die bereits durch Epstein durchgeführt wurden, liefern zunächst ein weiteres Glied, das von der elektrischen Feldstärke quadratisch abhängt und den sogenannten quadratischen Stark-Effekt beschreibt. Die weitere Vervollkommnung der Theorie führte zu der Auffindung eines Stark-Effektes dritter Ordnung. Die ihn darstellende Formel[3] gibt in Verbindung mit den Formeln für den linearen und den quadratischen Effekt die Beobachtungen an Alkali-Spektren[4] in Feldern bis zu etwa 1 Million Volt pro Zentimeter richtig wieder[5].

§ 31. Die Intensitäten der Spektrallinien.

Im Jahre 1924 haben Ornstein und seine Mitarbeiter die wichtige Entdeckung gemacht, daß die Intensitäten der Komponenten eines Linienmultipletts durch sehr einfache rationale Zahlenverhältnisse verknüpft sind. Mit großer Genauigkeit erweist sich eine seitdem als Summenregel von Ornstein, Burger und Dorgelo bezeichnete Beziehung erfüllt[1], wonach die Summe der Intensitäten der Linien, die zu einem bestimmten Term als gemeinsamem Anfangs- oder Endniveau gehören, dem „Gewichte" dieses Terms proportional ist. Das Gewicht eines Terms erscheint dabei durch die Zahl der m-Werte, die für diesen Term möglich sind, definiert, also durch die Zahl $(2j + 1)$, wenn j die innere Quantenzahl des Terms ist.

Zur Bestimmung der Linienintensitäten reicht die Ornstein-Burger-Dorgelosche Summenregel allerdings nur bei Linientripletts, allgemein also bei Dublettermen aus. Betrachten wir zwei Dubletterme von den Nebenquantenzahlen $l + 1$ und l, so sind die zugehörigen j-Werte $l + \frac{3}{2}$, zweimal $l + \frac{1}{2}$ und einmal $l - \frac{1}{2}$. Da die j-Werte $\frac{3}{2}$ und $-\frac{1}{2}$ nicht kombinieren können, so ergibt sich (wie schon in § 22 gezeigt wurde) ein Triplett, das in dem besonderen Falle, daß $l = 0$ ist, zu einem Dublett wird. Bezeichnen wir die Intensitäten der drei Linien gemäß Fig. 26 mit a, b und c, so muß nach der Summenregel einerseits die Proportion gelten:

$$(1) \qquad a : (b + c) = (l + 2) : (l + 1)\,,$$

[3] Vgl. Y. Ishida u. S. Hiyama, Scient. Pap. Inst. Phys. Chem. Res. Tokyo, Nr. 152, 1928.

[4] Vgl. H. Rausch von Traubenberg u. R. Gebauer, Zeitschr. f. Phys. *56*, 1929, S. 254; *62*, 1930, S. 289.

[5] Wegen des Stark-Effektes beliebig hoher Ordnung vgl. C. Lanczos, Zeitschr. f. Phys. *65*, 1930, S. 431; *68*, 1931, S. 204.

[1] Vgl. den zusammenfassenden Bericht von L. S. Ornstein, Physik. Zeitschr. *28*, 1927, S. 688.

andererseits aber auch

(2) $$(a + c) : b = (l + 1) : l\,.$$

Betrachten wir im besonderen die diffuse Nebenserie (Übergang von d- zu p-Term), so ist $l = 1$ zu setzen, und wir finden somit

$$a : (b + c) = 3 : 2\,,$$
$$(a + c) : b = 2 : 1\,.$$

Hieraus folgt[2]

(3) $$a : b : c = 9 : 5 : 1\,.$$

In der Tat haben die Messungen, die von Ornstein und seinen Mitarbeitern[3] durchgeführt wurden, gezeigt, daß dieses Intensitätsverhältnis bei den Tripletts der diffusen Nebenserie der Alkalimetalle sehr genau erfüllt ist.

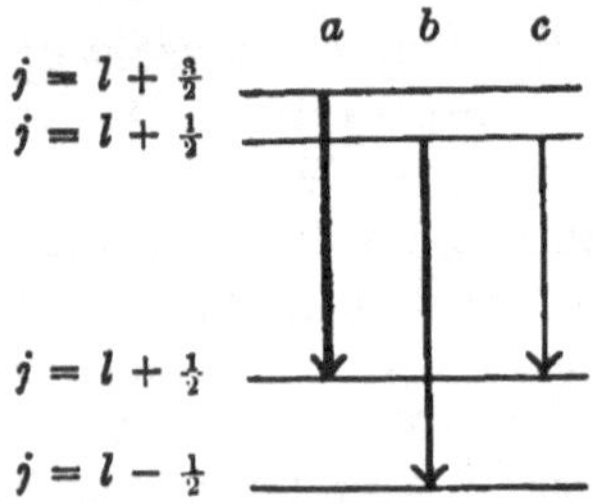

Fig. 26.

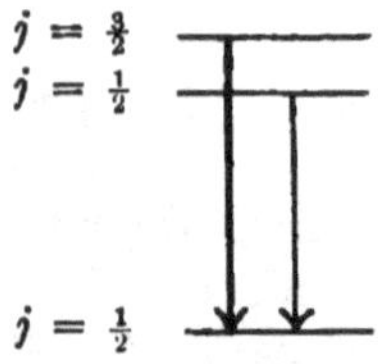

Fig. 27.

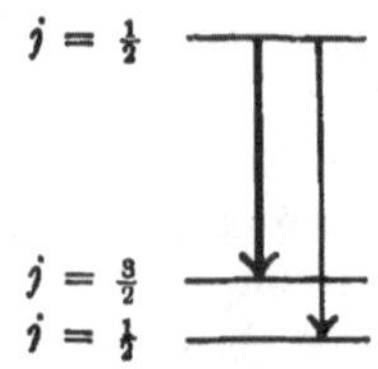

Fig. 28.

Da, wie schon früher (§ 22) erwähnt wurde, bei dem d-Term die Dublettaufspaltung geringer als bei dem p-Term ist, so muß die in Fig. 26 mit b bezeichnete Linie die größte Frequenz, also die geringste Wellenlänge haben, während die Linie c die längstwellige ist. Von den Tripletts der diffusen Nebenserie ist daher stets die mittlere Linie die stärkste und die längstwellige die schwächste.

Im Falle der Hauptserie verhalten sich nach der Summenregel (vgl. Fig. 27) die beiden Komponenten eines Liniendubletts wie $(2j' + 1) : (2j'' + 1)$, wobei $j' = \frac{1}{2}$ und $j'' = \frac{3}{2}$ zu setzen ist. Für das Intensitätsverhältnis folgt daraus 1:2; die kürzerwellige Komponente ist doppelt so stark wie die andere. Umgekehrt ist es im Falle der scharfen Nebenserie (Fig. 28). Auch hier gilt natürlich das Verhältnis 1:2; doch ist hier die längerwellige Komponente die stärkere.

In Fällen von mehr als drei Komponenten reicht die Summenregel zur Intensitätsbestimmung nicht aus und muß dann noch durch weitere

[2] Allgemeiner gilt für die Intensitäten des Linientripletts das Verhältnis $(2l^2 + l - 1) : (2l^2 - l - 1) : 1$, wenn l die größere der beiden Nebenquantenzahlen ist.

[3] Die experimentellen Methoden, die den im Utrechter Laboratorium in größtem Umfang ausgeführten Intensitätsmessungen zugrunde liegen, wurden von Ornstein, Moll, Burger und Dorgelo ausgearbeitet.

Überlegungen ergänzt werden, auf die hier nicht näher eingegangen werden kann.[4] Wie schon früher SOMMERFELD gefunden hatte, zeigen sich ganz allgemein zwei Regeln erfüllt, die sich auch als sehr nützlich für die Termanalyse der Spektren erwiesen haben. Die Komponenten, bei denen sich die innere Quantenzahl in demselben Sinne wie die Nebenquantenzahl ändert, sind stets intensiver als diejenigen Linien, bei denen die Änderung im entgegengesetzten Sinne erfolgt. Ferner sind die zu größerem j-Wert gehörigen Komponenten stets intensiver als diejenigen, die einem kleineren j-Werte entsprechen.

Die Summenregel gilt übrigens in der angegebenen Form nur angenähert, nämlich nur unter der Voraussetzung, daß die Abhängigkeit der Intensität von dem Frequenzwerte außer acht bleiben kann. Dies trifft nur bei kleiner Multiplettaufspaltung zu, während sonst komplizierte Korrekturen notwendig sind. Nach deren Vornahme erwies sich allerdings in der Mehrzahl der beobachteten Fälle die Summenregel empirisch bestätigt. Verhältnismäßig einfache Intensitätsverhältnisse sind auch für die Komponenten des ZEEMAN- und des STARK-Effektes zu erwarten. Beide Probleme sind bereits vor der Aufstellung der neuen Quantenmechanik näherungsweise behandelt, aber erst durch diese exakt gelöst worden.

§ 32. Das Magneton.

Für die grundlegenden Annahmen der modernen Atomtheorie bedeutet es eine wesentliche Stütze, daß sie auch, unabhängig von allen spektroskopischen Erfahrungstatsachen, durch Beobachtungen auf rein elektrischem, auf rein chemischem und auf rein magnetischem Gebiete bestätigt werden konnten. Von den elektrischen Beobachtungen ist schon früher im Zusammenhang mit dem Phänomen der Elektronenstöße die Rede gewesen, von den chemischen öfter gelegentlich der Erörterung des periodischen Systems (so z. B. bei dem Parallelismus zwischen der chemischen und der spektroskopischen Zweideutigkeit des Kupfers). Die rein magnetischen Beobachtungen, die eine ungemein eindrucksvolle Bestätigung der atomtheoretischen Grundlagen darstellen, gelangen im Jahre 1922 GERLACH und STERN an den sogenannten Atomstrahlen.

Diese beiden Forscher ließen Atome, die bei geeigneter Versuchsanordnung[1] von verdampfenden Metallen in Form von Strahlen fortfliegen, durch ein inhomogenes Magnetfeld hindurchgehen und be-

[4] Vgl. H. HÖNL, Ann. d. Phys. *79*, 1926, S. 273.

[1] Vgl. hierzu und zu dem Folgenden den zusammenfassenden Bericht von W. GERLACH über Atomstrahlen in den „Ergebnissen der exakten Naturwissenschaften" *3*, 1924, S. 182 (Berlin, Verlag Springer); ferner R. FRAZER, Molecular Rays, Cambridge, 1931; W. H. RODEBUSCH, Rev. Mod. Phys. *3*, 1931, S. 392; V. GUILLEMIN jr., Journ. Frankl. Institute, Januar 1935. Der Entdecker der Atomstrahlen war DUNOYER.

wirkten dadurch eine Ablenkung der Strahlen[2]. Diese muß gemäß der klassischen Theorie proportional der Komponente sein, die das magnetische Moment des einzelnen Atoms in der Richtung des Gradienten der Feldstärke besitzt.

Aus der Quantentheorie folgt nun, wie schon in einem früheren Abschnitt (§ 18) dargelegt wurde, daß sich in einem Magnetfeld ein Atom nicht beliebig, sondern nur in bestimmten „quantisierten Richtungen" einstellen kann; die Zahl dieser Richtungen ist, wie schon gezeigt worden war, gleich $(2j + 1)$, wenn j die für den Grundzustand des Atoms charakteristische innere Quantenzahl ist. Die ersten Versuche von GERLACH

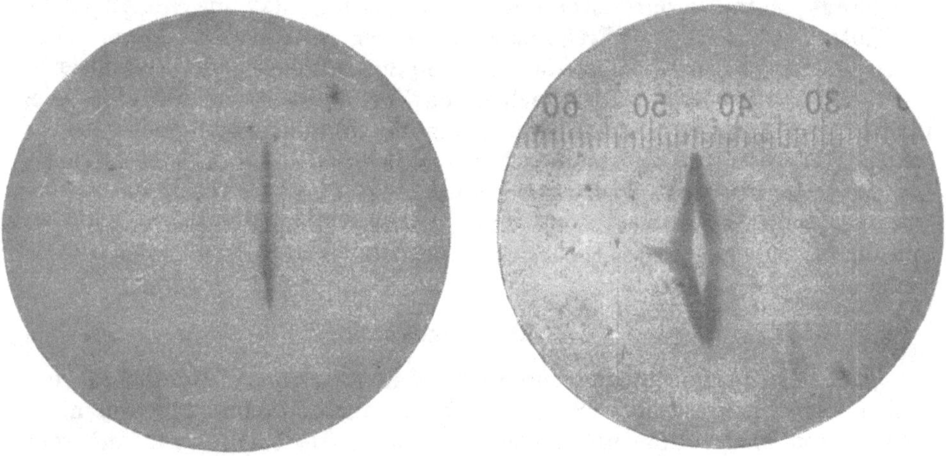

Fig. 29. Aufspaltung eines Silberstrahls im Magnetfeld (nach GERLACH und STERN).

und STERN betrafen Silberstrahlen. Da der Grundterm des Silbers ein Dublett-S-Term, also ein Term von dem j-Wert $\frac{1}{2}$ ist, erscheinen für das Silber nach der Theorie zwei verschiedene Orientierungen möglich. In der Tat fanden GERLACH und STERN bei ihrem Experiment, daß der Silberstrahl, dessen Querschnitt einige hundertstel Millimeter betrug, durch das inhomogene Magnetfeld in zwei diskrete Strahlen aufgespalten wurde, wodurch der unmittelbare experimentelle Nachweis der Richtungsquantelung erbracht war (siehe Fig. 29). Aus der Größe der Ablenkung konnte auch die Größe der Komponente des magnetischen Moments errechnet werden, das einem einzelnen Silberatom zukommt. Als Betrag hierfür ergab sich in absoluten Einheiten $9 \cdot 10^{-21}$.

[2] Ein homogenes Magnetfeld kann deshalb keine Ablenkung hervorrufen, weil es den positiven Pol eines Magneten mit ebenso großer Kraft nach der einen Seite wie den negativen Pol nach der entgegengesetzten Seite zieht. Der Gradient der magnetischen Feldstärke (also ihr „Gefälle") beträgt bei den Atomstrahlversuchen einige Hunderttausend Gauss pro Zentimeter.

Ganz allgemein können wir nun einen einfachen Zusammenhang zwischen dem mechanischen Drehimpuls und dem magnetischen Moment ableiten, das einem beliebigen umlaufenden Körper zukommt, wofern er elektrisch geladen ist. Ist die Ladung Q und die Umlaufszahl ω, so ist die Stromstärke in elektrostatischem Maß durch das Produkt $Q\,\omega$ und in elektromagnetischem Maß durch den Ausdruck $Q\,\omega/c$ gegeben. Nach einer bekannten Beziehung muß daher das magnetische Moment

$$M = \frac{Q\,\omega\,F}{c} \tag{1}$$

sein, wenn F die Bahnfläche, also die sogenannte Stromfläche, bedeutet. Andererseits ist im Falle eines kreisenden Umlaufs der mechanische Drehimpuls bei einem Radius a durch die Beziehung gegeben:

$$U = m\,a\,v = m\,a \cdot 2\pi\,a\,\omega = 2m\,\omega\,F\,. \tag{2}$$

Daher wird

$$M = U\,\frac{Q}{2\,m\,c}\,. \tag{3}$$

Wenn wir nun als Magneton (μ_0) den Wert definieren, den das magnetische Moment bei einem mechanischen Drehimpuls von der Größe $h/2\pi$ und für die Ladung und Masse eines Elektrons annimmt, so finden wir

$$\mu_0 = \frac{e\,h}{4\,\pi\,m\,c} \tag{4}$$

oder

$$\mu_0 = 9{,}21 \cdot 10^{-21} \text{ abs. Einh.} \tag{5}$$

Aus den Versuchen von Gerlach und Stern folgt somit, daß sich ein Silberatom in einem Magnetfeld so einstellt, daß die Komponente seines magnetischen Moments gerade ein Magneton beträgt.

Auf Grund der Quantentheorie müssen wir im allgemeinen wohl erwarten, daß bei einem beliebigen Grundstoff die Abweichungen des abgelenkten Atomstrahls den Produkten $g\,m$ entsprechen, wenn g den Landéschen Aufspaltungsfaktor bedeutet und m die möglichen Werte der magnetischen Quantenzahl sind. Bei Silber, bei dem der Grundterm ein ${}^2S_{1/2}$-Term ist, ist (nach Tabelle XV) $g = 2$, und da $j = \frac{1}{2}$ ist, sind die möglichen Werte der magnetischen Quantenzahl $+\frac{1}{2}$ und $-\frac{1}{2}$. Der Atomstrahlversuch muß daher bei Silber in der Tat die Aufspaltungen $+1$ und -1, auf ein Magneton als Einheit bezogen, ergeben. Zu demselben Resultat führten begreiflicherweise auch Versuche mit Kupfer- und Goldstrahlen, da diese beiden Elemente einen Grundterm von derselben Art wie Silber haben.

Da Terme von der inneren Quantenzahl Null nicht aufgespalten werden, so ist zu erwarten, daß keine Ablenkung bei Atomstrahlen solcher Grundstoffe eintritt, die einen Term mit $j = 0$ als Grundterm haben. Dies ist bei den Elementen der zweiten Vertikalreihe der Fall ($^1S_0$-Term) und bei den Grundstoffen der vierten Reihe ($^3P_0$-Term). In der Tat zeigten Versuche von GERLACH, STERN und ihren Mitarbeitern das Unterbleiben einer Ablenkung bei den der zweiten Vertikalreihe angehörenden Metallen Zink, Cadmium und Quecksilber sowie bei den Grundstoffen Zinn und Blei der vierten Vertikalreihe. Bei Thallium, einem Element der dritten Reihe, ist der Grundterm ein $^2P_{1/2}$-Term; der Aufspaltungsfaktor beträgt $\frac{2}{3}$. Daher sind die möglichen mg-Werte $+\frac{1}{3}$ und $-\frac{1}{3}$, und in der Tat ergaben sich bei dem Experiment nach beiden Seiten Ablenkungen, die einem Drittel Magneton entsprechen.

Da die innere Quantenzahl j den gesamten Drehimpuls des Atoms bestimmt, so können Atome solcher Elemente, für die ein Term mit $j = 0$ Grundterm ist, auch kein eigenes magnetisches Moment besitzen; solche Grundstoffe müssen sich also diamagnetisch verhalten. Paramagnetismus ist nur dann möglich, wenn im Grundzustand j von Null verschieden ist. In einem Magnetfeld zeigen natürlich die Atome eines paramagnetischen Stoffes das Bestreben, sich parallel zu stellen; doch wirken diesem Bestreben die durch die innere Wärmebewegung verursachten unaufhörlichen molekularen Zusammenstöße entgegen, die das Zustandekommen einer „magnetischen Sättigung" vereiteln. Die Folge ist die Ausbildung einer Art statistischen Gleichgewichtes, das sich in einer Temperaturabhängigkeit des Paramagnetismus kundgibt. Die Erfahrung zeigt, daß für jeden paramagnetischen Körper die magnetische Suszeptibilität (d. h. das bei einer Feldstärke von 1 Gauss erlangte magnetische Moment) der absoluten Temperatur umgekehrt proportional ist. Das Produkt aus der Suszeptibilität, die im folgenden auf ein Gramm-Atom bezogen werde, und der absoluten Temperatur stellt also für jeden Stoff eine charakteristische Konstante dar, die als seine CURIEsche Konstante bezeichnet wird[3]. Unter der damals selbstverständlich erschienenen Voraussetzung, daß alle Orientierungen der Atome im Magnetfelde gleich möglich seien, deduzierte im Jahre 1905 LANGEVIN für die CURIEsche Konstante die Beziehung:

$$C = \frac{1}{3}\,\frac{\mu^2 L^2}{R}\,. \tag{6}$$

Dabei bedeuten L die LOSCHMIDTsche Zahl, R die absolute Gaskonstante ($8{,}313 \cdot 10^7$ Erg/grad) und μ das magnetische Moment des einzelnen Atoms (bzw. der einzelnen Molekel, wenn die Suszeptibilität auf ein Mol bezogen wird).

Wird im Sinne der neueren Theorie die Richtungsquantelung berücksichtigt, so tritt an die Stelle des Zahlenfaktors $\frac{1}{3}$ der Mittelwert von m^2/j^2, wenn m die magnetische Quantenzahl ist, die alle um Eins von-

[3] Die Bezeichnung erfolgt nach PIERRE CURIE, der die umgekehrte Proportionalität zwischen Suszeptibilität und Temperatur entdeckte.

einander abstehenden Werte von $-j$ bis $+j$ annehmen kann. Wir finden also:

$$(7) \qquad \overline{\left(\frac{m}{j}\right)^2} = \frac{1}{j^2} \frac{1}{2j+1} \sum_{m=-j}^{m=+j} m^2 .$$

Aus der Algebra folgt nun die bekannte Beziehung:

$$1^2 + 2^2 + 3^2 + \ldots x^2 = \frac{x(x+1)(2x+1)}{2.3},$$

und dieselbe Beziehung gilt, wovon man sich leicht überzeugen kann, auch für die Summe $(\frac{1}{2})^2 + (\frac{3}{2})^2 + \ldots x^2$, wenn x ein ungerades Vielfaches von $\frac{1}{2}$ ist. Wir finden daher:

$$(8) \qquad \sum_{-j}^{+j} m^2 = \frac{j(j+1)(2j+1)}{3} .$$

Dies ergibt, in Gl. 7 eingesetzt,

$$(9) \qquad \overline{\left(\frac{m}{j}\right)^2} = \frac{j+1}{3j} .$$

In Gl. 6 haben wir schließlich im Sinne der neuen Theorie

$$(10) \qquad \mu = g\, j\, \mu_0$$

zu setzen, wobei μ_0 wieder das Magneton bedeutet. Ersetzen wir also in Gl. 6 den Faktor $\frac{1}{3}$ durch den Faktor der Gl. 9, so finden wir:

$$(11) \qquad C = \frac{1}{3} \frac{\mu_0^2 L^2}{R} g^2 j(j+1) .$$

Wenn wir für die universellen Konstanten μ_0, L und R die entsprechenden Werte einführen, erhalten wir derart die wichtige Formel:

$$(12) \qquad g\sqrt{j(j+1)} = 2{,}83 \sqrt{C} .$$

Diese Beziehung hat sich bei den paramagnetischen Grundstoffen als recht gut erfüllt erwiesen. Hund und Van Vleck[4] vermochten sogar nach dieser Beziehung und auf Grund spektroskopischer Daten für die dreifachen Ionen der seltenen Erden (die außer der Xenon-Konfiguration nur 1 bis 14 f-Elektronen enthalten) die Curiesche Konstante in vorzüglicher Übereinstimmung mit den empirischen Werten zu deduzieren.

Aus der Gl. 10 ist es ersichtlich, daß die festen magnetischen Momente eines einzelnen Atoms zwar rationale, aber im allgemeinen keineswegs ganzzahlige Vielfache eines Magnetons sein müssen. Dadurch entfällt auch eine Schwierigkeit, die in früheren Jahren von den theoretischen Physikern sehr störend empfunden worden war. Bereits im Jahre 1911, also noch vor der Begründung der Bohrschen Atomtheorie, glaubte nämlich

[4] Vgl. F. Hund, Linienspektren und periodisches System, und J. H. Van Vleck, The Theory of Electrical and Magnetical Susceptibilities, Oxford 1932.

PIERRE WEISS gefunden zu haben, daß im Zustande magnetischer Sättigung (also bei genügend tiefen Temperaturen) die magnetischen Momente der einzelnen Molekeln ganzzahlige Vielfache einer Größe seien, die er als Magneton bezeichnete, für die er aber auf Grund der empirischen Daten einen fünfmal kleineren Wert ermittelte, als ihn später auf Grund theoretischer Überlegungen BOHR für die Größe μ_0 errechnete[5]. Dieser scheinbare Widerspruch fand eben durch die vorhin angegebenen Überlegungen, die im wesentlichen von PAULI herrühren, seine Lösung.

Wenn wir die Gl. 1 durch die Gl. 2 dividieren und den Zahlenfaktor 2 durch einen allgemeineren α ersetzen, so finden wir

$$\frac{M}{U} = \frac{\gamma'}{\alpha}, \tag{13}$$

wobei γ' die spezifische Ladung in elektromagnetischem Maß bedeutet. Der Faktor α, den man als den gyromagnetischen Faktor zu bezeichnen pflegt, nimmt, wie wir sahen, den Wert 2 im Falle einer Umlaufsbewegung an. Für ein Spin-Elektron gilt nach den Annahmen von UHLENBECK und GOUDSMIT, die später aus der DIRACschen Theorie deduziert werden konnten, $\alpha = 1$. In geschichtlicher Hinsicht ist es erwähnenswert, daß sich gemäß der klassischen Elektronentheorie verschiedene Werte je nach der speziellen Annahme über die Struktur des Elektrons ergeben. Nimmt man eine Oberflächenladung an, so findet man, daß $\alpha = 1$ ist[6].

Nach Gl. 13 muß nun jede Änderung des Drehimpulses eine Änderung des magnetischen Momentes zur Folge haben, und umgekehrt. Wenn im besonderen ein magnetisierbarer Körper um eine feste Achse mit einer Winkelgeschwindigkeit w rotiert, so zeigen einfache theoretische Überlegungen[7], daß die Rotation dieselben Wirkungen hervorbringt wie ein magnetisches Feld von der Stärke

$$H = \frac{\alpha}{\gamma'} w. \tag{14}$$

[5] WEISS glaubte zu finden, daß die auf ein Mol bezogenen magnetischen Momente im Zustand der Sättigung ganzzahlige Vielfache von 1123 absoluten Einheiten seien. Division durch die LOSCHMIDTsche Zahl führt zu dem Werte $1{,}85 \cdot 10^{-21}$; diese Größe wurde früher als WEISSsches Magneton bezeichnet im Gegensatze zu dem BOHRschen Magneton, das 4,97 mal größer ist. — In diesem Zusammenhange sei noch erwähnt, daß bei den ferromagnetischen Körpern, die einen permanenten Magnetismus aufweisen, die Theorie das Hinzukommen von Kräften annimmt, die zwischen den Molekeln wirken, die aber oberhalb einer bestimmten Temperatur, die als CURIE-Punkt bezeichnet wird und bei der zugleich eine sprunghafte Änderung der spezifischen Wärme erkennbar ist, unwirksam werden. Der CURIE-Punkt liegt z. B. für Eisen bei 750°, für Nickel bei 375° C.

[6] Vgl. E. H. KENNARD, Phys. Rev. *19*, 1922, S. 420.

[7] Aus den Bewegungsgleichungen des festen Körpers folgt nämlich, daß ganz allgemein das Drehmoment gleich ist dem äußeren Produkt der Vektoren der Winkelgeschwindigkeit und des Drehimpulses. Andererseits erfährt in einem Magnetfeld ein Elementarmagnet ein Drehmoment, das gleich ist dem äußeren Produkte der Vektoren des magnetischen Momentes und der magnetischen Feldstärke. Ein Vergleich der beiden Formeln auf Grund der Gl. 13 ergibt die Gl. 14.

In der Tat ist es im Jahre 1914 BARNETT gelungen, durch rasche Rotation einen Stab aus ferromagnetischem Material zu magnetisieren.

In Umkehrung dieses sogenannten BARNETT-Effektes muß erwartet werden, daß bei raschem Ummagnetisieren eines weichen Eisens eine Drehung als mechanische Reaktion eintritt. Dieser Effekt ist in der Tat im Jahre 1915, unabhängig von BARNETT, von EINSTEIN und DE HAAS nachgewiesen worden.

BARNETT[8] hat sein ursprüngliches Experiment später vielfach mit wachsender Präzision wiederholt, und ebenso auch den Versuch von EINSTEIN und DE HAAS. Schon aus den ersten Beobachtungen BARNETTS ging das negative Vorzeichen der Ladungen hervor, auf die die sogenannten gyromagnetischen Effekte zurückzuführen sind. Für den Faktor α fand aus ausgedehnten Versuchsreihen BARNETT auf Grund des BARNETT-Effektes 1,051 mit einer Fehlergrenze von höchstens $\pm$ 2 Prozent; auf Grund des EINSTEIN-DE HAASschen Effektes erhielt er als Mittelwert 1,047. Eine Ausnahmestellung scheint das Mineral Pyrrhotit einzunehmen. Bei ihm fanden COETERIER und SCHERRER[9] auf Grund des EINSTEIN-DE HAASschen Effektes für α den Wert 2.

Von besonderer Wichtigkeit sind die Erscheinungen des atomaren Paramagnetismus für die Herstellung allertiefster Temperaturen geworden. Vom atomistischen Standpunkte aus bedeutet nämlich Magnetisierung Gleichrichtung und dadurch Erhöhung der atomaren Ordnung, und umgekehrt Entmagnetisierung einer paramagnetischen Substanz Vermehrung der atomaren Unordnung. Nach dem bekannten BOLTZMANNschen Entropiegesetz[10], das die Entropie als Maß der inneren Unordnung ansieht, stellt somit eine Entmagnetisierung eine Entropievermehrung dar; diese kann aber in einem thermisch isolierten System nur auf Kosten desjenigen Entropieanteils vor sich gehen, der auf der Wärmebewegung beruht, so daß die Entmagnetisierung Abkühlung hervorbringen muß. Derart kann die Temperatur von flüssigem Helium, das sich in Berührung mit der paramagnetischen Substanz befindet, erniedrigt werden.

Auf Grund dieses zuerst von DEBYE[11] sowie von GIAUQUE[12] ent-

---

[8] Vgl. den zusammenfassenden Bericht von S. J. BARNETT, Gyromagnetic and Electron Inertia Effects, Rev. of Mod. Phys. *7*, 1935, S. 129.

[9] F. COETERIER und P. SCHERRER, Helvet. Phys. Acta *5*, 1932, S. 217; *6*, 1933, S. 483.

[10] Das BOLTZMANNsche Entropiegesetz setzt die Entropie bis auf einen universellen Proportionalitätsfaktor (die BOLTZMANNsche Konstante) gleich dem negativen natürlichen Logarithmus der statistischen Wahrscheinlichkeit der atomaren Zustandsverteilung. Vgl. z. B. des Verf. Einführung in die theoretische Physik, 5. und 6. Aufl., Bd. II, § 171.

[11] Vgl. den zusammenfassenden Bericht von P. DEBYE über die magnetische Methode zur Erzeugung tiefster Temperaturen in Physik. Zeitschr. *35*, 1934, S. 923 sowie den Bericht von W. MEISSNER in Physik. Zeitschr. *35*, 1934, S. 303.

[12] W. F. GIAUQUE, Journ. Amer. Chem. Soc. *49*, 1927, S. 1864.

wickelten Gedankens ist es seit 1933 in der Tat verschiedenen Forschern gelungen, noch wesentlich die Temperatur von 0,7° zu unterschreiten, die früher den Rekord dargestellt hatte und die KEESOM auf anderem Wege erreicht hatte. Durch das Entmagnetisierungsverfahren gelangte DE HAAS[13] bis zu 0,005°. Der gewaltige Fortschritt kommt darin zum Ausdruck, daß die KEESOMsche Temperatur ungefähr den 400., die von DE HAAS erreichte aber nur mehr den 60000. Teil der Zimmertemperatur darstellt.

§ 33. Die angeregten Zustände der Atome.

Der Zustand der Anregung stellt für die Atome einen abnormalen, rasch vorübergehenden Zustand dar, in den die Atome durch Absorption von Lichtquanten übergeführt werden können. Viel häufiger als durch Absorption erfolgt indessen die Anregung der Atome derart, daß die dazu erforderliche Energie dem Wärmevorrat des betreffenden Körpers entnommen wird. In einem Gase erfolgen ja nach der grundlegenden Vorstellung der kinetischen Wärmetheorie unaufhörlich Zusammenstöße zwischen den rasch bewegten Molekeln. Hierbei kann natürlich Translationsenergie in inneratomare Energie verwandelt werden, was allerdings, wofern sich das gestoßene Atom vorher im Grundzustand befand, nur möglich ist, wenn die relative kinetische Energie zumindest ebenso groß ist wie die Anregungsenergie. (Bei den vor allem untersuchten einatomigen Dämpfen der Metalle der ersten zwei Vertikalreihen sowie bei den Edelgasen decken sich die Begriffe des Atoms und der Molekel.) Wenn nun derart durch Zusammenstöße angeregte Atome unter Emission von Lichtquanten in den Grundzustand zurückkehren, so tritt die allgemein bekannte Erscheinung des Temperaturleuchtens ein. Außer durch genügende Erhitzung können übrigens die Atome von Gasen auch durch Stöße rasch bewegter Ionen in elektrischen Feldern angeregt werden, wie das Leuchten verdünnter Gase in Entladungsröhren beweist.

Die mittlere Energie, die eine einatomige Gasmolekel infolge ihrer Translation bei einer absoluten Temperatur T hat, ist nun, wie aus der kinetischen Gastheorie folgt, gleich $\frac{3}{2}\,k\,T$, wobei k, die sogenannte BOLTZMANNsche Konstante, gleich $1{,}371 \cdot 10^{-16}$ erg/grad ist[1]. Bei Zimmertemperatur, für die T rund 300 beträgt, ist somit der Mittelwert der Translationsenergie einer einatomigen Molekel etwa $6 \cdot 10^{-14}$ Erg. Betrachten wir nun beispielsweise Cäsium, das unter allen Alkalimetallen die kleinste Anregungsenergie, nämlich $2 \cdot 10^{-12}$ Erg, hat, so ist bei Zimmertemperatur die Anregungsenergie etwa 30 mal so groß wie die Translationsenergie, und der Bruchteil α der Atome, deren Translationsenergie die Anregungsenergie

[13] Vgl. zahlreiche Aufsätze von W. J. DE HAAS in der Zeitschrift „Physica".

[1] Für zweiatomige Gasmolekeln tritt an die Stelle des Faktors $\frac{3}{2}$ der Faktor $\frac{5}{2}$. Die BOLTZMANNsche Konstante ist der Quotient aus der Gaskonstante und der LOSCHMIDTschen Zahl.

übertrifft, berechnet sich zu etwa 10^{-24}. Bei einer Temperatur von 1700° C (der Temperatur der Bunsenflamme) ist das Verhältnis der beiden Energien etwa 10, und α ungefähr gleich $3 \cdot 10^{-7}$. Während also bei Zimmertemperatur nur ein völlig bedeutungsloser Bruchteil der Atome über eine kinetische Energie verfügt, die durch ihre Übertragung auf ein anderes Atom dieses anzuregen vermag[2], ist bei 1700° dieser Bruchteil groß genug, um ein merkliches Leuchten des Dampfes hervorzurufen.

Nach der Theorie müssen wir erwarten, daß bei dem Einsetzen des Temperaturleuchtens in jedem Dampf zuerst diejenige Spektrallinie auftritt, die dem Übergang aus dem niedrigsten angeregten Zustand in den Grundzustand entspricht. Je längerwellig diese Linie, je kleiner also die Anregungsenergie ist, bei um so tieferer Temperatur muß die Strahlungsemission einsetzen. Bei weiterem Überschreiten dieser Temperatur müssen wir wieder erwarten, daß die übertragene Translationsenergie immer häufiger auch zu höheren Anregungen ausreicht und infolgedessen ständig neue Spektrallinien zu der ursprünglichen hinzukommen. In der Tat zeigen sich alle diese Folgerungen aus der Theorie durch das Experiment bestätigt.

Die Ionisierungsenergie erweist sich im allgemeinen als ungefähr zwei- bis dreimal so groß wie die Anregungsenergie. Beziehen wir den Bruchteil α, statt wie früher auf die Anregung, nunmehr auf die Ionisierung, so werden wir daher denselben Wert von α bei einer zwei- bis dreimal so hohen Absoluttemperatur erwarten müssen. Indessen läßt sich die Ionisierung bereits bei einem viel kleineren Werte von α feststellen als die Anregung. Bringt man nämlich Salze eines Metalls in eine Flamme, so macht sich eine noch so geringe Ionisierung sofort durch eine merkliche elektrische Leitfähigkeit der Flamme bemerkbar, für deren Nachweis wir in dem Galvanometer ein außerordentlich empfindliches Instrument besitzen. Wie es die Theorie erwarten läßt, zeigt sich bei gegebener Temperatur die Flammenleitung um so intensiver, je kleiner der optische Grundterm des betreffenden Metalls ist.

Ionisierte Atome können natürlich in ganz ähnlicher Weise wie neutrale Atome angeregt werden, indem ein übriggebliebenes Valenzelektron in einen höherquantigen Zustand übergeht. Am leichtesten, schon durch eine Temperaturerhöhung bis zu etwa 2000° C, sind die Funkenspektren der zweiten Vertikalreihe erregbar, deren einfache Ionen ja noch ein übriggebliebenes, locker gebundenes Valenzelektron enthalten. So treten bei den Elementen der zweiten Vertikalreihe oft Bogen- und Funkenlinien miteinander vermischt auf. Hingegen sind die Funkenspektren der Alkalimetalle sehr schwer erregbar, da ihre Atome schon vorher im neutralen Zustand nur ein einziges Valenzelektron hatten.

[2] Eigentlich kommt es nicht auf die mittlere Translationsenergie an sich an, sondern auf den Mittelwert der Relativenergie bei dem Zusammenstoß. Beide Größen sind aber, wie aus der kinetischen Gastheorie folgt, nur durch einen unwesentlichen Faktor voneinander verschieden.

Durch diese Folgerungen aus der Atomtheorie erklären sich auch, wie zuerst im Jahre 1920 der indische Physiker SAHA gezeigt hat, manche scheinbar paradoxe Ergebnisse der Sonnenspektroskopie[3]. Es war früher ganz unverständlich gewesen, warum in dem Sonnenspektrum zwar das Natrium sehr stark, das Kalium hingegen nur schwach vertreten ist und das Rubidium und Cäsium völlig fehlen. Nach der treffenden Erklärung, die SAHA gab, sind die Alkalimetalle auf der Sonne ebenso vorhanden wie auf der Erde; aber sie bleiben zum Teil unerkennbar, weil sie infolge der hohen Temperatur fast durchweg ionisiert sind und sich ihre Funkenspektren, deren Linien im Ultraviolett liegen, der spektroskopischen Wahrnehmung entziehen. Daß aber durch die Bogenlinien im Sonnenspektrum Na stark vertreten ist, K nur schwach und Rb und Cs überhaupt nicht, erklärt sich wieder daraus, daß Rb und Cs die geringste Ionisierungsenergie haben, die von K etwas und die von Na wesentlich größer ist[4]. Im Gegensatz zu den Alkalimetallen sind die alkalischen Erden in dem sichtbaren Teile des Sonnenspektrums auch durch die Linien ihrer ionisierten Atome vertreten; so gehören beispielsweise die beiden starken FRAUNHOFERschen Linien H und K dem Funkenspektrum des Calciums an[5].

Auch für die merkwürdige Tatsache, daß das Sonnenspektrum das schwere Calcium in viel größeren Höhen der Sonnenatmosphäre anzeigt als den viel leichteren Wasserstoff, fand SAHA eine einfache Deutung. Die im sichtbaren Wellenlängenbereich gelegenen Calciumlinien erfordern nämlich eine geringere Anregungsenergie als die ebenfalls im sichtbaren Bereich gelegenen Linien des Wasserstoffs, dessen leicht erregbare Linien dem Ultraviolett angehören[6]. In den höheren Regionen der Sonnenatmosphäre, in denen die Temperatur niedriger als in den unteren Regionen ist, reicht daher die bei den molekularen Zusammenstößen übertragene Energie zwar noch zu der Erregung der sichtbaren Calciumlinien, nicht mehr aber zu der Erregung der sichtbaren Wasserstofflinien aus.

Auch außerhalb der Astronomie ist die SAHAsche Theorie erfolgreich auf viele Probleme angewendet worden, so z. B. bei der Ionisation eines Gases zwischen den Elektroden eines Lichtbogens[7], bei der Leitfähigkeit von Flammen, die Alkalimetalldämpfe enthalten[8], und schließlich

---

[3] M. N. SAHA, Phil. Mag. *40*, 1920, S. 472 und 809, sowie *41*, 1921, S. 267. Vgl. auch A. PANNEKOEK, „Die Ionisation in den Atmosphären der Himmelskörper" in Handbuch d. Astrophysik *3*, 1930 (Verlag Springer, Berlin).

[4] Vgl. Tabelle VI. Außer der Verschiedenheit der Ionisierungsenergie spielt allerdings auch die verschiedene Häufigkeit eine Rolle.

[5] Die frühere Anschauung, daß Calcium das häufigste Element in der Sonnenatmosphäre sei, ist durch die Forschungen SAHAs natürlich hinfällig geworden.

[6] Die der Anregungsenergie im engeren Sinne dieses Wortes entsprechende Wasserstofflinie ist die erste Linie der LYMAN-Serie von 1216 Å.

[7] K. T. COMPTON, Phys. Rev. *21*, 1923, S. 266; L. S. ORNSTEIN u. a., Phys. Zeitschr. *32*, 1931, S. 517; Zeitschr. f. Phys. *77*, 1932, S. 72.

[8] H. A. WILSON, Proc. Roy. Soc. London (A) *119*, 1928, S. 1.

bei der Ionisation von Atomen im Falle des Auftreffens auf glühende Metalle[9].

Wie die Anregung der Atome durch Strahlung und durch Zufuhr mechanischer Energie erfolgen kann, so kann sich auch die Rückkehr eines angeregten Atoms in den Grundzustand entweder strahlend oder strahlungslos vollziehen. Wenn im besonderen die Anregung durch Einstrahlung und die Rückkehr durch Ausstrahlung erfolgt, so entsteht das bekannte Phänomen der Fluoreszenz. In dem besonderen Falle, in dem die sekundäre Strahlung mit der primären in der Wellenlänge übereinstimmt, spricht man von einer Resonanzstrahlung. Eine solche ist nach dem in einem früheren Abschnitt Gesagten dann zu erwarten, wenn ein Dampf bei genügend tiefer Temperatur, bei der es noch keine angeregten Atome gibt, mit Licht von der Wellenlänge einer Resonanzlinie bestrahlt wird.

Die Erscheinung der Resonanzstrahlung wurde schon lange vor der Begründung der Atomtheorie festgestellt und untersucht, vor allem von E. Wiedemann und Wood an Natriumdampf und von Wood an Quecksilberdampf. Bei geringem Druck stimmt in der Tat die gesamte Energie des sekundär emittierten Lichtes mit der aus der primären Strahlung absorbierten Energie überein. Erst bei Zunahme des Druckes wird ein Teil der absorbierten primären Strahlung in molekulare Translationsenergie verwandelt, was sich in einer Erwärmung des fluoreszierenden Dampfes äußert.

Wird ein Gas mit Licht von einer Frequenz bestrahlt, die größer als die Resonanzfrequenz ist und die dem Energieunterschied zwischen dem Grundzustand und einem höheren angeregten Zustand entspricht, dann kann sich die Rückkehr des Atoms aus dem in höherem Grade angeregten Zustand in den Grundzustand auch stufenweise vollziehen. In der Fluoreszenzstrahlung können daher dann auch Linien von Wellenlängen auftreten, die größer sind als die des erregenden Lichtes. Jedenfalls kann aber ein vor der Erregung normales Atom keine Fluoreszenzstrahlung emittieren, die kürzerwellig wäre als die primäre Strahlung — eine Gesetzmäßigkeit, die in der bekannten Fluoreszenzregel von Stokes zum Ausdruck kommt. Nur dann, wenn das bestrahlte Atom bereits vorher angeregt war, kann ausnahmsweise (etwa bei der Rückkehr in den Grundzustand) auch der Fall eintreten, daß die Fluoreszenzstrahlung eine kürzere Wellenlänge als die erregende Strahlung aufweist.

Von den angeregten Atomen eines fluoreszierenden Gases kehrt im allgemeinen nur ein Bruchteil strahlend in den Grundzustand zurück; bei den übrigen vollzieht sich die Rückkehr infolge von Zusammenstößen mit anderen Atomen strahlungslos. In solchen Fällen müßte sich

[9] I. Langmuir und H. H. Kingdon, Proc. Roy. Soc. London (A) *107*, 1925, S. 61; P. B. Moon und L. E. Oliphant, Proc. Roy. Soc. London (A) *137*, 1932, S. 463.

die überschüssige atomare Energie in Translationsenergie umwandeln und dadurch die vorhandene Wärmeenergie vermehren. Das Verhältnis zwischen beiden Bruchteilen hängt offenbar von dem Verhältnis ab, das zwischen der gastheoretisch berechenbaren mittleren Zeit zwischen zwei Zusammenstößen und der durchschnittlichen Verweilzeit des angeregten Zustandes besteht. Solange die erste Zeitgröße wesentlich über die zweite überwiegt, müßte die gesamte Energie der Fluoreszenzstrahlung nahezu ebenso groß sein wie die gesamte Energie, die das fluoreszierende Gas aus der primären Strahlung absorbiert. Wird hingegen die mittlere Zeit zwischen zwei Zusammenstößen verkürzt, indem durch Beimischung eines Zusatzgases der Druck erhöht wird, so müßte die Fluoreszenz allmählich ausgelöscht werden, wenn die mittlere Zeit zwischen zwei Stößen von derselben Größenordnung wie die durchschnittliche Verweilzeit wird.

Die Auslöschung der Fluoreszenz hat in der Tat Wood beobachtet, als er fluoreszierendem Quecksilberdampf Luft beimischte. Aus seinen sowie aus späteren Beobachtungen anderer Forscher ergibt sich die mittlere Verweilzeit des angeregten Atomzustandes bei Quecksilber zu ungefähr 10^{-8} sec. Etwa zehnmal so klein ist, wie nur nebenbei erwähnt sei, die Zeit, die Wien für das Abklingen des Leuchtens von angeregten Kanalstrahlteilchen ermittelte.

Auch eine Übertragung von Anregungsenergie von Atomen eines Stoffes auf Atome eines anderen Stoffes konnte experimentell nachgewiesen werden, wobei die Übertragung offenbar durch Zusammenstöße bewerkstelligt wird. Diese Erscheinung, bei der also Licht von Atomen einer Art absorbiert und sodann von den Atomen einer anderen Art emittiert wird, wird als sensibilisierte Fluoreszenz bezeichnet.

Die Zeit, in der ein Atom in einem angeregten Zustande verweilt, hängt natürlich von der Wahrscheinlichkeit des Überganges aus diesem Zustand in einen anderen Zustand ab. Verhältnismäßig lange Verweilzeiten sind daher dann zu erwarten, wenn ein Atom, etwa durch Zusammenstoß, in einen abnormalen Zustand versetzt wird, aus dem nach den spektroskopischen, jedoch nicht ausnahmslos gültigen Kombinationsregeln nur ein „verbotener" Übergang in den Grundzustand zurückführt. Ein derartiger Zustand wird als metastabil bezeichnet. Er wird natürlich in der Regel durch Zusammenstöße mit anderen Atomen längst zerstört, bevor es zu der Emission der verbotenen Linie kommt.

In der Tat konnten metastabile Zustände bei den Edelgasen, bei Quecksilber und auch bei anderen Stoffen festgestellt und ihre Lebensdauern gemessen werden. So fand beispielsweise Meissner[10] bei einem meta-

[10] K. W. Meissner, Ann. d. Phys. *76*, 1925, S. 124. Im wesentlichen bestand das Prinzip der Meissnerschen Versuche darin, daß Wechselstrom durch zwei Entladungsröhren gesandt wurde, die mit dem zu untersuchenden Gas gefüllt waren, und von denen eine der Emission, die andere der Absorption der Linien diente.

stabilen Zustand des Neons für die durchschnittliche Lebensdauer bis zu der Emission zweier von diesem Zustand ausgehender verbotener Linien 0,0036 und 0,0042 sec, DORGELO[11] bei Argon ungefähr $^1/_{75}$ sec. Die metastabilen Zustände haben also in diesen Fällen eine ungefähr hunderttausendmal größere Lebensdauer als die gewöhnlichen angeregten Zustände.

Besonders bemerkenswert ist die Metastabilität des Heliums. FRANCK ist es gelungen, durch Elektronenstöße Heliumatome aus dem Paragrundzustand in den niedrigsten Orthogrundzustand (vgl. § 23) überzuführen, wozu eine sogenannte Umwandlungsspannung von 19,8 Volt erforderlich ist. Daß der derart hergestellte zweiquantige Orthozustand aber nun in der Tat metastabil ist, geht aus der Tatsache hervor, daß dieser Zustand eine eigene Resonanzlinie aufweist, die dem Übergange von einem Ortho-*P*-Term zu dem Ortho-*S*-Grundterm entspricht. Sie hat eine Wellenlänge von 10 830 Å oder ungefähr 1 μ. Wird Helium, in dem durch Elektronenstöße eine genügende Zahl metastabiler Atome erzeugt wurde, mit ultrarotem Licht von etwa 1 μ bestrahlt, so tritt vollkommene Resonanz ein.

Dem metastabilen Zustand entspricht natürlich eine geringere Ionisierungsenergie als dem Normalzustand. Der Unterschied der Ionisierungsspannungen des normalen und des metastabilen Atoms muß der Umwandlungsspannung gleich sein. Da die Ionisierungsspannung des normalen Heliums 24,5 Volt beträgt und die Umwandlungsspannung 19,8 Volt, so ergibt sich die Ionisierungsspannung des metastabilen Heliums zu etwa 4,7 Volt. Das metastabile Heliumatom müßte daher ein Elektron leichter abgeben als Lithium und Natrium[12], es müßte also noch elektropositiver sein als diese Alkalimetalle und im Gegensatz zu den Edelgasen eine ziemliche chemische Aktivität aufweisen. In der Tat vermochte MANLEY[13] die Bildung von Verbindungen zwischen Helium und Quecksilber (vermutlich $HgHe_2$ und $HgHe_{10}$) nachzuweisen; auch das Auftreten eines Bandenspektrums des Heliums bei genügend hoher Dichte dürfte auf Molekelbildung durch metastabile Atome zurückzuführen sein.

Die durch die spektroskopischen Prinzipe verbotenen Linien können in der Regel schon deshalb nicht beobachtet werden, weil auch bei der größten herstellbaren Verdünnung ein Atom nicht länger als einen Bruchteil einer Sekunde ungestört bleiben kann. Anders ist es aber in den ungeheuer dünnen kosmischen Nebeln, in denen, wie astronomische Überlegungen zeigen, ein Atom vielleicht ein Jahr lang sich völlig ungestört fortbewegen kann. So erscheint es möglich, daß in kosmischen Nebeln Atome verbotene Übergänge vollziehen, zu denen sich unter irdischen

[11] Vgl. H. B. DORGELO und T. P. K. WASHINGTON, Proc. Acad. Amsterdam *30*, 1927, S. 33. Vgl. auch den zusammenfassenden Bericht über die Leuchtdauer der Atome von KERSCHBAUM, Ann. d. Phys. *83*, 1927, S. 287.

[12] Vgl. Tabelle VI in § 22.

[13] J. J. MANLEY, Phil. Mag. (7) *4*, 1927, S. 699.

Verhältnissen wegen der unaufhörlichen Störungen keine Gelegenheit bietet. In der Tat ist es den Astrophysikern schon frühe aufgefallen, daß in den Spektren der Nebel sonst nicht beobachtbare Linien auftreten, die ursprünglich sogar einem auf der Erde unbekannten Element, dem sogenannten Nebulium, zugeschrieben wurden. Im Jahre 1927 vermochte indessen BOWEN[14] das mysteriöse Nebulium sozusagen mit Luft zu identifizieren. Die wichtigsten Nebuliumlinien entsprechen nämlich, wie BOWEN zeigen konnte, verbotenen Übergängen aus metastabilen Zuständen des zweifach ionisierten Sauerstoff- und des einfach ionisierten Stickstoffatoms. Auch die rätselhafte grüne Nordlichtlinie, die zu den mannigfachsten Spekulationen Anlaß gab, weil sie früher mit keiner anderen bekannten Linie identifiziert werden konnte, ist von MAC LENNAN[15] als eine verbotene Linie des Sauerstoffs erkannt worden[16].

§ 34. Der RAMSAUER-Effekt.

Es war schon lange bekannt, daß Elektronenstrahlen bei ihrem Durchgang durch Materie um so weniger absorbiert werden, je rascher sie sind. Als Maß der durch eine bestimmte Substanz hervorgerufenen Absorption benutzt man gewöhnlich den sogenannten Wirkungsquerschnitt pro Kubikzentimeter. Im Sinne der klassischen kinetischen Gastheorie kann man nämlich jedem Teilchen eines Gases einen bestimmten Wirkungsradius (r) derart zuschreiben, daß sich hinsichtlich der Zusammenstöße die Molekeln wie starre Kugeln von dem Radius r verhalten. Der Ausdruck πr^2 stellt dann den Wirkungsquerschnitt einer einzelnen Molekel dar; in ähnlichem Sinne kann man nun auch von dem Wirkungsquerschnitt eines einzelnen Atoms gegenüber Elektronenstrahlen von bestimmter Geschwindigkeit sprechen. Wenn man den Wirkungsquerschnitt eines einzelnen Atoms mit der Zahl der in einem Volumen enthaltenen Atome multipliziert, erhält man den gesamten wirksamen Querschnitt des Volumens.

So weist z. B. Aluminium, wie sich aus der Absorption berechnen läßt, für die schnellsten β-Strahlen einen Wirkungsquerschnitt pro Kubikzentimeter von 19,9 cm² auf. Auf ein einzelnes Atom entfällt demnach (wie aus der Dichte des Aluminiums, seinem Atomgewicht und der LOSCHMIDTschen Zahl folgt) ein Wirkungsquerschnitt von etwa $3 \cdot 10^{-22}$ cm²; somit ergibt sich der „Wirkungsradius" zu nur 10^{-11} cm, während der Atomradius selbst 10^{-8} cm beträgt, also rund tausendmal größer ist. In diesem Ergebnis kommt natürlich die kernige Struktur der Atome zum Ausdruck, und in der Tat hat bereits im Jahre 1903 aus der-

[14] J. S. BOWEN, Nature *120*, 1927, S. 473.

[15] J. C. MAC LENNAN, Proc. Roy. Soc. London (A) *108*, 1925, S. 501; *120*, 1928, S. 327.

[16] Vgl. zu § 33: A. C. G. MITCHELL u. M. W. ZEMANSKY, Resonance Radiation and Excited Atoms, Cambridge 1934.

artigen Versuchen LENARD[1] geschlossen, daß ein Metallblock von 1 m³ nicht mehr als höchstens 1 mm³ „undurchdringliches Eigenvolumen" enthalte.

Die experimentelle Erfahrung zeigt, wie ja zunächst kaum anders erwartet werden konnte, daß mit abnehmender Geschwindigkeit, also abnehmender Energie (Voltzahl) der Elektronenstrahlen der Wirkungsquerschnitt zunimmt. Im Jahre 1921 machte aber nun RAMSAUER die überraschende Entdeckung, daß bei Energien von weniger als 10 eV der Wirkungsquerschnitt wieder **abnimmt**. Bei **Argon** sinkt z. B. der Wirkungsquerschnitt bis auf den 60. Teil des maximalen Wertes. Das Minimum wird bei 0,4 eV erreicht, wie zuerst, unabhängig von RAMSAUER, nach einer anderen Methode, TOWNSEND und BAILEY[2] zeigten; nimmt die Energie noch weiter ab, so steigt der Wirkungsquerschnitt wieder an (vgl. Fig. 30).

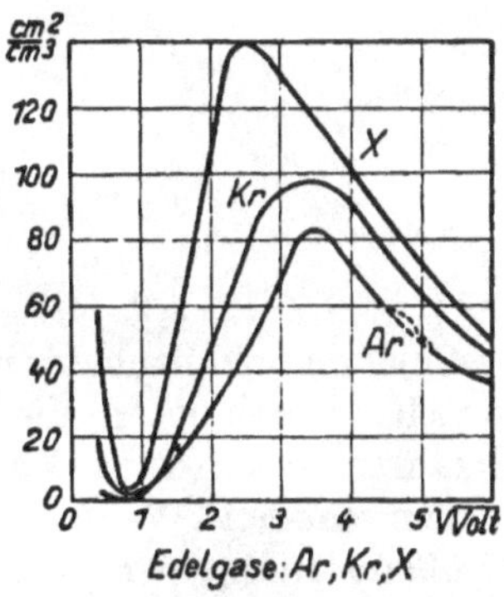

Fig. 30. Abhängigkeit des Wirkungsquerschnittes von der Spannung.

Wie schon ELSASSER[3] und genauer später HOLTSMARK[4] erkannten, ist der RAMSAUER-Effekt als ein **wellenmechanisches** Beugungsphänomen zu deuten. BULLARD und MASSEY[5] haben in der Tat zeigen können, daß man zu der gleichen Abhängigkeit des Wirkungsquerschnittes von der Geschwindigkeit gelangt, ob man nun die Beobachtungen des RAMSAUER-Effektes zugrundelegt oder aber Messungen über die durch **Beugung** hervorgerufene Streuung von langsamen Elektronenstrahlen[6].

[1] P. LENARD, Ann. d. Phys. *12*, 1903, S. 714.

[2] J. S. TOWNSEND und V. A. BAILEY, Phil. Mag. *43*, 1922, S. 693; *44*, 1922, S. 1033.

[3] W. ELSASSER, Naturwiss. *13*, 1925, S. 711.

[4] H. FAXÉN und J. HOLTSMARK, Zeitschr. f. Phys. *45*, 1927, S. 307; J. HOLTSMARK, Zeitschr. f. Phys. *55*, 1929, S. 437; *66*, 1930, S. 49.

[5] E. C. BULLARD u. H. S. W. MASSEY, Proc. Roy. Soc. London (A) *130*, 1931, S. 579.

[6] Vgl. den zusammenfassenden Bericht über den RAMSAUER-Effekt von C. RAMSAUER u. R. KOLLATH im Handbuch d. Physik (von GEIGER-SCHEEL), Bd. XXII/2, 2. Aufl., 1933. Zur Theorie vgl. N. F. MOTT und H. S. W. MASSEY, The Theory of Atomic Collisions, Oxford 1933.

IV. Kapitel.

Die Röntgenstrahlen.

§ 35. Die Raumgitter.

Schon bald nach der im Jahre 1895 erfolgten Entdeckung der Röntgenstrahlen gelangten die Physiker zu der Überzeugung, daß die neuen Strahlen besonders kurzwellige elektromagnetische Wellen darstellen müssen. Verschiedene Überlegungen führten schon früh dazu, die Größenordnung der Wellenlänge richtig mit etwa 10^{-9} cm anzunehmen[1], wodurch es sich auch erklärte, daß alle Versuche, an den Röntgenstrahlen Interferenz- oder Beugungserscheinungen mittels der in der Optik gebräuchlichen Mittel nachzuweisen, zunächst ziemlich erfolglos blieben. Die Physiker verloren schon fast alle Hoffnung, je die Wellenlängen von Röntgenstrahlen exakt zu bestimmen, als im Jahre 1912 LAUE auf den genialen Gedanken verfiel, statt künstlicher Gitter zur Beugung der Röntgenstrahlen einfach Kristalle zu verwenden. LAUE stützte sich dabei auf eine schon um 1850 von dem Mineralogen BRAVAIS ausgebildete Theorie, nach der die regelmäßige Form der Kristalle ihre Ursache in einer regelmäßigen Anordnung der Atome im Kristall haben soll. Aus den bekannten Dichten der Kristalle konnte auf Grund des bekannten Wertes der LOSCHMIDTschen Zahl auch geschlossen werden, daß die wechselseitigen Abstände der Atome in den Kristallen von der Größenordnung von 10^{-8} cm sein müßten. Wofern sich die einzelnen Atome wie Beugungszentren verhalten, war also in der Tat eine Gitterwirkung der Kristalle gegenüber den Röntgenstrahlen zu erwarten.

Um das Verhalten der Kristalle gegenüber den Röntgenstrahlen zu verstehen, wollen wir als einfachstes aller Gitter zunächst ein lineares Gitter, ein sogenanntes Strichgitter, betrachten, bei dem längs einer Geraden in gleichen Abständen die Gitterpunkte angeordnet sind; der konstante Abstand zweier benachbarter Gitterpunkte wird als die Gitterkonstante bezeichnet.

Wir nehmen nun an, daß auf das Gitter eine Welle falle und daß die Strahlrichtung mit der Gitterrichtung einen Winkel einschließe, dessen

[1] Zu dieser Folgerung führte z. B. die Annahme, daß die Bremsung eines Elektrons, das zu der Entstehung von Röntgenstrahlen beiträgt, im Inneren eines Atoms erfolgt.

Kosinus α_0 sei[2]. Die einzelnen Gitterpunkte mögen Beugungszentren sein, indem jeder von ihnen als Erregungsstelle neuer Wellen aufgefaßt werden kann. Diese Wellen gehen nach allen Richtungen; es ist aber ohne weiteres klar, daß die Abbeugung mit besonderer Intensität in solchen Richtungen erfolgen wird, für die der Gangunterschied zwischen den von zwei benachbarten Gitterpunkten kommenden Strahlen ein ganzzahliges Vielfaches einer Wellenlänge beträgt.

Wir wollen nun mit α den Kosinus des Winkels bezeichnen, den ein derart abgebeugter Strahl mit der Gitterrichtung einschließt. Dann ist, wenn a die Gitterkonstante ist, der Gangunterschied der von zwei benachbarten Gitterpunkten in dieser Richtung abgebeugten Strahlen $a\,(\alpha-\alpha_0)$, wie ohne weiteres aus Fig. 31 ersichtlich ist. (Sind die beiden Gitterpunkte O und O', und ist OP das Lot auf den einfallenden und $O'P'$ das Lot auf den abgebeugten Strahl, so ist der Gangunterschied gleich der Differenz der Strecken OP' und $O'P$.) Strahlen von gegebener Wellenlänge λ werden also nur nach solchen Richtungen abgebeugt, für deren Kosinus α die Beziehung

$$a\,(\alpha-\alpha_0) = n\,\lambda \tag{1}$$

für ganzzahlige Werte der sogenannten Ordnungszahl n erfüllt ist. Umgekehrt wird die einfallende Strahlung, wenn sie Strahlen aller Wellenlängen enthält, durch die Abbeugung spektral zerlegt, wobei jeder Ordnungszahl n ein anderes Beugungsspektrum entspricht. (Es sei nur nebenbei bemerkt, daß man, wenn man in Fig. 31 die abgebeugten Strahlen um die Gitterrichtung umklappt, die Richtungen des abgebeugten reflektierten Lichtes erhält; dabei handelt es sich aber natürlich nicht um eine Reflexion im eigentlichen Sinne dieses Wortes.)

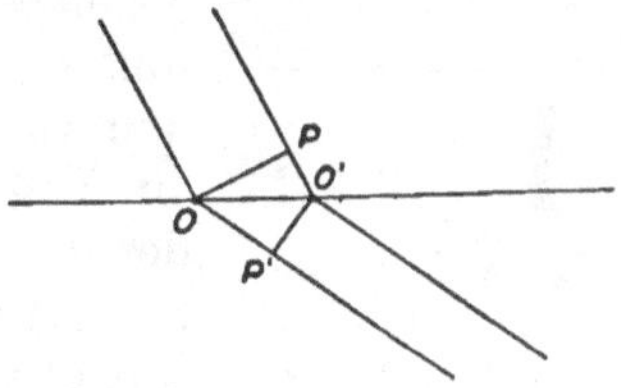

Fig. 31.

Aus Gl. 1 folgt, daß eine Beugung überhaupt nur dann zustande kommen kann, wenn

$$a > \lambda \tag{2}$$

ist. Es darf aber auch nicht a viel größer als λ sein, weil sonst für die Spektren niedriger Ordnung, die vor allem in Betracht kommen, die Differenz $(\alpha-\alpha_0)$ zu gering und die spektrale Auflösung somit ungenügend würde.

Von dem eindimensionalen Strichgitter gehen wir nun zu dem zweidimensionalen Flächengitter über, indem wir uns ein ebenes Koordinatensystem und in der Ebene die Punkte mit den Koordinaten

$$x = k_1\,a\,, \qquad y = k_2\,b \tag{3}$$

konstruiert denken, wobei a und b zwei Gitterkonstanten seien und k_1 und k_2 die Reihe der ganzen Zahlen sowohl mit positivem als auch mit

[2] Es ist also α_0 der Sinus des Einfallswinkels.

negativem Vorzeichen durchlaufen mögen. Dabei kann das Koordinatensystem auch schiefwinklig sein; doch wollen wir nur den speziellen Fall betrachten, daß das Koordinatensystem rechtwinklig und überdies die zweite Gitterkonstante der ersten gleich sei (Fig. 32).

Wir nehmen an, daß auf ein solches Flächengitter Strahlen auftreffen mögen, die mit der x- und der y-Achse Winkel einschließen, deren Kosinus α_0 und β_0 seien. Die Gl. 1 erweitert sich dann zu einem System von zwei Gleichungen, nämlich

$$(4) \qquad \begin{cases} a\,(\alpha - \alpha_0) = n_1\,\lambda\,, \\ a\,(\beta - \beta_0) = n_2\,\lambda\,; \end{cases}$$

dabei sind α und β die Kosinus der Winkel, die der abgebeugte Strahl mit der x- und der y-Achse einschließt. Da die beiden Gleichungen voneinander unabhängig sind, können sie nach α und β als Unbekannten aufgelöst werden. Jedem Werte der Wellenlänge entspricht daher bei gegebener Einfallsrichtung für gegebene Ordnungszahlen n_1 und n_2 eine bestimmte Beugungsrichtung, die sich nach den Gl. 4 durch die Werte von α und β ergibt. Auch ein Flächengitter führt daher eine spektrale Zerlegung der einfallenden Strahlung herbei, und zwar in einer zweifachen Mannigfaltigkeit von Beugungsspektren[3].

Fig. 32.

Von dem Flächengitter vollziehen wir den Übergang zu den Raumgittern, indem wir ein dreidimensionales Koordinatensystem annehmen und uns dann im Raume die Punkte mit den Koordinaten konstruiert denken

$$(5) \qquad x = k_1\,a\,, \qquad y = k_2\,b\,, \qquad z = k_3\,c\,,$$

wobei a, b, c Gitterkonstanten seien und die Zahlen k_1, k_2, k_3 alle ganzen positiven und negativen Werte durchlaufen mögen. Wenn das Koordinatensystem rechtwinklig ist, so wollen wir auch das Raumgitter als orthogonal bezeichnen. Sind dabei die drei Gitterkonstanten a, b, c untereinander gleich, so bezeichnen wir das Raumgitter als regulär oder kubisch.

Die folgenden Betrachtungen mögen auf den Spezialfall eines kubischen Raumgitters beschränkt werden. Auf ein solches Raumgitter mögen Strahlen in einer Richtung einfallen, die mit den drei Koordinatenachsen Winkel einschließen, deren Kosinus gleich seien α_0, β_0, γ_0. An die Stelle der Gl. 4 tritt dann das Gleichungstripel:

$$(6) \qquad \begin{cases} a\,(\alpha - \alpha_0) = n_1\,\lambda \\ a\,(\beta - \beta_0) = n_2\,\lambda \\ a\,(\gamma - \gamma_0) = n_3\,\lambda\,. \end{cases}$$

[3] Solche Beugungserscheinungen nimmt man z. B. wahr, wenn man durch einen dünnen Regenschirm gegen eine Straßenlampe blickt.

Zwischen diesem Gleichungstripel und den Gl. 4 besteht aber nun ein wesentlicher Unterschied. In den Gl. 4 konnten als Unbekannte zwei Größen angesehen werden, die die Richtung des abgebeugten Strahls bei gegebener Einfallsrichtung, Wellenlänge und Ordnung vollkommen bestimmten; die Zahl der Unbekannten stimmte mit der Zahl der Gleichungen überein. Dagegen haben wir, wenn wir wieder Einfallsrichtung, Wellenlänge und Ordnung als gegeben ansehen, in dem Gleichungstripel (6) nur zwei Unbekannte. Denn die drei Richtungskosinus α, β, γ, die die Richtung des abgebeugten Strahles bestimmen sollen, sind ja untereinander nicht unabhängig, vielmehr ist durch zwei dieser Kosinus stets auch der dritte bestimmt gemäß der elementaren Beziehung

$$\alpha^2 + \beta^2 + \gamma^2 = 1 \,. \tag{7}$$

Da wir keine der Ordnungszahlen als Unbekannte ansehen können, weil ja diese Zahlen nur ganz bestimmte ausgezeichnete, nämlich ganzzahlige Werte annehmen können (und überdies auch nur die niedrigen Werte in Betracht kommen), so erscheint somit in dem Gleichungstripel bei gegebener Einfallsrichtung auch die Wellenlänge selbst als Unbekannte, freilich nicht mit einem einzigen Werte, sondern mit einer Reihe möglicher Werte, die den verschiedenen möglichen ganzzahligen Werten von n_1, n_2, n_3 entsprechen.

Welche diese Werte der Wellenlänge sind, erkennen wir leicht aus den Gl. 6 und 7. Wir schreiben dazu die Gl. 6 in der Form:

$$\left\{\begin{aligned} \alpha &= \alpha_0 + n_1 \frac{\lambda}{a} \\ \beta &= \beta_0 + n_2 \frac{\lambda}{a} \\ \gamma &= \gamma_0 + n_3 \frac{\lambda}{a} \,. \end{aligned}\right. \tag{8}$$

Diese Gleichungen wollen wir quadrieren und dann addieren; dabei berücksichtigen wir die Gl. 7 und die analoge Gleichung, die die Richtungskosinus α_0, β_0, γ_0 miteinander verknüpft. Wir finden derart

$$1 = 1 + 2 \frac{\lambda}{a} (n_1 \alpha_0 + n_2 \beta_0 + n_3 \gamma_0) + \frac{\lambda^2}{a^2} (n_1^2 + n_2^2 + n_3^2)$$

oder

$$\lambda = -2a \frac{n_1 \alpha_0 + n_2 \beta_0 + n_3 \gamma_0}{n_1^2 + n_2^2 + n_3^2} \,. \tag{9}$$

Im Gegensatz zu dem Strich- und Flächengitter liefert also ein Raumgitter keine kontinuierlichen Beugungsspektren; es sondert vielmehr durch seine Beugung aus der einfallenden Strahlung diejenigen Strahlen aus, deren Wellenlängen der Gl. 9 für ganzzahlige Werte von n_1, n_2, n_3 genügen.

Aus den Gl. 6 läßt sich auch leicht der Winkel berechnen, den der abgebeugte Strahl mit dem einfallenden einschließt. Bezeichnen wir diesen Winkel mit 2ϑ, so ist nach einem elementaren Satz der räumlichen Geometrie

$$(10) \qquad \cos(2\vartheta) = \alpha\alpha_0 + \beta\beta_0 + \gamma\gamma_0 \,.$$

Quadrieren wir nun die Gleichungen (6) und addieren wir sodann (unter Berücksichtigung der Gl. 7), so finden wir

$$a^2[2 - 2\cos(2\vartheta)] = \lambda^2 (n_1^2 + n_2^2 + n_3^2) \,.$$

Nach einer bekannten goniometrischen Formel ist aber

$$(11) \qquad \sin\vartheta = \sqrt{\frac{1 - \cos(2\vartheta)}{2}} \,.$$

Daher wird

$$(12) \qquad \sin\vartheta = \frac{\lambda}{2a}\sqrt{n_1^2 + n_2^2 + n_3^2} \,.$$

Von dem abbeugenden Gitterpunkte, der O genannt wurde, tragen wir nun auf der verlängerten Richtung des einfallenden Strahles die Strecke OA auf, die der Längeneinheit gleich sei, und eine gleich lange Strecke OB auch auf der Richtung des abgebeugten Strahles (Fig. 33). Sodann konstruieren wir die Mittelebene MM' zwischen dem einfallenden und dem abgebeugten Strahl, indem wir die Symmetrale des Winkels AOB errichten und durch diese eine Ebene legen, die auf der Ebene AOB senkrecht steht. Alle Punkte der Mittelebene müssen dann von A und B die gleiche Entfernung haben.

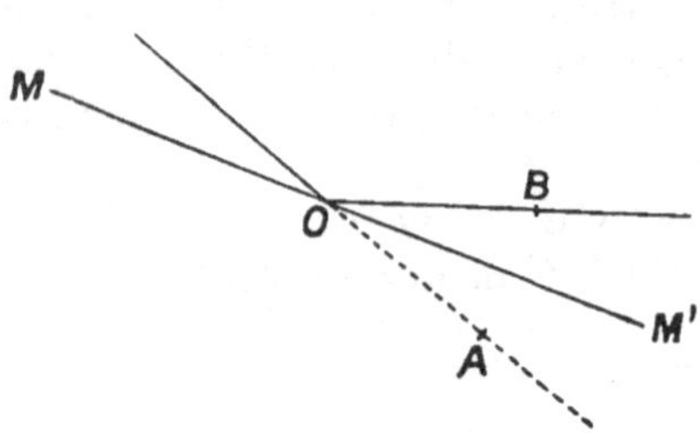

Fig. 33.

Wir konstruieren nun mit dem Punkte O als Ursprung ein Koordinatensystem, dessen Achsen den ursprünglichen Achsen parallel seien. In bezug auf dieses System hat dann der Punkt A die Koordinaten $\alpha_0, \beta_0, \gamma_0$ und der Punkt B die Koordinaten α, β, γ. Da ein beliebiger Punkt der Mittelebene mit den Koordinaten x, y, z von A und B die gleiche Entfernung hat, muß also die Beziehung erfüllt sein:

$$(13) \quad (x - \alpha_0)^2 + (y - \beta_0)^2 + (z - \gamma_0)^2 = (x - \alpha)^2 + (y - \beta)^2 + (z - \gamma)^2 \,.$$

Berücksichtigen wir die Gl. 7 und die analoge, die für $\alpha_0, \beta_0, \gamma_0$ gilt, so finden wir somit

$$(14) \qquad x(\alpha - \alpha_0) + y(\beta - \beta_0) + z(\gamma - \gamma_0) = 0$$

oder nach Gl. 8

$$(15) \qquad x n_1 + y n_2 + z n_3 = 0 \,.$$

Dies ist, auf einen Gitterpunkt als Koordinatenursprung bezogen, die Gleichung der Mittelebene zwischen dem einfallenden Strahl und dem in diesem Gitterpunkte abgebeugten Strahl von der durch die ganzen Zahlen n_1, n_2, n_3 bestimmten Ordnung.

§ 36. Die Netzebenen.

In einem kubischen Gitter wollen wir von dem Ursprung aus auf den drei Koordinatenachsen Strecken auftragen, die gleich sind den Quotienten aus der Gitterkonstanten und drei teilerfremden ganzen Zahlen k_1, k_2, k_3. Durch die drei Endpunkte der Strecken ist dann eine Ebene festgelegt, deren Gleichung wir aufstellen wollen.

Da die Koordinaten jeder beliebigen Ebene durch eine lineare Beziehung miteinander verknüpft sind, so lautet die Gleichung einer beliebigen Ebene in ihrer allgemeinsten Form:

$$D_1 x + D_2 y + D_3 z = D_4 , \tag{1}$$

wobei die vier mit D bezeichneten Größen Konstanten sind. Wir setzen

$$D_4 = D_1 C_1 = D_2 C_2 = D_3 C_3 . \tag{2}$$

Dann nimmt die Gl. 1 die Form an

$$\frac{x}{C_1} + \frac{y}{C_2} + \frac{z}{C_3} = 1 . \tag{3}$$

Betrachten wir nun etwa den Schnittpunkt der Ebene mit der x-Achse, so ist für diesen Schnittpunkt sowohl y als auch z gleich Null zu setzen, und wir erkennen somit, daß die drei Konstanten C_1, C_2, C_3 nichts anderes bedeuten als die Strecken, die die Ebene von den drei Koordinatenachsen abschneidet. Die früher betrachtete Ebene schneidet nun von der x-Achse eine Strecke von der Größe a/k_1 ab, wenn a die Gitterkonstante ist. Daher lautet die Gleichung dieser Ebene:

$$k_1 x + k_2 y + k_3 z = a . \tag{4}$$

Allgemein definieren wir als eine Netzebene des Raumgitters jede Ebene, für die die linke Seite der Gl. 4 einem ganzzahligen Vielfachen der Gitterkonstante gleich ist; es lautet daher die allgemeine Gleichung einer Netzebene:

$$k_1 x + k_2 y + k_3 z = s a , \tag{5}$$

wobei s eine ganze Zahl bedeutet. Da s aber die ganze Reihe der Zahlen durchlaufen kann, ist durch die drei sogenannten Indizes der Netzebene (k_1, k_2, k_3) eine Schar paralleler Ebenen bestimmt, unter denen eine, nämlich diejenige, für die $s = 0$ ist, durch den Koordinatenursprung hindurchgeht[1]. Im übrigen kann natürlich s sowohl positiv als auch negativ sein.

Wir erkennen auch leicht, daß jede unbegrenzt gedachte Netzebene mit unendlich vielen Gitterpunkten netzartig besetzt ist. Indem m eine beliebige, positive oder negative, ganze Zahl bedeute, setzen wir etwa

$$\left\{ \begin{aligned} x &= y = m k_3 a , \\ z &= -m (k_1 + k_2) a ; \end{aligned} \right. \tag{6}$$

[1] Der Punkt $x = y = z = 0$ genügt ja der Gl. 5 für $s = 0$.

dann wird

$$k_1 x + k_2 y + k_3 z = 0 ;$$

d. h. alle Gitterpunkte, die durch die Gl. 6 dargestellt sind, gehören der durch den Koordinatenursprung gehenden Netzebene ($s = 0$) an. Dasselbe gilt natürlich auch von allen Gitterpunkten, die durch die Gleichungen dargestellt sind, die sich durch zyklische Vertauschung aus der Gl. 6 ergeben, nämlich:

$$y = z = m k_1 a , \qquad x = -m (k_2 + k_3) a$$

oder

$$z = x = m k_2 a , \qquad y = -m (k_3 + k_1) a .$$

Betrachten wir nun aus der Ebenenschar eine beliebige Netzebene, für die s einen von Null verschiedenen Wert habe, so stellen wir etwa die diophantische Gleichung auf

(7) $$k_1 x' + k_2 y' = s ,$$

welche Gleichung natürlich stets ganzzahlige Lösungen hat, wenn sowohl x' als auch y' negativ werden kann. Es seien x^* und y^* ein solches Paar von Lösungen. Betrachten wir dann den Gitterpunkt

(8) $$x = x^* a , \quad y = y^* a , \quad z = 0 ,$$

so wird für diesen Punkt nach Gl. 7

$$k_1 x + k_2 y + k_3 z = s a ;$$

d. h. der durch die Gl. 8 dargestellte Gitterpunkt gehört der betrachteten Netzebene an. Wir brauchen somit nur in diesen Gitterpunkt den Koordinatenursprung zu verlegen, um auch für die betrachtete Netzebene den früher geführten Beweis verwerten und somit zeigen zu können, daß auch sie unendlich viele Gitterpunkte enthält.

Der Abstand zweier benachbarter Netzebenen in einer durch ein Indextripel bestimmten Schar möge mit d bezeichnet werden. Dann ist offenbar d gleich dem Lote, das von dem Koordinatenursprung auf diejenige Netzebene gefällt wird, für die $s = 1$ ist. Diese Netzebene schneidet von den drei Koordinatenachsen die Strecken ab: a/k_1, a/k_2, a/k_3. Bezeichnen wir die Winkel, die das Lot mit den drei Koordinatenachsen einschließt, mit φ_1, φ_2, φ_3, so ist

(9) $$d = \frac{a}{k_1} \cos \varphi_1 = \frac{a}{k_2} \cos \varphi_2 = \frac{a}{k_3} \cos \varphi_3 .$$

Nun ist aber die Summe der Quadrate der drei Kosinus gleich Eins. Aus Gl. 9 folgt somit:

(10) $$d = \frac{a}{\sqrt{k_1^2 + k_2^2 + k_3^2}} .$$

Vergleichen wir nun die Gl. 5 mit der Gl. 15 des § 35, so erkennen wir zunächst, daß die Mittelebene zwischen dem einfallenden und dem in einem Raumgitter abgebeugten Strahl immer eine Netzebene darstellt. Wir erkennen weiterhin aber auch, daß die Indizes dieser Netzebene immer übereinstimmen mit den Teilern der die Ordnung des abgebeugten Strahles bestimmenden Ordnungszahlen. Es ist

$$n_1 = n\,k_1\,, \qquad n_2 = n\,k_2\,, \qquad n_3 = n\,k_3\,, \tag{11}$$

wenn n der größte gemeinschaftliche Teiler der Ordnungszahlen n_1, n_2, n_3 ist. Es läßt sich also die Beugung der einfallenden Strahlen auch auffassen als Reflexion an den Netzebenen des Raumgitters, wobei zwischen den Ordnungszahlen der Abbeugung und den Indizes der reflektierenden Netzebene der durch die Gl. 11 ausgedrückte, einfache Zusammenhang besteht.

Der Winkel, den der einfallende Strahl mit der Netzebene einschließt und der also zu dem Einfallswinkel komplementär ist, wird der Gleitwinkel genannt[2]. Für ihn gilt nach Gl. 11 sowie nach Gl. 12 des § 35 die Beziehung:

$$\sin\vartheta = \frac{n\,\lambda}{2\,a}\sqrt{k_1^2 + k_2^2 + k_3^2}\,. \tag{12}$$

Hierfür können wir aber nach Gl. 10 auch schreiben

$$2\,d\sin\vartheta = n\,\lambda\,, \tag{13}$$

wobei n eine beliebige ganze Zahl bedeutet.

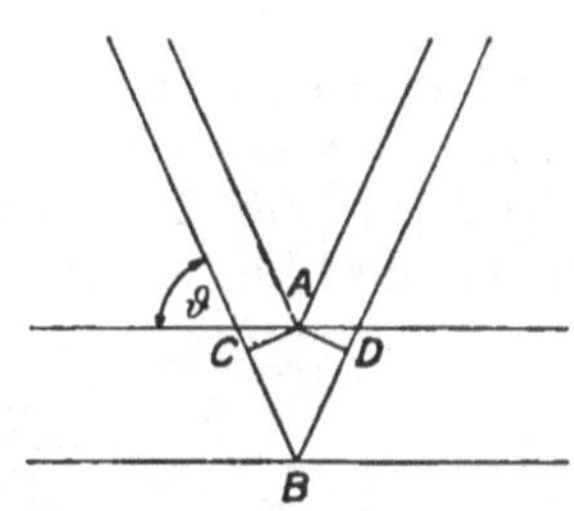

Fig. 34.

Betrachten wir nun zwei benachbarte Netzebenen, deren senkrechter Abstand AB gleich d sei (Fig. 34), so haben zwei Strahlen, die in den Punkten A und B zurückgeworfen werden, einen Gangunterschied von der Größe $CB + BD$, wenn C und D die Fußpunkte der Lote sind, die man von dem Punkte A auf die Richtungen des von der zweiten Ebene reflektierten Strahles fällt. Nun ist aber $CB + BD$ gleich $2d\sin\vartheta$. Eine Schar von Netzebenen sondert also aus der einfallenden Strahlung diejenigen Strahlen aus, für die ein ganzzahliges Vielfaches der Wellenlänge gleich dem Gangunterschied zweier Strahlen ist, die von zwei benachbarten Netzebenen zurückgeworfen werden.

In der Tat erscheint dieser Satz (der natürlich nur ein anderer Ausdruck für die Gl. 9 des § 35 ist) sehr einleuchtend. Denn wenn die Abbeugung der Strahlen so erfolgt, als ob die Strahlen nach den gewöhnlichen Gesetzen der Optik von den Netzebenen reflektiert würden, dann müssen die reflektierten Strahlen durch Interferenz einander verstärken und schwächen, und zu einer merklichen Verstärkung wird es eben nur dann kommen, wenn der Gangunterschied der von zwei benachbarten Ebenen zurückgeworfenen Strahlen gerade ein ganzzahliges Vielfaches einer Wellenlänge beträgt.

[2] Daß er auch der „Glanzwinkel" genannt wird, erklärt sich aus einem Mißverständnis der englischen Bezeichnung „glance-angle".

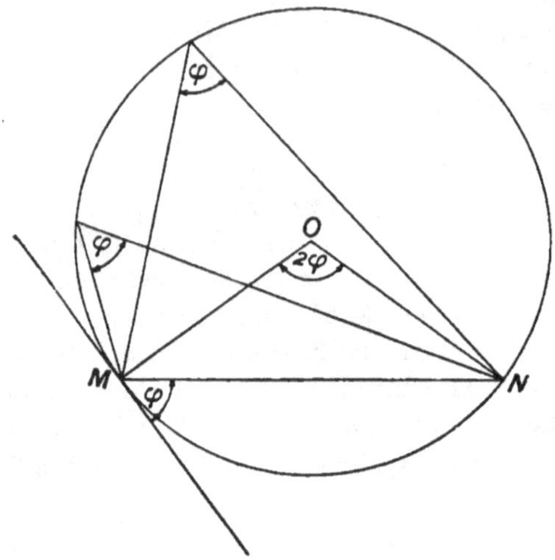

Fig. 35.

Wenn nun ein Raumgitter, wie die bisherigen Betrachtungen von zwei ganz verschiedenen Gesichtspunkten aus gezeigt haben, von der in bestimmter Richtung einfallenden Strahlung nur Strahlen von ganz bestimmten Wellenlängen abbeugt, so läßt sich eine vollständige Abbeugung eines engen Bündels paralleler Strahlen offenbar nur derart erzielen, daß das Raumgitter gedreht wird. In der Tat gelingt dann eine vollkommene spektrale Auflösung auf Grund einfacher geometrischer Beziehungen.

Um diese Beziehungen abzuleiten, gehen wir von dem bekannten elementaren Satze aus, daß alle Peripheriewinkel, die in einem Kreise über derselben Sehne liegen, gleich groß sind und wiederum dem Tangentialwinkel gleich sind, den die in einem Endpunkt der Sehne an den Kreis gelegte Tangente mit der Sehne einschließt[3] (Fig. 35). Wir betrachten nun (Fig. 36) eine Netzebene, auf die im Punkte O unter einem Gleitwinkel ϑ ein enges Strahlenbündel auftreffe, das von einem Spalte R ausgehe. Wenn die Lage der Ebene durch die Gerade AA' angedeutet ist, so ist also

$$(14) \qquad \sphericalangle\, ROA' = \vartheta\,.$$

Wir konstruieren einen Kreis, der die Strecke RO als Sehne habe und zugleich die Gerade AA' im Punkte O berühre.

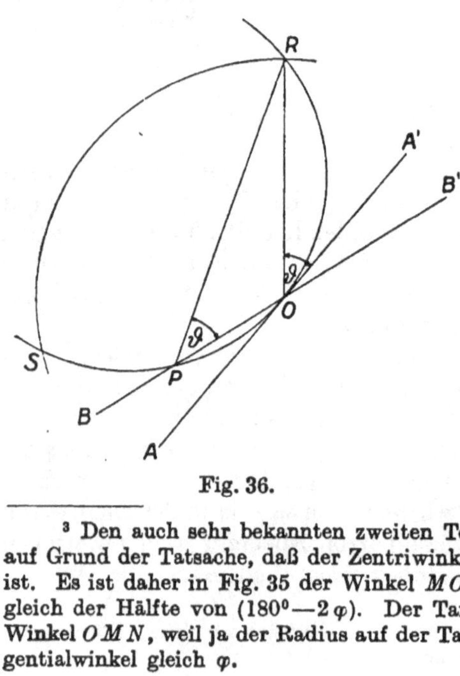

Fig. 36.

Durch Drehung des Raumgitters um eine zu der Figurenebene senkrechte Achse soll nun

[3] **Den auch sehr bekannten zweiten Teil des Satzes beweist man am einfachsten auf Grund der Tatsache, daß der Zentriwinkel doppelt so groß wie der Peripheriewinkel ist. Es ist daher in Fig. 35 der Winkel MON gleich 2φ und somit der Winkel OMN gleich der Hälfte von $(180^0 - 2\varphi)$. Der Tangentialwinkel ist aber komplementär zum Winkel OMN, weil ja der Radius auf der Tangente senkrecht steht. Daher ist der Tangentialwinkel gleich φ.**

die Netzebene aus der Lage AA' in die Lage BB' übergehen. Die Gerade BB' möge den Kreis im Punkte P schneiden. Dann ist der Winkel RPO als Peripheriewinkel über der Sehne RO nach dem früher angegebenen Satze gleich dem Tangentialwinkel ROA'. Es ist also auch

$$(15) \qquad \sphericalangle RPO = \vartheta .$$

Einem bestimmten Werte des Gleitwinkels entspricht aber nun bei gegebener Ordnungszahl n nach Gl. 13 auch ein bestimmter Wert der Wellenlänge.

Wenn das Raumgitter gedreht wird, so wandert also der Punkt der Netzebene, in dem die Reflexion eines Strahles von bestimmter Wellenlänge erfolgt, entlang dem Kreise fort, der durch die Punkte R und O geht und im Punkte O die Gerade AA' berührt, die mit der Strecke RO den Winkel ϑ einschließt. Der Strahl von bestimmter Wellenlänge gleitet derart, während die Netzebene gedreht wird, entlang der Ebene, wodurch sich die Bezeichnung „Gleitwinkel" erklärt.

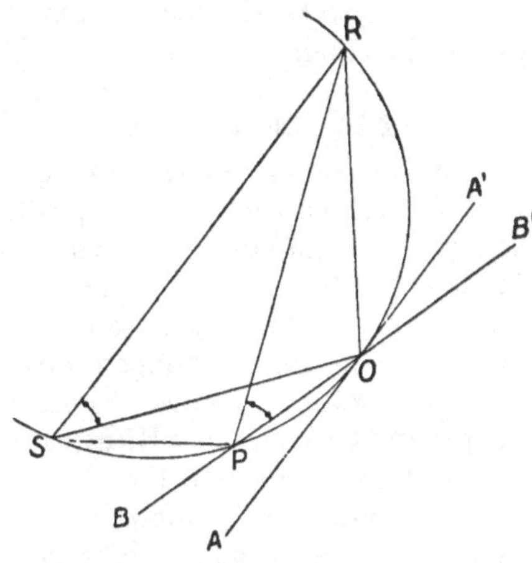

Fig. 37.

Wir konstruieren nun (Fig. 36) um O als Mittelpunkt einen zweiten Kreis, der die Strecke OR zum Halbmesser habe. Dieser zweite Kreis schneide den ersten Kreis ROP in einem Punkte S. Es läßt sich dann leicht zeigen, daß jeder Strahl, der auf der Netzebene unter einem Gleitwinkel ϑ auftrifft, nach der Zurückwerfung durch den Punkt S hindurchgehen muß, welche Lage auch immer die Netzebene im Augenblicke der Reflexion einnimmt.

Es ist nämlich (Fig. 37) der Winkel OSR als Peripheriewinkel über der Sehne OR gleich dem Winkel RPO; es ist also nach Gl. 15

$$(16) \qquad \sphericalangle OSR = \vartheta .$$

Nun ist aber SOR ein gleichschenkliges Dreieck, und daher folgt aus Gl. 16 für den Scheitelwinkel dieses Dreiecks

$$(17) \qquad \sphericalangle SOR = 180^0 - 2\vartheta$$

und somit mit Rücksicht auf Gl. 14

$$(18) \qquad \sphericalangle SOA = \vartheta ;$$

d. h. der Strahl, der im Punkte O von der Netzebene in der Lage AA' reflektiert wird, geht nach der Reflexion durch den Punkt S hindurch.

Nun sind aber die Winkel SOR und SPR Peripheriewinkel über derselben Sehne SR. Es ist daher nach Gl. 17 auch

$$\sphericalangle SPR = 180^0 - 2\vartheta \tag{19}$$

und somit mit Rücksicht auf Gl. 15

$$\sphericalangle SPB = \vartheta\,. \tag{20}$$

Der Strahl, der im Punkte P von der Netzebene in der Lage BB' reflektiert wird, geht also nach der Reflexion ebenfalls durch den Punkt S hindurch; und da die Lage BB' eine ganz beliebige Lage der Netzebene ist, so muß somit jeder Strahl, der, von dem Punkte R kommend, von der durch den Punkt O hindurchgehenden Netzebene unter einem Winkel ϑ reflektiert wird, nach der Reflexion durch den Punkt S hindurchgehen. Bei gegebener Ordnung der Abbeugung entspricht aber jedem Gleitwinkel ein ganz bestimmter Wert der Wellenlänge. Es werden daher bei der Drehung des Raumgitters alle Strahlen von gleicher Wellenlänge, wie man zu sagen pflegt, in einem und demselben Punkte „fokussiert".

§ 37. Die Interferenz der Röntgenstrahlen in den Kristallen.

Wenn die Kristalle die Struktur von Raumgittern besitzen und ihre Gitterkonstanten zwar größer, jedoch nicht wesentlich größer sind als die Wellenlängen von Röntgenstrahlen, so müssen diese Strahlen in den Kristallen durch Interferenz abgebeugt werden, und zwar nach den Gesetzmäßigkeiten, die in den letzten Abschnitten durch rein geometrische Betrachtungen abgeleitet wurden; denn die den Gitterpunkten entsprechenden Atome müssen offenbar gegenüber den elektromagnetischen Wellen als Beugungszentren wirken. Der experimentelle Nachweis einer durch Kristalle hervorgerufenen Röntgenstrahlinterferenz muß somit einerseits die Gitterstruktur der Kristalle beweisen, andererseits aber auch die schon früh geäußerte Vermutung bestätigen, daß die Röntgenstrahlen elektromagnetische Wellen sind, deren Wellenlänge ungefähr von der Größenordnung 10^{-9} cm ist.

Von diesen Gedanken ausgehend, hat Laue im Jahre 1912 zuerst die Wirkung der Kristalle auf Röntgenstrahlen untersucht und in der Tat die vermuteten Erscheinungen experimentell nachgewiesen. Bei diesen Versuchen, die Laue in Gemeinschaft mit Friedrich und Knipping durchführte, wurde aus der Strahlung einer Röntgenröhre durch Bleiblenden mit verstellbaren Spalten ein schmales, paralleles Strahlenbündel ausgesondert. Es fiel auf eine Kristallplatte, die eine Länge und Breite von etwa 1 cm und eine Dicke von etwa $^1/_2$ mm hatte. Einige Zentimeter hinter dem Kristall war eine photographische Platte aufgestellt.

Von einem ruhenden Raumgitter werden aber nun aus einem einfallenden parallelen Strahlenbündel Strahlen nur nach ganz bestimmten Richtungen abgebeugt, die außer von der Einfallsrichtung nur von den drei Ordnungszahlen der Abbeugung abhängen. (Welche diese Richtungen sind,

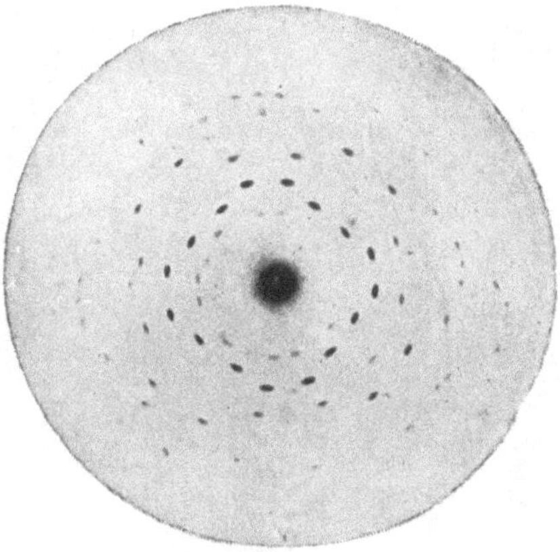

Fig. 38.

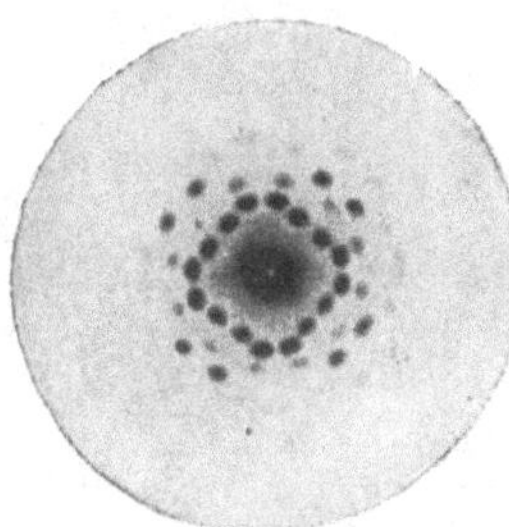

Fig. 39.

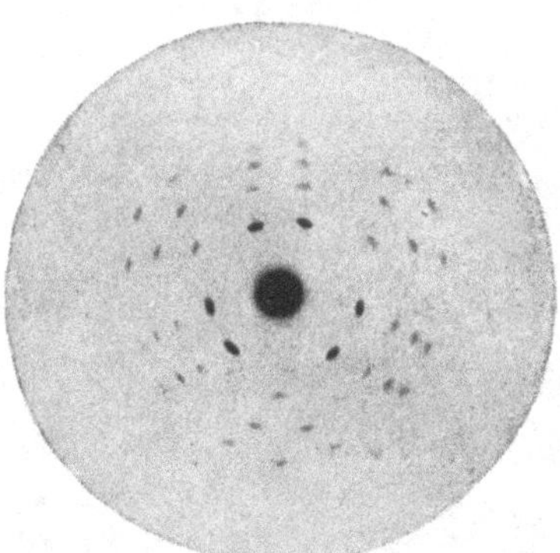

Fig. 41.
Laue-Photogramme.

Walter de Gruyter & Co., Berlin und Leipzig.

zeigen die Gl. 8 des § 35, in denen für λ der Wert aus der Gl. 9 des § 35 einzusetzen ist.) Die Stellen, an denen die Richtungen dieser abgebeugten Strahlen die Ebene der photographischen Platte durchsetzen, müssen daher auf der Platte geschwärzt erscheinen.

In der Tat zeigte das Experiment diese Erscheinung. Die Fig. 38 und 39 (auf Tafel II) geben die sogenannten LAUE-Photogramme wieder, die mit einem Kristall aus Zinkblende (ZnS) gewonnen wurden. Die Entfernung der Platte von dem Kristall betrug bei der durch Fig. 38 wiedergegebenen Aufnahme 3,5 cm, hingegen bei der durch Fig. 39 wiedergegebenen Aufnahme nur 1 cm. Deshalb erscheinen in dem zweiten Photogramm die Flecken dichter zusammengedrängt.

Bei beiden Aufnahmen fielen die Strahlen senkrecht auf eine Würfelfläche auf. Sie hatten also die Richtung einer Würfelkante, und dadurch erklärt sich auch die in den Photogrammen wahrnehmbare vierzählige Symmetrie. Man bezeichnet nämlich eine Symmetrieachse eines Kristalls als n-zählig, wenn bei einer völligen, 360° umfassenden Drehung um diese Achse n mal ein Element der Begrenzung des Kristalls an die Stelle eines (in geometrischer Hinsicht) gleich beschaffenen Flächenelementes gelangt. Man erkennt nun leicht, daß in einem regulären Kristall jede Würfelkante eine vierzählige Symmetrieachse darstellt. Durch jede Würfelkante lassen sich daher vier Symmetrieebenen legen, deren Schnittlinien mit einer zu der Würfelkante senkrechten Ebene durch Fig. 40 dargestellt sind; von den Schnittlinien sind zwei wiederum Würfelkanten und zwei Flächendiagonalen. Die Photogramme weisen daher auch eine vierzählige Symmetrie auf, wofern das einfallende Strahlenbündel senkrecht zu einer Würfelfläche auftrifft; die Photogramme haben, entsprechend der Fig. 40, vier Symmetrielinien, und daher treten alle Flecke (wofern sie nicht gerade auf einer Symmetrielinie liegen) achtfach auf. In der Tat zeigen dies die Fig. 38 und 39. Fällt der Strahl senkrecht auf eine aus einem regulären Kristall herausgeschnittene Oktaederfläche auf, so hat er, wie die nähere geometrische Betrachtung zeigt, worauf jedoch hier nicht näher eingegangen werde, die Richtung einer räumlichen Würfeldiagonale, die eine dreizählige Symmetrieachse ist. Eine derart gewonnene Aufnahme stellt die Fig. 41 (auf Tafel II) dar, in der die Flecken sechsfach auftreten.

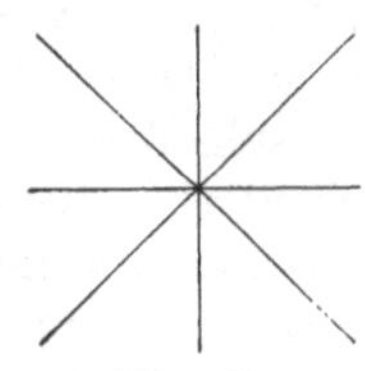

Fig. 40.

Aus den LAUE-Photogrammen vermochten nun im Jahre 1913 W. H. und W. L. BRAGG (Vater und Sohn) höchst bedeutungsvolle Schlüsse über die Struktur der Kristalle zu ziehen. Wenn auch der raumgitterartige Charakter der Kristalle zweifellos erwiesen war, so mußte doch, bevor die Kristalle tatsächlich zur exakten Wellenlängenmessung verwendet werden konnten, wenigstens für einen Kristall die genaue Gitterstruktur ermittelt werden, und hierbei galt es zwei Fragen zu lösen.

Die erste Frage ist die nach einer etwaigen Zentrierung der Raumgitter. Ein kubisches Gitter kann entweder nicht zentriert sein oder aber raumzentriert oder endlich flächenzentriert. Die Symmetrieverhältnisse sind in allen drei Fällen dieselben. Ein kubisches Gitter (wie es in den §§ 35 und 36 betrachtet wurde) wird raumzentriert, wenn in allen Elementarwürfeln, die die Gitterkonstante zur Kantenlänge haben, noch ein weiterer Gitterpunkt in die räumliche Mitte des Würfels gesetzt wird; jeder Elementarwürfel enthält also dann neun Gitterpunkte statt acht. Wird hingegen die Raummitte freigehalten, während die Mitten der sechs Würfelflächen mit Gitterpunkten besetzt werden (Fig. 42), so ergibt sich ein flächenzentriertes Gitter.

Fig. 42.

Die zweite fundamentale Frage der Kristallstruktur ist dadurch hervorgerufen, daß die meisten Kristalle aus verschiedenen Atomsorten zusammengesetzt sind, so z. B. Steinsalz aus Natrium- und aus Chloratomen. Es konnte wohl vermutet werden, daß die Atome jeder Art für sich ein Raumgitter bilden; aber die Frage war noch ungelöst, wie die verschiedenen Raumgitter im Kristall ineinander gefügt sind.

Durch sehr geistvolle Überlegungen, auf die hier jedoch nicht näher eingegangen werden möge[1], vermochten nun W. H. und W. L. Bragg für zahlreiche Kristalle diese Fragen durch Untersuchung der Laue-Photogramme zu beantworten. Die Anordnung und Zahl der Interferenzflecke ist nämlich verschieden, je nachdem ob und wie die Raumgitter zentriert sind. Die wechselseitige Lage der ineinandergefügten Raumgitter der verschiedenen Atomarten konnte aber wieder auf Grund der Tatsache ermittelt werden, daß das Verhalten eines Atoms gegenüber den Röntgenstrahlen von der Zahl der im Atom enthaltenen Elektronen, also, wie man ungefähr auch sagen kann, von dem Atomgewicht abhängt. Eine Netzebene von Atomen reflektiert daher die Röntgenstrahlen in verschiedener Weise, je nachdem ob die beiden Atomarten ein ungefähr gleiches oder ein sehr verschiedenes Atomgewicht haben. Daher müssen auch trotz vermutlich gleicher Kristallstruktur z. B. die verschiedenen Alkalihalogenide etwas abweichende Laue-Photogramme aufweisen. Denn während z. B. bei Kaliumchlorid (Sylvin) die beiden Atomgewichte nur wenig voneinander abweichen (39 und 35,5), sind sie bei Kaliumbromid voneinander sehr verschieden (39 und 80). Eine Vergleichung der Photogramme verschiedener Alkalihalogenide ließ so die Struktur der Kristalle dieser Verbindungen erkennen. Von den allgemeinen Ergebnissen der Kristallanalyse soll noch in einem späteren Abschnitt die Rede sein; einstweilen möge nur die Struktur der Alkalihalogenide angegeben werden, weil zu ihnen das Steinsalz (NaCl) gehört, das vor allem zur Messung der Wellenlängen der Röntgenstrahlen verwendet wurde.

[1] Vgl. etwa P. Ewald, Kristalle und Röntgenstrahlen, Berlin, Springer, 1923.

Im Steinsalzkristall bilden die Atome, wenn man von der Verschiedenheit der Na- und Cl-Atome zunächst absieht, ein nicht zentriertes, kubisches Gitter im Sinne der Betrachtungen der früheren Abschnitte (§§ 35 und 36). Es bilden nämlich die Na-Atome für sich ein flächenzentriertes Gitter und ebenso die Cl-Atome, und die beiden Gitter sind derart ineinander gefügt, daß die Punkte des einen Gitters in die Kantenmitten des anderen Gitters fallen (Fig. 43, wo die beiden Atomarten durch helle und dunkle Kreise unterschieden sind).

Sobald die Struktur des Steinsalzkristalls bekannt ist, läßt sich aber nun ohne weiteres der Netzebenenabstand für eine Würfelfläche als Netzebene berechnen. Nennen wir diesen Abstand d, so erscheint ein Würfel von der Kantenlänge d mit insgesamt acht Atomen besetzt, die sich in seinen Ecken befinden. Da aber andererseits jeder Eckpunkt acht Würfeln angehört, die in diesem Endpunkt zusammenstoßen, so ist die Zahl der in einem Kubikzentimeter enthaltenen Atome

(1) $$Z = \frac{1}{d^3} \cdot$$

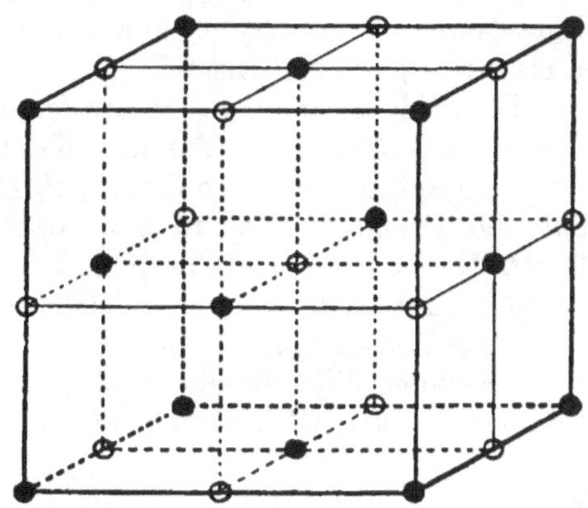

Fig. 43. Struktur des Steinsalzkristalls.

Andererseits ist, wenn wir das sogenannte Molekulargewicht des Steinsalzes mit M, seine Dichte mit ϱ und die Loschmidtsche Zahl mit L bezeichnen,

(2) $$\varrho = \frac{M}{L} \cdot \frac{Z}{2} \cdot$$

Durch Zwei muß deshalb noch dividiert werden, weil ja erst zwei Atome zusammengenommen (je ein Na- und je ein Cl-Atom) die Masse haben, die dem durch die Loschmidtsche Zahl dividierten Molekulargewicht gleich ist. Die Kombination der Gl. 1 und 2 ergibt für den Netzebenenabstand die Beziehung[2]

(3) $$d = \sqrt[3]{\frac{M}{2 L \varrho}} \cdot$$

Nun ist das sogenannte Molekulargewicht des NaCl als Summe der Atomgewichte von Na (23,00) und Cl (35,46)

(4) $$M = 58{,}46 \,.$$

Für die Dichte des Steinsalzes haben sehr genaue Messungen den Wert ergeben

(5) $$\varrho = 2{,}164 \,.$$

[2] Bei anderer Gitterstruktur wäre natürlich der Zahlenfaktor in der Gl. 3 ein anderer.

Hieraus folgt nach Gl. 3 (und Gl. 6 des § 2)

$$d = 2{,}814 \cdot 10^{-8}\,\text{cm}\,. \tag{6}$$

Dieser Wert ist mit einer Genauigkeit von etwa $^1/_3\%_0$ ermittelt worden, wobei die Unsicherheit vor allem durch die LOSCHMIDTsche Zahl bedingt ist. Da aber andererseits röntgenspektroskopische Messungen mit einer viel größeren Genauigkeit vorgenommen werden können, so wurde ihnen ein Idealwert von d mit $2{,}81400 \cdot 10^{-8}$ cm zugrunde gelegt.

Sobald nun eine fundamentale Konstante der Kristalltheorie bekannt ist, ist auch eine exakte Wellenlängenmessung bei den Röntgenstrahlen möglich. Dies gelingt am einfachsten mittels der von W. H. und W. L. BRAGG im Jahre 1913 ersonnenen Methode des Drehkristalls. Diese Methode gründet sich einerseits auf das in dem vorhergehenden Abschnitt abgeleitete und ebenfalls von W. H. und W. L. BRAGG stammende Gesetz der Netzebenenreflexion, andererseits auf die Tatsache, daß für die Kristallreflexion der Röntgenstrahlen praktisch lediglich die Schar von Netzebenen in Betracht kommt, die der Begrenzungsfläche des Kristalls parallel ist[3].

Es wird daher mittels einer feinen Bleiblende ein ganz enges Bündel von Röntgenstrahlen auf einen Kristall gelenkt, der auf einem um eine vertikale Achse drehbaren Goniometertisch aufmontiert ist, und zwar derart, daß die Drehungsachse in der vorderen Begrenzungsfläche des Kristalls liegt[4]. Der Kristall wird durch ein Uhrwerk oder mit der Hand ganz langsam gedreht. Strahlen von der Wellenlänge λ werden dann (nach Gl. 13 des § 36) nur unter ganz bestimmten Gleitwinkeln reflektiert, nämlich nur unter solchen Winkeln, die für ganzzahlige (und niedrige) Werte der Ordnungszahl n der Gleichung genügen

$$2\,d \sin\vartheta = n\,\lambda\,. \tag{7}$$

Bei der Drehung gleitet der Strahl entlang der Kristallfläche, was gegenüber einer feststehenden Lage des Kristalls auch den Vorteil hat, daß sich die störenden Wirkungen der unvermeidlichen Fehler der Kristallfläche dabei ausgleichen.

In den Punkten eines Kreises, dessen Mittelpunkt in der Drehungsachse liegt und der durch die Stelle des Spaltes hindurchgeht, werden nun, wie aus den geometrischen Betrachtungen des § 36 folgt, Strahlen gleicher Wellenlänge fokussiert. Wird daher entlang diesem Kreise ein photographischer Film angebracht und enthält die Strahlung nur Strahlen von bestimmten Wellenlängen, so muß sich auf dem Film ein Linienspektrum abbilden, und zwar in mehrfacher Ordnung. Das Spektrum

[3] Die Begrenzungsfläche ist natürlich immer selbst eine Netzebene.

[4] Bei einer Anordnung, die von SEEMANN stammt, wird eine scharfe Schneide unmittelbar auf ein möglichst fehlerfreies Stück der Kristallfläche aufgesetzt. Schneide und Kristallfläche bilden dann zusammen einen feinen Spalt.

erster Ordnung ist ohne weiteres dadurch zu erkennen, daß es ungleich intensiver ist als das der zweiten Ordnung, welches wiederum an Intensität das Spektrum dritter Ordnung übertrifft, und so fort.

Im allgemeinen wird nur das Spektrum erster Ordnung benutzt. Die Wellenlängen der in ihm enthaltenen Linien lassen sich aber ohne weiteres angeben, indem man gemäß der Gl. 7 (in der $n = 1$ gesetzt wird) eine Skala der Wellenlängen aufträgt. Statt des Steinsalzkristalls kann natürlich auch ein ganz beliebiger anderer Kristall, auch von ganz unbekannter Struktur, verwendet werden, wofern nur eine Linie mit Sicherheit identifiziert werden kann. Ein Vergleich der Lage dieser Linie in den Skalen beider Kristalle ermöglicht dann ohne weiteres die Umrechnung aus der Skala des benutzten Kristalls in die des Steinsalzes.

Mittels der photographischen Methode läßt sich eine spektroskopische Messungsgenauigkeit bis zu dem etwa millionten Teil des gemessenen Wertes erreichen. Mit dieser Genauigkeit lassen sich nämlich die Wellenlängen verschiedener Linien vergleichen, und deshalb ist auch die früher angegebene Idealisierung der nicht so genau bestimmbaren Steinsalzkonstante notwendig. Die photographische Methode stammt von Maurice de Broglie (1913); W. H. und W. L. Bragg arbeiteten noch mit einem sogenannten Ionisationsspektrometer. Dieses besteht aus einem mit Gas gefüllten Bleizylinder, der mit einem dünnen Spalt versehen ist, durch den Röntgenstrahlen in das Gas eindringen können. Der Zylinder wird entlang dem Kreise, in dem die Fokussierung der Strahlen gleicher Wellenlänge stattfindet, dem Kristall nachgedreht, und zwar so, daß der Spalt immer auf dem Kreise bleibt. Durch etwa einfallende Strahlen wird das Gas ionisiert und erhält dadurch eine genau meßbare Leitfähigkeit. Die Ionisationsmethode ist später sehr vervollkommnet worden und wird vor allem zu Intensitätsmessungen in den Röntgenspektren verwendet, weil die Intensität der Röntgenstrahlen der genau meßbaren Ionisierung ziemlich proportional ist. Im übrigen lassen sich auch nach der vervollkommneten Ionisierungsmethode Wellenlängen mit einer Genauigkeit von etwa ein Zehntausendstel bestimmen.

Betrachten wir nun einen kleinen Spektralbereich, der von einer Wellenlänge λ bis zu einer Wellenlänge $\lambda + \Delta\lambda$ reiche, so ist die spektrale Auflösung dieses Bereiches durch den Differenzenquotienten $\Delta\vartheta / \Delta\lambda$, also näherungsweise durch den Differentialquotienten gegeben. Nun folgt aus Gl. 7

$$\frac{d\vartheta}{d\lambda} = \frac{n}{2\,d\cos\vartheta}\,. \tag{8}$$

Das Auflösungsvermögen wächst also mit der Ordnungszahl, welcher Vorteil aber dadurch wieder wettgemacht wird, daß mit wachsender Ordnungszahl die Intensität rasch abnimmt. Immerhin werden enge Dubletts oft in zweiter, bisweilen sogar in dritter, vierter oder fünfter Ordnung gemessen.

Wie die Gl. 8 zeigt, nimmt im übrigen die Auflösung mit wachsendem Gleitwinkel ϑ zu, und sie wird besonders stark, wenn sich der Winkel ϑ dem Werte von 90^0 nähert, wenn also $\sin\vartheta$ nahezu gleich Eins wird. Dies ist aber nach Gl. 7 dann der Fall, wenn mit ziemlicher Annäherung der doppelte Netzebenenabstand einem ganzzahligen Vielfachen der Wellenlänge des aufzulösenden Bereiches gleich ist. Die Auflösung eines bestimmten kleinen Bereiches, etwa eines Dubletts, gelingt also am besten mittels eines Kristalls, der dieser Beziehung für eine möglichst kleine Ordnungszahl n genügt.

Die größte Wellenlänge, die durch einen Kristall überhaupt abgebeugt werden kann, ist nach Gl. 7, weil $\sin\vartheta$ nicht größer als Eins und n nicht kleiner als Eins sein kann, gleich dem doppelten Netzebenenabstand[5], bei dem Steinsalzkristall also ungefähr gleich $5{,}6\cdot10^{-8}$ cm. Zur Messung größerer Wellenlängen bedient man sich verschiedener Kristalle von größerem Netzebenenabstand, so des Gipses oder des Ferrocyankaliums, deren Netzebenenabstände $7{,}6\cdot10^{-8}$ bzw. $8{,}5\cdot10^{-8}$ cm betragen. Derart konnten Wellenlängen bis zu etwa 13000 X gemessen werden, schließlich mittels der Kristalle fester Fettsäuren Wellenlängen bis zu etwa 50000 X, während andererseits vom Ultraviolett her die Forschung bereits bis zu 21 Å vorgedrungen ist[6]. Neben dem Steinsalz wird zu Wellenlängenmessungen vor allem der Kalkspat verwendet, dessen Netzebenenabstand $3{,}029\cdot10^{-8}$ cm beträgt. Es sei noch bemerkt, daß weiche (also langwellige) Röntgenstrahlen von Gasen auch bei ziemlicher Verdünnung sehr stark absorbiert werden, und daß man deshalb bei Wellenlängenbestimmungen den ganzen Strahlengang im Vakuum verlaufen läßt.

Bei sehr harten Strahlen versagt die Methode des Drehkristalls. Die harten Strahlen dringen zu tief in die Kristalle ein und rufen dadurch starke Linienverbreiterungen hervor. Bei sehr harten Strahlen wird daher eine andere Methode benutzt, die RUTHERFORD und ANDRADE ausgebildet haben, um die Wellenlängen der besonders harten γ-Strahlen zu messen. Die Strahlung fällt unter einem weiten Öffnungswinkel auf eine dünne Kristallplatte. Die Strahlen werden (wenigstens bei einem regulären Kristall) vorwiegend von denjenigen Netzebenen reflektiert, die senkrecht zu der Kristallfläche sind, auf die die Strahlen fallen. Hinter dem ruhenden Kristall wird ein Spalt angebracht, der aus dem austretenden Strahlenbündel die Strahlen aussondert, die unter einem bestimmten Gleitwinkel reflektiert werden, also eine ganz bestimmte Wellenlänge haben. Mittels dieser Methode, auf deren Einzelheiten nicht näher eingegangen werde, wurden Wellenlängen bis etwa zu 50 X hinab gemessen.

---

[5] Ist die Begrenzungsfläche eines regulären Kristalls keine Würfelfläche, so ist der Netzebenenabstand kleiner als d.

[6] Vgl. H. ALFVEN u. H. V. SANNER, Nature *135*, 1935, S. 580.

Als wichtige Methode der Röntgenstrahlenanalyse sei endlich noch die der Kristallpulver erwähnt. Bei dieser Methode, die einerseits durch DEBYE und SCHERRER, andererseits durch HULL ausgebildet wurde, wird das zeitliche Nacheinander der Drehkristallmethode durch ein räumliches Nebeneinander ersetzt. Das Pulver besteht nämlich aus zahllosen, winzigen Kristallen, die in allen möglichen Orientierungen ungeordnet durcheinander liegen. Fällt daher ein enges Strahlenbündel auf ein mit dem Pulver gefülltes Röhrchen, so erfolgt die Reflexion unter allen möglichen Winkeln, so daß auch auf diese Weise eine spektrale Auflösung der einfallenden Strahlung herbeigeführt wird. Von besonderer Wichtigkeit ist diese Methode für die Zwecke der Kristallanalyse.

Die absoluten Wellenlängenmessungen an Röntgenlinien mittels optischer Gitter sind schon in einem früheren Abschnitt (§ 27) besprochen worden. Sie bieten natürlich auch umgekehrt gemäß Gl. 3 die Möglichkeit, durch exakte Bestimmung der Gitterkonstante die LOSCHMIDTsche Zahl sehr genau zu ermitteln. Messungen von BEARDEN[7] ergaben für die LOSCHMIDTsche Zahl den Wert

$$L = 6{,}02 \cdot 10^{23}$$

und dementsprechend für das elektrische Elementarquantum

$$e = (4{,}806 \pm 0{,}003) \cdot 10^{-10}.$$

Die Abweichungen von den anderweitig ermittelten Werten ($6{,}06 \cdot 10^{23}$ bzw. $4{,}768 \cdot 10^{-10}$) überragen jedesfalls die ermittelten Fehlergrenzen, ohne daß bisher eine völlige Aufklärung dieser Diskrepanzen möglich gewesen wäre. Denkbar wäre allerdings, daß sie auf Unvollkommenheiten der Kristalle beruhen, wodurch ein etwas zu kleiner Wert der LOSCHMIDTschen Zahl vorgetäuscht würde.

Bei der kontinuierlichen Röntgenstrahlung, die durch Bremsung von Kathodenstrahlen entsteht, ist die höchste Frequenz, die hervorgerufen werden kann, diejenige, die, mit dem elementaren Wirkungsquantum multipliziert, dem Produkt aus der Elektronenladung und der Röhrenspannung gleich ist. Die kontinuierliche Röntgenstrahlung muß somit nach der kurzwelligen Seite hin eine scharfe Grenze aufweisen, die sich mit wachsender Röhrenspannung in der Richtung abnehmender Wellenlängen verschiebt, und zwar gemäß der universellen Beziehung zwischen Wellenlänge und Spannung (Gl. 2 des § 8). Daß in der Tat diese Beziehung auf das genaueste erfüllt ist, haben Messungen von DUANE und HUNT gezeigt, die sich über einen Bereich von einigen tausend bis zu einigen hunderttausend Volt erstreckten. Die Genauigkeit ist sogar so groß, daß auf Grund dieses Verschiebungsgesetzes das elementare Wirkungs-

[7] J. A. BEARDEN, Phys. Rev. *37*, 1931, S. 210.

quantum von DUANE und seinen Mitarbeitern exakt bestimmt werden konnte. Die Vervollkommnung der Methode durch FEDER[8] führte zu dem Werte

$$h = (6{,}547 \pm 0{,}003) \cdot 10^{-27} \text{ erg. sec.}$$

§ 38. Die Verwandtschaft zwischen Elektronenstrahlen und Röntgenstrahlen.

Wenn die Vorstellung der Materiewellen richtig ist, so müssen ähnliche Erscheinungen, wie sie bei den Röntgenstrahlen beobachtet werden, auch bei Elektronenstrahlen feststellbar sein, für die die äquivalente Spannung zwischen etwa 10 und 100 000 Volt liegt.

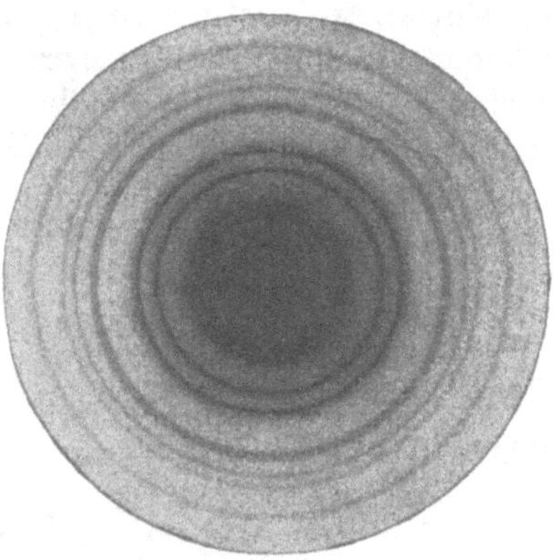

Fig. 44.

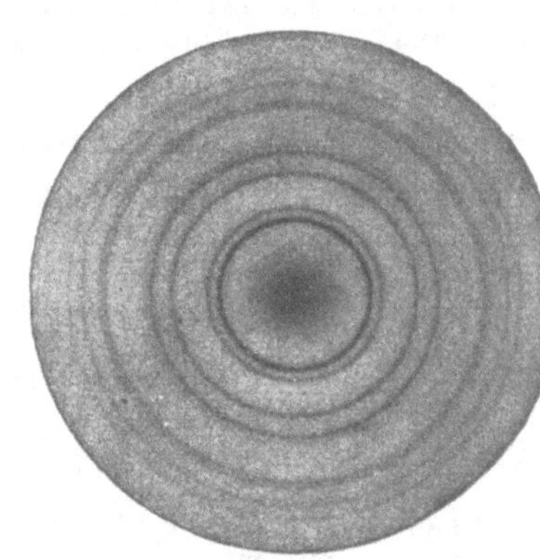

Fig. 45.

Elektronen-Interferenzen an Silber und Aluminium nach MARK und WIERL.

Denn diesen Spannungen entsprechen Geschwindigkeiten zwischen ungefähr 10^8 und 10^{10} cm/sec und somit charakteristische Wellenlängen zwischen etwa 10^{-7} und 10^{-9} cm.

In der Tat vermochten im Jahre 1927 DAVISSON und GERMER[1] zu zeigen, daß Elektronenstrahlen, die auf Kristalle auftreffen, von diesen in ganz ähnlicher Weise wie Röntgenstrahlen zur Interferenz gebracht werden können. DAVISSON und GERMER richteten ein schmales Elektronenbündel senkrecht gegen eine kleine, aus einem Nickel-Einkristall geschnittene Scheibe und untersuchten mittels eines Galvanometers die Abhängigkeit der Streuintensität der Elektronen von der Richtung. Sie konnten für bestimmte Richtungen scharf ausgebildete Maxima feststellen und auch zeigen, daß diese Richtungen mit denjenigen übereinstimmen, in denen von den Kristallen Röntgenstrahlen reflektiert würden, wofern man sich die bekannte Struktur des Nickelkristalls in einer zu

[8] H. FEDER, Ann. d. Phys. *1*, 1929, S. 497.

[1] C. J. DAVISSON und L. H. GERMER, Phys. Rev. *30*, 1927, S. 705.

dem primären Elektronenstrahl parallelen Richtung in einem Verhältnis zusammengezogen denkt, das zwischen 0,7:1 und 0,9:1 liegt. Berechnet man andererseits aus den Beugungserscheinungen die DE BROGLIEschen Wellenlängen, so findet man diese in der Tat gleich dem elementaren Wirkungsquantum, gebrochen durch das Produkt aus Masse und Geschwindigkeit. Das Auftreten des vorhin erwähnten Kontraktionsfaktors erklärt sich dadurch, daß die Materiewellen infolge der starken Anziehungskräfte, die das Atomgitter auf die Elektronen ausübt, nicht nur gebeugt, sondern auch sehr stark gebrochen werden; infolgedessen ist die Geschwindigkeit der Elektronen innerhalb des Kristalls durchwegs größer, die Wellenlänge also kleiner als vor dem Auftreffen auf den Kristall[2].

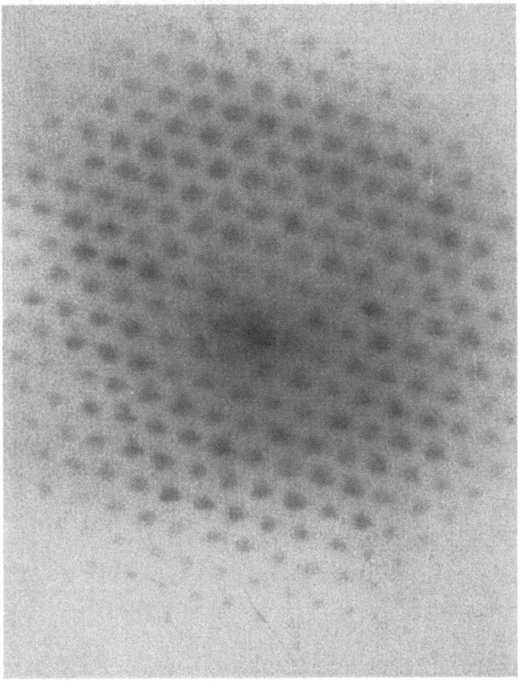

Fig. 46. Beugung von Elektronenstrahlen an Glimmerblättchen. (Nach S. KIKUCHI, Jap. Journ. of Physics *5*, 1928, S. 83.)

Eine bedeutungsvolle Ergänzung der Versuche von DAVISSON und GERMER stellen Experimente von G. P. THOMSON[3] dar, der sehr rasch bewegte Elektronen von Spannungen zwischen 20000 und 30000 Volt durch sehr dünne Folien von Gold und anderen Metallen hindurchsandte. Die Photographien von THOMSON zeigten dieselben eigentümlichen Beugungsringe, wie sie schon viel früher DEBYE und SCHERRER erhalten hatten, als sie sehr harte Röntgenstrahlen von etwa derselben Wellenlänge (ungefähr 10^{-9} cm) durch dünne Metallblättchen beugen ließen. THOMSON konnte auch aus seinen mit Kathodenstrahlen gewonnenen Aufnahmen die Gitterkonstanten der benutzten Metalle berechnen, und er erhielt in der Tat dieselben Werte, wie sie seinerzeit auf

---

[2] Es ist bemerkenswert, daß bereits im Jahre 1923 DAVISSON und KUNSMAN feststellten, daß langsame Elektronen an Metalloberflächen selektiv reflektiert werden (Phys. Rev. *22*, 1923, S. 243).

[3] G. P. THOMSON, Proc. Roy. Soc. London (A) *117*, 1928, S. 600.

Grund von Röntgenstrahlenaufnahmen ermittelt worden waren. Da sehr schnelle Elektronen keine merkliche Brechung erfahren, sind bei den THOMSONschen Versuchen diejenigen Schwierigkeiten vermieden, die sich bei den DAVISSON-GERMERschen Experimenten aus der Kontraktion ergeben.

Durch spätere Versuche verschiedener Forscher erscheint die DE BROGLIEsche Beziehung gegenwärtig für einen Bereich von etwa 50—300 000 Volt experimentell vollkommen bestätigt. Die Genauigkeit beläuft sich auf etwa 1%, innerhalb eines besonders sorgfältig von PONTE[4] durchforschten Teilbereiches um 15000 Volt sogar auf $0{,}3\%$. Als Beispiele zeigen die Figg. 44 und 45 nach MARK und WIERL Photographien von Elektroneninterferenzen an Metallfolien aus Silber und Aluminium. Besonders schöne Aufnahmen erzielte KIKUCHI, indem er Elektronenstrahlen an dünnen Glimmerblättchen zur Beugung brachte und damit Bilder erhielt, die durchaus den durch optische Flächengitter erzeugten entsprechen (Fig. 46).

An Protonenstrahlen konnte DEMPSTER[5] Beugungserscheinungen bei der Reflexion an Kristallen nachweisen. Der analoge Nachweis für Molekularstrahlen ist zuerst ESTERMANN und STERN[6] gelungen.

---

[4] M. PONTE, Compt. rend. Acad. Paris *188*, 1929, S. 244.

[5] A. J. DEMPSTER, Phys. Rev. *35*, 1930, S. 298.

[6] J. ESTERMANN und O. STERN, Zeitschr. f. Phys. *61*, 1930, S. 95.

V. Kapitel.

Die Atomkerne.

§ 39. Die Isotopie.

Die Stellung eines Grundstoffes im periodischen System hängt, wie die bisherigen Betrachtungen gezeigt haben, lediglich von seiner Kernladung ab; andererseits müssen wir wohl annehmen, daß die Kerne der Grundstoffe selbst zusammengesetzt sind. Es müßten daher zwei Atome auch bei verschiedener Beschaffenheit der Kerne dennoch das gleiche chemische Verhalten zeigen, wofern nur die resultierende Kernladung in beiden Fällen dieselbe ist. Es ergibt sich so die Möglichkeit, daß zwei Stoffe trotz verschiedenen Atomgewichtes und trotz verschiedener Kernstruktur dennoch in ihren chemischen und in vielen wesentlichen physikalischen Eigenschaften derart übereinstimmen, daß sie in der Tat nur verschiedene Arten eines und desselben Elementes darstellen.

Die erste derartige Erscheinung, die den Physikern auffiel, war die Untrennbarkeit gewisser radioaktiver Elemente. Waren beispielsweise die Salze von Thorium und von Ionium (der Muttersubstanz des Radiums) irgendwie miteinander vermengt worden, so erwies es sich als völlig unmöglich, sie später durch irgendwelche Methoden voneinander zu trennen; überdies zeigte es sich aber auch, daß die Spektren von Thorium und Ionium vollkommen miteinander übereinstimmen. Ebenso erwiesen sich Radium und Mesothorium I als voneinander nicht trennbar und ferner auch Blei und Radium D (vgl. § 44).

Alle diese Fälle zeigten, daß Stoffe von verschiedenem radioaktiven Verhalten doch in chemischer und auch in physikalischer Hinsicht fast identisch sein können, und auf diese Erkenntnis gründete zuerst im Jahre 1910 Soddy die Auffassung, daß auch die inaktiven (also nicht radioaktiven) Elemente Gemische mehrerer, chemisch nicht trennbarer Arten darstellen könnten. Soddy wies auch bereits darauf hin, daß durch diese Annahme eine große Schwierigkeit, die damals für die Atomtheorie noch bestand, gegenstandslos würde, nämlich die Abweichungen der Atomgewichte von den ganzen Zahlen.

Wenn tatsächlich die Atomkerne aus einheitlichen Bausteinen aufgebaut sind, neben deren Masse die Masse der Elektronen vernachlässigt werden kann, dann müßten natürlich alle Atomgewichtszahlen ganzzahlig sein. Wenn dies nun auch bei vielen Elementen und gerade bei den häufigsten der Fall ist, so sind doch bei anderen Elementen, wie bei Chlor, die Abweichungen von der Ganzzahligkeit so bedeutend, daß sie mit jener notwendigen Folgerung der Atomtheorie zunächst nicht in Einklang gebracht werden konnten. Diese Schwierigkeit entfällt aber, wenn die Grundstoffe gemäß der Annahme von SODDY Mischelemente sind. Denn dann würde dem sogenannten Atomgewicht nur die Bedeutung eines Durchschnittsgewichtes zukommen, während seine Konstanz wiederum ihre Erklärung in der Tatsache finden würde, daß ein einmal (z. B. zur Zeit des gasförmigen Zustandes der Erde) hergestelltes Mischungsverhältnis infolge der Untrennbarkeit der vermengten Atome dauernd bestehen bleiben müßte.

Diese von SODDY im Jahre 1910 entwickelte Anschauung fand eine experimentelle Bestätigung durch den von J. J. THOMSON im Jahre 1913 mittels der Kanalstrahlanalyse erbrachten Nachweis, daß das Edelgas Neon in der Tat aus zwei Atomarten von verschiedenem Atomgewicht (20 und 22) zusammengesetzt ist. Im Jahre 1914 bestätigten genauere Messungen auch die Richtigkeit der von SODDY geäußerten Vermutung, daß sich das Atomgewicht des Bleis mit verschiedenen Werten ergeben müsse, je nachdem, ob es sich um „gewöhnliches" Blei handelt oder um Blei, das aus Uranmineralien, oder schließlich um Blei, das aus Thoriummineralien gewonnen ist. (Wie in § 44 gezeigt werden wird, wandelt sich sowohl Uran als auch Thorium allmählich in Blei um.) Während sich nun das Atomgewicht des gewöhnlichen Bleis zu 207,21 ergibt, hat man in der Tat bei Blei aus Uranmineralien Atomgewichte bis hinab zu 206,05, bei Blei aus Thoriummineralien bis hinauf zu 207,9 gemessen[1]. Für Stoffe, die bei gleichem chemischen Verhalten ein verschiedenes Atomgewicht aufweisen, wurde bald die Bezeichnung als Isotope allgemein üblich[2].

Die eigentliche Erforschung der Isotopen begann aber erst, als im Jahre 1919 ASTON die Kanalstrahlenanalyse durch einen schon erwähnten Kunstgriff (vgl. § 4) zur sogenannten Massenspektroskopie ausgestaltete. Mittels der neuen Methode konnte ASTON zunächst genauer nachweisen, daß in der Tat das Edelgas Neon aus zwei Isotopen von den ganzzahligen Atomgewichten 20,0 und 22,0 besteht. Er konnte bald darauf auch zeigen, daß das Chlor, dessen Abweichung von der Ganzzahligkeit stets als besonders störend empfunden worden war, ein Gemisch zweier Isotope ist, deren Atomgewichte sich ganzzahlig zu 35,0 und 37,0 ergaben; aus dem Mischungsgewicht (35,457) geht hervor, daß das leichtere Gas in etwa dreimal so großer Menge vertreten ist wie

[1] Vgl. O. HÖNIGSCHMID, Zeitschr. f. Elektrochem. *24*, 1918, S. 163 und *25*, 1919, S. 91.

[2] Isos Topos heißt auf Griechisch der gleiche Platz. Der Name rührt daher, daß Isotope denselben Platz im periodischen System der Elemente einnehmen.

Fig. 47. Massenspektren von Germanium und Tellur nach BAINBRIDGE (Aus Journal of the FRANKLIN-Institute, vol. 215).

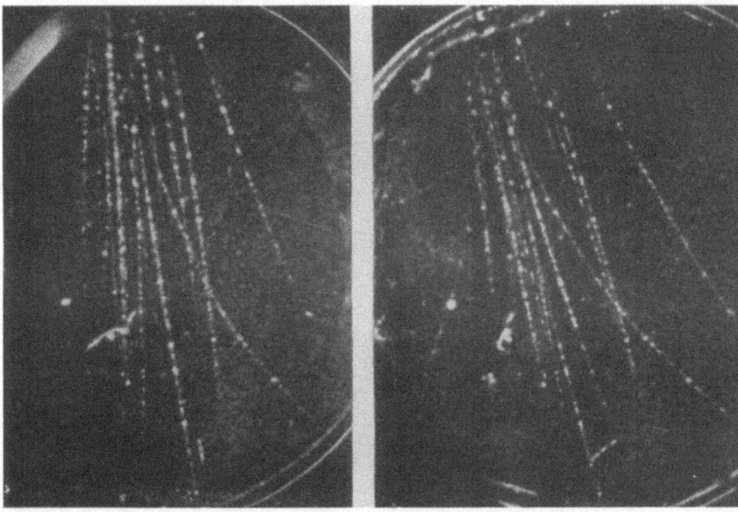

Fig. 55. Schauer von Positronen und Elektronen, hervorgerufen durch die kosmische Strahlung (nach BLACKETT aus Proceedings of the Royal Society, London).

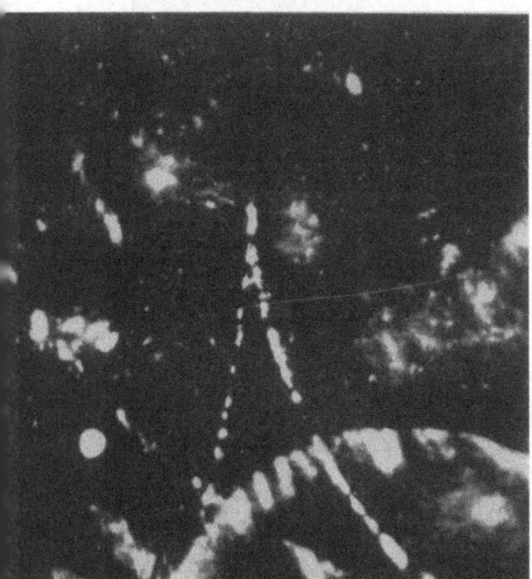

56. Erzeugung eines Elektronenpaars durch ein tquant in Argon nach I. CURIE und F. JOLIOT (Journal de Physique, [7], vol. 4).

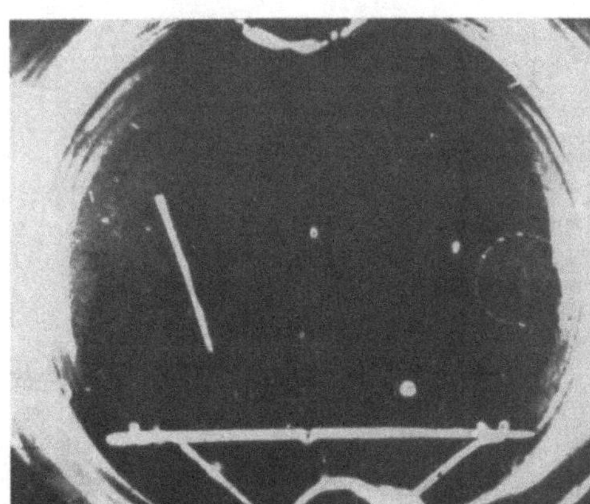

Fig. 57. Fortschleuderung eines Protons durch ein Neutron (nach I. CURIE und F. JOLIOT).

Walter de Gruyter & Co., Berlin und Leipzig.

das schwerere (was übrigens auch aus der Intensität der Spektrogrammlinien erkennbar ist). Die Genauigkeit der Massenbestimmung konnte durch Aston allmählich bis zu 1:10 000 erhöht werden.

Bis nun (Herbst 1935) sind von den bekannten und nicht allzu seltenen Grundstoffen bereits alle bis auf Iridium massenspektroskopisch untersucht worden. Überdies fehlt noch die Untersuchung bei den sehr seltenen Grundstoffen Ms, Po, Em, Ra, Ac und Pa. Die Zahl der derzeit bekannten stabilen Isotope beläuft sich auf ungefähr 250. Eine Übersicht über die Grundstoffarten bietet Tabelle XVIII. Außer Aston und J. J. Thomson sind Entdeckungen auf massenspektroskopischem Gebiete vor allem Bainbridge, Bleakney, Dempster, Tate, G. P. Thomson und Zeeman gelungen[3].

Hinsichtlich der Isotopenzahl besteht, wie die Tabelle deutlich erkennen läßt, ein wesentlicher Unterschied zwischen den Elementen mit gerader und denjenigen mit ungerader Ordnungszahl. Letztere sind, wenn man von Wasserstoff an erster Stelle absieht, verhältnismäßig isotopenarm. Sie sind entweder sogenannte Reinelemente mit nur einer Atomart oder weisen sie zwei Isotope auf, deren Massenzahlen mit alleiniger Ausnahme von Lithium, Bor und Stickstoff am Anfang der Reihe beide ungerade und um zwei verschieden sind. Bei den Elementen mit gerader Ordnungszahl kommen hingegen oft zahlreiche Isotope vor, bei Zinn z. B. nicht weniger als elf und bei Xenon und Quecksilber je neun. Fig. 47 auf Tafel III zeigt als Beispiele isotopenreicher Massenspektren nach Bainbridge diejenigen von Germanium und Tellur.

Ordnet man die Grundstoffarten statt nach der chemischen Ordnungszahl nach der Massenzahl, so findet man eigentlich alle Plätze bis auf denjenigen von der Masse 5 besetzt. Isobarie, nämlich Gleichheit der Masse bei verschiedenem chemischen Charakter, tritt zum ersten Male bei der Massenzahl 3 auf, die sowohl Wasserstoff als auch Helium zukommt, und zum zweiten Male bei der Massenzahl 40, die sowohl dem Argon als auch dem Calcium eigentümlich ist. In drei Fällen wurde auch dreifache Isobarie festgestellt, nämlich bei den Massenzahlen 96, 124 und 203.

Der massenspektroskopische Nachweis von Isotopen gelang noch in Fällen, in denen die relative Häufigkeit einige wenige Zehntausendstel kaum übersteigt. Die Auffindung solcher relativ seltener Isotope war indessen in vielen Fällen nicht der Strahlenanalyse, sondern einer noch zu besprechenden optisch-spektroskopischen Methode zu danken. Der erste große Erfolg dieser Methode war die Entdeckung der Sauerstoffisotope durch die amerikanischen Physiker Giauque und Johnston im Jahre 1929. Aus genaueren, späteren Messungen ging hervor, daß unter

[3] Vgl. das Buch von F. W. Aston, Mass-Spectra and Isotopes, London 1933 und J. Mattauch, Isotopenforschung, Physik. Zeitschr. *35*, 1934, S. 567.

Tabelle XVIII.

Die stabilen Grundstoffarten.

Ordnungs-zahl	Symbol	Name des Elementes	Zahl der bekannten Isotopen	Massenzahlen der Isotopen; eingeklammert die relative Häufigkeit; fetter Druck, falls relative Häufigkeit größer als 20$^0/_0$
1	H	Wasserstoff	3	**1** (99,98$^0/_0$), 2 (0,02$^0/_0$), 3 (10^{-7} $^0/_0$)
2	He	Helium	2	3, **4** (100$^0/_0$)
3	Li	Lithium	2	6, **7** (92$^0/_0$)
4	Be	Beryllium	2	8 (?) **9**
5	B	Bor	2	**10**, **11** (80$^0/_0$)
6	C	Kohlenstoff	2	**12** (99$^0/_0$), 13
7	N	Stickstoff	2	**14** (99,6$^0/_0$), 15
8	O	Sauerstoff	3	**16** (99,8$^0/_0$), 17, 18
9	F	Fluor	1	**19**
10	Ne	Neon	3	**20** (90$^0/_0$), 21, 22
11	Na	Natrium	1	**23**
12	Mg	Magnesium	3	**24**, 25, 26
13	Al	Aluminium	1	**27**
14	Si	Silicium	3	**28** (90$^0/_0$), 29, 30
15	P	Phosphor	1	**31**
16	S	Schwefel	3	**32** (96$^0/_0$), 33, 34
17	Cl	Chlor	2	**35** (76$^0/_0$), **37**
18	Ar	Argon	3	36, 38, **40** (99,6$^0/_0$)
19	K	Kalium	2	**39** (95$^0/_0$), 41
20	Ca	Calcium	4	**40** (97$^0/_0$), 42, 43, 44
21	Sc	Scandium	1	**45**
22	Ti	Titan	5	46, 47, **48**, 49, 50
23	V	Vanadium	1	**51**
24	Cr	Chrom	4	50, **52**, 53, 54
25	Mn	Mangan	1	**55**
26	Fe	Eisen	3	54, **56**, 57
27	Co	Kobalt	1	**59**
28	Ni	Nickel	5	56, **58**, **60**, 61, 62
29	Cu	Kupfer	2	**63**, **65**
30	Zn	Zink	5	**64**, **66**, 67, 68, 70
31	Ga	Gallium	2	**69**, **71**
32	Ge	Germanium	5	**70**, **72**, 73, **74**, 76
33	As	Arsen	1	**75**
34	Se	Selen	6	74, 76, 77, **78**, **80**, 82
35	Br	Brom	2	**79**, **81**
36	Kr	Krypton	6	78, 80, 82, 83, **84**, 86
37	Rb	Rubidium	2	**85**, **87**
38	Sr	Strontium	3	86, 87, **88**
39	Y	Yttrium	1	**89**
40	Zr	Zirkon	5	**90**, 91, 92, **94**, 96
41	Nb	Niobium	1	**93**
42	Mo	Molybdän	7	92, 94, 95, 96, 97, **98**, 100
43	Ms	Masurium		
44	Ru	Ruthenium	7	96, 98, 99, 100, **101**, **102**, 104

Tabelle XVIII.

(Fortsetzung.)

Ordnungszahl	Symbol	Name des Elementes	Zahl der bekannten Isotopen	Massenzahlen der Isotopen; eingeklammert die relative Häufigkeit; fetter Druck, falls relative Häufigkeit größer als 20%
45	Rh	Rhodium	1	103
46	Pd	Palladium	6	102, **104**, **105**, **106**, **108**, 110
47	Ag	Silber	2	**107**, **109**
48	Cd	Cadmium	9	106, 108, 110, 111, **112**, 113, **114**, 115, 116
49	In	Indium	2	113, **115**
50	Sn	Zinn	11	112, 114, 115, 116, 117, **118**, 119, **120**, 121, 122, 124
51	Sb	Antimon	2	**121**, **123**
52	Te	Tellur	8	122, 123, 124, 125, **126**, 127 ? **128**, **130**
53	J	Jod	1	**127**
54	X	Xenon	9	124, 126, 128, **129**, 130, **131**, **132**, 134, 136
55	Cs	Cäsium	1	**133**
56	Ba	Barium	4	135, 136, 137, **138**
57	La	Lanthan	1	**139**
58	Ce	Cer	2	**140**, 142
59	Pr	Praseodym	1	**141**
60	Nd	Neodym	5	142, 143, **144**, 145, 146
61				
62	Sm	Samarium	7	144, 147, 148, 149, 150, **152**, **154**
63	Eu	Europium	2	**151**, **153**
64	Gd	Gadolinium	5	**155**, **156**, 157, **158**, 160
65	Tb	Terbium	1	**159**
66	Dy	Dysprosium	4	**161**, **162**, **163**, **164**
67	Ho	Holmium	1	**165**
68	Er	Erbium	4	**166**, **167**, **168**, 170
69	Tu	Thulium	1	**169**
70	Yb	Ytterbium	5	171, **172**, 173, **174**, 176
71	Cp	Cassiopeium	1	**175**
72	Hf	Hafnium	5	176, 177, 178, 179, 180
73	Ta	Tantal	1	**181**
74	W	Wolfram	4	182, 183, **184**, **186**
75	Re	Rhenium	2	**185**, **187**
76	Os	Osmium	6	**186**, 187, 188, 189, **190**, **192**
77	Ir	Iridium	—	
78	Pt	Platin	5	192, **194**, **195**, **196**, 198
79	Au	Gold	1	**197**
80	Hg	Quecksilber	9	196, 197, 198, 199, **200**, 201, **202**, 203, 204
81	Tl	Thallium	2	**203**, **205**
82	Pb	Blei	8	203, 204, 205, **206**, **207**, **208**, 209, 210
83	Bi	Wismut	1	**209**
84	Po	Polonium	—	(nicht stabil)

Tabelle XVIII.

(Fortsetzung.)

Ordnungszahl	Symbol	Name des Elementes	Zahl der bekannten Isotopen	Massenzahlen der Isotopen; eingeklammert die relative Häufigkeit; fetter Druck, falls relative Häufigkeit größer als 20%
85				
86	Em	Emanation	—	
87				
88	Ra	Radium	—	
89	Ac	Actinium	—	
90	Th	Thorium	1	**232**
91	Pa	Protactinium	—	
92	U	Uran	2	235, **238**

je 10000 Sauerstoffatomen etwa 20 die Masse 18 und etwa 4 die Masse 17 aufweisen. Bald nach der Entdeckung der Isotopie des Sauerstoffs haben KING und BIRGE nach derselben Methode das Kohlenstoffisotop 13 und NAUDÉ das Stickstoffisotop 15 entdeckt. Alle diese zunächst „optischen" Entdeckungen wurden dann auch mittels der Strahlenanalyse massenspektroskopisch bestätigt. Als die wohl interessanteste Entdeckung auf dem Gebiete der Isotopie folgte schließlich 1932 diejenige des schweren Wasserstoffs, von der im folgenden Abschnitt noch eingehender die Rede sein soll.

Die Möglichkeit einer Isotopentrennung ergibt sich, wie zuerst HARKINS sowie BRÖNSTED und HEVESY erkannten, durch die Tatsache, daß sowohl die Verdampfungs- als auch die Diffusionsgeschwindigkeit von der Masse abhängt. Auf Grund dieser Abhängigkeit vermochten in der Tat die genannten Forscher schon um 1920 geringfügige Verschiebungen des Atomgewichtes bei Chlor bzw. Quecksilber herbeizuführen. Durch fraktionierte Destillation erzielte im Jahre 1932 G. HERTZ[4] eine weitgehende Trennung der Neonisotope; sein Mitarbeiter HARMSEN gelangte sogar zu Präparaten, die zu 99% reines Neon entweder von der Masse 20 oder von der Masse 22 enthielten.

§ 40. Der schwere Wasserstoff.

Im allgemeinen ist die Isotopie, wie schon erwähnt, ohne merklichen Einfluß auf solche physikalische und chemische Eigenschaften, die durch die Atomhüllen bedingt sind. Eine Ausnahmsstellung nimmt jedoch in dieser Hinsicht der schwere Wasserstoff (H^2) ein. Es erklärt sich dies zunächst daraus, daß bei Wasserstoff von einer Atomhülle kaum im eigent-

[4] G. HERTZ bzw. G. HERTZ und H. HARMSEN, Zeitschr. f. Phys. *79*, 1932, S. 108 und *82*, 1933, S. 589.

lichen Sinne gesprochen werden kann; denn wenn nur ein einziges Planetenelektron vorhanden ist, entfällt natürlich jede Wechselwirkung zwischen Planetenelektronen, so daß der Einfluß des Kernes um so stärker zur Geltung kommt. Dann aber darf auch nicht übersehen werden, daß der schwere Wasserstoff im Atomgewicht den gewöhnlichen Wasserstoff (H^1) um 100% überragt, während bei den Isotopen der anderen Grundstoffe die relativen Massenunterschiede viel geringer sind. Selbst bei Lithium beträgt der relative Massenunterschied nur 16%[1], und zwischen der leichtesten und der schwersten Art des so isotopenreichen Zinn macht der relative Gewichtsunterschied nicht mehr als etwa 10% aus.

Der Gedanke, daß im Wasserstoff ein Nebenisotop von doppelter Masse vorkommen könnte, ist vermutungsweise schon früh ausgesprochen worden; alle Versuche einer experimentellen Feststellung schlugen indessen zunächst fehl. Vollends erschien gar die Vermutung erledigt, als die durch ASTON vorgenommene massenspektroskopische Bestimmung ganz denselben Wert lieferte wie die exakte chemische Atomgewichtsbestimmung. Da der ASTONsche Wert ein „Isotopengewicht" darstellt, der chemische aber ein „Mischungsgewicht", so glaubte man hieraus schließen zu sollen, daß Wasserstoff nur ein einziges Isotop, eben das allgemein verbreitete von einfacher Masse enthalte. Der scheinbar verblüffenden Übereinstimmung wurde indessen durch die Entdeckung der Nebenisotope des Sauerstoffs die Grundlage entzogen. Denn nun mußte unterschieden werden, daß sich der ASTONsche Wert auf das Sauerstoffisotop 16 als Standard bezog, während der chemische Wert auf eine andere Basis, nämlich auf das Mischelement Sauerstoff bezogen wurde. Rechnet man den ASTONschen Wert auf dieses Gemisch unter Berücksichtigung der relativen Häufigkeiten um, so verringert sich der ASTONsche Wert um etwa $^1/_{20}$%.

BIRGE und MENZEL[2] haben zuerst auf diese Diskrepanz aufmerksam gemacht und aus ihr auf das Vorhandensein eines Nebenisotops des Wasserstoffs mit einer Häufigkeit von etwa 1 : 5000 geschlossen. Auf Grund ihrer Voraussage entdeckte dann UREY Ende 1932 tatsächlich auf optischspektroskopischem Wege den „schweren" Wasserstoff.

UREY ging von der BOHRschen Theorie der Violettverschiebung aus; aus ihr schloß er, daß die Linien in dem optischen Spektrum des schweren Wasserstoffs gegenüber denjenigen des gewöhnlichen Wasserstoffs etwas in der Richtung abnehmender Wellenlänge verschoben sein müßten. Nach Gl. 19 des § 21 folgt für die RYDBERGsche Konstante des schweren Wasserstoffs

[1] Berücksichtigt man auch das noch seltenere Isotop H^3, so gelangt man allerdings zu einem relativen Massenunterschied von 200%. Sehr beträchtlich ist auch der Unterschied zwischen He^4 und dem äußerst seltenen He^3.

[2] R. T. BIRGE und D. H. MENZEL, Phys. Rev. *37*, 1931, S. 1669.

$$R_D = \frac{R_\infty}{1 + \frac{m}{2 M_H}}, \tag{1}$$

wobei wieder m die Masse des Elektrons und M_H diejenige eines Kernes des gewöhnlichen Wasserstoffs bedeutet. Auf Grund des bekannten Wertes von R_∞ sowie des Verhältnisses m/M_H ergibt sich nach G. 1 der Wert

$$R_D = 109\,707{,}56. \tag{2}$$

Daraus berechnet sich z. B. für die rote Wasserstofflinie eine Verschiebung um 1,79 Å in der Richtung abnehmender Wellenlänge.

Zum Nachweis des gesuchten Isotops photographierten nun UREY[3] und seine Mitarbeiter in üblicher Weise das Spektrum des Wasserstoffs, dehnten aber die Expositionsdauer bis auf das 4000fache derjenigen Zeit aus, die zu der Erzielung einer gewöhnlichen Photographie des Wasserstoffspektrums erforderlich ist. In der Tat konnten sie bei so großer Expositionsdauer neben den bekannten Spektrallinien noch ganz schwache Linien feststellen, und zwar gerade an den Stellen, an denen sie auf Grund der Theorie der Violettverschiebung zu erwarten sind.

BAINBRIDGE[4] ist es dann gelungen, das schwere Wasserstoffisotop auch massenspektroskopisch festzustellen und sein Atomgewicht zu bestimmen. Bereits 1932 vollbrachten WASHBURN und UREY[5] auf elektrochemischem Wege die Trennung der beiden Wasserstoffisotope, und ihre Methode wurde bald so vervollkommnet, daß 1934 schon große Mengen praktisch reinen schweren Wassers verfügbar waren. Dieses hat eine Dichte von 1,11, gefriert bei $+3{,}8^0$ und siedet bei $101{,}4^0$. Die höchste Dichte weist schweres Wasser bei $11{,}6^0$ auf (gegen 4^0 bei gewöhnlichem Wasser).

Da die Verbindungen des schweren Wasserstoffs somit auch in anderen physikalischen Eigenschaften als im Molekulargewicht von den gewöhnlichen Wasserstoffverbindungen abweichen, hat man für den schweren Wasserstoff ein eigenes chemisches Symbol, nämlich D, und einen eigenen Namen, nämlich Deuterium, eingeführt; die Kerne des schweren Wasserstoffs werden als Deuteronen bezeichnet (früher auch als Deutonen oder Diplonen)[6].

Innerhalb des schweren Wasserstoffs konnten schließlich LOZIER, SMITH und BLEAKNEY[7] ein Wasserstoffisotop von dreifacher Masse

---

[3] H. C. UREY, F. G. BRICKWEDDE und G. M. MURPHY, Phys. Rev. *39*, 1932, S. 164; *40*, 1933, S. 1.

[4] K. T. BAINBRIDGE, Phys. Rev. *41*, 1932, S. 115.

[5] E. W. WASHBURN und H. C. UREY, Proc. Nat. Acad. Sci. Washington *18*, 1932, S. 496.

[6] Vgl. die zusammenfassende Darstellung von H. C. UREY und J. D. TEAR, Rev. Mod. Phys. *7*, 1935, Nr. 1.

[7] W. W. LOZIER, P. T. SMITH und W. BLEAKNEY, Phys. Rev. *45*, 1934, S. 655.

nachweisen. Ihm kommt in konzentriertem Deuterium eine relative Häufigkeit von etwa 1 : 200000 zu; in gewöhnlichem Wasserstoff beträgt daher die relative Häufigkeit nur etwa 10^{-9}.

§ 41. Der Packungseffekt.

Schon die ersten massenspektroskopischen Bestimmungen bestätigten auf das schönste die theoretische Erwartung, wonach die „Atomgewichte" der einzelnen Isotopen mit großer Annäherung **ganzzahlig** sein sollen. In der Tat erweisen sich insbesondere bei den auf Sauerstoff bezogenen

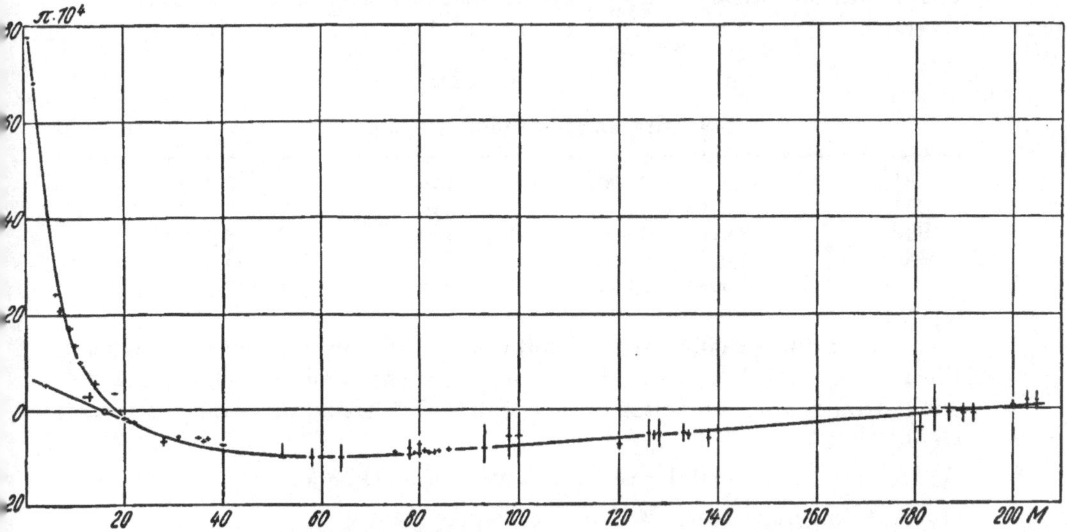

Fig. 48. Abhängigkeit des Packungsanteiles von dem Isotopengewicht. (Nach ASTON; ergänzt von J. MATTAUCH; aus Physikal. Zeitschrift, Band *35*, 1934.)

Atomgewichten die Abweichungen durchwegs als sehr geringfügig. Man gibt sie gewöhnlich in der Form des sogenannten **Packungsanteils** an und versteht darunter die mit 10000 multiplizierte und durch die Massenzahl dividierte Abweichung.

Am größten ist der Packungsanteil bei dem Wasserstoff (nämlich dem Hauptisotop); bei diesem beträgt er 78. Er nimmt aber dann, wenn man die Grundstoffreihe betrachtet und wie in Fig. 48 deutlich zum Ausdruck kommt, in ziemlich regelmäßigem Verlauf rasch ab, wird für Neon null, ist dann bis zum Quecksilber negativ und wird erst von diesem an wieder positiv.

Das Auftreten des Packungseffektes erklärt sich aus dem für die moderne Physik fundamentalen Satze von der **Masse der Energie**. Nach diesem schon erwähnten, aus der Relativitätstheorie hervorgegangenen Satze besteht Äquivalenz zwischen der Energie und der mit dem Quadrate der Lichtgeschwindigkeit multiplizierten Masse. Umgekehrt muß daher eine bei der Bildung eines Atomkerns frei werdende Energie E^* eine Verminderung der Masse des Atomkerns um E^*/c^2 herbeiführen. Derart vermag die Atomphysik aus den Packungsanteilen wichtige Schlüsse auf die Energieumsätze bei Kernreaktionen zu ziehen, wofür in späteren Abschnitten noch mehrfache Beispiele besprochen werden sollen.

Die Isotopengewichte als solche konnten vor allem durch ASTON sowie durch BAINBRIDGE[1] mit einer Genauigkeit ermittelt werden, die bei den leichteren Elementen im allgemeinen noch die dritte Dezimalstelle mit Sicherheit anzugeben gestattet; hierüber bietet Tabelle XIX eine Übersicht[2].

Tabelle XIX.

Die Gewichte der leichtesten Grundstoffarten.

H^1	$1,0081 \pm 0,0001$	Li^6	$6,0163 \pm 0,0006$
H^2	$2,0142 \pm 0,0002$	Li^7	$7,0170 \pm 0,0007$
H^3	$3,0161 \pm 0,0003$	Be^9	$9,0138 \pm 0,0005$
He^3	$3,0172 \pm 0,0003$	B^{10}	$10,0143 \pm 0,0003$
He^4	$4,0034 \pm 0,0004$	B^{11}	$11,011$

Da die Masse eines Wasserstoffatoms $1,66 \cdot 10^{-24}$ g beträgt, ist seine Eigenenergie gleich $1,49 \cdot 10^{-3}$ Erg; es entspricht somit eine Differenz von 0,001 Atomgewichtseinheiten (AG) $1,49 \cdot 10^{-6}$ Erg und somit ist nach Gl. 9 des § 3

$$\text{(1)} \qquad 0{,}001 \text{ AG äquivalent mit } 0{,}94 \text{ eMV},$$

also mit ungefähr einer Million eV.

§ 42. Kernzerfall und Grundstoffverwandlung.

Die nähere Untersuchung der radioaktiven Strahlung führte wenige Jahre nach deren erster Wahrnehmung zu der Entdeckung der Grundstoffverwandlungen. Im Jahre 1900 stellte RUTHERFORD fest, daß sich aus dem radioaktiven Elemente Thorium ständig ein selbst radioaktives Gas entwickelt, das er als Thoriumemanation bezeichnete, und ein ähnlicher Vorgang wurde bald darauf auch bei dem Radium durch DORN entdeckt. Heute wissen wir, daß die Thoriumemanation und die Radiumemanation isotope Arten des Edelgases von der Kernladungszahl 86 sind; die elementare Natur der Emanation offenbarte sich durch ihr charakteristisches Spektrum. Zur Erklärung der Emanationsbildung stellten bereits im Jahre 1902 RUTHERFORD und SODDY die sogenannte Zer-

[1] K. T. BAINBRIDGE, Phys. Rev. *41*, 1932, S. 115; *42*, 1932, S. 1.

[2] Verbesserte Werte nach N. L. E. OLIPHANT, A. E. KEMPTON und Lord RUTHERFORD, Proc. Roy. Soc. London (A) *150*, 1935, S. 253.

fallstheorie auf; sie beruht auf der Annahme, daß die Atome radioaktiver Substanzen einem stufenweise fortschreitenden Zerfall unterliegen und daß die Absplitterung der fortgeschleuderten und als radioaktive Strahlung sich offenbarenden Teilchen den chemischen Charakter des zurückbleibenden Atoms verändert[1].

Vom Standpunkte der später entstandenen Theorie des Kernatoms müssen wir die Zerfallsvorgänge offenbar in den Atomkern selbst verlegen; und da andererseits die Kernladungszahl den chemischen Charakter bestimmt, so wird dadurch die Tatsache der radioaktiven Grundstoffumwandlung ohne weiteres verständlich. Je nachdem, ob das zerfallende Atom ein α- oder ein β-Teilchen ausstößt, ergeben sich zwei Arten der Umwandlung, die man kurz als α- und β-Umwandlung unterscheidet. Da ein α-Teilchen eine positive Ladung von zwei Elementarquanten und eine Masse von vier Wasserstoffatomen hat (§ 4), so erniedrigt eine Alpha-Umwandlung die Ordnungszahl um zwei und das Atomgewicht um vier. Hingegen erhöht eine Beta-Umwandlung, weil die β-Teilchen mit Elektronen identisch sind, die Ordnungszahl um eins, ohne eine merkliche Änderung des Atomgewichtes. Im periodischen System der Elemente verschiebt also eine α-Umwandlung den sich verwandelnden Stoff um zwei Stellen nach links, eine β-Umwandlung hingegen um eine Stelle nach rechts. In der Tat weist die Emanation, die unmittelbar aus dem α-strahlenden Radium hervorgeht, ein um vier Einheiten niedrigeres Atomgewicht auf[2], nämlich 222 gegen 226, und während das Radium der zweiten Gruppe des periodischen Systems angehört, nämlich der Gruppe der Erdalkalien, gehört die Emanation als Edelgas der nullten oder, was dasselbe ist, der achten Gruppe an.

Daß sich bei dem Zerfall der ebenfalls radioaktiven Emanation Helium bildet, ist auf spektroskopischem Wege zuerst von RAMSAY und SODDY im Jahre 1903 gezeigt worden; es war der erste Fall, in dem die Entstehung eines bereits von früher her den Chemikern bekannt gewesenen Elementes aus einem anderen Grundstoffe beobachtet wurde. Daß die Atome des gebildeten Heliums aber in der Tat mit den bei dem Zerfall radioaktiver Substanzen fortgeschleuderten α-Teilchen identisch sind (allerdings erst nach deren Neutralisierung), haben durch

[1] Daß die Radioaktivität eine Eigenschaft der Atome selbst ist, ging übrigens schon daraus hervor, daß sich die Aktivität als völlig unabhängig von der Art der chemischen Verbindung erwies und es sich auch zeigte, daß sie selbst durch Temperaturänderungen um tausend Grad in keiner Weise beeinflußt wird, während die Geschwindigkeit der meisten chemischen Reaktionen durch eine Temperaturerhöhung um nur zehn Grad bereits verdoppelt wird.

[2] Die Dichte und somit auch das Atomgewicht der Emanation wurden zuerst (1902) von GRAY und RAMSAY ermittelt, die mittels einer besonderen Mikrowaage das Gewicht eines gemessenen Volumens der Radiumemanation bestimmten.

einen schönen Versuch im Jahre 1909 RUTHERFORD und ROYDS nachgewiesen. Sie brachten eine α-strahlende Substanz in eine zugeschmolzene Glasröhre, deren Wand nicht dicker war als etwa ein hundertel Millimeter und die daher die α-Strahlen hindurchtreten ließ. Diese Glasröhre befand sich in einem anderen, ebenfalls zugeschmolzenen, dickwandigen Glasgefäß. In dem Zwischenraum konnten aber nun RUTHERFORD und ROYDS in der Tat nach einiger Zeit das Auftreten von Helium spektroskopisch nachweisen.

Wie die nähere Untersuchung ergab, erzeugt ein Präparat, das ein Gramm Radium enthält (also z. B. in der Form von 1,314 g $RaCl_2$) in einem Jahr ungefähr 167 cmm Helium, was bei der Dichte des Heliums von 0,000179 einer Masse von 0,0000298 g entspricht[3]. Da die Masse eines Heliumatoms gleich ist dem Atomgewicht (4,00), gebrochen durch die LOSCHMIDTsche Zahl, erhalten wir also die Zahl der von einem Gramm Radium in einem Jahre erzeugten Heliumatome, indem wir die vorhin angegebene Zahl 0,0000298 durch vier dividieren und mit der LOSCHMIDTschen Zahl ($6{,}06 \cdot 10^{23}$) multiplizieren[4]. Wir finden so, daß ein Gramm Radium in einem Jahre $4{,}52 \cdot 10^{18}$ Heliumatome produziert.

Andererseits haben die schon früher (in § 4) erwähnten genauen, nach der Szintillationsmethode durchgeführten Zählungen ergeben, daß ein Gramm Radium in einer Sekunde $3{,}72 \cdot 10^{10}$ α-Teilchen emittiert[5]. Diese Zahl ist viermal so groß, wenn das Präparat außer dem Radium auch die drei α-strahlenden Zerfallsprodukte, die sich aus dem Radium bilden, im Gleichgewichte mit diesem enthält (vgl. das im Anschluß an die Gl. 12 des § 43 Gesagte). Da ein Tag 86 400 Sekunden und das Jahr 365 Tage hat, ergibt sich somit die Zahl der von dem Radiumpräparat in einem Jahre emittierten α-Teilchen zu $3{,}72 \cdot 10^{10} \times 4 \times 365 \times 86\,400$, also zu $4{,}69 \cdot 10^{18}$. Die gute Übereinstimmung zwischen den festgestellten Zahlen der emittierten α-Teilchen und der gebildeten Heliumatome stellt eine bedeutungsvolle empirische Bestätigung der Zerfallstheorie dar; andererseits ermöglicht auch umgekehrt die Beobachtung der Geschwindigkeit der Heliumbildung aus Radium in Verbindung mit der Zählung der α-Teilchen eine unmittelbare, wenn auch nicht sehr genaue Bestimmung der LOSCHMIDTschen Zahl.

Für jede radioaktive Substanz erscheint nun als eine charakteristische Konstante das Verhältnis zwischen den in einer Sekunde zerfallenden und den vorhandenen Atomen der betreffenden Substanz. Man nennt dieses

---

[3] Die Dichte des einatomigen Heliums ist nur doppelt so groß wie die des zweiatomigen Wasserstoffs.

[4] Da nach dem bekannten Gesetz von AVOGADRO die Zahl der in 1 ccm bei Normaldruck und 0^0 enthaltenen Molekeln für alle Gase dieselbe ist, nämlich gleich ist $2{,}71 \cdot 10^{19}$, so findet man die Zahl der einatomigen Heliummolekeln, die in 0,167 ccm enthalten sind, auch einfach durch Multiplikation der beiden zuletzt angegebenen Zahlen.

[5] Die genaue Bestimmung dieser Zahl verdanken wir R. W. LAWSON und V. HESS, Sitz. Ber. Akad. Wien (IIa) *127*, 1918, S. 599.

Verhältnis die Zerfallskonstante, wobei die Annahme wesentlich ist, daß die Zahl der in einem Zeitelement zerfallenden Atome stets der Zahl der vorhandenen Atome proportional ist. Bezeichnen wir die Zerfallskonstante mit λ und die Zahl der vorhandenen Atome mit N, so gilt also für die Zahl der in einem Zeitelement Δt zerfallenden Atome die Beziehung

$$\Delta N = -\lambda N \Delta t\,. \tag{1}$$

Wenn wir die Differenzen durch die Differentiale ersetzen, führt die Integration zu der Gleichung

$$N = N_0 e^{-\lambda t}, \tag{2}$$

wobei N_0 die Zahl der Atome zur Zeit $t = 0$ bedeutet. Die Zeit T, für die N halb so groß wie N_0 wird, in der also die Hälfte der ursprünglich vorhandenen Atome zerfällt, wird als die Halbwertszeit oder Halbierungszeit bezeichnet. Ihr Zusammenhang mit der Zerfallskonstante ergibt sich aus der Beziehung

$$\tfrac{1}{2} = e^{-\lambda T}\,;$$

somit ist

$$T = \frac{\ln 2}{\lambda} = \frac{0{,}693}{\lambda}\,. \tag{3}$$

Der reziproke Wert der Zerfallskonstante stellt die sogenannte mittlere Lebensdauer dar; sie ist größer als die Halbwertszeit, aus der sie sich mittels Division durch 0,693 ergibt.

Für das Radium läßt sich die Zerfallskonstante ohne weiteres aus der Zahl der in der Sekunde emittierten α-Teilchen berechnen. Die Zahl der in einem Gramm Radium enthaltenen Atome finden wir ja einfach, indem wir die Loschmidtsche Zahl durch das Atomgewicht des Radiums (226) dividieren. Wir finden so $2{,}68 \cdot 10^{21}$, und da in einer Sekunde $3{,}72 \cdot 10^{10}$ α-Teilchen emittiert werden, und somit ebensoviel Radiumatome zerfallen, ergibt sich für die Zerfallskonstante der Wert

$$\lambda\,(\mathrm{Ra}) = \frac{3{,}72 \cdot 10^{10}}{2{,}68 \cdot 10^{21}} = 1{,}39 \cdot 10^{-11}\,\mathrm{sec}^{-1}\,. \tag{4}$$

Hieraus folgt nach Gl. 3 für die Halbwertszeit des Radiums

$$T\,(\mathrm{Ra}) = 4{,}99 \cdot 10^{10}\,\mathrm{sec} = 1590 \text{ Jahre.} \tag{5}$$

Für viele radioaktive Substanzen läßt sich die Halbwertszeit (bis hinab zu Werten von ungefähr 0,002 Sekunden) auch durch Beobachtungen über die Intensitätsverringerung der radioaktiven Strahlungswirkungen ermitteln. Bezeichnen wir nämlich die mittels irgendeines Apparates[6] gemessene Intensität der radioaktiven Strahlung zu einer be-

[6] Am einfachsten ist es, die Leitfähigkeit zu messen, die die Luft infolge der ionisierenden Wirkung der radioaktiven Strahlung erlangt.

liebigen Zeit und zur Zeit $t = 0$ mit J und J_0, so gilt, wie das Experiment zeigt, die Beziehung

$$J = J_0 e^{-\lambda t}, \tag{6}$$

wobei sich bei dem Radium für die Exponentialkonstante eben derselbe Wert ergibt wie für die Zerfallskonstante nach der Szintillationsmethode. Dadurch erscheint es zugleich bewiesen, daß die Intensität der radioaktiven Strahlung stets proportional ist der jeweils vorhandenen Zahl von Atomen der radioaktiven Substanz.

§ 43. Das radioaktive Gleichgewicht.

Die fundamentale Gleichung der Zerfallstheorie (Gl. 2 des § 42) möge im folgenden auf den besonderen Fall eines selbst radioaktiven Umwandlungsproduktes angewendet werden, das sich aus einer Muttersubstanz von sehr viel längerer Lebensdauer bilde (wie beispielsweise Radiumemanation und Radium, deren Halbwertszeiten sich ungefähr wie 1:150000 verhalten).

Die Zerfallskonstante der Muttersubstanz möge mit λ, die des Umwandlungsproduktes mit λ' bezeichnet werden. In einem bestimmten Augenblick seien von der Muttersubstanz N Atome vorhanden, von der Tochtersubstanz N' Atome. Zu der beliebig gewählten Zeit $t = 0$ seien die Werte von N und N' durch die Konstanten N_0 und N_0' gegeben.

Wir betrachten nun ein beliebig gewähltes Zeitelement Δt; in ihm zerfallen gleichzeitig Atome des Umwandlungsproduktes, während andererseits neue Atome des Umwandlungsproduktes infolge des Zerfalles der Muttersubstanz entstehen. Die Zahl der zerfallenden Atome ist $\lambda' N' \Delta t$, die Zahl der neu entstehenden ist $\lambda N \Delta t$.

Wenn nun, wie angenommen wurde, die Muttersubstanz im Verhältnis zum Umwandlungsprodukt sehr langlebig ist, dann wird selbst nach einer Zeit, die wesentlich größer ist als die Halbwertszeit des Umwandlungsproduktes, der Quotient N/N_0 von Eins nicht merklich verschieden sein[1]. Wir können also, wenn wir den Zustand des Umwandlungsproduktes betrachten, die veränderliche Größe N stets durch die Konstante N_0 ersetzen. Die Änderung, die in einem Zeitelement dt die Zahl der Atome des Umwandlungsproduktes erfährt, ist demnach durch die Beziehung gegeben:

$$\frac{dN'}{dt} = -\lambda' N' + \lambda N_0 . \tag{1}$$

Um diese Gleichung zu integrieren, differentiieren wir zunächst zweckmäßig nochmals nach der Zeit; bezeichnen wir zur Abkürzung vorüber-

[1] Für ein System, das von Radium und Radiumemanation gebildet wird, denke man etwa an eine Zeit von einem Jahre.

gehend den Differentialquotienten dN'/dt mit φ, so erhalten wir dann

$$\frac{d\varphi}{dt} = -\lambda'\varphi\,, \tag{2}$$

woraus ohne weiteres folgt (wenn wir wiederum statt φ den Differentialquotienten dN'/dt schreiben):

$$\frac{dN'}{dt} = C\cdot e^{-\lambda' t}\,. \tag{3}$$

Da danach für $t = 0$ der Differentialquotient dN'/dt gleich der Konstante C sein muß, so können wir deren Wert leicht mittels der Gl. 1 bestimmen. Nach Gl. 1 muß nämlich sein

$$\left.\frac{dN'}{dt}\right|_{t=0} = -\lambda' N_0' + \lambda N_0\,. \tag{4}$$

Die rechte Seite dieser Gleichung stellt also die Konstante C dar, so daß die Gl. 3 in der Form zu schreiben ist:

$$\frac{dN'}{dt} = (-\lambda' N_0' + \lambda N_0)\, e^{-\lambda' t}\,. \tag{5}$$

Hieraus folgt durch abermalige Integration:

$$N' = N_0' e^{-\lambda' t} - \frac{\lambda}{\lambda'} N_0 e^{-\lambda' t} + C'\,. \tag{6}$$

Die Integrationskonstante C' ist dadurch bestimmt, daß für $t = 0$ die Zahl N' gleich N_0' werden muß. Setzen wir also in Gl. 6 die Zeit $t = 0$, so finden wir

$$N_0' = N_0' - \frac{\lambda}{\lambda'} N_0 + C'\,, \tag{7}$$

woraus folgt

$$C' = \frac{\lambda}{\lambda'} N_0\,. \tag{8}$$

Die Gl. 6 kann somit in der Form geschrieben werden:

$$N' = N_0' e^{-\lambda' t} + \frac{\lambda}{\lambda'} N_0 (1 - e^{-\lambda' t})\,. \tag{9}$$

In dieser Gleichung wollen wir für t einen Wert einsetzen, der groß sei gegenüber der Halbwertszeit des Umwandlungsproduktes, gleichwohl aber noch klein gegenüber der Halbwertszeit der Muttersubstanz. Für einen solchen Wert von t kann der Ausdruck $e^{-\lambda' t}$ einfach gleich Null gesetzt werden. Die Gl. 9 nimmt dann die Gestalt an

$$N'\lambda' = N_0 \lambda\,. \tag{10}$$

Ist aber diese Beziehung erfüllt, dann muß nach Gl. 1

$$\frac{dN'}{dt} = 0 \tag{11}$$

sein. Die Zahl der Atome des Umwandlungsproduktes muß also konstant sein, weil innerhalb einer beliebigen Zeit ebensoviel Atome des Umwandlungsproduktes neu entstehen, wie in derselben Zeit zerfallen. Das aus der Muttersubstanz und ihrem Umwandlungsprodukt bestehende System befindet sich dann, wie man sagt, im radioaktiven Gleichgewicht. Selbst wenn zur Zeit $t = 0$ kein Gleichgewicht vorhanden war, so muß es jedenfalls nach einer Zeit bestehen, die groß ist gegen die Halbwertszeit des Umwandlungsproduktes, falls während dieser Zeit kein äußerer Eingriff in das System (etwa durch Entfernung des gebildeten Umwandlungsproduktes) erfolgt.

Wir wollen endlich annehmen, daß sich aus dem Umwandlungsprodukt eine dritte aktive Substanz bilde, aus dieser eine vierte und so fort. Dann muß zwischen allen Umwandlungsprodukten und der Muttersubstanz im Falle des radioaktiven Gleichgewichtes die Beziehung bestehen:

$$N_0 \lambda = N' \lambda' = N'' \lambda'' = N''' \lambda''' \text{ usw.} \tag{12}$$

Da die Zahl der in der Zeiteinheit zerfallenden Atome einer radioaktiven Substanz durch das Produkt aus der Zerfallskonstante und der Zahl der vorhandenen Atome gegeben ist, so zerfallen somit von allen Substanzen, die sich miteinander im radioaktiven Gleichgewicht befinden, in derselben Zeit gleich viel Atome. Dadurch erklärt es sich auch, daß ein Radiumpräparat, das außer Radium noch drei α-strahlende Umwandlungsprodukte des Radiums (Ra Em, Ra A, Ra C) im Gleichgewicht mit dem Radium enthält, viermal soviel α-Teilchen emittiert als das Radium allein.

Die Gl. 12 gestattet es auch, aus der bekannten Zerfallskonstante irgendeines Umwandlungsproduktes die Zerfallskonstante der langlebigen Muttersubstanz zu ermitteln. Man hat beispielsweise gefunden, daß in allen Uranmineralien auf ein Gramm Uran ein Gehalt von $3{,}4 \cdot 10^{-7}$ g Radium kommt. Da die Atomgewichte von Uran und Radium 238 und 226 sind[2], so entfallen also im radioaktiven Gleichgewicht auf n Uranatome $n \times 3{,}4 \cdot 10^{-7} \times 238/226$ oder $n \times 3{,}6 \cdot 10^{-7}$ Radiumatome. Wir erhalten demnach die Halbwertszeit des Urans, indem wir die des Radiums (1590 Jahre) durch $3{,}6 \cdot 10^{-7}$ dividieren; wir finden so für die Halbwertszeit des Urans 4400 Millionen Jahre. Mit diesem Werte stimmt auch gut derjenige überein, der direkt nach der Szintillationsmethode ermittelt wurde. Wie die Zählungen ergaben, sendet ein Gramm Uran in einer Sekunde $2{,}3 \cdot 10^4$ α-Teilchen aus, wovon aber nur die Hälfte von Uran I herrührt, die andere Hälfte hingegen von Uran II, das sich, wie im nächsten Abschnitte gezeigt werden wird, mit dem Uran I stets in viel geringerer Menge im radioaktiven Gleichgewicht befindet. Da das Atomgewicht des Urans 238 beträgt, sind in einem Gramm Uran etwa $2{,}55 \cdot 10^{21}$ Atome enthalten. Die Zerfallskonstante des Urans ergibt sich also, indem wir durch diese Zahl die Hälfte von $2{,}3 \cdot 10^4$ dividieren. Wir finden so

$$\lambda\,(\mathrm{U}) = 4{,}5 \cdot 10^{-18}\,\mathrm{sec}^{-1}\,.$$

Für die Halbwertszeit des Urans ergibt sich daraus (nach Gl. 3 des § 42) ein Betrag von $4{,}9 \cdot 10^9$ Jahren, in guter Übereinstimmung mit dem indirekt ermittelten Werte.

Auch für das Verhältnis der Halbwertszeiten von Radium und Radiumemanation erweist sich die Gl. 12 gut erfüllt. Auf ein Gramm Radium kommt im Gleichgewicht ein Emanationsgehalt von 0,663 cmm oder $6{,}56 \cdot 10^{-6}$ g, welche als Maßeinheit dienende Menge ein „Curie" genannt wird[2]. Die Halbwertszeit der Emanation müßte daher gleich sein der des Radiums, multipliziert mit $6{,}56 \cdot 10^{-6}$ und überdies mit dem Verhältnis der Atomgewichte von Radium und Emanation[3], also mit 226/222. Hieraus folgt nach Gl. 5 des § 42 für die Halbwertszeit der Emanation $3{,}33 \cdot 10^5$ sec, während die unmittelbare Beobachtung aus der Abnahme der Strahlungsintensität für die Halbwertszeit der Radiumemanation $3{,}30 \cdot 10^5$ sec oder 3,82 Tage ergibt.

Die Gl. 9 wollen wir schließlich auf den besonderen Fall anwenden, daß in einem bestimmten Augenblick, den wir als Nullpunkt der Zeitmessung wählen wollen, die Tochtersubstanz von der längerlebigen Muttersubstanz getrennt werde, mit der sie sich bis dahin im radioaktiven Gleichgewicht befunden haben möge. Von dem Augenblick der Trennung an müssen wir also zwei Präparate unterscheiden; im ersten bildet sich die zur Zeit $t = 0$ völlig entfernte Tochtersubstanz von neuem nach, während in dem zweiten, von der Muttersubstanz freien Präparat die darin enthaltenen Tochteratome sich infolge ihres fortschreitenden Zerfalls ständig vermindern. Die Zahlen der Tochteratome in den beiden Präparaten mögen für eine beliebige Zeit mit N_1' und N_2' bezeichnet werden.

Für die Zahl N_1' folgt nun aus der Gl. 9, weil ja zur Zeit $t = 0$ N_1' gleich Null zu setzen ist,

$$N_1' = \frac{\lambda}{\lambda'} N_0 (1 - e^{-\lambda' t}) . \tag{13}$$

Hingegen ist zur Zeit $t = 0$ die Zahl N_2' wegen des bis dahin vorhandenen Gleichgewichtes gleich $N_0 \, \lambda/\lambda'$. Somit ist zu einer beliebigen Zeit (nach Gl. 2 des § 42)

$$N_2' = \frac{\lambda}{\lambda'} N_0 \, e^{-\lambda' t} . \tag{14}$$

Durch Addition der Gl. 13 und 14 finden wir

$$N_1' + N_2' = \frac{\lambda}{\lambda'} N_0 ; \tag{15}$$

---

[2] Als Maßeinheit für Emanationskonzentrationen wird die Mache-Einheit benutzt; sie entspricht einem Emanationsgehalt von $3{,}64 \cdot 10^{-10}$ Curie/Liter. (Die in einem Liter enthaltene Emanationsmenge erzeugt dann, wenn sie in ein Elektroskop übergeführt wird, einen Sättigungsstrom von 10^{-3} elektrostatischen Einheiten pro Sekunde.) Die stärksten Heilquellen weisen 2000 bis 3000 Mache-Einheiten auf.

[3] Denn auf n Radiumatome kommen im Gleichgewicht $n \times 6{,}56 \cdot 10^{-6} \times 226/222$ Emanationsatome.

d. h. die Summe der Tochteratome in beiden Präparaten erfährt durch die Trennung keine Änderung und bleibt konstant.

Ein anschauliches Beispiel für die Erfüllung dieser Gesetzmäßigkeit bietet die Trennung des Uran X vom Uran. Uran X ist viel kürzerlebig als Uran, indem seine Halbwertszeit nur 24,5 Tage beträgt[4]. Da Uran ein α-Strahler ist, Uran X hingegen ein β-Strahler, so stellt die Intensität der von den getrennten Präparaten ausgehenden β-Strahlung ein Maß für die Zahl der vorhandenen Uran-X-Atome dar[5]. In Fig. 49 zeigt die A-Kurve

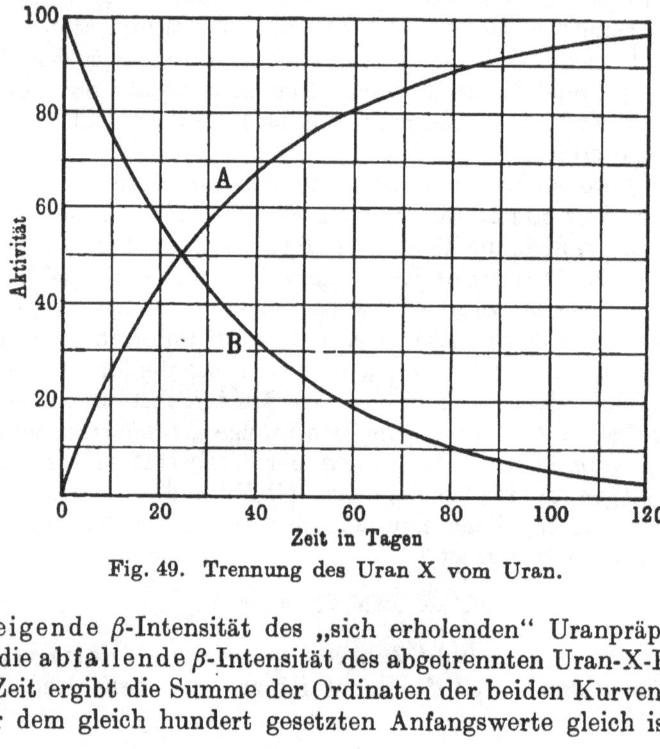

Fig. 49. Trennung des Uran X vom Uran.

die ansteigende β-Intensität des „sich erholenden" Uranpräparates, die B-Kurve die abfallende β-Intensität des abgetrennten Uran-X-Präparates. Zu jeder Zeit ergibt die Summe der Ordinaten der beiden Kurven denselben Wert, der dem gleich hundert gesetzten Anfangswerte gleich ist.

§ 44. Die Umwandlungsreihen.

Zurzeit kennt die Physik gegen 40 „natürliche" radioaktive Grundstoffe oder, wie man sie kurz nennt, „Radioelemente" mit den verschiedensten Lebensdauern; die Halbwertszeiten betragen zwischen 10^{-9} sec und 10^{12} Jahren. Sieht man von Kalium, Rubidium und Samarium ab, bei denen eine schwache Aktivität nachgewiesen wurde, so verteilen sich die übrigen Radioelemente auf die letzten zwölf

[4] Von den geringen Beimengungen von Uran X_2 und Uran II kann abgesehen und somit schlechthin von Uran und Uran X gesprochen werden. Vgl. § 44.

[5] Die α-Strahlung kann durch Absorption ausgeschaltet werden.

Stellen des periodischen Systems mit den Ordnungszahlen 81 bis 92, jedoch mit Auslassung der 85. und der 87. Stelle. Wie nun die genaue Erforschung der Radioelemente gezeigt hat, lassen sie sich (von Kalium, Rubidium und Samarium abgesehen) derart in drei Umwandlungsreihen einordnen, daß jedes Element einer solchen Reihe aus dem ihm in der Reihe vorangehenden entweder durch eine α- oder eine β-Umwandlung hervorgeht. Die drei Reihen werden als die Uran-Radiumreihe, die Aktiniumreihe und die Thoriumreihe unterschieden, wobei jedoch die zweite offenbar nur eine Abzweigung der ersten ist.

Die Uran-Radiumreihe ist durch die Tabelle XX dargestellt, aus der ohne weiteres die Atomgewichte ersichtlich sind, die bei einer durch einen vertikalen Pfeil angedeuteten α-Umwandlung um vier abnehmen, während sie bei einer durch einen horizontalen Pfeil ausgedrückten β-Umwandlung ungeändert bleiben. Unter den Namen der Radioelemente sind die Ordnungszahl, die Gruppe des periodischen Systems und die Halbwertszeit eingetragen. (Dabei bedeuten in dieser und den beiden folgenden Tabellen die Symbole a, d, h, m, s Jahre, Tage, Stunden, Minuten, Sekunden.)

Wie aus der Tabelle XX ersichtlich ist, verwandelt sich Uran durch eine α- und zwei β-Umwandlungen in Uran II, das wegen der Isotopie vom Uran I nicht getrennt werden kann; dagegen können Uran X_1 und Uran X_2 als Isotope des Thoriums und Protaktiniums durch geeignete Fällungsmethoden abgeschieden werden.

Von dem Uran II führt eine α-Umwandlung zu der langlebigen Muttersubstanz des Radiums, dem Ionium. Da dieses ein Thoriumisotop ist, konnte es nicht rein dargestellt, sondern nur in Thoriumpräparaten angereichert werden[1], und zwar bis zu 30%. Aus dem Radium entsteht wiederum durch eine α-Umwandlung die Radiumemanation, auch Radon genannt[2].

Aus der Radiumemanation bildet sich der sogenannte kurzlebige aktive Niederschlag des Radiums; er besteht aus fünf Stoffen: Ra A, Ra B, Ra C, Ra C′ und Ra C″, deren genetische Zusammenhänge aus Tabelle XX ersichtlich sind. Diese Stoffe sind durchwegs fest und unmittelbar nach ihrer Entstehung meist positiv geladen, weshalb sie leicht auf negativ geladenen Platten abgeschieden werden können. Die fünf Elemente sind so kurzlebig, daß sie nur in Mischungen beobachtet werden können, wobei aber das Mischungsverhältnis beliebig variiert werden kann. Die Analyse der Kurven, die den Abfall der Aktivität solcher Gemische darstellen, ermöglichte die Bestimmung der Halbwertszeiten der einzelnen Bestandteile des kurzlebigen Niederschlages; besonders geringe

[1] Während reines Thorium ein Atomgewicht von 232,1 hat, weist das an Ionium reichste Thoriumpräparat ein Mischgewicht von 231,5 auf.

[2] Da sie als Edelgas nicht chemisch gebunden, sondern in dem Radiumsalz nur okkludiert ist, kann sie durch Erhitzen leicht befreit werden.

Tabelle XX.

Die Uran-Radiumreihe.

Atom-gewicht							
238	Uran I 92, VI a $4{,}4 \cdot 10^9$ a ↓						
234	Uran X_1 → 90, IV a 24,5 d	Uran X_2 → 91, V a 1,17 m	Uran II 92, VI a $3 \cdot 10^5$ a ↓				
230			Ionium 90, IV a $8{,}3 \cdot 10^4$ a ↓				
226			Radium 88, II a 1590 a ↓				
222			Ra-Emanation 86, VIII b 3,825 d ↓				
218			Ra A 84, VI b 3,05 m ↓				
214			Ra B → 82, IV b 26,8 m	Ra C → 83, V b 19,7 m ↓	Ra C′ 84, VI b 10^{-8} s ↓		
210				Ra C″ → 81, III b 1,32 m	Ra D → 82, IV b 16 a	Ra E → 83, V b 5 d	Ra F 84, VI b 140 d ↓
206							Ra G 82, IV b stabil

Halbwertszeiten wurden indirekt ermittelt, auf Grund des in dem nächsten Abschnitt zu besprechenden Zusammenhanges zwischen der Lebensdauer und der Reichweite der emittierten α-Strahlen.

Bei dem Radium C zeigt die Umwandlungsreihe eine Verzweigung, indem von dem Ra C eine β-Umwandlung zu dem äußerst kurzlebigen Ra C′, hingegen eine α-Umwandlung zu dem Ra C″ führt. Die α-Umwandlung tritt jedoch viel seltener ein als die β-Umwandlung; von 10 000 Ra C-Atomen erfahren nur 4 die α-Umwandlung in Ra C″.

Tabelle XXI.

Die Aktiniumreihe.

Atom- gewicht					
235	Actino-Uran? 92, VIa $4 \cdot 10^8$ a ↓				
231	Uran Y → 90, IVa 24,6 h	Protaktinium 91, Va $3{,}2 \cdot 10^4$ a ↓			
227		Aktinium → 89, IIIa 13,5 a	Radio Ac 90, IVa 18,9 d ↓		
223			Ac X 88, IIa 11,2 d ↓		
219			Ac Em 86, VIIIb 3,9 s ↓		
215			Ac A 84, VIb $2 \cdot 10^{-3}$ s ↓		
211			Ac B → 82, IVb 36,0 m	Ac C → 83, Vb 2,16 m ↓	Ac C' 84, VIb ca. $5 \cdot 10^{-3}$ s ↓
207				Ac C'' → 81, IIIb 4,76 m	Ac D 82, IVb stabil

Wenn eine genügend große Menge Radiumemanation (etwa ein halber Kubikmillimeter) in einem geschlossenen Glasgefäß zerfällt, so bildet sich an den Gefäßwänden ein feiner Niederschlag, der die Eigenschaften einer als Radium D bezeichneten Bleiart zeigt. Wie das Umwandlungsgesetz erkennen läßt, muß das Radium D durch eine α-Umwandlung aus dem α-strahlenden Ra C' hervorgehen (und überdies durch eine β-Umwandlung aus dem Ra C''). Radium D hat die verhältnismäßig recht große Halbwertszeit von 16 Jahren; es wandelt sich unter schwacher β-Strahlung in ein als Radium E bezeichnetes Wismut-Isotop um, aus dem sich abermals unter β-Strahlung das als Polonium bezeichnete Ra F bildet. Das Polonium ist ein α-Strahler; da nach dem Abklingen seiner α-Strahlung keine weiteren neuen Strahlen auftreten, so muß angenommen werden, daß der durch α-Umwandlung aus dem Polonium hervorgehende und als Ra G bezeichnete Grundstoff, der nach dem Umwandlungsgesetz eine Bleiart, das sogenannte Uranblei ist, das Endprodukt der Uran-Radium-Reihe bildet.

Eine vielfache Analogie mit der Radiumreihe weist die durch die Tabelle XXI dargestellte Aktiniumreihe auf. Sie läßt sich mit Sicherheit von dem Protaktinium bis zu ihrem vermutlichen Endprodukt, dem Bleiisotop Aktinium D, verfolgen. Das Protaktinium, dessen Reindarstellung im Jahre 1927 v. GROSSE[3] gelang, ist ein sehr langlebiges Element mit einer Halbwertszeit von 32000 Jahren; seine durch α-Umwandlung entstehende Tochtersubstanz ist das Aktinium, dessen weit geringere Halbwertszeit nur $13^1/_2$ Jahre beträgt. Von dem Aktinium führen eine β- und zwei α-Umwandlungen zu der Aktiniumemanation, deren Lebensdauer jedoch nur nach Sekunden zählt. Aus der Aktiniumemanation bildet sich der aktive Niederschlag des Aktiniums. Die Reihenfolge der Umwandlungen dieses Niederschlages weist eine ziemliche Ähnlichkeit mit den Umwandlungen des Radiumniederschlages auf. Doch ist im Gegensatze zu dem, wenn auch nur schwach, aktiven Ra D das Ac D bereits stabil, und während von den Ra C-Atomen fast alle eine β-Umwandlung erfahren, ist es bei den Atomen des Ac C gerade umgekehrt. Von 10000 Ac C-Atomen gehen 9968 unter α-Strahlung in Ac C'' über und nur 32 unter β-Strahlung in Ac C'.

Daß die Aktiniumreihe eine Abzweigung der Uranreihe darstellt, wird durch die Erfahrungstatsache wahrscheinlich gemacht, daß sich die Glieder der Aktiniumreihe in allen Uranmineralien mit demselben dreiprozentigen Anteil an der gesamten Aktivität vorfinden. Dies spricht dafür, daß in der Uranreihe eine Verzweigung derart erfolgt, daß von je hundert Atomen 97 die Umwandlung zum Radium und 3 die Umwandlung zum Aktinium erfahren. An welcher Stelle die Verzweigung stattfindet, ist jedoch noch ungewiß. Wahrscheinlich ist nur auf Grund des Umwandlungsgesetzes, daß die Muttersubstanz des Protaktiniums das β-strahlende Thoriumisotop Uran Y ist, das sich im Uran findet, zu dessen Aktivität drei Prozent beiträgt, aber nur in einer Menge von etwa $2 \cdot 10^{-14}$ g auf ein Gramm Uran kommt.

Die Atomgewichte der Aktiniumreihe waren hypothetisch, bis im Jahre 1935 v. GROSSE[4] eine exakte Atomgewichtsbestimmung bei Protaktinium gelang; sie lieferte den Wert 231, womit auf Grund der bekannten Umwandlungen auch die Atomgewichte der ganzen Reihe gegeben waren. Später entdeckte, ebenfalls 1935, auf massenspektroskopischem Wege DEMPSTER[5] ein Uranisotop von der Masse 235, das infolge seines Atomgewichtes wohl die Ausgangssubstanz der Aktiniumreihe darstellen dürfte, indem sich aus ihm durch α-Umwandlung Uran Y bildet.

[3] A. v. GROSSE, Chem. Ber. *61*, 1928, S. 233.
[4] A. v. GROSSE, Proc. Roy. Soc. London (A), *150*, 1935, S. 363.
[5] A. J. DEMPSTER, Nature *136*, 1935, S. 180.

Tabelle XXII.

Die Thoriumreihe.

Atomgewicht					
232	Thorium 90, IVa $1{,}8 \cdot 10^{10}$ a				
	↓				
228	Mesothor 1 → 88, IIa 6,7 a	Mesothor 2 → 89, IIIa 6,13 h	Radiothor 90, IVa 1,9 a		
			↓		
224			Thorium X 88, IIa 3,64 d		
			↓		
220			Th Em 86, VIIIb 54,5 s		
			↓		
216			Th A 84, VIb 0,14 s		
			↓		
212			Th B → 82, IVb 10,6 h	Th C → 83, Vb 60,5 m	Th C' 84, VIb ca. 10^{-9} s
				↓	↓
208				Th C'' → 81, IIIb 3,1 m	Th D 82, IVb stabil

Durch eine Abzweigung von der Uranreihe entsteht auch das Uran Z, indem sich von 10 000 Uran X_1-Atomen 35 unter β-Strahlung in Uran Z-Atome verwandeln, die sodann unter β-Strahlung in Uran II-Atome übergehen. Uran Z ist ein Isotop des Protaktiniums, hat eine Halbwertszeit von 6,7 Stunden und trägt zur Aktivität des Urans, in dem es sich stets findet, etwa 3,5 Promille bei, während sein Mengenanteil nur $6 \cdot 10^{-16}$ g auf ein Gramm Uran beträgt.

Daß die Thoriumreihe unabhängig von der Uranreihe sein dürfte, kann daraus geschlossen werden, daß man sowohl von Thorium fast freie Uranmineralien als auch von Uran fast freie Thoriummineralien kennt. Die Thoriumreihe ist durch die Tabelle XXII dargestellt.

Von der Ausgangssubstanz der Thoriumreihe, dem Thorium, führt eine α-Umwandlung zu dem verhältnismäßig langlebigen Mesothor 1. Da seine Halbwertszeit 6,7 Jahre beträgt und in allen Thormineralien auf 1 g Thorium $3{,}9 \cdot 10^{-10}$ g Mesothor 1 kommen, so ergibt sich nach dem Gesetze des radioaktiven Gleichgewichtes die Halbwertszeit des Thoriums zu $1{,}8 \cdot 10^{10}$ Jahren. Mesothor 1 kann aus Mineralien nicht rein gewonnen werden, da es ein Isotop des Radiums ist und alle Thormineralien stets auch etwas Uran und somit auch Radium enthalten[6]; nur in minimalen Mengen kann reines Mesothor durch Bildung aus Thoriumsalzen gewonnen werden, die vorher von Uran und dessen Umwandlungsprodukten gereinigt wurden.

Von dem Mesothor 1 führen über das kurzlebige Mesothor-2 zwei aufeinanderfolgende β-Umwandlungen zu dem Radiothor, das ein um vier Einheiten leichteres Isotop des Thoriums darstellt und eine Halbwertszeit von fast zwei Jahren hat. Aus Radiothor entsteht durch zwei α-Umwandlungen die kurzlebige Thoriumemanation, aus der sich wiederum der aktive Niederschlag des Thoriums bildet. Dieser weist eine ziemliche Analogie mit den Niederschlägen des Radiums und Aktiniums auf und endet in seiner Entwicklung bei dem Bleiisotop Thorium D. Von dem Thorium C zerfallen etwa 65% unter β-Umwandlung und 35% unter α-Umwandlung.

Das Endprodukt aller drei Umwandlungsreihen stellt in verschiedenen Isotopen das Blei dar. Infolgedessen müssen sich sowohl in Uran- als auch in Thoriummineralien im Laufe sehr langer Zeiten merkliche Mengen Blei bilden, so daß die Feststellung des Bleigehaltes eine Altersbestimmung der Mineralien und damit auch der geologischen Schichten ermöglicht, in denen die Mineralien gefunden werden. Da von n Uranatomen im Laufe eines Jahres $n \times 1{,}5 \cdot 10^{-10}$ zerfallen, andererseits aber das Atomgewicht des Bleis sich zu dem des Urans wie 206:238 verhält, so erzeugt ein Gramm Uran jährlich $1{,}3 \cdot 10^{-10}$ g Uranblei. Das ungefähre Alter eines Minerals ergibt sich also in Jahren, wenn man die zu 1 g Uran gehörige Menge von Uranblei mit dem reziproken Werte von $1{,}3 \cdot 10^{-10}$, also mit rund 8000 Millionen multipliziert[7]. Einem zehnprozentigen Gehalt an Uranblei entspricht somit ein Alter von ungefähr 800 Millionen Jahren. Den Altersbestimmungen darf aber stets nur der Gehalt an Uranblei (Ra G) zugrunde gelegt werden, von dem eine meist vorhandene Verunreinigung durch gewöhnliches Blei unterschieden werden muß. Da indessen die Atomgewichte des Uranbleis und des gewöhnlichen Bleis verschieden sind (206,0 und 207,2), so ermöglicht eine Atomgewichtsbestimmung des Gemisches von Ra G und gewöhnlichem Blei ohne weiteres die Feststellung des Anteiles beider. Das Alter der Uranmineralien ergab sich derart bis zu ungefähr zwei Milliarden Jahren[8].

[6] Da zu 1 g Thorium $4 \cdot 10^{-10}$ g Mesothor, hingegen zu 1 g Uran $3{,}4 \cdot 10^{-7}$ g Radium gehören, so kommt selbst dann, wenn das Thormineral nur zu ein Promille durch Uran verunreinigt ist, auf das im Mineral enthaltene Mesothor eine ungefähr gleich große Menge Radium.

[7] Bei einer genauen Berechnung muß allerdings berücksichtigt werden, daß auch die Menge des Urans im Laufe der Zeit bereits abgenommen hat; die danach verbesserte Berechnung führt zu einem etwas kleineren Alter der Mineralien.

[8] Vgl. den zusammenfassenden Bericht von A. Kovarik in Bull. of the Nat. Res. Council *80*, 1931, Washington („The Age of the Earth"); Part III.

Außerhalb der Umwandlungsreihen sind noch mit Sicherheit als Radioelemente die β-Strahler Kalium ($T = 10^{12}$ a) und Rubidium ($T = 10^{11}$ a) sowie das α-strahlende Samarium bekannt.

Unter den Radioelementen sind die allermeisten erst nach der im Jahre 1896 erfolgten Entdeckung der Radioaktivität aufgefunden worden; früher waren eigentlich, wenn man von dem Kalium und Rubidium absieht, nur das Uran und das Thorium bekannt gewesen. Unter den erst später entdeckten Radioelementen stellen fünf in dem Sinne neu entdeckte Grundstoffe dar, daß sie Hauptrepräsentanten von Stellen des periodischen Systems sind, die bis dahin leer gewesen waren. Es sind dies die im Jahre 1898 von dem Ehepaar CURIE entdeckten Elemente Radium und Polonium, das im Jahre 1899 von DEBIERNE und GIESEL entdeckte Aktinium, die im Jahre 1900 von RUTHERFORD und DORN aufgefundene Emanation und endlich das im Jahre 1918 von HAHN und MEITNER entdeckte Protaktinium[9]. Die genetischen Zusammenhänge zwischen den Radioelementen wurden klar, als im Jahre 1913 SODDY und FAJANS (noch vor der Entdeckung der natürlichen Reihe der Grundstoffe) das Gesetz der α- und der β-Umwandlung auffanden.

§ 45. Die Strahlung der Radioelemente.

Die auffälligste Folgeerscheinung des Kernzerfalls, durch die die Physiker überhaupt erst auf die Tatsache der Kernzersetzung aufmerksam wurden, ist die von den zerfallenden Atomen ausgehende radioaktive Strahlung, die teils von materieller Natur, teils von elektromagnetischer Wellennatur ist. Die radioaktiven Strahlen stammen entweder als sogenannte primäre Strahlen aus dem Atomkern, oder aber werden sie als sekundäre Strahlen in den den Kern umgebenden Elektronengruppen hervorgerufen.

Zu den primären Strahlen gehören zunächst die aus dem Atomkern bei dessen Zerfall fortgeschleuderten α- und β-Teilchen. Die Anfangsgeschwindigkeiten der α-Teilchen stellen Konstanten dar, die für die α-strahlenden Radioelemente charakteristisch sind. In cm/sec ausgedrückt, liegen die Anfangsgeschwindigkeiten zwischen $1{,}4 \cdot 10^9$ bei Uran I und $2{,}06 \cdot 10^9$ bei Thorium C′.

Die Reichweite der α-Strahlen ist in einer gegebenen Substanz, wie schon in einem früheren Abschnitte (§ 4) erwähnt wurde, der dritten Potenz der Anfangsgeschwindigkeit proportional; dieselbe Beziehung besteht auch zwischen der jeweils noch zurücklegbaren Strecke und der während des Fluges ständig abnehmenden jeweiligen Geschwindigkeit. Die Reichweiten in Luft bei Atmosphärendruck und 0° stellen ebenfalls für die α-strahlenden Radioelemente charakteristische Konstanten dar; sie

[9] Vor dem Protaktinium war allerdings bereits sein kurzlebiges Isotop Uran X_2 (damals auch „Brevium“ genannt) entdeckt worden.

liegen zwischen 2,67 cm bei Uran I und 8,62 cm bei Thorium C′. Im übrigen ist die Reichweite direkt proportional der absoluten Temperatur des Gases und umgekehrt proportional seinem Druck, weshalb die α-Strahlen im Vakuum eine sehr große Reichweite aufweisen. Auf Ra C′ bezogen, hängt die Reichweite in Luft bei 0° und Atmosphärendruck mit der Anfangsgeschwindigkeit durch die Beziehung zusammen

$$(1) \qquad v^3 = 1{,}076 \cdot 10^{27}\, R_0\,,$$

bzw.

$$(2) \qquad v = 1{,}025 \cdot 10^{9}\, R_0^{1/3}\,.$$

Fig. 50. α-Strahlen des radioaktiven Niederschlags des Thoriums (aus L. Meitner, Atomvorgänge und ihre Sichtbarmachung, Stuttgart, Verlag Enke, 1926).

Die Reichweite kann auch unmittelbar auf photographischem Wege nach der schon öfter erwähnten Wilsonschen Nebelstreifenmethode bestimmt werden. Fig. 50 zeigt (nach Lise Meitner) eine derartige Aufnahme, die von dem radioaktiven Niederschlag des Thoriums herrührt. Eine geeignete Blendenvorrichtung bewirkte, daß alle photographierten Bahnen in derselben Ebene verliefen. Das Bild läßt neben α-Strahlen von 4,8 cm auch solche von 8,7 cm Reichweite erkennen, überdies aber auch noch zwei vereinzelte Bahnen von 9,5 und 11,3 cm, von deren Bedeutung später noch die Rede sein wird. Wird statt Luft ein anderes Gas verwendet, so ergeben sich zwar vier andere Werte der Reichweite, doch besteht zwischen ihnen trotzdem dasselbe Verhältnis wie bei den Versuchen in Luft. Durch Anfertigung von vielen Hunderten solcher Photographien wurde auch erkannt, daß ein Strahl von 11,3 cm Reichweite auf rund 5000, ein solcher von 9,5 cm aber erst auf rund 15 000 Strahlen von 8,7 cm Reichweite entfällt. Auch diese Verhältnisse sind in anderen Gasen dieselben wie in Luft.

Eine einfache Gesetzmäßigkeit verknüpft die Reichweite der α-Strahler mit ihrer Lebensdauer. Wie Geiger und Nuttall im Jahre 1911 fanden, sind nämlich innerhalb jeder Umwandlungsreihe die Logarithmen der Zerfallskonstanten lineare Funktionen der Logarithmen der Reichweite. Es besteht die Beziehung

$$(3) \qquad \log \lambda = A + B \log R_0\,,$$

wobei B eine universelle Konstante ist, A hingegen für jede der drei Umwandlungsreihen einen bestimmten Wert hat (vgl. Fig. 51). Wenn BRIGGSsche Logarithmen benutzt werden, ist B gleich 60 und für die Uran-Radiumreihe A gleich $-41{,}5$ zu setzen. Mittels der Gl. 3 konnte für sehr kurzlebige Radioelemente die Halbwertszeit ermittelt werden. Daß indessen die Gl. 3 nicht allgemein gilt, beweist der aus Fig. 51 ersichtliche Fall des Ac X, dessen Reichweite der Thorium-, nicht aber der Aktiniumreihe entspricht[1].

Wie für die α-strahlenden Radioelemente die Reichweite, so wird für die β-strahlenden als charakteristische Konstante gewöhnlich der Absorptionskoeffizient in Aluminium angegeben. Manche Radioelemente weisen mehrere, auseinanderliegende Werte des Absorptionskoeffizienten auf, woraus hervorgeht, daß die von ihnen emittierte β-Strahlung sich aus Strahlen von verschiedener Geschwindigkeit zusammensetzt. Noch deutlicher beweisen dies die vor allem von KOVARIK erforschten magnetischen Spektren, die auf der Tatsache beruhen, daß in einem Magnetfeld Strahlen von verschiedener Geschwindigkeit verschieden stark abgelenkt werden. Wenn man daher die durch einen Magneten abgelenkte β-Strahlung auf eine photographische Platte fallen läßt, die durch sie geschwärzt wird, so treten bei geeigneter Versuchsanordnung auf der Platte scharfe schwarze Linien auf, deren jede einer bestimmten, leicht ermittelbaren Anfangsgeschwindigkeit entspricht[2]

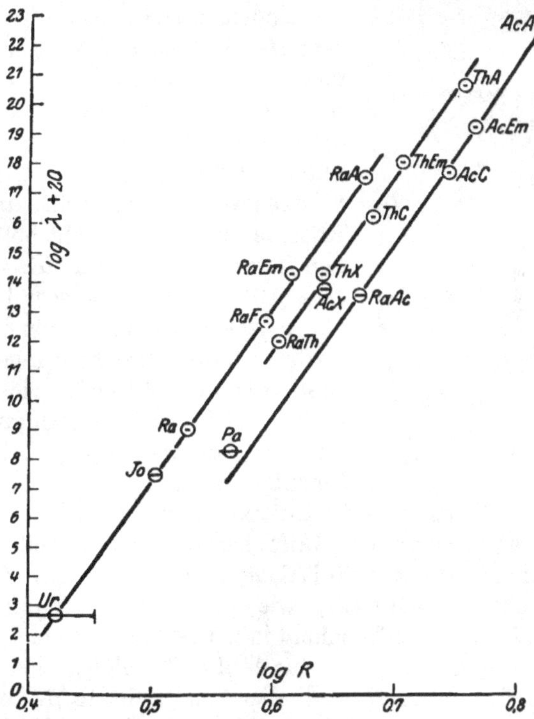

Fig. 51. Zusammenhang zwischen Reichweite und Zerfallskonstante. (Aus Zeitschr. f. Physik, Bd. VIII, Verlag Springer, Berlin.)

[1] Wie die Fig. 51 zeigt, gilt die Gleichung von GEIGER und NUTTALL überhaupt für die Thorium- und die Aktiniumreihe bei weitem nicht so genau wie für die Uran-Radiumreihe. Wegen der wellenmechanischen Begründung der GEIGER-NUTTALLschen Beziehung vgl. § 54.

[2] Vgl. Gl. 3 des § 3.

(Fig. 52); allerdings rührt ein Teil der Linien von den (später zu besprechenden) sekundären β-Strahlen her, und nur die Linien größerer Geschwindigkeiten sind primären Ursprungs. Die Anfangsgeschwindigkeiten der β-Strahlen liegen zwischen $3{,}2 \cdot 10^9$ und $2{,}994 \cdot 10^{10}$ cm/sec; sie betragen zwischen 10,7 und 99,8% der Lichtgeschwindigkeit. Die raschesten β-Strahlen wurden im magnetischen Spektrum des Radium C festgestellt. Größeren Werten der Anfangsgeschwindigkeit entsprechen im allgemeinen kleinere Halbwertszeiten.

Fig. 52. Magnetische β-Strahlspektren.

Indem man die Aufladung mißt, die ein von β-Strahlen getroffenes Elektroskop erfährt, läßt sich die Zahl der von einem β-Strahler in der Sekunde emittierten β-Teilchen berechnen. Die Zählungen ergeben, daß diese Zahl immer gleich ist der Zahl der in der Sekunde unter β-Umwandlung zerfallenden Atome. So wurde beispielsweise festgestellt, daß die mit einem Gramm Radium im Gleichgewicht befindliche Menge der β-strahlenden Elemente Ra B und Ra C zusammen in einer Sekunde ca. $8 \cdot 10^{10}$ β-Teilchen aussendet. Die Hälfte hiervon stimmt aber wiederum überein mit der Zahl der von einem Gramm Radium (ohne Umwandlungsprodukte) emittierten α-Teilchen, welche Zahl sich, wie schon erwähnt, zu $3{,}72 \cdot 10^{10}$ ergibt. (Die Übereinstimmung ist nicht vollkommen, weil zu den primären β-Teilchen auch noch sekundäre hinzukommen.)

Ebenso wie die α-Strahlen rufen auch die β-Strahlen eine beträchtliche Ionisierung der Luft hervor. Ein β-Teilchen erzeugt ungefähr 10 000 Ionenpaare, ein α-Teilchen, je nach seiner Reichweite, etwa 100 000 bis 250 000. Während, wie schon öfter erwähnt (vgl. die früheren Fig. 1 und 2), die α-Teilchen in übersättigtem Dampf geradlinige Nebelstreifen erzeugen, sind die durch die β-Teilchen hervorgerufenen ganz unregelmäßig geformt, weil das viel leichtere β-Teilchen (im Gegensatz zu den schwereren α-Teilchen) bei jedem Zusammenstoß mit einem Luftatom aus seiner Bahn geworfen wird. Da überdies auch die Zahl der erzeugten Luftionen bei einem β-Teilchen wesentlich geringer ist, erscheint in entsprechender Vergrößerung die Bahn eines β-Teilchens in einzelne Nebeltröpfchen aufgelöst (Fig. 53).

Außer den primären β-Strahlen senden die Radioelemente auch sekundäre β-Strahlen aus. Sie sind die Folge eines lichtelektrischen Effektes, der in den den Kern umgebenden Elektronengruppen durch die aus dem Kerne dringenden primären γ-Strahlen hervorgerufen wird. Sekundäre β-Strahlen können außer bei Radioelementen, die eine β-Umwandlung erfahren, natürlich auch bei solchen beobachtet werden, die eine α-Umwandlung durchmachen; in der Tat zeigt sich eine schwache β-Strahlung sekundären Ursprungs bei den α-Strahlern Radium, Radioaktinium und

Radiothor. Die sekundären γ-Strahlen, die durch primäre β- oder auch durch primäre α-Strahlen erzeugt werden, sind nichts anderes als charakteristische Röntgenstrahlen der betreffenden Grundstoffe, die auch in deren Röntgenspektren auftreten.

Zu den von radioaktiven Substanzen ausgehenden materiellen Strahlen gehören auch die sogenannten Rückstoßstrahlen. Jedes Atom, das ein α- oder β-Teilchen abstößt, muß nach dem Satze von der Erhaltung der

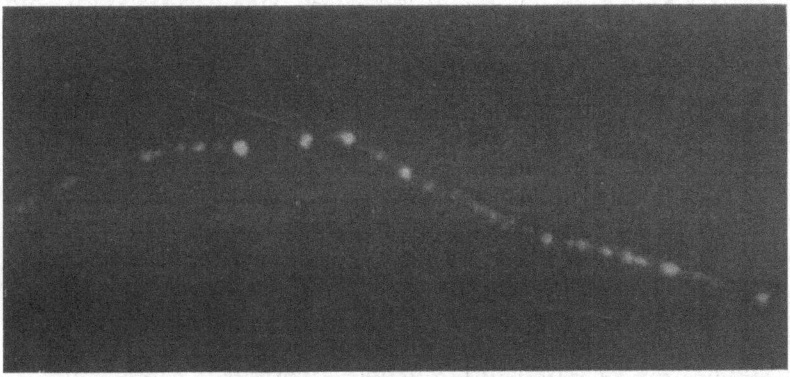

Fig. 53. Bahn eines β-Teilchens.
(Aus L. Meitner, Atomvorgänge und ihre Sichtbarmachung, Stuttgart, Verlag Enke, 1926.)

Bewegungsgröße einen Rückstoß mit einer Geschwindigkeit erfahren, die sich zu der des fortgeschleuderten α- oder β-Teilchens so verhält wie dessen Masse zu der Masse des Atomrestes. Wenn daher beispielsweise ein Radium-A-Atom von dem Atomgewicht 218 ein α-Teilchen von der Masse 4 mit einer Geschwindigkeit von $1{,}69 \cdot 10^9$ cm/sec ausstößt, so muß das durch die Umwandlung entstandene Radium-B-Atom mit einer Geschwindigkeit fortgestoßen werden, die gleich ist der vorhin angegebenen Geschwindigkeit des α-Teilchens, multipliziert mit 4/214. Dies ergibt eine Geschwindigkeit von etwa $3 \cdot 10^7$ cm/sec; und diese Geschwindigkeit ist immerhin groß genug, um die Rückstoßstrahlen erkennbar zu machen.

Die aus dem Kerne dringende γ-Strahlung wird durch die neuere Theorie dahin gedeutet, daß bei der Emission eines α- oder β-Teilchens der Kern in einem angeregten Zustand zurückbleibt, aus dem er dann unter Emission eines Photons in den Grundzustand übergeht. Durch diese Annahme findet auch die von Rosenblum[3] entdeckte Tatsache der Feinstruktur der α-Strahlen eine einfache Erklärung. Verläßt nämlich ein α-Teilchen einen Kern, der während der Emission angeregt wird, so muß die kinetische Anfangsenergie des α-Teilchens gegenüber dem ge-

[3] S. Rosenblum, Journ. de Phys. VII. Sér., *1*, 1930, S. 438.

wöhnlichen Werte verkleinert erscheinen, wobei die Differenz gleich der Anregungsenergie des Kerns ist. Der Mannigfaltigkeit möglicher angeregter Kernzustände entspricht derart eine Mannigfaltigkeit von Energiedifferenzen, die sich in der Feinstruktur der magnetischen Spektren der α-Strahlen bei Anwendung sehr starker magnetischer Felder offenbart.

Andererseits besteht natürlich auch die Möglichkeit, daß ein α-Teilchen, das von einem bereits angeregten Kerne emittiert wird, das Plus an Energie, also die Anregungsenergie, sozusagen auf den Weg mitbekommt. Auf diese Weise erklärt sich wohl das schon erwähnte, von Rutherford entdeckte Auftreten vereinzelter α-Teilchen von übernormaler Reichweite.

Durch besonders kurzwellige, also besonders harte γ-Strahlung sind die radioaktiven Elemente Polonium, Radium C und Thorium C″ ausgezeichnet. Der Poloniumstrahlung entspricht eine Photonenenergie von ungefähr 0,8 eMV. Für Radium C und Thorium C″ betragen die Energien 1,8 und 2,6 eMV. Die härteste, zur Zeit bekannte γ-Strahlung ist die später noch näher zu besprechende sekundäre Strahlung, die von Beryllium ausgeht, wenn dieses mit α-Strahlen bombardiert wird; diese Strahlung weist eine Photonenenergie von 5 eMV und somit eine Wellenlänge von nur 2 X auf.

Die Wärme, die ein in einem Gefäße eingeschlossenes aktives Präparat ständig entwickelt, rührt von der kinetischen Energie der an den Gefäßwänden aufgehaltenen α- und β-Strahlen sowie der Rückstoßstrahlen und von der absorbierten elektromagnetischen Energie der γ-Strahlen her. Aus den charakteristischen Konstanten der Strahlen und aus den Zerfallskonstanten der Radiumreihe läßt sich die Wärme, die ein Gramm Radium samt seinen kurzlebigen Umwandlungsprodukten in einer Stunde produziert, zu 137 Kalorien berechnen, von welcher Wärmemenge 90,1% durch die α-Strahlen, 3,4% durch die β-Strahlen, 4,7% durch die γ-Strahlen und 1,8% durch die Rückstoßstrahlen erzeugt werden. Die experimentelle Messung ergibt in guter Übereinstimmung mit dem Rechnungsergebnis für die stündliche Wärmeentwicklung 136 Kalorien[4]. Die gesamte Wärmemenge, die ein Gramm Radium bei seinem völligen Zerfall zu erzeugen vermag, beträgt $3{,}7 \cdot 10^9$ Kalorien. Diese Wärmemenge ist, wie zum Vergleich angeführt sei, ungefähr eine Million mal so groß wie die Wärmemenge, die 1 g Knallgas bei seiner Umwandlung in Wasser erzeugt, obwohl diese chemische Reaktion mit einer ungewöhnlich hohen Wärmetönung verbunden ist.

§ 46. Die kosmische Strahlung.

Im Jahre 1912 entdeckte Hess bei einem Aufstieg mit einem Luftballon, daß die radioaktive Strahlung des Erdbodens zwar bis zu einer

[4] Auch bei Polonium, Thorium und Uran konnte die ständige Wärmeentwicklung nachgewiesen werden. 1 g Uran erzeugt im Gleichgewicht mit seinen Zerfallsprodukten in der Stunde ungefähr den zehntausendsten Teil einer Kalorie.

Höhe von etwa 400 m ziemlich rasch abnimmt, dann aber immer langsamer, um schließlich mit wachsender Höhe scheinbar wieder zuzunehmen. Aus dieser Beobachtung schloß HESS, daß außer der radioaktiven Strahlung der Erde, die nur bis zu etwa 1000 m Höhe reichen könnte, noch eine andere, damals noch unbekannte Strahlung wirksam sein müsse. HESS fand auch, daß der Einfluß dieser Strahlung bei Nacht ebenso stark wie bei Tage ist, so daß die Sonne als Ursache nicht in Betracht gezogen werden kann. HESS vermutete darum, daß die von ihm entdeckte Strahlung aus dem Weltenraum zu uns kommt, und er erkannte, daß sie viel durchdringender sein müsse als die härtesten Strahlen, die von radioaktiven Substanzen ausgehen. Darum bezeichnete HESS die neue Strahlung als Ultrastrahlung.

Ähnliche Beobachtungen wie HESS stellte später auch KOLHÖRSTER an; er fand schon 1914, daß in einer Höhe von etwa 7000 m die Höhenstrahlung ungefähr 20mal so stark wie am Erdboden ist. Die späteren, genaueren Untersuchungen von KOLHÖRSTER sowie von MILLIKAN und CAMERON enthüllten die überraschende Tatsache, daß die Ultrastrahlung Hunderte von Metern dicke Wasserschichten zu durchdringen vermag. Etwa ein Prozent der Strahlung findet sich sogar noch in 1000 m Wassertiefe, so daß diese Komponente fast 100 m dicke Stahlplatten zu durchschlagen imstande ist. Messungen von REGENER[1] ergaben, daß die gesamte Energie, die in der Form kosmischer Strahlung zur Erde gelangt, nicht viel kleiner als diejenige Energiemenge ist, die die Erde seitens aller Sterne, mit Ausschluß der Sonne, empfängt.

Lange Zeit hindurch wurden die kosmischen Strahlen für eine sehr harte γ-Strahlung gehalten. Seit etwa 1930 wurde es aber klar, daß die kosmische Strahlung im wesentlichen auf elektrisch geladenen Teilchen beruhen müsse. Den Anlaß zu dieser Wendung der Auffassung bildeten Beobachtungen von BOTHE und KOLHÖRSTER[2], die in der Strahlung elektrische Teilchen feststellten, die sich als ebenso durchdringend wie die Strahlung selbst erwiesen. Eine weitgehende Klärung brachte in der Frage der Natur der kosmischen Strahlung dann die Entdeckung des sogenannten Breiteneffektes durch CLAY[3] und COMPTON[4]. Wie diese beiden Forscher durch ausgedehnte Versuchsreihen feststellten, hängt die Intensität der Strahlung in gegebener Höhe wesentlich von der geographischen Breite ab, was nur dahin gedeutet werden kann, daß die Strah-

[1] E. REGENER, Zeitschr. f. Phys. *80*, 1933, S. 666. Die gesamte Energie, die in Form von Ultrastrahlung an der Grenze der Atmosphäre auf 1 cm² in 1 Sek. einfällt, wurde von REGENER zu $3{,}5 \cdot 10^{-3}$ Erg ermittelt. Auf die ganze Erdoberfläche bezogen, ergibt dies 2,4 Millionen PS.

[2] W. BOTHE und W. KOLHÖRSTER, Berl. Akad. Ber. 1930, S. 450.

[3] J. CLAY, Physica, *1*, 1934, S. 362.

[4] Vgl. die zusammenfassende Darstellung bei E. STEINKE, Die kosmische Ultrastrahlung in „Ergebnisse der exakten Naturwissenschaften", *13*, 1934 (Verlag Springer).

lung aus elektrisch geladenen Teilchen zusammengesetzt ist, deren Bewegung durch den Erdmagnetismus beeinflußt wird.

Die genauere Analyse der verschiedenen elektrischen Komponenten führte COMPTON[5] zu der Unterscheidung von drei Gruppen von Teilchen von verschiedenem Durchdringungsvermögen, wobei die am wenigsten durchdringende Gruppe vermutlich aus α-Teilchen bestehen dürfte, diejenige mittleren Durchdringungsvermögens aus Elektronen (und zwar, vgl. § 47, beiderlei Vorzeichens) und die härteste Gruppe aus Protonen. Messungen verschiedener Forscher ließen auch erkennen, daß der Einfall der Teilchen aus westlicher Richtung über den Einfall aus östlicher Richtung überwiegt. Aus diesem sogenannten Azimutaleffekt konnte auf ein Vorherrschen der positiv elektrischen Teilchen geschlossen werden. Die Energie der Teilchen ergibt sich im Durchschnitt zu etwa 3—20 Milliarden Elektron-Volt; doch wurden auch Teilchen mit Energien bis zu 10^{12} eV festgestellt.

§ 47. Das Positron.

Bis zum Jahre 1932 wurden allgemein das negativ elektrische Elektron und das 1838mal schwerere positiv elektrische Proton als die beiden Urbausteine der Materie angesehen. Die Überraschung war daher sehr groß, als im Jahre 1932 die nähere Untersuchung der kosmischen Strahlung zu der Entdeckung von Teilchen führte, die mit der Masse eines Elektrons eine entgegengesetzt gleiche positive Ladung verbinden. Der Entdecker dieser „positiven Elektronen" wurde ANDERSON. Er untersuchte mittels einer WILSON-Kammer und eines starken Magnetfeldes die Bahnspuren elektrisch geladener Partikeln, die offenbar durch die kosmische Strahlung ausgelöst werden; die Kammer war vertikal aufgestellt und in ihrer Mitte von einer einige Millimeter dicken Bleiplatte durchquert. Da bei dem Durchsetzen der Platte ein Teilchen jedenfalls kinetische Energie einbüßt und einer geringeren Geschwindigkeit eine stärkere Bahnkrümmung entspricht, konnte aus der Verschiedenheit der Krümmung zu den beiden Seiten der Platte beurteilt werden, in welcher Richtung das beobachtete Teilchen flog; damit war aber aus dem Sinne der magnetischen Ablenkung das Vorzeichen der Ladung feststellbar.

So entdeckte ANDERSON unter vielen Spuren, die er unzweideutig Protonen und negativen Elektronen zuordnen konnte, einmal auch die Spur, deren Photographie in Fig. 54 wiedergegeben ist. Die Flugrichtung wies von unten nach oben, und der Sinn der Krümmung entsprach einer positiven Ladung. Gleichwohl erwies sich die Krümmung so stark wie bei einem Elektron, also viel stärker als bei einem Proton. Man hätte nun zunächst vielleicht annehmen können, daß es sich um ein ungewöhnlich „langsames" Proton handle, für das aus der photographierten Krüm-

[5] Vgl. A. H. COMPTON, Nature *135*, 1935, S. 695.

mung eine Energie von 300000 eV folgen würde; aber gegen diese Möglichkeit sprach doch deutlich die Tatsache, daß das Teilchen imstande war, eine Bleiplatte von 6 mm zu durchqueren, während ein Proton von 300000 eV kaum imstande wäre, auch nur eine Luftschicht von 6 mm zu durchsetzen. Unter der Annahme, daß die Spur einem positiven Elektron zuzuordnen sei, ergibt sich hingegen eine Energie von 63 Millionen eV vor und von 23 Millionen eV nach dem Durchqueren der Bleiplatte.

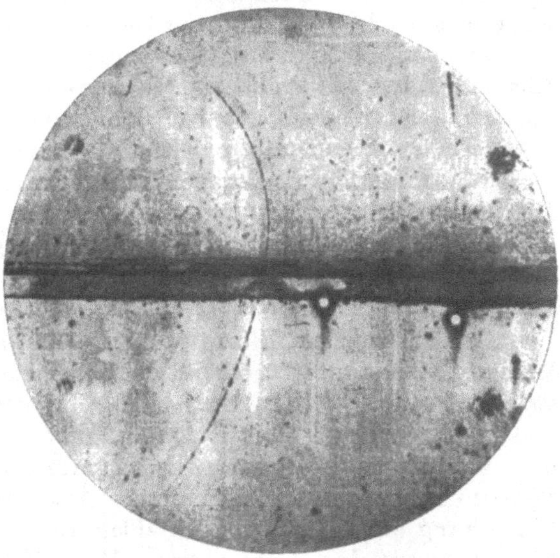

Fig. 54. Spur des ersten von ANDERSON entdeckten Positrons (aus Physical Review, vol. 43).

ANDERSON[1] gelang es bald, noch weitere Spuren von Positronen zu entdecken. Völlig sichergestellt wurde die Existenz des positiven Elektrons oder, wie es nun bald genannt wurde, des Positrons durch die Untersuchungen von BLACKETT und OCCHIALINI[2]; diese beiden Forscher erreichten es durch eine geeignete Apparatur, daß die die WILSON-Kammer durchsetzenden Teilchen automatisch die Expansion der Kammer und die photographische Aufnahme herbeiführten. Durch diese Methode gelang es, neben den Einzelspuren auch in beträchtlicher Anzahl sogenannte Schauer zu photographieren, deren charakteristisches Merkmal die Divergenz einer größeren Zahl von Spuren von einem gemeinsamen Ursprung aus ist; dadurch ergibt sich auch ganz eindeutig für jedes photographierte Teilchen der Richtungssinn des Fluges. Fig. 55 (auf Tafel III) zeigt als ein Beispiel einen derartigen, aus zwei zueinander senkrechten Richtungen aufgenommenen Schauer von etwa 16 Teilchen. Die nach der rechten Seite konkaven Bahnspuren sind positiven Elektronen zuzuordnen.

Es ist natürlich sehr auffällig, daß die Entdeckung des positiven Elektrons erst erfolgte, nachdem bereits durch etwa 35 Jahre die Physiker mit den negativen Elektronen so wohl vertraut geworden waren. Hierfür gab es nur eine einzige mögliche Erklärung, daß nämlich, im Gegensatze

[1] C. D. ANDERSON, Phys. Rev. *43*, 1933, S. 491.
[2] P. BLACKETT und G. OCCHIALINI, Proc. Roy. Soc. London (A) *139*, 1933, S. 699.

zu den negativen Elektronen, die Positronen, zumindest im freien Zustand, eine eng begrenzte Lebensdauer haben. Eine wesentliche empirische Stütze fand diese Auffassung durch Versuche, bei denen es gelang, Positronen gemeinsam mit negativen Elektronen künstlich aus γ-Strahlung zu erzeugen.

Auf Grund des schon früher erörterten Prinzips von der Eigenenergie müssen wir wohl annehmen, daß zu der Erzeugung eines Materieteilchens von der Masse m ein Energieaufwand $m c^2$ erforderlich ist, also, da m im Falle des Positrons oder Elektrons $9{,}0 \cdot 10^{-28}$ g beträgt, ein Energieaufwand von $8{,}1 \cdot 10^{-7}$ Erg. Dies entspricht (nach Gl. 9 des § 3) 509000 eV oder rund einer halben Million Elektron-Volt ($^1/_2$ eMV). Da aber nach dem Satze von der Erhaltung der Elektrizität ein Positron nicht erzeugt werden kann, wenn nicht gleichzeitig auch ein Materieteilchen gleicher negativer Ladung produziert wird, erscheint ein Energiebetrag von rund 1 Million eV notwendig, um ein Positron, allerdings begleitet von einem Elektron, ins Leben zu rufen. Ein solcher Vorgang ist in der Form denkbar, daß sich sehr harte γ-Strahlung, für die die Lichtquantenenergie 1 eMV überschreitet, in Materie verwandelt.

Strahlen solcher Härte werden, wie in § 45 gezeigt wurde, von Radium C, Thorium C″ und Beryllium geliefert. In der Tat gelang es 1933 auf solche Weise ANDERSON und NEDDERMEYER, LISE MEITNER und PHILIPP sowie IRÈNE CURIE und JOLIOT, Positronen im Wege des Laboratoriumsversuches hervorzubringen[3]. Sie brachten in eine WILSON-Kammer Metallfolien und vermochten zu zeigen, daß unter der Einwirkung extrem harter γ-Strahlen aus dem Metall Teilchen austreten, denen man auf Grund der in einem Magnetfeld beobachteten Krümmungen Ladung und Masse eines Positrons zuzuschreiben hat. Bei Benutzung von Poloniumstrahlung, die nur 800000 eV aufweist, gelang die Positronenproduktion nicht, wie dies ja nach dem vorhin Gesagten auch nicht anders erwartet werden konnte. Daß es sich bei der Positronenemission tatsächlich um eine „Materialisation" von Licht (im weitesten Sinne dieses Wortes) handelt, wird am überzeugendsten durch solche Photographien erwiesen, in denen, wie in Fig. 56 (auf Tafel III), von einem gemeinsamen Ursprung in dem bestrahlten Metall ein Elektronenpaar ausgeht und wobei die beiden „Zwillinge" im Magnetfeld nach entgegengesetzten Richtungen gekrümmt erscheinen.

Der Überschuß, den das einwirkende Lichtquant über die vorhin angegebene Million Elektron-Volt aufweist, muß in Bewegungsenergie des erzeugten Elektronenpaares zum Vorschein kommen. Die maximale kinetische Energie, die, z. B. bei der Anwendung von Thorium C″-Strahlung

[3] C. D. ANDERSON und S. H. NEDDERMEYER, Phys. Rev. *43*, 1933, S. 1034; L. MEITNER und K. PHILIPP, Naturw. *21*, 1933, S. 268; I. CURIE und F. JOLIOT, Compt. rend. Acad. Sci. Paris *196*, 1933, S. 1105.

(2,6 eMV), ein Positron erlangen kann (nämlich dann, wenn die Bewegungsenergie lediglich dem Positron und in keiner Weise dem entstandenen negativen Elektron zukommt), würde sich danach zu 1,6 eMV ergeben. Die Beobachtungen haben in der Tat gezeigt, daß die Energie der erzeugten Positronen mit einer bei 1,6 eMV liegenden oberen Grenze kontinuierlich verteilt ist.

Außer dem Satze von der Erhaltung der Energie muß bei der Erzeugung eines Elektronenpaares aus einem Lichtquant natürlich auch der Satz von der Erhaltung des Impulses erfüllt sein. Es werde nun die Richtung des Lichtquants als x-Achse gewählt, und die Ebene, in der diese Richtung und die Bahn des Positrons liegen, als x-y-Ebene. Es ist dann klar, daß, woferne kein drittes Materieteilchen an dem Vorgang beteiligt ist, auch die Bahn des erzeugten Elektrons in der x-y-Ebene liegen muß. Denn sonst käme noch eine z-Komponente des Impulses hinzu, die früher fehlte. Da das Lichtquant keine y-Komponente des Impulses hatte, müssen die y-Impulskomponenten von Positron und Elektron einander gerade aufheben, was nur möglich ist, wenn die beiden Bahnen den gleichen Winkel (θ) mit der x-Achse einschließen. Nach dem Satz von der Erhaltung des Impulses muß also

$$(1) \qquad 2\,m\,v\cos\theta = p$$

sein, wobei m die Elektronenmasse und p den Impuls des Lichtquants bedeuten. Dieser ist aber gleich $h\,\nu/c$, oder, weil doch $h\,\nu = 2\,m\,c^2$ ist, gleich $2\,m\,c$. Es müßte also, woferne kein weiteres Materieteilchen beteiligt ist, $v\cos\theta = c$ sein, was aber offenbar unmöglich ist, weil doch v kleiner als c sein muß und $\cos\theta$ nicht größer als 1 sein kann. Nur dann kann also der Impulssatz erfüllt sein, wenn außer dem Lichtquant an dem Vorgang überdies noch ein bereits vorhandenes (drittes) Materieteilchen beteiligt ist. So erklärt es sich, daß sich, wie die Erfahrung zeigt, Licht nur dann in Materie verwandeln kann, wenn es auf Materie auftrifft.

Die Zahl der Positronen, die ein Metall unter der Einwirkung von extrem harter γ-Strahlung emittiert, ist um so größer, je höher die chemische Ordnungszahl des Metalls ist. Wird Berylliumstrahlung benutzt, so kommen auf je 100 emittierte negative Elektronen (die durch lichtelektrischen Effekt ausgelöst werden) bei Uran 40, bei Aluminium jedoch nur 3 Positronen. Eine besonders ergiebige Positronenquelle kann man, wie Joliot fand, derart herstellen, daß man Polonium auf Aluminium niederschlägt und mit Aluminium bedeckt[4]. Joliot brachte ein derartiges Präparat zwischen die Pole eines starken Magneten und erreichte es durch die magnetische Ablenkung, daß er Positronen ohne begleitende negative Elektronen an eine gewünschte Stelle gelangen lassen konnte.

---

[4] Die von dem Polonium ausgehenden α-Strahlen zertrümmern nämlich (vgl. § 49) Aluminiumkerne, wobei Positronen emittiert werden.

Die Experimente zeigten in der Tat, daß die Positronen nur eine kurze Lebensdauer haben. Wenn nämlich Positronen verschwinden, so ist das Auftreten einer γ-Strahlung zu erwarten. Nun kann nach dem Satze von der Erhaltung der Elektrizität ein Positron nur gleichzeitig mit einem negativen Elektron verschwinden. Dabei wird nach dem früher Gesagten Energie im Betrage von 1 eMV frei; andererseits verlangt es der Impulssatz, daß bei dem Verschwinden eines Elektronenpaares im allgemeinen je zwei Lichtquanten forteilen, so daß sich für die „Vernichtungsstrahlung" eine Lichtquantenenergie von $^1/_2$ eMV ergibt. Als nun Joliot mit der vorhin erwähnten Positronenquelle Metalle bombardierte, stellte er in der Tat das Auftreten von Lichtquanten von $^1/_2$ eMV fest, und er fand auch durch messende Vergleiche zwischen der Zahl der erzeugten Photonen und der Zahl der auftreffenden Positronen mit großer Annäherung den Wert 2 für das Verhältnis der beiden Zahlen[5].

§ 48. Das Neutron.

Im Jahre 1930 entdeckten Bothe und Becker[1], daß unter der Einwirkung von α-Strahlen von einigen leichten Elementen, vor allem von Beryllium, eine außerordentlich durchdringende sekundäre Strahlung ausgeht. Bald darauf fanden Irène Curie und Joliot[2], daß diese Strahlen bei dem Durchgang durch Materie eine tertiäre Strahlung erzeugen, indem sie Atomkerne mit einer Wucht von einigen Millionen Elektron-Volt fortzuschleudern vermögen. Wenn z. B. die Strahlen durch Paraffin hindurchgehen, so erlangen getroffene Wasserstoffkerne eine so hohe kinetische Energie, daß sie in Luft mehrere Dezimeter zurücklegen (vgl. Fig. 57 auf Tafel III).

Chadwick, der diese Versuche fortsetzte[3], fand, daß durch die Berylliumstrahlung die Kerne aller Atome fortgeschleudert werden, daß aber mit zunehmender Kernmasse der Effekt ungemein rasch abnimmt. Das von Chadwick gesammelte reiche Beobachtungsmaterial brachte auch Klarheit über die komplexe Natur der von Bothe und Becker entdeckten Strahlung, die man ursprünglich als rein γ-artig ansah. Chadwick fand nun, daß, woferne diese Annahme richtig wäre, aus der Reichweite der fortgeschleuderten Stickstoffkerne eine Photonenenergie von 55, aus der Reichweite zurückgeworfener Wasserstoffkerne hingegen eine Photonenenergie von 90 eMV folgen würde. Damit erschien aber die Annahme einer rein γ-artigen

[5] Als zusammenfassende Zusammenstellung zu den §§ 47 und 48 sei genannt: R. Fleischmann und W. Bothe, Künstliche Kern-γ-Strahlungen, Neutronen, Positronen in „Ergebnissen der exakten Naturwissenschaften" *13*, 1934, Verlag Springer, Berlin.

[1] W. Bothe und H. Becker, Zeitschr. f. Phys. *66*, 1930, S. 289; *76*, 1932, S. 421.

[2] I. Curie und F. Joliot, Compt. rend. Acad. Sci. Paris *194*, 1932, S. 273, 708, 876.

[3] J. Chadwick, Proc. Roy. Soc. London (A) *136*, 1932. S. 692.

Natur der Strahlung hinfällig, weil doch kaum daran gedacht werden kann, daß diejenigen Photonen, die die Stickstoffkerne zurückwerfen, von denen verschieden sind, die die Wasserstoffkerne fortschleudern — ganz abgesehen davon, daß Energien in der Größenordnung von 50—100 Millionen Elektron-Volt durchaus unwahrscheinlich sind.

Chadwick wurde so zu der Annahme geführt, daß derjenige Anteil der Berylliumstrahlung, der die von Curie und Joliot sowie von ihm selbst beobachteten Tertiärstrahlen hervorruft, ähnlich wie die α- oder β-Strahlung von materiell-korpuskularer Natur sei; diese Vorstellung führte in der Tat zu den gleichen Werten für die Wucht der materiellen Teilchen, ganz gleichgültig, ob den Berechnungen die Beobachtungen an Stickstoff oder Wasserstoff zugrunde gelegt wurden. Für die Masse der Teilchen ergab sich überraschenderweise derselbe Wert wie für die Masse eines Wasserstoffatoms, bei einer kinetischen Energie von etwa 5 eMV. Teilchen mit dieser kinetischen Energie könnten aber nun, wenn sie auch nur die Ladung eines einzigen elektrischen Elementarquantums tragen, unmöglich Materie auf so große Entfernungen durchdringen, wie dies tatsächlich beobachtet wird. So gelangte Chadwick zwingenderweise zu der Folgerung, daß die die Strahlen zusammensetzenden materiellen Teilchen ungeladen sein müssen. Aus diesem Grunde führte er für die von ihm neu entdeckte Art materieller Urteilchen die Bezeichnung Neutronen ein; trotz gleicher Masse unterscheiden sie sich natürlich von neutralen Wasserstoffatomen durch das viel, viel kleinere Volumen, das ihr starkes Durchdringungsvermögen erklärt; denn ihre Wirkung bleibt selbst dann noch deutlich erkennbar, wenn die Neutronen durch eine Bleiplatte von 30 cm Dicke hindurchgegangen sind. Die Neutronen, die durch α-Strahlen hervorgerufen werden, weisen übrigens eine weitgehende Energieverteilung auf. Für Neutronen, die durch α-Strahlen des Poloniums ausgelöst werden, ergab sich die Höchstenergie zu 12 eMV; eine Höchstenergie von sogar 14,3 eMV wurde gemessen, wenn als Quelle der α-Strahlen Radon benutzt wurde.

Versuche von Curie und Joliot ließen erkennen, daß die Neutronen stets von einer extrem harten γ-Strahlung begleitet sind, von der ja bereits in § 45 die Rede war; es sind das die γ-Strahlen, die Bothe und Becker beobachteten, doch ist deren Durchdringungsvermögen wesentlich kleiner als das der Neutronen. Da Neutronenstrahlen wegen des Fehlens einer elektrischen Ladung keine merklichen ionisierenden Wirkungen hervorbringen, ist ihr direkter Nachweis, namentlich auf photographischem Wege, nicht möglich. Nur in den Ausnahmefällen, in denen ein Neutron auf einen Atomkern trifft und ihn fortschleudert, offenbart sich die Wirkung dieses Neutrons indirekt in der photographierbaren Spur des weggestoßenen Kerns.

Das „Atomgewicht" des Neutrons ist, wie aus den später zu besprechenden Kernreaktionen folgt, zu 1,008 anzunehmen. Demnach scheint die Masse eines Neutrons größer zu sein als diejenige eines Protons, die als Differenz zwischen den Massen eines Wasserstoffatoms und eines Elektrons 1,0072 beträgt.

Neben den Neutronen nimmt eine experimentell zunächst noch nicht bestätigte Hypothese der modernen Physik auch noch neutrale Materieteilchen von einer viel geringeren Masse als derjenigen des Neutrons selbst an. Den Anlaß zu der Hypothese dieses sogenannten Neutrino gaben Beobachtungen über die β-Emission radioaktiver Elemente. Die Erfahrung zeigt, daß die kinetische Energie der fortgeschleuderten β-Teilchen Werte aufweist, die über ein ziemlich weites Intervall kontinuierlich bis zu einer oberen Grenze verteilt sind. Bezeichnen wir diese mit ε^*, so zeigt es sich, daß der Quotient ε^*/c^2 ziemlich genau mit dem Massenunterschied übereinstimmt, den ein Atom des Umwandlungsproduktes gegenüber einem Atom der Ausgangssubstanz aufweist.

Ist nun ε ein beliebiger, tatsächlich beobachteter Energiewert, so würde demnach das betreffende β-Teilchen die Energie $\varepsilon^* - \varepsilon$ scheinbar einbüßen. PAULI sprach daher die Vermutung aus, daß das zerfallende radioaktive Atom außer dem β-Teilchen überdies noch ein elektrisch neutrales Teilchen von vernachlässigbarer Masse fortschleudere, dessen kinetische Energie der Differenz $\varepsilon^* - \varepsilon$ gleich wäre. Durch diese Hypothese läßt sich der scheinbare Widerspruch beseitigen, der zwischen den Beobachtungen des β-Zerfalls und dem Satze von der Erhaltung der Energie zunächst zu klaffen schien[4].

§ 49. Die Zertrümmerung der Atomkerne durch Alpha-Strahlen.

Bei den radioaktiven Vorgängen stellt der Kernzerfall einen spontan verlaufenden und in keiner Weise beeinflußbaren Vorgang dar. Es bedeutete daher eine Entdeckung von der größten Tragweite, als im Jahre 1919 RUTHERFORD zum ersten Male die auf künstlichem Wege bewirkte Zerlegung eines Grundstoffs nachwies, und noch dazu eines Grundstoffs von niedriger Ordnungszahl.

Die Grundlage der RUTHERFORDschen Entdeckungen bildeten Beobachtungen über die Entstehung der bereits in einem früheren Abschnitt (§ 4) besprochenen H-Strahlen. Bald nach deren Auffindung machte MARSDEN in Gemeinschaft mit LANTSBERRY die überraschende Wahrnehmung, daß ein mit Radium C überzogenes Nickelblech auch durch gewöhnliche Luft hindurch Szintillationen in einer Entfernung erregte, die weit größer war, als die Reichweite der von dem Nickelblech emittierten α-Strahlen in Luft beträgt.

Als RUTHERFORD diese zunächst rätselhafte Erscheinung weiter verfolgte, machte er nun die wichtige Entdeckung, daß die Zahl der Szintillationen von der Substanz abhing, die den Raum zwischen dem Nickel-

---

[4] Auf einen möglichen Zusammenhang zwischen Neutrino und Photon hat LOUIS DE BROGLIE hingewiesen; Compt. rend. Acad. Sci. Paris *198*, 1934, S. 135.

Fig. 58.
Durchgang von α-Teilchen durch Luft (nach Blackett).

Fig. 59.
Durchgang von α-Teilchen durch Wasserstoff (nach Blackett).

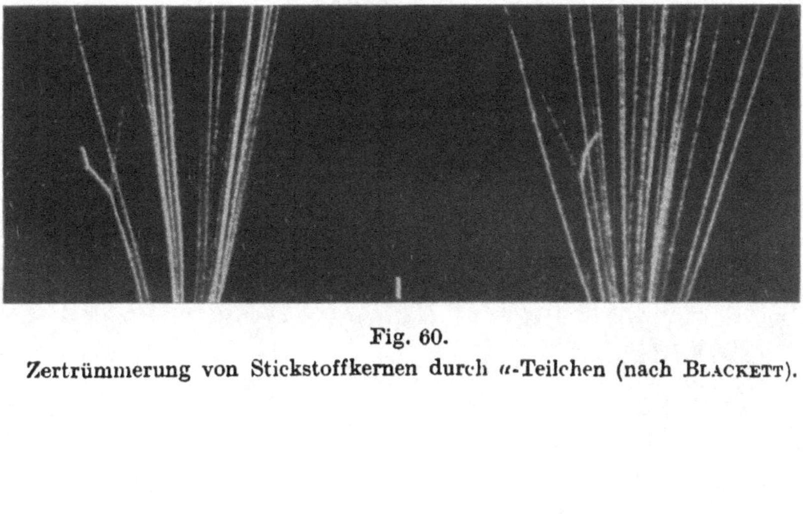

Fig. 60.
Zertrümmerung von Stickstoffkernen durch α-Teilchen (nach Blackett).

Walter de Gruyter & Co., Berlin und Leipzig.

blech und dem Leuchtschirm erfüllte. Die Szintillationen blieben aus, wenn der Zwischenraum leer oder anstatt mit Luft mit Kohlensäure oder mit Sauerstoff gefüllt war; dagegen stieg die Zahl der Szintillationen, als RUTHERFORD die Luft durch reinen Stickstoff ersetzte. Zugleich bewiesen Versuche über elektrische und magnetische Ablenkung, daß die weitreichenden Strahlen in der Tat H-Strahlen waren, also aus Wasserstoffkernen bestanden. Diese Tatsachen führten RUTHERFORD zu der bedeutungsvollen Erkenntnis, daß durch die α-Teilchen eine Zertrümmerung von Stickstoffkernen herbeigeführt wird, wobei aus den zertrümmerten Kernen Wasserstoffkerne fortgeschleudert werden.

Wie die Berechnungen auf Grund der Szintillationszählungen ergaben, kommt im Durchschnitt nur ein einziger freigemachter Wasserstoffkern auf einige Hunderttausend emittierte α-Teilchen. Da eine Menge Ra C′, die sich im radioaktiven Gleichgewicht mit einem Gramm Radium befindet, in der Sekunde $3{,}72 \cdot 10^{10}$ α-Teilchen aussendet, so werden somit durch ein Präparat von 1 g Radium (wovon für die Stickstoffzertrümmerung nach RUTHERFORD nur das Ra C′ in Betracht kommt) in einem Jahre ungefähr 10^{12} Wasserstoffkerne freigemacht; die nach erfolgter Neutralisierung entstandenen Wasserstoffatome würden somit nach einem Jahre erst ein Volumen von dem ungefähr tausendsten Teile eines Kubikmillimeters ergeben.

Durch Anwendung der WILSONschen Methode ist es im Jahre 1925 BLACKETT[1] gelungen, die Zertrümmerung von Stickstoffkernen zu photographieren. Fig. 58 und 59 (beide auf Tafel IV) zeigen zunächst nach BLACKETT den Durchgang von α-Teilchen durch Luft und Wasserstoff. Sie veranschaulichen einerseits die bei einem Zusammenstoß zwischen α-Teilchen und Atomkern eintretende Ablenkung des α-Teilchens, andererseits den Rückstoß, den der getroffene Atomkern erfährt und der ihn um so weiter schleudert, je leichter er ist. (Darum sind in Fig. 59 die Rückstoßbahnen länger als in Fig. 58; die kurzen Knicke stellen stets die Bahn des α-Teilchens dar.) Die tatsächliche Zertrümmerung ist aus Fig. 60 (ebenfalls auf Tafel IV) ersichtlich. Wegen der Seltenheit des Prozesses waren Aufnahmen der Bahnen von Hunderttausenden von α-Teilchen erforderlich, um acht Fälle einer tatsächlichen Atomzertrümmerung in den Bildern zu erhalten; zwei hiervon sind in Fig. 60 wiedergegeben. Der lange dünne Zweig stellt die weitreichende Bahn des aus dem zertrümmerten Kerne fortgeschleuderten Protons dar; der kürzere Zweig die Bahn des zurückgestoßenen, des Protons beraubten Stickstoffkernes. Das Fehlen eines weiteren Zweiges läßt erkennen, daß das α-Teilchen, durch welches das Proton aus dem Stickstoffkerne freigemacht wird, selbst in dem Stickstoffkerne steckenbleiben dürfte. Die Stickstoffzertrümmerung durch α-Strahlen genügt also offenbar der

[1] P. M. S. BLACKETT, Proc. Roy. Soc. London (A) *107*, 1925, S. 349.

Reaktionsformel

$$_{7}N^{14} + _{2}He^{4} \longrightarrow _{8}O^{17} + _{1}H^{1}\,.$$

In dieser Formel ist jeder an der Umwandlung beteiligte Stoff, also auch das als Geschoß wirkende α-Teilchen (Heliumkern) und das fortfliegende Proton (Wasserstoffkern) durch einen unteren, die Kernladungszahl darstellenden, und einen oberen, die Massenzahl angebenden Index gekennzeichnet; natürlich muß sowohl bei den unteren als auch bei den oberen Indizes die Summe zu beiden Seiten der Reaktionsformel gleich sein. Bemerkenswert ist es, daß die Photographien von Blackett auf Grund der Reaktionsformel das Vorkommen einer Sauerstoffart von der Masse 17 bereits vor der tatsächlichen Entdeckung dieses seltenen Isotops vermuten ließen.

Außer bei Stickstoff ist später die Kernzertrümmerung mittels α-Teilchen noch bei zahlreichen anderen Elementen gelungen, und zwar vor allem durch die Forschungen von Rutherford, Chadwick und Mitarbeitern[2] sowie von Kirsch und Pettersson.[3] Insgesamt 13 Elemente, nämlich diejenigen mit den Ordnungszahlen 5, 7 und 9 bis 19 gelten derzeit als sicher durch α-Strahlen zertrümmerbar; besonders stark ist der Zertrümmerungseffekt außer bei Stickstoff bei Natrium (Nr. 11), Aluminium (Nr. 13) und Phosphor (Nr. 15).

In allen Fällen, in denen unter der Einwirkung von α-Strahlen Protonen ausgelöst werden, bildeten natürlich die Fragen der Protonenausbeute und der Protonenenergie den Gegenstand eingehender experimenteller Untersuchungen. Die Ausbeute wird gewöhnlich durch die Zahl der Protonen angegeben, die durch je 10^8 α-Teilchen ausgelöst werden; in den Fällen deutlich erkennbarer Zertrümmerung liegt diese Zahl zwischen etwa 5 und einigen Hundert. Die Ausbeute und auch die Reichweite der ausgelösten Protonen ist im allgemeinen um so größer, je größer die Reichweite der auftreffenden α-Teilchen ist. Elemente mit ungerader Ordnungszahl weisen unter sonst gleichen Umständen eine größere Protonenreichweite als die beiden benachbarten geraden Grundstoffe auf.

Im Falle des Aluminiums, der besonders genau untersucht wurde, vermochte Pose[4] die durch die α-Strahlen hervorgerufene Protonenemission in drei Gruppen aufzulösen. Nur die Gruppe von geringster Reichweite, also geringster Energie, zeigt das normale Verhalten, indem mit zunehmender Energie der α-Teilchen auch die Energie der Protonen und die Ausbeute an ihnen zunimmt. Die beiden anderen Gruppen weisen hingegen ganz bestimmte, und zwar außerordentlich hohe Reichweiten von 47 und 58 cm auf. Auch werden diese beiden Gruppen nur von α-Teilchen von ganz bestimmter Energie, also ganz bestimmter Reichweite,

---

[2] Zahlreiche Arbeiten in Phil. Mag.

[3] Zahlreiche Arbeiten in Sitz.-Ber. Akad. Wien (IIa).

[4] Vgl. H. Pose, Physik. Zeitschr. *35*, 1934, S. 633.

und zwar von 2,42 bzw. 3,33 cm ausgelöst. Diese merkwürdige Erscheinung ist als ein wellenmechanischer Resonanzeffekt zu deuten, der dann eintritt, wenn die Energie des auftreffenden α-Teilchens mit einem Energieniveau des Kerns übereinstimmt. Außer bei Aluminium konnte Kernresonanz auch bei Bor, Fluor, Magnesium und Stickstoff festgestellt werden.

§ 50. Die Kernzertrümmerung durch Protonen, Deuteronen und Neutronen.

Da selbst die stärksten, verfügbaren radioaktiven Präparate nur etwa 10^9 α-Teilchen pro Sekunde emittieren und ein einzelnes α-Teilchen nur mit einer Wahrscheinlichkeit von etwa 10^{-6} kernzertrümmernd wirkt, so lassen sich mittels radioaktiver Präparate kaum mehr als rund 100 bis 1000 Grundstoffkerne in der Sekunde verwandeln. Wesentlich größere Wirkungen als von den „natürlichen" α-Strahlen konnten aber die Physiker von „künstlich" geschaffenen Projektilstrahlen erhoffen; denn es erschien nicht aussichtslos, aus Wasserstoff Protonenstrahlen von solcher Mächtigkeit zu erzeugen, daß pro Sekunde rund 10^{14} Protonen auf die zu beeinflussende Substanz gerichtet werden können.

Allerdings waren die Physiker von den mit α-Strahlen durchgeführten Kernzertrümmerungen an Projektilenergien von mehreren Millionen Elektron-Volt gewöhnt. Darum trachteten die Physiker zunächst auch, für die geplanten Zertrümmerungsversuche Spannungen von mehreren Millionen Volt herzustellen, also weit höhere, als bis dahin jemals in Laboratoriumsversuchen benutzt worden waren. Mannigfache Bemühungen galten diesem Ziele; als viel einfacher erwies sich jedoch bald ein anderer Weg, den Cockcroft und Walton einschlugen. Sie knüpften an theoretische Untersuchungen von Gamow an, der gezeigt hatte, daß aus wellenmechanischen Gründen ein merklicher Umwandlungseffekt bei leichten Kernen auch schon bei Verwendung von Protonenstrahlen von nur einigen hunderttausend Elektron-Volt erwartet werden kann[1].

In der Tat erzielten Cockcroft und Walton[2] im Jahre 1932 sehr

---

[1] G. Gamow, Zeitschr. f. Phys. *52*, 1928, S. 510. Die Wahrscheinlichkeit des Eindringens eines positiven Teilchens von der Ladung $z\,e$ und der Geschwindigkeit v in einen Atomkern von der Ladung $+Z\,e$ hängt nach der Wellenmechanik (vgl. auch § 54) im wesentlichen von einem Exponentialfaktor ab:

$$e^{-\frac{4\pi e^2 zZ}{hv}}.$$

Man ersieht aus diesem Ausdruck sogleich, daß Protonen ($z = 1$) gegenüber α-Teilchen ($z = 2$) einerseits wegen des kleineren z-Wertes begünstigt sind, andererseits aber auch deshalb, weil in dem Exponenten nur die Geschwindigkeit, nicht aber die Energie vorkommt und bei gleicher Energie für Protonen v wesentlich größer als für α-Teilchen ist. Mit wachsender Ordnungszahl der Atomkerne nimmt die Wahrscheinlichkeit des Eindringens rasch exponentiell ab, so daß bei schweren Kernen mittels der experimentell erreichbaren Geschwindigkeiten eine Zertrümmerung nicht möglich erscheint.

[2] J. D. Cockcroft und E. T. S. Walton, Proc. Roy. Soc. London (A) *136*, 1932, S. 619; *137*, 1932, S. 229; *144*, 1934, S. 704.

beträchtliche Zertrümmerungen, obwohl sie nur eine Spannung von 125000 eV benutzten. Ihr Verfahren bestand im wesentlichen darin, daß sie in einer besonders konstruierten Entladungsröhre in Wasserstoffgas Kanalstrahlen erzeugten und diese nach ihrem Austritt aus dem eigentlichen Entladungsraum durch Anwendung eines starken elektrischen Feldes nachbeschleunigten. Eine Verbesserung erfuhr diese Apparatur durch RUTHERFORD und OLIPHANT, die durch Anwendung von Magnetfeldern die Protonenstrahlen „homogenisierten"; sie erreichten es dadurch, daß auf die zu untersuchende Substanz, die in der Form allerdünnster Schichten aufgetragen wurde[3], nur Protonen von einheitlicher Energie gelangten.

Die RUTHERFORDsche Methode ist allerdings mit sehr großen technischen Schwierigkeiten verbunden, da bei ihr zwischen den Teilen der Apparatur Spannungen von rund 100000 Volt aufrechterhalten werden müssen. Dieser Nachteil wird bei einer anderen Methode der Kernzertrümmerung vermieden, die von LAWRENCE ersonnen wurde, und die es gestattet, Protonen bis zu mehr als einer Million Elektron-Volt zu beschleunigen, ohne daß jemals zwei Teile der Apparatur höhere Potentialunterschiede als solche von etwa 5000 V aufweisen müssen.

Die LAWRENCEsche Methode gründet sich auf die Formel für die Kreisbewegung eines Elektrons in einem transversalen Magnetfeld. Wenn wir beachten, daß die Umlaufszeit (T) gleich ist dem mit 2π multiplizierten Kreishalbmesser, gebrochen durch die Geschwindigkeit, so folgt ohne weiteres aus Gl. 1 des § 3:

$$T = \frac{2\pi c}{\gamma H}, \tag{1}$$

wobei γ die spezifische Elektronenladung, also eine Konstante, und H die magnetische Feldstärke bedeuten. Bei gegebenem Feld ist demnach die Umlaufszeit von der Geschwindigkeit unabhängig; eine Zunahme der Geschwindigkeit bewirkt nach Gl. 1 des § 3 lediglich in proportionalem Ausmaß eine Vergrößerung des Bahnhalbmessers. Dasselbe gilt natürlich auch für Protonen.

LAWRENCE[4] benutzte nun einen Apparat, der aus zwei durch einen dünnen Spalt voneinander getrennten flachen Metallkästchen von Halbkreisform bestand (Fig. 61). In diesem Apparat ließ er Protonen kreisen, legte aber an die beiden Kästen eine Wechselspannung an, und zwar von einer Periode, die gerade der konstanten Umlaufszeit des Protons entsprach. Bei dieser Anordnung wird das Proton jedesmal beschleunigt, so oft es den Spalt überquert, und zwar infolge der Wechselspannung

[3] Die Schichten sollen womöglich nur eine einzige Lage von Atomen enthalten; dadurch gewinnt man die Gewähr, daß die umzuwandelnden Atomkerne von den Projektilen noch mit der anfänglichen und daher bekannten Energie getroffen werden, ohne daß Energieverluste infolge des Durchgangs durch Materie eintreten.

[4] E. O. LAWRENCE u. M. S. LIVINGSTON, Phys. Rev. *40*, 1932, S. 19.

jedesmal in gleichem Sinne, so daß die Geschwindigkeit ständig wächst[5]. Da jede Vermehrung nach dem vorhin Gesagten auch den Radius vergrößert, gelangt das Proton nach einer entsprechenden Zahl von Umläufen an die Peripherie, von wo aus es mittels eines elektrischen Feldes auf die zu zertrümmernde Substanz gelenkt wird. Bei einer Wechselspannung von nur rund 5000 V konnten LAWRENCE und seine Mitarbeiter auf die angegebene Art Protonenenergien von mehreren Millionen Elektron-Volt er-

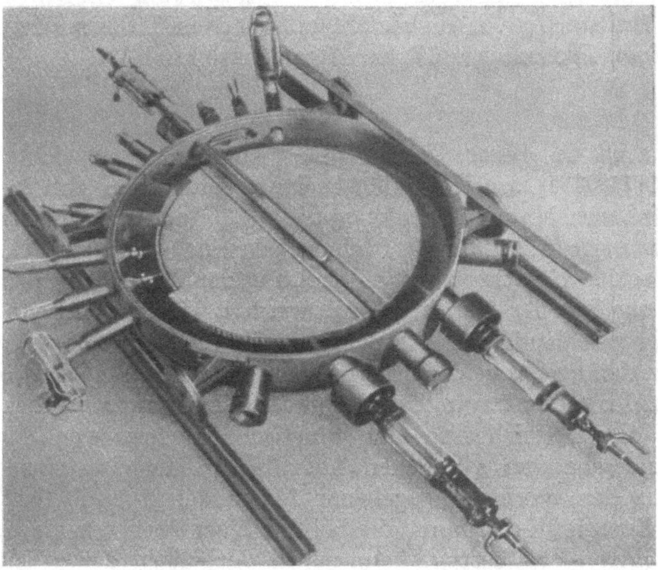

Fig. 61. Der LAWRENCEsche Apparat zur Protonenbeschleunigung (Aus Physical Review, vol. 42).

reichen. Allerdings waren die so erzielten Protonenströme nur von der Größenordnung von 10^{-9} bis 10^{-8} Amp., während RUTHERFORD mit seinem Apparat Protonenströme von 10^{-4} Amp. erzeugte.

Nach derselben Methode, mittels deren künstlich Protonenstrahlen gewonnen werden, konnten natürlich auch aus schwerem Wasserstoff Deuteronenstrahlen oder aus Heliumgas künstliche α-Strahlen erzeugt und zur Atomzertrümmerung verwendet werden.

Die ersten erfolgreichen Versuche einer Kernzertrümmerung mittels künstlich erzeugter Strahlen betrafen das Lithium. Unter der Einwirkung von Protonenstrahlen schleudern, wie COCKCROFT und WALTON fanden, Lithiumatome α-Teilchen aus. Später ist es KIRCHNER[6] sowie DEE

[5] Würde statt der Wechselspannung Gleichspannung verwendet, so würde die Beschleunigung bei zwei aufeinanderfolgenden Übergängen in entgegengesetzten Richtungen erfolgen, so daß die Geschwindigkeit nicht vermehrt würde.

[6] F. KIRCHNER, Physik. Zeitschr. *33*, 1932, S. 777.

und WALTON[7] gelungen, mittels der WILSON-Kammer die Spuren der bei der Lithiumumwandlung fortfliegenden Kerntrümmer direkt zu photographieren und derart auch ihre Reichweiten einfach zu messen (Fig. 62 auf Tafel V). Einige der Photographien ließen es auch unmittelbar erkennen, daß von einem Lithiumatom paarweise und in nahezu entgegengesetzten Richtungen Teilchen gleicher Reichweite fortfliegen (vgl. Fig. 63 auf Tafel V). Aus diesen Bildern geht deutlich hervor, daß bei der Umwandlung eines Lithiumkernes unter der Einwirkung eines Protons zwei α-Teilchen frei werden; in sie zerfällt offenbar ein Lithiumkern nach Einfangung eines Protons gemäß der Reaktionsformel

$$_3Li^7 + {}_1H^1 \longrightarrow 2\,{}_2He^4.$$

Setzt man in dieser Formel die genauen Atomgewichte von Li^7 (7,0170), H^1 (1,0081) und He^4 (4,0034) ein, so findet man, daß die Reaktion einen scheinbaren Massendefekt von 0,0181 (in Atomgewichtseinheiten) ergibt, was nach Gl. 1 des § 41 einem Energiebetrag von 17 eMV entspricht. Nach dem Satze von der Erhaltung der Energie muß somit dieser Energiebetrag bei der Reaktion frei werden. Die Reichweite der vom Lithium fortgeschleuderten α-Teilchen ergibt sich zu 8,4 cm, und zwar ziemlich unabhängig von der Energie der zertrümmerten Protonen. Aus der Physik der radioaktiven Erscheinungen ist es nun wohl bekannt, daß α-Teilchen dieser Reichweite eine kinetische Energie von 8,6 eMV besitzen. Ein Paar von α-Teilchen hat also in der Tat eine kinetische Energie, die dem vorhin angegebenen Massendefekt äquivalent ist. Die kinetische Energie des Protons, die bei den Versuchen nur einige hunderttausend Elektron-Volt betrug, kann neben derjenigen der α-Teilchen vernachlässigt werden. So bieten die Beobachtungen über die Zertrümmerung des Lithiumkerns durch Wasserstoffkerne zugleich auch eine ausgezeichnete experimentelle Bestätigung des Satzes von der Eigenenergie.

Die Zahl der ausgesandten α-Teilchen wächst nahezu exponentiell mit der Energie der zertrümmernden Protonen. Bei einer Energie von 200000 eV dringt etwa eines unter 10^8 Protonen, bei einer Energie von 20 eV jedoch nur ein Proton unter etwa 10^{15} in einen Lithiumkern ein. Bei Energien von 400000 eV aufwärts ist, wie HENDERSON[8] feststellte, die Fähigkeit zur Zertrümmerung eines Lithiumkerns von der Protonenenergie unabhängig, und zwar aus wellenmechanischen Gründen.

Auch Deuteronen wirken auf Lithiumkerne zertrümmernd und machen aus ihnen α-Teilchen frei. Diese Umwandlung ist offenbar dem leichteren Lithiumisotop von der Massenzahl 6 zuzuordnen, gemäß der Reaktionsformel

$$_3Li^6 + {}_1H^2 \longrightarrow 2\,{}_2He^4.$$

---

[7] P. I. DEE u. E. T. S. WALTON, Proc. Roy. Soc. London (A) *141*, 1933, S. 733.

[8] M. C. HENDERSON, Phys. Rev. *43*, 1933, S. 98.

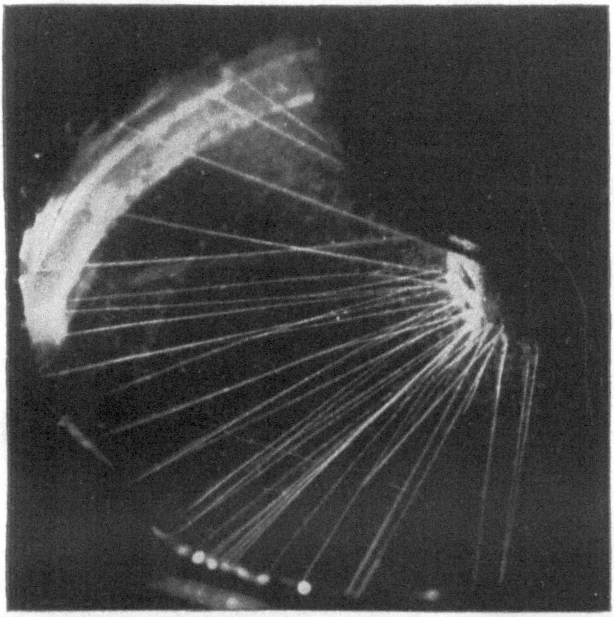

Fig. 62. Zertrümmerung von Lithiumkernen durch Protonen (nach F. KIRCHNER, aus Physikal. Zeitschrift, Verlag S. Hirzel, Leipzig, Bd. 34.)

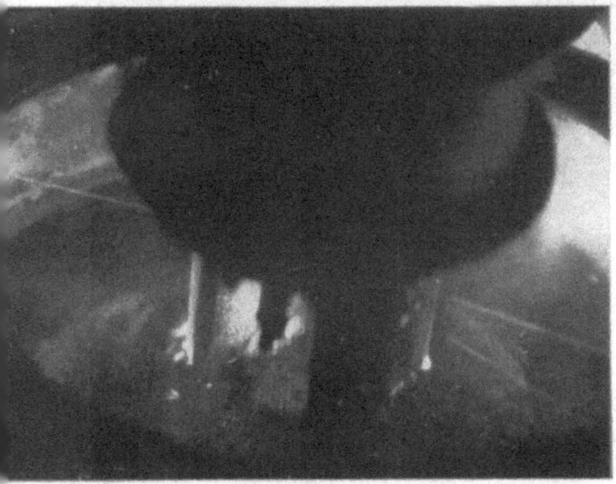

63. Fortschleuderung eines Paars von α-Teilchen entgegengesetzten Richtungen aus einem zermerten Lithiumkern (nach F. KIRCHNER aus Sitz.-Ber. Bayr. Akad. d. Wiss. 1933).

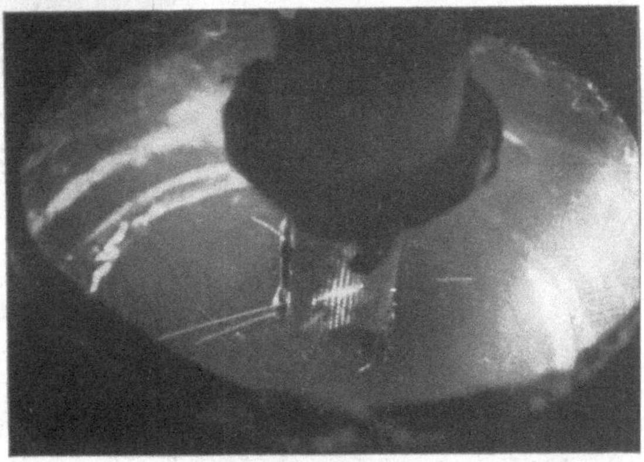

Fig. 64. Gleichzeitige Emission von drei α-Teilchen aus einem zertrümmerten Borkern (nach F. KIRCHNER aus „Naturwissenschaften", Verlag Springer, Berlin, Bd. 21).

Fig. 65. Zertrümmerung eines Deuterons durch ein Deuteron (nach DEE aus Nature, vol. 133).

Walter de Gruyter & Co., Berlin und Leipzig.

OLIPHANT und seinen Mitarbeitern[9] ist es in der Tat gelungen, die beiden Lithiumisotope von den Massen 6 und 7 voneinander zu trennen und ganz dünne Blättchen herzustellen, die nur das eine oder das andere Isotop enthielten; so konnten sie in der Tat zeigen, daß es das Isotop von der Masse 6 ist, das unter der Einwirkung von Deuteronen α-Teilchen emittiert. Setzen wir in der zuletzt angegebenen Reaktionsformel die genauen Atomgewichte der drei Stoffe ein, so ergibt sich ein Massendefekt, der einer Energie von 23 eMV äquivalent ist. In der Tat zeigt die Beobachtung eine Reichweite der α-Teilchen von 13,2 cm, was (pro α-Teilchen) einer Energie von $11^1/_2$ eMV entspricht[10].

Unter den vielen sonstigen Umwandlungen, die durch Protonen oder Deuteronen herbeigeführt werden, seien vor allem noch diejenigen des Bors hervorgehoben. Borkerne zerfallen nach Einfangung eines Protons oder Deuterons in je drei α-Teilchen nach den Reaktionsformeln

$${}_5\mathrm{B}^{11} + {}_1\mathrm{H}^1 \longrightarrow 3\,{}_2\mathrm{He}^4$$

bzw.

$${}_5\mathrm{B}^{10} + {}_1\mathrm{H}^2 \longrightarrow 3\,{}_2\mathrm{He}^4.$$

Bei der Einwirkung von Deuteronen auf das leichtere Borisotop treten besonders hohe Reichweiten der fortfliegenden α-Teilchen, bis zu 15 cm auf, was einer Energie von 12,3 eMV entspricht. Die gleichzeitige Emission von drei α-Teilchen aus einem Borkern ist sehr deutlich aus der in Fig. 64 (auf Tafel V) wiedergegebenen Nebelkammeraufnahme ersichtlich; sie zeigt zugleich, daß die Bahnen der drei Teilchen untereinander Winkel von ungefähr 120° einschließen.

Ein besonders vorzügliches Mittel zur Atomzertrümmerung stellen die Neutronen dar, wie zuerst FEATHER[11] und HARKINS[12] fanden. Als sie nämlich Neutronen durch verschiedene Gase hindurchsandten, mit denen sie eine WILSON-Kammer füllten, entdeckten sie in vereinzelten Fällen Doppelspuren, die von einem von der Neutronenquelle entfernten Punkte ausgingen. Dies muß offenbar so gedeutet werden, daß zu diesem Punkte die spurlose Bahn eines Neutrons führte, das dort auf einen Atomkern traf und aus ihm infolge einer bewirkten Umwandlung zwei Trümmer fortschleuderte. Im Jahre 1934 hat dann, wovon später noch eingehender die Rede sein wird, FERMI bei einer sehr großen Zahl von Grundstoffen durch Neutronen Umwandlungen herbeigeführt. Dabei benutzte er als

[9] M. L. OLIPHANT, E. S. SHIRE und B. M. CROWTHER, Proc. Roy. Soc. London (A) *146*, 1934, S. 922.

[10] Einwirkung von Protonen auf Li^6 führt zu dem Zerfall in He^4 und He^3, hingegen Einwirkung von Deuteronen auf Li^7 zu dem Zerfall in zwei α-Teilchen und ein Neutron.

[11] N. FEATHER, Proc. Roy. Soc. London (A) *136*, 1932, S. 709 und in späteren Bänden.

[12] W. D. HARKINS, D. M. GANS und H. W. NEWSON, mehrere Abhandlungen in Phys. Rev. *43* und *44*, 1933.

Neutronenquelle eine Glasröhre, die Radon als α-strahlende Substanz und ferner Berylliumpulver enthielt. Das Präparat emittierte pro Sekunde etwa $2 \cdot 10^{10}$ α-Teilchen; da aber durch eine Million α-Teilchen, die auf Beryllium fallen, nur etwa 30 Neutronen ausgelöst werden, so vermögen selbst die stärksten Neutronenquellen nur einige Hundertausende von Neutronen pro Sekunde zu emittieren. Daß die Neutronen eine enorme zertrümmernde Wirkung aufweisen, erklärt sich wohl daraus, daß sie infolge des Fehlens einer elektrischen Ladung keinerlei Abstoßung durch die positiv elektrischen Atomkerne erfahren und daher viel leichter in diese einzudringen vermögen als die positiv elektrischen Protonen, Deuteronen und α-Teilchen. Dabei sind, wie FERMI fand, bei gewissen Kernprozessen sogar langsame Neutronen schnelleren an zertrümmernder Wirkung überlegen.

§ 51. Die Zertrümmerung des schweren Wasserstoffs.

Unter allen bisher bekannt gewordenen Kernreaktionen ist vielleicht die interessanteste diejenige, die durch die Einwirkung von Deuteronen auf schweren Wasserstoff hervorgerufen wird und die im Jahre 1934 durch OLIPHANT, HARTECK und Lord RUTHERFORD[1] entdeckt wurde. Die Reaktion ist deshalb besonders bemerkenswert, weil in ihr nicht wie bei den bisher besprochenen Reaktionsformeln, vier oder drei Elemente beteiligt sind, sondern nur ein einziger Grundstoff, nämlich Wasserstoff, allerdings in drei verschiedenen, isotopen Modifikationen.

Die genannten Forscher untersuchten die Einwirkung von Protonen- und Deuteronenstrahlen auf Wasserstoffverbindungen, in denen weitgehend die gewöhnlichen Wasserstoffatome (H^1) durch H^2-Atome ersetzt waren. Wurden solche Stoffe[2] mit gewöhnlichen Protonenstrahlen bombardiert, so zeigte sich ebensowenig ein merklicher Effekt, wie wenn die Strahlen auf gewöhnliche Wasserstoffverbindungen gerichtet wurden. Wurden aber die Verbindungen, die schweren Wasserstoff enthielten, der Einwirkung von Deuteronen ausgesetzt, so trat eine sehr intensive Emission von sehr raschen Protonen in Erscheinung. Sie wiesen eine Reichweite von 14,3 cm auf, was einer Energie von 3 eMV entspricht. Neben dieser weitreichenden Trümmergruppe war überdies, und zwar in gleicher Anzahl, eine Gruppe von nur 1,6 cm Reichweite beobachtbar. Später hat DEE[3] durch photographische Aufnahmen zeigen können, daß die Teilchen der beiden Gruppen paarweise in entgegengesetzten Richtungen fortgeschleudert werden; dies beweist es, daß sie beide durch denselben Vorgang entstehen (vgl. Fig. 65 auf Tafel V).

[1] M. L. OLIPHANT, P. HARTECK und Lord RUTHERFORD, Proc. Roy. Soc. London (A) *144*, 1934, S. 692.

[2] Es handelte sich vor allem um Ammoniumchlorid und Ammoniumsulphat.

[3] P. I. DEE, Nature *133*, 1934, S. 564.

Da die eine Trümmergruppe zweifellos Protonen darstellt, erscheint nur die folgende Reaktionsformel möglich:

$$_1H^2 + _1H^2 \longrightarrow _1H^1 + _1H^3.$$

Diese Formel, die bereits vor der massenspektroskopischen Entdeckung des Isotops H^3 aufgestellt wurde, erscheint in der Tat auch durch theoretische Überlegungen bestätigt, die an die beobachteten Werte der Reichweite anknüpfen. Wenn nämlich die angegebene Reaktionsformel richtig ist, muß nach dem Satze von der Erhaltung des Impulses die Geschwindigkeit des schwereren, also weniger weit fliegenden Teilchens ein Drittel der Geschwindigkeit des Protons betragen. Nun ist die kinetische Energie durch das halbe Produkt aus Masse und Geschwindigkeitsquadrat bestimmt, und es muß daher die kinetische Energie des dreimal schwereren Teilchens ein Drittel der Energie des Protons, also nach dem vorhin Gesagten 1 eMV betragen. Aus dieser Energie und der dreifachen Masse berechnet sich die Anfangsgeschwindigkeit des schwereren Teilchens zu $8 \cdot 10^8$ cm/sec. Ein Proton dieser Geschwindigkeit würde, wie aus anderweitigen Beobachtungen bekannt ist, eine Reichweite von 5,8 mm haben. Entsprechend der dreimal größeren Masse sollte das H^3-Teilchen eine dreimal so große Reichweite, also eine von etwa 1,7 cm haben. Daß eine Reichweite dieser Größe tatsächlich beobachtet wird, bedeutet eine überzeugende Bestätigung der angegebenen Reaktionsformel.

Subtrahiert man gemäß der Reaktionsformel von dem doppelten Atomgewicht des schweren Wasserstoffs das Atomgewicht von H^1 sowie 0,0042 als das Massenäquivalent der Energie von 4 eMV, die Proton und H^3-Teilchen zusammen aufweisen, so findet man als Atomgewicht von H^3 den Wert 3,0161. Wie aus den Beobachtungen hervorgeht, wirkt bei einer Energie von 100000 eV ungefähr unter einer Million Deuteronen je eines zertrümmernd.

Da bei der Einwirkung von Deuteronenstrahlen auf schweren Wasserstoff auch eine, allerdings schwache Neutronenemission, mit Energien bis zu 3 eMV, beobachtet wird, muß man eine Parallelreaktion von folgender Art annehmen:

$$_1H^2 + _1H^2 \longrightarrow _2He^3 + _0n^1$$

(wobei n das Symbol eines Neutrons ist).

Im Sommer 1934 ist es in der Tat Bleakney, Harnwell und deren Mitarbeitern[4] gelungen, die Bildung des sonst unbekannten Heliumisotops von der Masse 3 aus schwerem Wasserstoff in meßbarer Menge nachzuweisen und das neue Isotop in einwandfreier Weise zu identifizieren. Sie ließen hierzu schweren Wasserstoff stundenlang durch eine Entladungsröhre zirkulieren, in der bei einer Spannung von etwa 80000 Volt ein

[4] W. Bleakney, G. P. Harnwell, W. W. Lozier, P. T. Smith und H. D. Smyth, Phys. Rev. *46*, 1934, S. 81.

Entladungsstrom von ungefähr 10 Milliampere aufrechterhalten wurde. Die Ionen des schweren Wasserstoffs wirkten auf diesen selbst zertrümmernd. Mittels geeigneter chemischer Reinigungsmethoden konnte aus Proben, die nach mehrstündiger Entladung entnommen wurden, ein Rückstand isoliert werden, von dem optisch-spektroskopische Untersuchungen ergaben, daß er Helium darstellte[5] und bei dessen massenspektroskopischer Untersuchung tatsächlich die Linie der Masse 3 zum Vorschein kam, während die Linie der Masse 4, die dem normalen Helium entspricht, fehlte.

Chadwick und Goldhaber[6] ist es 1934 gelungen, durch Einwirkung von besonders harter γ-Strahlung auf schweren Wasserstoff Deuteronen in Protonen und Neutronen zu spalten, gemäß der Reaktionsformel

$$ {}_1H^2 \longrightarrow {}_1H^1 + {}_0n^1. $$

Als nämlich Goldhaber und Chadwick auf schweren Wasserstoff die γ-Strahlung des Thorium C'' richteten, die, wie schon erwähnt, Photonen von 2,6 eMV enthält, nahmen sie eine starke Protonenemission wahr. Hingegen tritt nur eine ganz schwache Protonenemission ein, wenn man auf schweren Wasserstoff die γ-Strahlung von Radium C einwirken läßt, die nur eine Protonenenergie von 1,8 eMV aufweist. Man kann daraus schließen, daß zu der Zerlegung eines Deuterons ein Energieaufwand von ungefähr 2 eMV erforderlich ist. Mit dieser Folgerung stimmt es auch überein, daß, wie Lawrence und Livingston[7] zeigten, Deuteronen, die eine Energie von ungefähr 3 eMV besitzen, bei dem Auftreffen auf andere Kerne in je ein Proton und Neutron gespalten werden. Die genannten Forscher fanden, daß von den durch die Deuteronen getroffenen Elementen Protonen mit einer kontinuierlichen Energieverteilung ausgehen, und zwar bis zu einer (auf Luft bezogenen) Reichweite von 40 cm, und daß hierbei die Ausbeute an Neutronen ungefähr mit derjenigen an Protonen übereinstimmt[8].

§ 52. Die künstliche Radioaktivität.

Wie im Jahre 1934 Irène Curie und Joliot[1] entdeckten, kann das Produkt einer künstlich herbeigeführten Kernumwandlung auch eine instabile Grundstoffart sein, die gleich einem Radioelement mit genau

[5] Der optisch-spektroskopische Nachweis gelang allerdings erst etwas später G. P. Harnwell, H. D. Smyth und W. D. Urry, Phys. Rev. *46*, 1934, S. 437.

[6] J. Chadwick und M. Goldhaber, Nature *134*, 1934, S. 237.

[7] E. O. Lawrence und M. S. Livingston, Phys. Rev. *45*, 1934, S. 220.

[8] Der von Chadwick und Goldhaber entdeckte Vorgang stellt den ersten bekannt gewordenen Kern-Photoeffekt dar; später ist es Szilard und Chalmers (Nature *134*, 1934, S. 494) gelungen, durch die γ-Strahlung von Radium C (Photonenenergie von 1,8 eMV) Berylliumkerne (${}_4Be^9$) in je zwei Heliumkerne und ein Neutron zu spalten.

[1] I. Curie u. F. Joliot, Compt. rend. Acad. Sci. Paris *198*, 1934, S. 254.

feststellbarer Halbwertszeit und unter Teilchenemission zerfällt. Eine derartige künstlich erzeugte Aktivität beobachteten CURIE und JOLIOT zuerst bei Aluminium; sie fanden, daß die Positronenemission des Aluminiums, die durch α-Strahlen des Poloniums hervorgerufen wird, keineswegs sogleich aufhört, wenn nach Einwirkung durch einige Minuten das Poloniumpräparat entfernt wird. Die Strahlung dauert vielmehr unter allmählichem Abklingen mit einer von der Energie der α-Teilchen unabhängigen Halbwertszeit von 3 Minuten 15 Sekunden noch durch einige Zeit an.

Ähnliche Aktivierungen stellten IRÈNE CURIE und JOLIOT auch fest, als sie Bor, und ebenso auch, als sie Magnesium mit α-Strahlen bombardierten. Durch geeignete chemische Methoden konnten IRÈNE CURIE und JOLIOT auch nachweisen, daß die radioaktiven Elemente, die bei der Bestrahlung von Bor oder Aluminium entstehen, die chemischen Eigenschaften von Stickstoff bzw. Phosphor besitzen. Sie unterwarfen nämlich das aktivierte Bor solchen chemischen Prozessen, die etwaigen, dem Bor beigemengten Stickstoff entfernen würden, und fanden, daß auf diese Weise die Aktivität beseitigt wurde. In ähnlicher Weise zeigten sie, daß sich die Aktivität des bestrahlten Aluminiums in chemischer Hinsicht so verhält wie eine dem Aluminium beigemengte Verunreinigung durch Phosphor. Es waren die ersten Fälle, in denen eine Grundstoffumwandlung auf chemischem Wege nachgewiesen werden konnte.

Dem Beispiele von IRÈNE CURIE und JOLIOT folgend, vermochten seit 1934 zahlreiche Forscher bei den mannigfachsten Grundstoffen Aktivierungen hervorzurufen, teils durch α-Strahlen, teils durch Protonen- und Deuteronenstrahlen, vor allem aber auch durch die Einwirkung von Neutronen. Die Entdeckung der meisten künstlichen Radioelemente ist FERMI[2] und AMALDI[3] und deren Mitarbeitern zu danken.

In vielen Fällen konnte der chemische Charakter des durch die Bestrahlung erzeugten Radioelementes durch chemische Methoden festgestellt werden. Die Ausbeute an radioaktiver Substanz ist indessen bei all diesen Versuchen äußerst gering und beläuft sich selbst in den günstigsten Fällen nur auf etwa 10^9 Atome, also ungefähr 10^{-14} g. Da mit so kleinen Mengen schwer chemische Operationen durchgeführt werden können, lösten FERMI und seine Mitarbeiter die bestrahlte Substanz auf und fügten ihr kleine Mengen derjenigen Grundstoffe bei, von denen man erwarten konnte, daß sie mit den künstlich geschaffenen Radioelementen isotop seien; zugleich mit der absichtlichen Beimengung muß dann auch die Aktivität abgetrennt werden.

Im allgemeinen steht es natürlich nicht fest, welches Isotop des bestrahlten Grundstoffes es ist, das in ein Radioelement durch die Ein-

[2] E. FERMI, E. AMALDI, O. D'AGOSTINO, F. RASETTI und E. SEGRÈ, Proc. Roy. Soc. London (A) *146*, 1934, S. 483.

[3] E. AMALDI und Mitarbeiter, Proc. Roy. Soc. London (A) *149*, 1935, S. 522.

wirkung der Strahlung umgewandelt wird. Die Verhältnisse liegen jedoch dann besonders einfach, wenn das bestrahlte Element nur ein einziges bekanntes stabiles Isotop aufweist, also ein sogenanntes „Reinelement" ist, wie F, Na, Al, P, V, Mn, Co. Wenn in solchen Fällen mittels chemischer Methoden der chemische Charakter des erzeugten Radioelementes festgestellt ist, so ist damit in der Regel auch dessen Massenzahl gegeben. Weitere Schlüsse werden dadurch möglich, daß oft Bestrahlungen verschiedener Elemente dennoch Aktivitäten von gleicher Halbwertszeit liefern, so daß also angenommen werden kann, daß in den verschiedenen Fällen die gleichen Radioelemente erzeugt werden.

Über die wichtigsten bisher bekannt gewordenen künstlichen radioaktiven Stoffe (insgesamt sind es etwa 50) bietet Tabelle XXIII eine Übersicht. Wie aus ihr hervorgeht, weisen die bekannten künstlichen Radioelemente durchwegs Massenzahlen auf, die keinem bekannten stabilen Isotop des gleichen Grundstoffes zukommen und die entweder kleiner sind als die kleinste oder aber größer als die größte, sonst bei dem Elemente festgestellte Massenzahl. Im ersten Falle werden Positronen, im zweiten hingegen negative Elektronen, also β-Teilchen seitens des Radioelementes emittiert.

Tabelle XXIII.

Die wichstigsten künstlich radioaktiven Grundstoffarten.

Ordnungszahl und Name des Grundstoffs	Massenzahlen der aktiven Isotope kursiv; eingeklammert diejenigen der stabilen Isotope	Halbwertszeit	Strahlung des Radioelementes (π Positron, ε negatives Elektron)	Art der Erzeugung: Bestrahltes Element und Art der Bestrahlung: α-Teilchen, Proton (H), Deuteron (D), Neutron (n)
5 Bor	*9* (10, 11)	Einige min	π	$_3Li^6$ (α)
7 Stickstoff . .	*13* (14, 15)	14 min	π	$_5B^{10}$ (α); $_6C^{12}$ (D)
11 Natrium . .	(23) *24*	15 h	ε	$_{11}Na^{23}$ (D); $_{12}Mg^{24}$ (n); $_{13}Al^{27}$ (n)
12 Magnesium .	(24, 25, 26) *27*	10 min	ε	$_{12}Mg^{26}$ (n); $_{13}Al^{27}$ (n)
13 Aluminium .	(27) *28*	$2^3/_4$ min	ε	$_{13}Al^{27}$ (D, n); $_{12}Mg^{25}$ (α); $_{14}Si^{28}$ (n); $_{15}P^{31}$ (n)
14 Silicium . .	(28, 29, 30) *31*	3 h	ε	$_{15}P^{31}$ (n)
15 Phosphor . .	*30* (31) *32*	3,25 min bzw. 13 d	π bzw. ε	$_{13}Al^{27}$ (α) bzw. $_{16}S^{32}$ (n) und $_{17}Cl^{35}$ (n)
17 Chlor . . .	*34* (35, 37)	40 min	π	$_{15}P^{31}$ (α)
19 Kalium . . .	(39, 41) *42*	16 h	ε	$_{19}K^{41}$ (n); $_{20}Ca^{42}$ (n); $_{21}Sc^{45}$ (n)
23 Vanadium .	(51) *52*	4 min	ε	$_{23}V^{51}$ (n); $_{24}Cr^{52}$ (n); $_{25}Mn^{55}$ (n)
25 Mangan . .	(55) *56*	2,5 h	ε	$_{25}Mn^{55}$ (n); $_{26}Fe^{56}$ (n); $_{27}Co^{59}$ (n)
33 Arsen . . .	(75) *76*	1 d	ε	$_{33}As^{75}$ (n)
53 Jod	(127) *128*	30 min	ε	$_{53}J^{127}$ (n)

Besonders bemerkenswert ist es, daß nicht weniger als fünf verschiedene Methoden zur Erzeugung des Radioelementes Al^{28} bekannt sind;

es sind die folgenden Reaktionen:

$$
\begin{aligned}
&{}_{12}\mathrm{Mg}^{25} + {}_{2}\mathrm{He}^{4} \longrightarrow {}_{13}\mathrm{Al}^{28} + {}_{1}\mathrm{H}^{1}\\
&{}_{13}\mathrm{Al}^{27} + {}_{1}\mathrm{H}^{2} \longrightarrow {}_{13}\mathrm{Al}^{28} + {}_{1}\mathrm{H}^{1}\\
&{}_{13}\mathrm{Al}^{27} + {}_{0}\mathrm{n}^{1} \longrightarrow {}_{13}\mathrm{Al}^{28}\\
&{}_{14}\mathrm{Si}^{28} + {}_{0}\mathrm{n}^{1} \longrightarrow {}_{13}\mathrm{Al}^{28} + {}_{1}\mathrm{H}^{1}\\
&{}_{15}\mathrm{P}^{31} + {}_{0}\mathrm{n}^{1} \longrightarrow {}_{13}\mathrm{Al}^{28} + {}_{2}\mathrm{He}^{4}.
\end{aligned}
$$

Das radioaktive Aluminiumisotop von der Masse 28 zerfällt dann unter Emission eines β-Teilchens gemäß der Reaktionsformel

$$
{}_{13}\mathrm{Al}^{28} \longrightarrow {}_{14}\mathrm{Si}^{28} + {}_{-1}\varepsilon^{0}.
$$

Umgekehrt kann auch eine und dieselbe Kernart Ausgangssubstanz verschiedener Reaktionen, selbst unter der Einwirkung gleicher Projektile sein. So kennt man z. B. sechs verschiedene Umwandlungen, die von Aluminium ausgehen, nämlich:

$$
\begin{aligned}
{}_{13}\mathrm{Al}^{27} + {}_{2}\mathrm{He}^{4} &\longrightarrow {}_{14}\mathrm{Si}^{30} + {}_{1}\mathrm{H}^{1}\\
\text{oder} &\longrightarrow {}_{15}\mathrm{P}^{30} + {}_{0}\mathrm{n}^{1}\\
{}_{13}\mathrm{Al}^{27} + {}_{1}\mathrm{H}^{2} &\longrightarrow {}_{13}\mathrm{Al}^{28} + {}_{1}\mathrm{H}^{1}\\
{}_{13}\mathrm{Al}^{27} + {}_{0}\mathrm{n}^{1} &\longrightarrow {}_{11}\mathrm{Na}^{24} + {}_{2}\mathrm{He}^{4}\\
\text{oder} &\longrightarrow {}_{12}\mathrm{Mg}^{27} + {}_{1}\mathrm{H}^{1}\\
\text{oder} &\longrightarrow {}_{13}\mathrm{Al}^{28}.
\end{aligned}
$$

Von den drei zuletzt angegebenen Reaktionen werden die dritt- und vorletzte durch schnelle, hingegen die letzte durch langsame Neutronen herbeigeführt.

Durch eine sehr intensive radioaktive Strahlung ist Na^{24} ausgezeichnet. Lawrence[4] vermochte, indem er durch eine Stunde Deuteronen in einer Stromstärke von 1 Mikroampere und mit einer Energie von 1,7 eMV auf Natrium einwirken ließ[5], in der Form von Na^{24} künstlich radioaktives Material von 0,02 Millicurie herzustellen.

Bemerkenswert sind die Grundstoffumwandlungen, die zu der Bildung eines in der Masse um 1 höheren Isotops des gleichen Elementes infolge der Einfangung eines Neutrons führen. Für eine solche Umwandlung, die durch eine Reaktionsformel mit nur drei Gliedern beschrieben wird, stellt die vorhin erwähnte Bildung von Al^{28} aus Al^{27} ein Beispiel dar.

Besonderes Interesse erweckten begreiflicherweise die Aktivierungserscheinungen, die bei dem höchsten Elemente, dem Uran, beobachtet werden. Unter der Einwirkung von Neutronen zeigt das Uran mehrere Aktivitäten von verschiedenen Halbwertszeiten. Fermi und seine Mitarbeiter halten es für wahrscheinlich, daß es sich um Radioelemente handelt, die der Reihe nach auseinander hervorgehen. Sie schreiben die beob-

---

[4] E. O. Lawrence, Phys. Rev. *46*, 1934, S. 746.

[5] Die zugrundeliegende Reaktionsformel lautet:

$$
{}_{11}\mathrm{Na}^{23} + {}_{1}\mathrm{H}^{2} \longrightarrow {}_{11}\mathrm{Na}^{24} + {}_{1}\mathrm{H}^{1}.
$$

achtete Halbwertszeit von 15 Sekunden einem Uranisotop zu, hingegen die wahrnehmbare Aktivität von 13 Minuten einem „Transuran" von der Ordnungszahl 93 und die ebenfalls festgestellte Aktivität von 100 Minuten einem Transuran von der Kernladungszahl 94; die Massenzahl wird für alle drei Radioelemente auf Grund der vermuteten Reaktionsformeln zu 239 angenommen.

Zwischen den künstlichen und den natürlichen Radioelementen besteht insofern ein wesentlicher Unterschied, als in keinem einzigen Falle künstlicher Aktivität die Emission von α-Teilchen beobachtet wurde, während umgekehrt die bei den künstlich erzeugten Radioelementen festgestellte Positronenemission bei den natürlichen Radioelementen unbekannt ist. Protonenemission konnte weder bei natürlichen noch bei künstlichen Radioelementen wahrgenommen werden, und ebensowenig mit Sicherheit eine Aussendung von Neutronen[6].

Die stabilen Endprodukte der künstlich radioaktiven Grundstoffumwandlungen konnten wegen ihrer außerordentlich geringen Menge bisher allerdings noch in keinem einzigen Falle nachgewiesen werden. Wahrscheinlich sind jedoch auf Grund der bisherigen Erkenntnisse u. a. folgende, auf dem Umwege über ein radioaktives Element erfolgenden Umwandlungen aus einer stabilen in eine ebenfalls stabile Grundstoffart: Li → Be, B → C, Mg → Si, P → Si, Al → Si, Cl → S, P → S, V → Cr, Mn → Cr, Mn → Fe, Co → Fe.

§ 53. Der Aufbau der Atomkerne.

Durch die Entdeckung des Neutrons hat das Problem des Aufbaus der Atomkerne eine völlige Veränderung erfahren. Bis dahin hatten die Physiker als alleinige Bausteine der Atomkerne Protonen und Elektronen angesehen und daher einfach die Massenzahl mit der Protonenzahl identifiziert, hingegen die Kernladungszahl mit der Differenz der Protonenzahl und der Anzahl der hypothetischen Kernelektronen. Heute sind jedoch die Physiker allgemein der Ansicht, daß die Kerne überhaupt keine Elektronen enthalten, sondern sich lediglich aus Protonen und Neutronen aufbauen. Die Kernladungszahl erscheint also nach der neuen Auffassung als identisch mit der Protonenzahl, während sich die Massenzahl als Summe aus Protonen- und Neutronenzahl darstellt.

Daß die Kernelektronen aus der Theorie verschwanden, bedeutete in der Tat die Beseitigung arger Schwierigkeiten. Aus Beobachtungen über die Streuung von α-Strahlen an schweren Atomkernen ging nämlich hervor, daß auch schwere Kerne nur einen Durchmesser von etwa 10^{-12} cm

[6] Eine radioaktive Neutronenemission ist auf Grund der wellenmechanischen Theorie (vgl. § 54) auch deshalb nicht zu erwarten, weil gegenüber den ungeladenen Neutronen offenbar ein „Potentialwall" nicht in Erscheinung tritt. Das Fehlen von künstlicher α- und H-Emission läßt sich andererseits durch Stabilitäts- und Energiebetrachtungen begründen.

haben können; andererseits kann der Durchmesser eines Elektrons nicht kleiner sein als zumindest 10^{-13} cm, weil sonst die elektromagnetische Masse des Elektrons[1], die dem Radius umgekehrt proportional ist, größer als die tatsächliche Masse wäre. Es war früher kaum vorstellbar, wie z. B. in einem Goldkern, dessen Radius denjenigen eines Elektrons nur einige Male übertrifft, über hundert Kernelektronen Platz finden sollten. Von den theoretischen Gründen ganz abgesehen, spricht vor allem aber gegen die Annahme von Kernelektronen der Umstand, daß Kernelektronen Hyperfeinstrukturaufspaltungen von der Größenordnung der gewöhnlichen Multiplettstruktur hervorrufen müßten, also weit größere Aufspaltungen, als sie tatsächlich beobachtet werden.

Die neue Auffassung, die sich die Kerne nur aus Protonen und Neutronen aufgebaut denkt, begegnete zunächst allerdings einer Schwierigkeit bei der Erklärung der β-Emission der instabilen Atomkerne, da ja doch die Kerne von Elektronen frei sein sollen. Heute neigen indessen die Physiker der Ansicht zu, daß es bei dem Kernzerfall zu einer Umwandlung von Neutronen in Protonen kommt, mit welchem Vorgang natürlich direkt oder indirekt die Abstoßung eines erzeugten Elektrons verbunden sein müßte.

Aus der Tatsache, daß die relativen Massenunterschiede stabiler Isotope im allgemeinen gering sind, muß man schließen, daß bei gegebener Kernladungszahl ein Kern nur dann stabil sein kann, wenn der Quotient aus Neutronen- und Protonenzahl (n/p) innerhalb eines verhältnismäßig engen Intervalls liegt. Dabei muß im Falle der Stabilität

$$n \geqq p \tag{1}$$

sein. Das Gleichheitszeichen gilt für zehn, im allgemeinen häufigere Grundstoffarten, für die das Atomgewicht gerade doppelt so groß wie die Ordnungszahl ist, z. B. C^{12}, N^{14}, O^{16} usw. Mit zunehmender Ordnungszahl wächst auch der Quotient n/p und erreicht bei den schwersten Elementen etwas mehr als 1,5. In einem Uranatom von der Ordnungszahl 92 und der Masse 238 sind z. B. 92 Elektronen und 146 Neutronen enthalten. Die einzigen bekannten Grundstoffarten, für die $n < p$ ist, also das Atomgewicht kleiner als die doppelte Ordnungszahl, nämlich $_5B^9$ und $_7N^{13}$ sind instabil.

Kommt es nun zu einer künstlichen Kernumwandlung, indem von dem Kerne ein „Geschoß" eingefangen und ein Teilchen ausgestoßen wird, so wird dadurch im allgemeinen das Verhältnis n/p abgeändert. Es wird erhöht, wenn ein Neutron eingefangen und ein α-Teilchen, also zwei Protonen und zwei Neutronen, oder auch ein Proton emittiert wird; liegt für das Umwandlungsprodukt der Quotient n/p bereits oberhalb des für die Stabilität zulässigen Intervalls, so verwandelt sich bei gleichzeitiger α-Emission ein

[1] Vgl. z. B. des Verf. Einführung in die theoret. Physik (5. u. 6. Aufl.), Bd. I, § 72.

überzähliges Neutron in ein Proton, wodurch das Gleichgewicht wieder hergestellt erscheint. Umgekehrt wird durch Einfangung eines α-Teilchens in Verbindung mit der Emission eines Neutrons der Quotient n/p erniedrigt; sinkt er unter die Stabilitätsgrenze, so verwandelt sich ein überzähliges Proton in ein Neutron, mit welchem Vorgang natürlich die Fortschleuderung eines Positrons verbunden sein muß. Führt hingegen die Einfangung des α-Teilchens zu der Emission eines Protons, so wird wiederum das Verhältnis n/p erhöht, so daß es wie in dem zuerst besprochenen Fall zu der Umbildung eines Neutrons in ein Proton unter Fortschleuderung eines β-Teilchens kommt. Nimmt man wechselseitige Übergänge zwischen Neutron und Proton an, so wird natürlich auch die Frage gegenstandlos, welches von beiden Teilchen als einfacher Urbaustein und welches als zusammengesetzt anzusehen sei (z. B., wie man früher dachte, das Neutron aus Proton und Elektron oder das Proton aus Neutron und Positron).

Eine wellenmechanische Theorie des Neutron–Protonmodells der Atomkerne ist von HEISENBERG[2] versucht worden; er ging dabei von der Tatsache aus, daß einerseits zwischen den Protonen untereinander COULOMBsche Abstoßungskräfte wirken, andererseits zwischen den geladenen Protonen und den ungeladenen Neutronen wellenmechanisch bedingte sogenannte Austauschkräfte, die vermutlich von ähnlicher Art sind, wie die Kräfte, die innerhalb einer Molekel zwei gleiche Atome zusammenhalten. Auf Grund einer derartigen Theorie leiteten HEISENBERG und GAMOW[3] aus den bekannten Packungseffekten der Atomkerne ab, daß eine spontane Protonenemission, die der α-Emission der natürlichen Radioelemente vergleichbar wäre, erst bei Kernladungszahlen von etwa 200 aufwärts auftreten könnte, so daß sie bei den bekannten Grundstoffen fehlen muß. Als noch unwahrscheinlicher ergibt sich die Emission eines Neutrons; denn da auf ein Neutron keine abstoßende Kraft wirkt, wie auf ein Proton oder ein α-Teilchen, würde durch die Emission eines Neutrons auch keine Energie gewonnen.

Durch die fortschreitenden Entdeckungen auf dem Gebiete der künstlichen Kernumwandlungen ist eine außerordentliche Fülle neuer Daten gewonnen worden, deren theoretische Verarbeitung wichtige Aufschlüsse über die Fragen der Kernstruktur verspricht; denn für rund hundert instabile Kernarten (mit teils natürlicher, teils künstlicher Aktivität) sind heute die zugehörigen Reaktionsformeln und die charakteristischen Halbwertszeiten bekannt sowie die Energien der aus ihnen ausgelöstenTeilchen und Lichtquanten. Außer durch die Forschungen auf den Gebieten der Isotopie und der Grundstoffumwandlungen sind schließlich wichtige neue

---

[2] W. HEISENBERG, Zeitschr. f. Phys. *77*, 1932, S. 1; *78*, 1932, S. 156; *80*, 1933, S. 587.

[3] G. GAMOW, Nature *133*, 1934, S. 744.

Erkenntnisse auf kernphysikalischem Gebiete durch die schon in einem früheren Abschnitt (§ 26) erwähnten Untersuchungen über die Hyperfeinstruktur der optischen Spektren gewonnen worden.

Indem man die Intensitätsverhältnisse zwischen den verschiedenen Komponenten der Hyperfeinstruktur mit den bekannten relativen Häufigkeiten der Isotopen eines Grundstoffs verglich, war es möglich, ganz bestimmte Kernspinzahlen auch den einzelnen Isotopen eines Elementes zuzuweisen. Es zeigte sich, daß für Kerne von ungerader Massenzahl die Spinzahlen durchwegs ungerade Vielfache von $^1/_2$ sind, und zwar entweder $^1/_2$ oder $^3/_2$ oder $^5/_2$ oder $^7/_2$ oder $^9/_2$. Hingegen haben Kerne von gerader Massenzahl im allgemeinen, wie aus dem Fehlen einer Hyperfeinstruktur geschlossen werden muß, den Spin 0; die einzigen bekannten Ausnahmen sind die Kerne des schweren Wasserstoffs (H^2) und des Stickstoffs (N^{14}), für die sich die Spinzahl zu 1 ergab. Als Beispiele[4] seien nach Schüler und Brück Cadmium und Quecksilber angeführt; für ihre Isotopen, deren Massenzahlen eingeklammert beigefügt sind, fand man die folgenden Werte:

Cadmium: 0 (110), $^1/_2$ (111), 0 (112), $^1/_2$ (113), 0 (114), 0 (116)
Quecksilber: 0 (198), $^1/_2$ (199), 0 (200), $^3/_2$ (201), 0 (202).

Die Beobachtungen über die Hyperfeinstruktur fanden noch mannigfache Ergänzungen durch Untersuchungen an Bandenspektren (vgl. § 56) und auch durch Messungen über die Ablenkung von Atomstrahlen in inhomogenen Magnetfeldern (vgl. § 32), wobei aus dem tatsächlich beobachteten Effekt und dem bekannten Spin der Planetenelektronen auf den Kernspin geschlossen werden konnte. Erstmalig wurde übrigens der Spin des Protons von Dennison (vgl. § 57) aus der spezifischen Wärme der Wasserstoffmolekel zu $i = {}^1/_2$ erschlossen. Der Spin des Heliumkerns wurde zu Null zuerst aus bandenspektroskopischen Beobachtungen bestimmt. Eine weitere Methode zur Bestimmung des Spins der leichtesten Kerne bietet der sogenannte Mott-Effekt.

Mott[5] gelangte durch theoretische Überlegungen zu der Erkenntnis, daß bei der Streuung von Teilchenstrahlen an Atomkernen eigenartige wellenmechanische Interferenzen auftreten müßten, wenn die Strahlteilchen mit den streuenden Kernen gleich beschaffen sind, wenn also z. B. Protonen durch Wasserstoffgas oder Deuteronen durch schweren Wasserstoff oder α-Teilchen durch Heliumgas gestreut werden. Für die Interferenzen ist natürlich der Phasenunterschied der Materiewellen maßgebend, die mit den beiden zusammenstoßenden, gleichen Teilchen verknüpft sind; der Phasenunterschied hängt aber, wie Mott fand, davon ab, ob die Teilchen einen Spin besitzen oder infolge des Fehlens eines solchen

[4] Vgl. tabellarische Zusammenstellungen bei H. Schüler, Zeitschr. f. Phys. *88*, 1934, S. 323 und bei H. E. White, Introduction to Atomic Spectra, *1934*.

[5] N. F. Mott, Proc. Roy. Soc. London (A) *126*, 1930, S. 259.

das Feld der Teilchen Kugelsymmetrie aufweist. Im ersten Falle muß, wie MOTT zeigte, die Streuung unter einem Winkel von 45° (und zwar unabhängig von der Teilchengeschwindigkeit) halb, im zweiten Falle hingegen doppelt so groß sein als nach der „klassischen" Mechanik, die wellenmechanische Ideen noch nicht kannte[6].

Messungen, die CHADWICK[7] zur Prüfung der MOTTschen Vorhersage an α-Strahlen anstellte, die in Helium gestreut wurden, ergaben in der Tat für 45° eine Verdoppelung der Streuung gegenüber der klassischen Theorie. Umgekehrt fand GERTHSEN[8] eine Halbierung der Streuung unter 45° an Protonenstrahlen in Wasserstoff. Damit erscheint in der Tat die MOTTsche Vorhersage bestätigt, zugleich aber auch erwiesen, daß zwar das Proton einen Spin besitzt, hingegen das α-Teilchen spinlos ist. Höchstwahrscheinlich ist auch dem Neutron der Spin Null zuzuschreiben.

Ziemliche Schwierigkeiten bereiten zur Zeit (1935) der Theorie noch die empirisch ermittelten Werte der magnetischen Kernmomente. Gemäß Gl. 4 des § 32 sollte man z. B. für das magnetische Moment eines Protons den Wert erwarten

$$\mu = \frac{e h}{4 \pi M c}, \tag{1}$$

wenn M die Protonenmasse bedeutet; tatsächlich geht aber aus den Beobachtungen ein $2^1/_2$mal so großer Wert hervor[9].

Hinsichtlich der Häufigkeit der chemischen Grundstoffe gilt die allgemeine, im Jahre 1915 von HARKINS aufgestellte und gewöhnlich nach ihm benannte Regel, daß ein Element mit gerader Ordnungszahl stets häufiger ist als seine beiden Nachbarn in der natürlichen Grundstoffreihe. Deutlich offenbart sich die HARKINSsche Regel in dem Diagramm der Fig. 66, die für Steinmeteorite die Atomprozente[10] der Elemente von

---

[6] Dabei ist allerdings auch vorausgesetzt, daß im ersten Fall, und zwar für $i = {}^1/_2$, die Statistik freier Elektronen, die sogenannte FERMI-Statistik gilt, im zweiten Falle hingegen ($i = 0$) die Statistik der Lichtquanten, die sogenannte BOSE-Statistik. (Näheres über die beiden Arten der Statistik in des Verf. Einführung in die theoret. Physik, 5. und 6. Aufl., Bd. II, §§ 188 und 193.) Allgemein ist das Verhältnis bei einer Streuung unter 45° gleich

$$1 \pm \frac{1}{2i + 1},$$

wobei das Pluszeichen im Falle der BOSE-, das Minuszeichen im Falle der FERMI-Statistik gilt. Über die anomale Streuung gleichartiger Teilchen, insbesondere von Protonen, vgl. E. GUTH, Sitz. Ber. Akad. Wiss. Wien (IIa) *144*, 1935 (im Erscheinen); in experimenteller Hinsicht W. H. WELLS, Phys. Rev. *47*, 1935, S. 591 u. M. G. WHITE, ebenda S. 573.

[7] J. CHADWICK, Proc. Roy. Soc. London (A) *128*, 1930, S. 114.

[8] CHR. GERTHSEN, Ann. d. Phys. *9*, 1931, S. 769.

[9] Daß für das Proton die Gl. 1 nicht gilt, dürfte nach BOHR damit zusammenhängen, daß die eine Länge darstellende Größe $h/m c$ (vgl. Gl. 18 des § 66) bei Einsetzen der Protonenmasse von der Größenordnung des Protonenradius selbst wird (10^{-13} cm), während sie bei Einsetzen der Elektronenmasse rund tausendmal so groß wie der Elektronenradius von (ebenfalls 10^{-13} cm) ist.

[10] Von Atomprozenten wird im Gegensatz zu Gewichtsprozenten gesprochen. Die Atomprozente geben unmittelbar die Häufigkeit an.

den Ordnungszahlen 5 bis 29 wiedergibt. Bemerkenswert ist es, daß sich die HARKINSsche Regel auch bei den seltenen Erden erfüllt zeigt, die untereinander in dem chemischen Verhalten übereinstimmen und daher schwer entmischbar sind. Fig. 67 gibt nach HARKINS für ein bestimmtes Mineral die Atomprozente der verschiedenen seltenen Erden wieder.

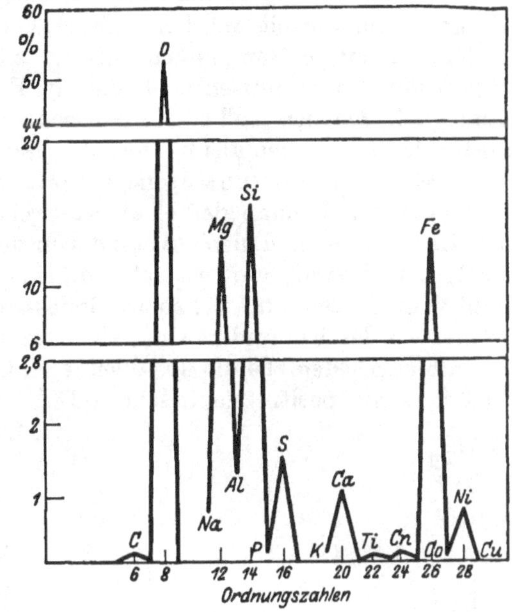

Fig. 66. Atomprozente in Steinmeteoriten in ihrer Abhängigkeit von der Ordnungszahl. (Nach HARKINS; aus Zeitschr. f. Physik, Berlin, Verlag Springer, Band 50.)

Eine weitere wichtige Regel besagt, daß für die überwiegende Zahl der Grundstoffarten der Unterschied zwischen Atomgewicht und Ordnungszahl gerade ist; im Sinne des Protonen-Neutronenmodells bedeutet dies, daß die Zahl der Neutronen meist gerade ist. Aus dem Umstande, daß, von ganz wenigen Ausnahmen abgesehen, keine Grundstoffarten bekannt sind, die mit einer ungeraden Ordnungszahl eine gerade Massenzahl verknüpfen, können wir endlich schließen, daß im allgemeinen eine ungerade Protonenzahl nicht mit einer ungeraden Neutronenzahl kombiniert ist.

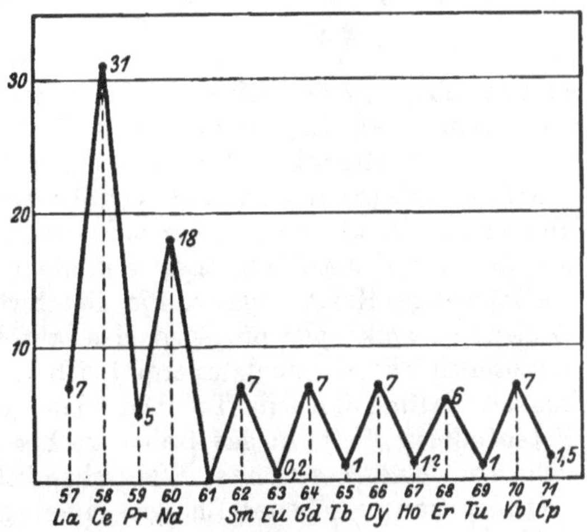

Fig. 67. Atomprozente der seltenen Erden in einem Mineral. (Nach HARKINS; aus Zeitschr. f. Physik, Berlin, Verlag Springer, Band 50.)

§ 54. Die Emission der Alpha-Teilchen.

Auf wellenmechanischer Grundlage ist eine Theorie der Emission der α-Teilchen durch radioaktive Elemente im Jahre 1928 von GURNEY und CONDON[1] und gleichzeitig auch von

[1] R. W. GURNEY und E. U. CONDON, Phys. Rev. *33*, 1929, S. 127.

GAMOW[2] entwickelt worden. Diese Theorie verwertet die schon früher vielfach benutzte Vorstellung, daß die Atomkerne von Wällen hohen Potentials umschlossen sind, die ein Entweichen von Kernbestandteilen unmöglich machen sollen. Aus Beobachtungen über die Streuung von α-Strahlen ging jedenfalls hervor, daß noch bis hinab zu Entfernungen von $2 \cdot 10^{-12}$ cm das COULOMBsche Gesetz exakt gilt. Bis zu solchen Entfernungen hinab kann das elektrostatische Potential dem Quotienten aus der Kernladung und dem Abstand von dem Kernmittelpunkt gleichgesetzt werden, und zwar, weil es sich um eine abstoßende Kraft handelt, mit positivem Vorzeichen. Gehen wir indessen zu Entfernungen über, die noch kleiner als der Kernradius sind, also von der Größenordnung von 10^{-13} cm, so muß sich jedenfalls die abstoßende Kraft in eine anziehende verwandeln, weil ja sonst positiv elektrische α-Teilchen nicht in dem Kerne verweilen könnten. Das Potential muß also innerhalb eines bestimmten Intervalls steil von positiven zu negativen Werten abfallen, wodurch ein sogenannter Potentialberg entsteht. Schematisch ist dies in Fig. 68 dargestellt, in der der ausgezogene Teil der Potentialkurve dem COULOMBschen Gesetz entspricht. Die drei horizontalen Linien entsprechen den kinetischen Energien der α-Teilchen, die von RaC′, RaA und Uran ausgesandt werden, also von drei Elementen mit den grundverschiedenen Halbwertszeiten von etwa 10^{-8} Sekunden, 3,05 Minuten und $4 \cdot 5 \cdot 10^{9}$ Jahren.

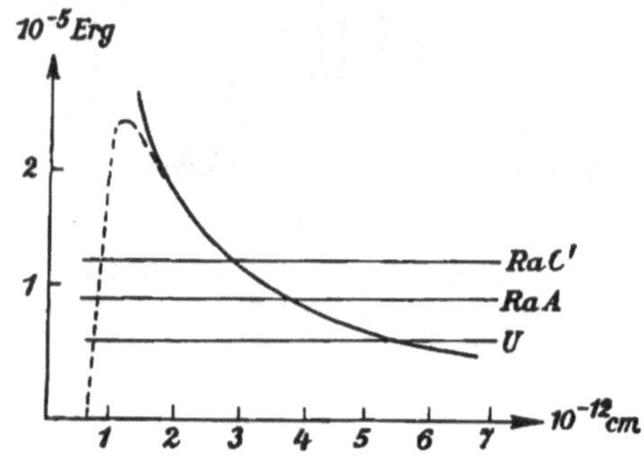

Fig. 68.

Vom Standpunkte der klassischen Mechanik aus erscheint es nun allerdings ausgeschlossen, daß ein Teilchen von konstanter Energie (E) über einen „Berg" hinwegkommt, in dem der Wert der potentiellen Energie bis auf eine Höhe V ansteigt, woferne $V > E$ ist; denn sonst würde ja die lebendige Kraft negativ, die Geschwindigkeit also imaginär. In der Wellenmechanik gilt hingegen das absolute Überschreitungsverbot der klassischen Theorie nicht; es ergibt sich vielmehr eine endliche Wahrscheinlichkeit dafür, daß ein Teilchen, das etwa von links her gegen einen Potentialberg läuft, in das Gebiet rechts von dem Berg gelangt. Es läßt sich also eine bestimmte Wahrscheinlichkeit dafür angeben, daß ein Teilchen von gegebener Energie einen gegebenen Potentialberg durchdringt.

Der Durchgang eines Teilchens durch einen Potentialberg, der sogenannte Tunneleffekt, stellt das wellenmechanische Analogon zu

[2] G. GAMOW, Zeitschr. f. Phys. *51*, 1928, S. 204.

dem auch nur undulatorisch erklärbaren Phänomen des Eindringens einer Lichtwelle in ein total reflektierendes Medium dar. Diese Analogie zeigt sich im wesentlichen auch in quantitativer Hinsicht erfüllt. Die Intensität des eindringenden Lichtes nimmt nämlich nach der undulatorischen Optik exponentiell ab, gemäß einem Faktor

$$e^{-\frac{4\pi d}{\lambda}}, \tag{1}$$

wobei d die Dicke der Schichte und λ die optische Wellenlänge bedeutet. Eine ganz ähnliche Beziehung gilt nun auch für das Durchdringen eines Potentialberges von der Dicke d, wenn man unter λ die DE BROGLIEsche Wellenlänge versteht, also gemäß Gl. 2 und 3 des § 12 setzt

$$\frac{1}{\lambda} = \frac{\sqrt{2m(E-V)}}{h}. \tag{2}$$

Für einen Potentialberg ($V > E$) mit variablem Potential ist in naheliegender Weise die Größe d/λ durch ein entsprechendes Integral über die Breite des Potentialberges zu ersetzen, und somit erhält man als den für die Durchdringungswahrscheinlichkeit maßgebenden Faktor:

$$e^{-\frac{4\pi}{h}\int\sqrt{2m(V-E)}\,dr}. \tag{3}$$

Setzt man für V das COULOMBsche Potential ein, nämlich

$$V = \frac{e^2 z Z}{r}. \tag{4}$$

wobei $Z e$ die Ladung des Kernes und $z e$ diejenige des Teilchens darstellt, so liefert die Integration als wesentlichen Faktor

$$e^{-\frac{4\pi e^2 z Z}{h v}}. \tag{5}$$

Den Ausdruck für die Zerfallsgeschwindigkeit erhält man nun auf Grund der Überlegung, daß die Zahl der aus der Mulde austretenden Teilchen ebenso groß sein muß wie die Zahl der auf die Innenwand der Mulde auftreffenden, also wie die Stoßzahl im Sinne der kinetischen Theorie, noch multipliziert mit der Durchdringungswahrscheinlichkeit. Ist aber nun r_0 die Breite der Kernmulde, so ist die Stoßzahl offenbar durch den Ausdruck $v/2\,r_0$ gegeben, und somit folgt für die Zerfallswahrscheinlichkeit (die zur Unterscheidung von der Wellenlänge mit λ_0 bezeichnet werde) der Wert

$$\lambda_0 = \frac{v}{2r_0}\,e^{-\frac{4\pi e^2 z Z}{h v}}. \tag{6}$$

Wird diese Gleichung logarithmiert und die GEIGERsche Beziehung verwendet, wonach die Reichweite der dritten Potenz der Geschwindigkeit proportional ist, so ergibt sich sogleich die GEIGER-NUTTALLsche Beziehung (s. § 45), wonach die Logarithmen der Zerfallskonstanten lineare Funktionen der Logarithmen der Reichweite sind.

Durch den Faktor (5) ist im wesentlichen — mutatis mutandis — auch das Eindringungsvermögen von geladenen Teilchen in Atomkerne und damit die Wahrscheinlichkeit einer Kernzertrümmerung gegeben (vgl. § 50, Anm. 1). Das Potentialwall-Modell des Kerns wurde zuerst aus Versuchen über die anomale Streuung von α-Teilchen an leichten Kernen erschlossen, welches Phänomen unter der Annahme, daß der Kern wie eine COULOMBsche Punktladung wirke, nicht gedeutet werden konnte. Die wellenmechanische Theorie der anomalen Streuung ist der Theorie der Beugung des Lichtes an kleinen Kugeln analog.

Daß mit der Energie der α-Teilchen die Zerfallskonstante wächst, folgt im übrigen unmittelbar aus dem betrachteten Modell. Je größer nämlich die Energie ist, desto niedriger ist der Potentialberg. Desto größer ist also die Wahrscheinlichkeit seiner Überwindung und desto größer daher auch die Zerfallskonstante.

VI. Kapitel.

Die Molekeln.

§ 55. Die Rotationsschwingungsspektren.

Obwohl die Spektren der Molekeln[1] viel komplizierter als die der Atome sind, so ist es doch möglich gewesen, die wesentlichen Gesetzmäßigkeiten der Molekularspektren auf Grund der Annahme zu deuten, daß sich die molekulare Energie aus drei Bestandteilen zusammensetzt, deren jeder nur diskreter, abgestufter Werte fähig ist. Als erster Bestandteil ist die Rotationsenergie der Molekel anzusehen, als zweiter die Energie der Kernschwingungen, als dritter Bestandteil endlich derjenige, der von den Umlaufsbewegungen der Elektronen herrührt, also die Elektronenenergie. Wie von vornherein zu erwarten ist, erweisen sich die Stufen der Rotationsenergie als klein, verglichen mit denen der Schwingungsenergie, und diese wieder als klein im Vergleiche mit den Stufen der Elektronenenergie.

Betrachten wir zunächst die Rotationsenergie E_r, so ist nach einer elementaren Beziehung der Mechanik[2]

$$E_r = \frac{U^2}{2J} \tag{1}$$

zu setzen, wenn U den Drehimpuls bedeutet und J das Trägheitsmoment um die Rotationsachse (die wir bei einer zweiatomigen Molekel senkrecht zu der Verbindungslinie der Atomkerne anzunehmen haben). Dabei ist nach der Definition des Trägheitsmomentes bei einer zweiatomigen Molekel

$$J = m_1 r_1^2 + m_2 r_2^2 , \tag{2}$$

wenn r_1 und r_2 die Abstände der beiden Atome (mit den Massen m_1 und m_2) von dem Schwerpunkte bedeuten; es ist also

$$J = \frac{m_1 m_2}{m_1 + m_2} r^2 , \tag{3}$$

wenn r der wechselseitige Abstand der beiden Atomkerne ist[3].

---

[1] Unter Molekeln sind im folgenden natürlich nur solche zu verstehen, die mehr als ein einziges Atom enthalten.

[2] Vgl. z. B. des Verf. „Einführung in die theoret. Physik", 5. und 6. Aufl., Bd. I, G. 14 des § 28 und Gl. 1 des § 29.

[3] Denn es ist bekanntlich

$$r_1 = \frac{m_2}{m_1 + m_2} r \quad \text{usw.}$$

Für den Drehimpuls haben wir nun im Sinne der neuen Quantenmechanik (nach Gl. 25 des § 12) zu setzen

$$U = \frac{h}{2\pi} \sqrt{l(l+1)}\,, \tag{4}$$

wobei l eine Quantenzahl ist. Es wird somit

$$E_r = \frac{h^2}{8\pi^2 J}\, l(l+1)\,. \tag{5}$$

Da die Quantenzahl l den Drehimpuls bestimmt, betrachten wir (gemäß Gl. 7 des § 16) zunächst nur solche Übergänge, bei denen sich l um ± 1 ändert. Machen wir die vereinfachende Annahme, daß bei der Änderung der Rotationsenergie das Trägheitsmoment selbst ungeändert bleibt, so finden wir für die Frequenz, die einem Quantensprunge der Rotationsenergie entspricht:

$$\nu_r = \pm \frac{h}{8\pi^2 J}\left[(l+1)(l+2) - l(l+1)\right]$$

oder

$$\nu_r = \pm \frac{h}{4\pi^2 J}(l+1)\,. \tag{6}$$

Unter den Änderungen der molekularen Energie bilden nun einen einfachen Sonderfall diejenigen, bei denen die Elektronenenergie ihrerseits konstant bleibt. Die Gesamtheit der Linien, die solchen Änderungen entsprechen, stellt das Rotationsschwingungsspektrum der betreffenden Molekel dar. Es setzt sich aus einzelnen Banden zusammen, deren jede sich um einen bestimmten Wert einer Kernschwingungsfrequenz (ν_s) gruppiert, gemäß der Formel:

$$\nu = \nu_s \pm \frac{h z}{4\pi^2 J} \quad (z = 1, 2, 3 \text{ usw.})\,. \tag{7}$$

Die einzelnen Banden müssen demnach Folgen äquidistanter Linien[4] darstellen, wobei aber die Mitte, die sogenannte Nullinie, ausfallen muß; denn da z gleich $l+1$ ist, erscheint der Wert $z = 0$, also $\nu = \nu_s$ nicht möglich[5].

Folgen von Absorptionslinien, die diesem Schema entsprechen, sind in der Tat bei vielen Substanzen im näheren Ultrarot (bei Wellenlängen von einigen μ) festgestellt und untersucht worden, so vor allem bei den Wasserstoffverbindungen der Halogene (HCl, HF, HBr). Fig. 69 gibt nach einer Aufnahme von Imes[6] eine Absorptionsbande wieder, die

[4] Die Äquidistanz erscheint in den Fig. 69 und 70 deshalb nur angenähert, weil der Linienabstand nicht unmittelbar von dem Frequenzunterschied, sondern von dem Unterschied eines Ablenkungswinkels abhängt.

[5] Während das Ausfallen der Nullinie in der früheren Quantentheorie nur durch gekünstelte spezielle Hypothesen erklärt werden konnte, erübrigen sich solche in der neuen Quantentheorie.

[6] E. S. Imes, Astrophys. Journn. *50*, 1919, S. 251.

dem Chlorwasserstoff angehört und zwischen 3 und 4 μ (30 000 und 40 000 Å) liegt. Als Ordinate ist dabei die in Prozenten angegebene Absorption eingetragen, als Abszisse ein Ablenkungswinkel, der bei der Aufnahme, die mittels eines Reflexionsgitters erfolgte, gemessen wurde. Die Maxima der Kurve stellen die Absorptionslinien dar; die entsprechenden Wellenlängen sind (in μ) oberhalb der Kurvengipfel angegeben. Aus der Figur ist deutlich das Fehlen der Nullinie erkennbar.

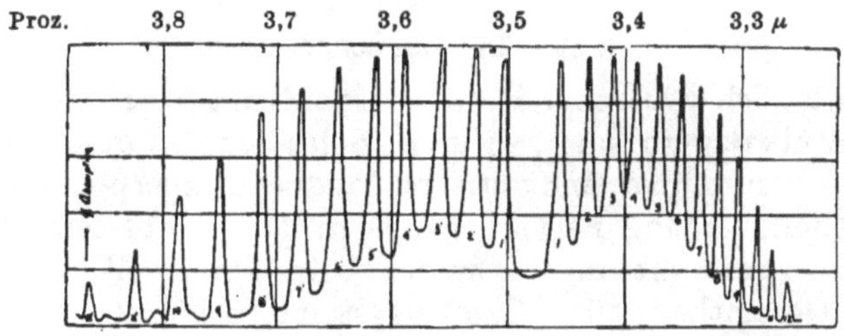

Fig. 69. Absorptionsbande von HCl (nach IMES).

Der Wert von ν_s hängt natürlich von der Masse des oszillierenden Atomkerns ab, und es ist daher das Auftreten eines Isotopie-Effektes in den Rotationsschwingungsspektren zu erwarten[7]. In der Tat sind solche, durch die Isotopie des Chlors hervorgerufene Dubletts deutlich in der Fig. 70 erkennbar, die nach IMES eine Absorptionsbande von HCl bei

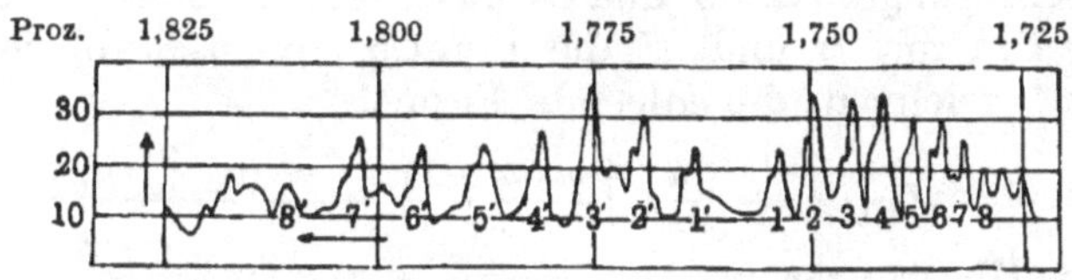

Fig. 70. Isotopieeffekt im Rotationsschwingungsspektrum von HCl (nach IMES).

1,76 μ wiedergibt[8]. Die Kurve zeigt in der Nachbarschaft der Hauptmaxima, die von den Cl^{35}-Atomen herrühren, schwächere Nebenmaxima von geringerer Frequenz, die durch die Cl^{37}-Atome verursacht werden[9].

Es erscheinen natürlich auch Quantensprünge möglich, bei denen die Änderung der molekularen Energie auf die Rotationsenergie beschränkt

---

[7] A. HAAS, Zeitschr. f. Phys., *4*, 1919, S. 68.

[8] Diese Bande entspricht einer „Oberschwingung"; denn die Grundfrequenz ist in Fig. 70 doppelt so groß wie in Fig. 69.

[9] Für den Frequenzunterschied der beiden Linien eines Isotopiedubletts von Cl ergibt die Theorie den Wert

$$\frac{\Delta \nu}{\nu} = \frac{1}{2}\left(\frac{1}{35} - \frac{1}{37}\right).$$

Daraus folgt für die in Fig. 70 wiedergegebene Bande ein Wellenlängenunterschied des Dubletts von 13 Å.

ist. In solchen Fällen ist ein sogenanntes reines Rotationsspektrum zu erwarten, das nach Gl. 7 durch die Formel dargestellt ist:

$$(8) \qquad \nu = \frac{z\,h}{4\pi^2 J} \qquad (z = 1, 2, 3 \text{ usw.})\,.$$

Spektren solcher Art sind in der Tat im fernen Ultrarot, vor allem bei Wasserdampf, festgestellt und untersucht worden[10].

§ 56. Die Bandenspektren.

Ebenso wie sich das reine Rotationsspektrum über eine Kernschwingungsfrequenz überlagern kann, so kann sich auch das gesamte Rotationsschwingungsspektrum über eine optische Frequenz superponieren, die durch einen Elektronenübergang hervorgerufen wird. Es entsteht dadurch ein sogenanntes Bandensystem, das zu dem betreffenden Elektronenübergang gehört. Die Gesamtheit aller Bandensysteme, die mit den Elektronensprüngen einer Molekel verbunden sind, stellt das Bandenspektrum der betreffenden Molekel dar.

Im optischen Gebiet erscheint allerdings das Rotationsschwingungsspektrum nur verzerrt wiederholt; es erklärt sich dies dadurch, daß eine Änderung der Elektronenkonfiguration zugleich auch den Kernabstand und damit das Trägheitsmoment der Molekel verändert. Für die Frequenzen des Bandenspektrums gilt somit, wenn wir mit ν^* die Frequenz des Elektronensprunges, mit J und J' das Trägheitsmoment vor und nach dem Sprung und mit m und m' die Rotationsquantenzahl vor und nach dem Sprung bezeichnen, die folgende Formel:

$$(1) \qquad \nu = \nu^* + \nu_s + \frac{h}{8\pi^2}\left[\frac{m\,(m+1)}{J} - \frac{m'\,(m'+1)}{J'}\right].$$

Den drei Übergängen

$$(2) \qquad m' = \begin{cases} m-1 \\ m \\ m+1 \end{cases}$$

entsprechen innerhalb einer Bande drei sogenannte Bandenzweige; man unterscheidet sie als positiven, Null- und negativen Zweig. Der Nullzweig fehlt in vielen Banden. Jeder der drei Zweige muß nun, wie aus der Gl. 1 erkennbar ist, in der Form darstellbar sein

$$(3) \qquad \nu = A + B\,m + C\,m^2\,,$$

wobei A, B und C Konstanten sind, die für alle Linien eines Bandenzweiges denselben Wert haben.

---

[10] Vgl. zu diesem Abschnitt die zusammenfassende Darstellung von Cl. Schäfer und F. Matossi, Das ultrarote Spektrum, Berlin (Springer) 1930 (Die Struktur der Materie, Band X).

Ersetzen wir in Gl. 1 $m(m+1)$ durch m^2 und ebenso natürlich $m'(m'+1)$ durch m'^2, so vollziehen wir damit den Übergang von der neueren, genaueren Quantenmechanik zu der früheren, minder exakten Quantentheorie der Bandenspektren, die, im Anschluß an ältere empirische Erkenntnisse von

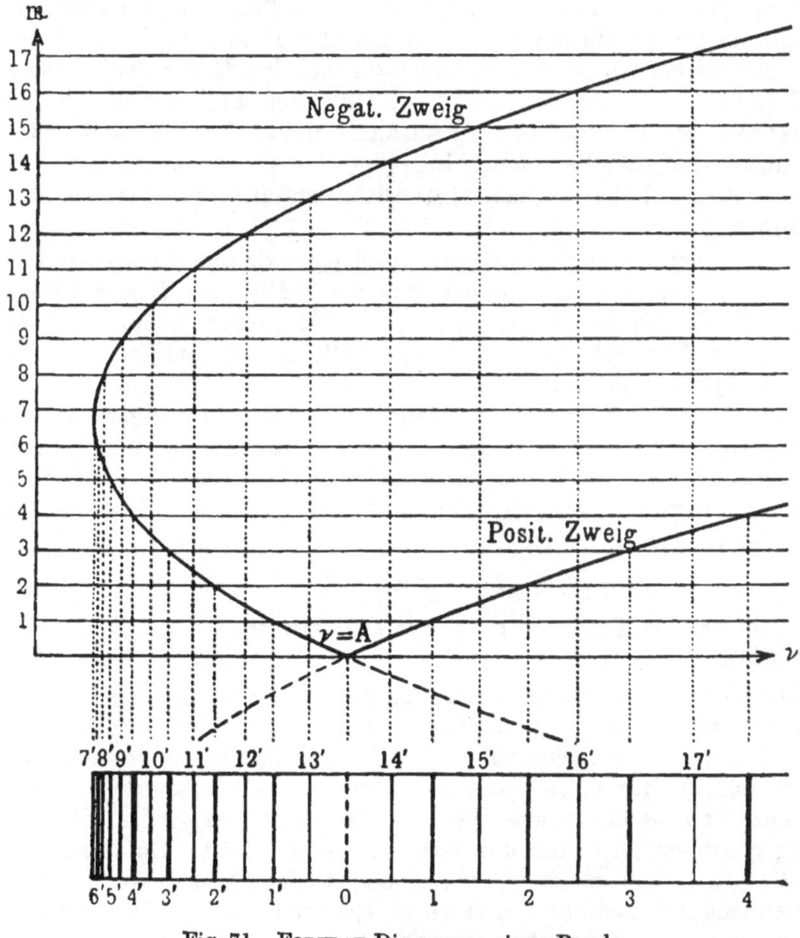

Fig. 71. FORTRAT-Diagramm einer Bande (nach SOMMERFELD).

DESLANDRES (1887), vor allem von HEURLINGER, KRATZER und LENZ (1919) entwickelt worden war. Man erkennt leicht, daß bei dieser weniger genauen Darstellung für die drei Zweige einer Bande die Konstanten A und C übereinstimmen, während die Konstante B für den positiven und negativen Zweig entgegengesetzt gleich ist und für den Nullzweig verschwindet.

Wie zuerst FORTRAT[1] erkannte, kann man die Gl. 3 zu einer einfachen graphischen Darstellung der Banden benutzen. Man trägt in einem solchen FORTRAT-Diagramm (Fig. 71) als Abszisse ν auf, während man als Ordinate den Wert von m wählt. Die Werte von ν, die den ganzzahligen Ordinaten entsprechen, liegen dann natürlich nach Gl. 3 für jeden Bandenzweig auf je einer Parabel. Durch Lotung der Punkte erhält man eine Abbildung der Bande, aus der man auch ersieht, daß sich die Linien der Bande gegen die Projektion des Parabelscheitels häufen; dessen Projektion ergibt die Bandkante oder den Bandenkopf, der also keineswegs mit der Nullstelle der Parabel ($m = 0$) zusammenfällt. Die Nullstelle ist einerseits durch das Ausfallen einer Linie (vgl. den vorhergehenden Abschnitt), andererseits durch die besondere Intensität der Linien mit kleinem m-Werte erkennbar.

Von großer Wichtigkeit ist nun die Frage, wie innerhalb eines Bandensystems die verschiedenen Werte der die Nullstellen festlegenden Konstanten A (der Gl. 3) zusammenhängen. Mit großer Genauigkeit erweist sich in dieser Hinsicht eine Beziehung erfüllt, die gewöhnlich als das Bandkantengesetz bezeichnet wird und deren Erkenntnis im wesentlichen bereits auf DESLANDRES (um 1900) zurückgeht. Das Gesetz gilt für die Nullstellen vollkommen exakt, mit großer Annäherung aber auch für die Bandkanten, auf die es zuerst angewendet wurde; danach sind die innerhalb eines Bandensystems möglichen Werte der Größe A in der Form darstellbar

$$A = A_0 + (a\,n - b\,n^2) - (a'\,n' - b'\,n'^2)\,, \tag{4}$$

wobei die vier Größen a, b, a', b' für das Bandensystem charakteristische Konstanten bedeuten.

Die für die Kernschwingungsfrequenzen maßgebenden Konstanten A lassen sich also ähnlich wie die spektralen Frequenzen eines Atoms auf ein Termschema zurückführen, nur daß hier zwei verschiedene Termfolgen unterschieden werden müssen, deren eine dem Anfangszustand und deren andere dem Endzustand bei jenem Elektronensprung entspricht, zu dem das Bandensystem gehört. Im übrigen ergibt sich die Gl. 4 ohne weiteres, wenn man annimmt, daß die Energie der Kernschwingung nach Potenzen einer Quantenzahl entwickelbar ist, und wenn man höhere als quadratische Glieder vernachlässigt. Auf Grund des Bandkantengesetzes lassen sich die möglichen A-Werte in ein quadratisches Schema einteilen, in dem etwa die horizontalen Reihen aufeinanderfolgenden n-Werten, die Vertikalreihen aufeinanderfolgenden n'-Werten entsprechen. Die Differenzen zwischen den Gliedern zweier benachbarter horizontaler oder vertikaler Reihen müssen dann natürlich, wie ohne weiteres aus Gl. 4 folgt, untereinander denselben Wert haben.

[1] R. FORTRAT, Thèse (Paris) 1914, S. 109.

Tabelle XXIV.

Beispiel eines Kantenschemas (Stickstoffmolekel).

$n \backslash n'$	0		1		2		3
0	25797,8	(2042,4)	23755,4	(2015,9)	21739,5		
	(2123,5)		(2123,6)		(2123,5)		
1	27921,3	(2042,3)	25879,0	(2016,0)	23863,0	(1989,6)	21873,4
			(2083,7)		(2082,5)		(2083,1)
2			27962,7	(2017,2)	25945,5	(1989,0)	23956,5

Tabelle XXIV gibt als Beispiel eines Kantenschemas das der sogenannten Cyanbanden wieder, die in Wirklichkeit von der Stickstoffmolekel (N_2) herrühren. In Klammern sind zwischen den Reihen die Differenzne eingetragen, deren Konstanz aus der Tabelle deutlich ersichtlich ist. Alle Werte bedeuten Wellenzahlen (Frequenz, dividiert durch Lichtgeschwindigkeit). Gemäß Gl. 4 ergibt sich für die Wellenzahlen der betrachteten Cyanbanden die Darstellung:

$$A = 25797{,}83 + (2143{,}88\, n - 20{,}25\, n^2) - (2055{,}64\, n' - 13{,}25\, n'^2)\,. \tag{5}$$

Tabelle XXV.

Erfüllung des Bandkantengesetzes bei Banden von N_2 (nach Kratzer).

	$n' = 0$	1	2	3	4	5	6
$n = 0$	(3884) 25797,83 25797,83	(4216) 23755,44 23755,44	(4606) 21739,54 21739,55	—	—	—	—
1	(3590) 27921,3 27921,38	(3872) 25879,0 25878,99	(4197) 23863,0 23863,10	(4578) 21873,4 21873,71	—	—	—
2	—	(3586) 27962,7 27962,04	(3862) 25945,5 25946,15	(4181) 23956,5 23956,76	(4553) — 21993,87	—	—
3	—	—	(3584) — 27989,70	(3855) — 26000,31	(4168) — 24037,42	(4532) — 22101,03	—
4	—	—	—	—	(3850) — 26040,47	(4153) — 24104,08	(4515) — 22194,19

Wie genau diese Formel erfüllt ist, zeigt Tabelle XXV, die nach Kratzer[2] in der ersten Zeile eingeklammert die Wellenlängen der Kanten angibt, in

[2] A. Kratzer, Physik. Zeitschr. *22*, 1921, S. 552; Ann. d. Phys. (4) *67*, 1922, S. 127.

der zweiten Zeile die empirisch und in der dritten die formelmäßig errechneten Wellenzahlen der Nullinien. Fig. 72 zeigt die Anordnung der 18 in der Tabelle XXV enthaltenen Bandkanten (unter Angabe der Wellenlängen). Es lassen sich vier Gruppen unterscheiden, die den Quantensprüngen Δn gleich -2, -1, 0 und $+1$ entsprechen. Die Gruppe $\Delta n = 0$ ist photo-

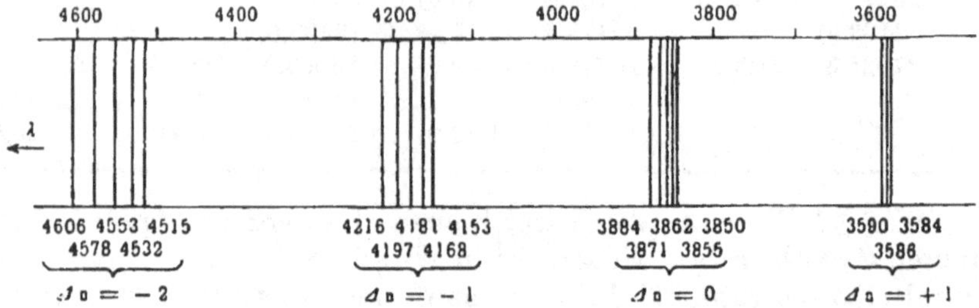

Fig. 72. Anordnung von Bandkanten im Spektrum von N_2 (nach SOMMERFELD, Atombau und Spektrallinien).

graphisch in Fig. 73 wiedergegeben, in der die fünf Kanten dieser Gruppe deutlich erkennbar sind.

Aus dem Prinzip der Termdarstellbarkeit folgt natürlich, daß, wie es auch in vielen Fällen empirisch festgestellt wurde, die Konstanten a und b (bzw. a' und b') für verschiedene Bandensysteme einer Molekel dieselben sein können; denn dieselben Beträge der molekularen Oszillationsenergie können mit verschiedenen Energiestufen der Elektronen verknüpft sein.

Fig. 73. Sog. Cyanbanden des Stickstoffspektrums.

Viel später erst als die Banden selbst und die Bandkanten sind die für die Molekeln charakteristischen Elektronenterme Gegenstand der experimentellen und der theoretischen Forschung geworden. Im Jahre 1925 ist MULLIKEN[3] die wichtige Entdeckung geglückt, daß hinsichtlich der Elektronenterme eine weitgehende Analogie zwischen molekularen Spektren und Atomspektren besteht. Man muß hierzu nach MULLIKEN von der bereits durch LEWIS[4] begründeten Vorstellung aus-

[3] R. S. MULLIKEN, Phys. Rev. *26*, 1925, S. 561; vgl. auch zahlreiche Abhandlungen in Phys. Rev. seit 1925.

[4] G. N. LEWIS, Trans. Faraday Soc. *19*, 1923, S. 452.

gehen, daß sich die nicht in abgeschlossenen Elektronengruppen vereinigten, also gewissermaßen überzähligen Elektronen der Atome zu gemeinsamen Achter-Gruppen zusammenschließen und daß die dann noch überzähligen Elektronen die Rolle von Leuchtelektronen der Molekel spielen.

Betrachten wir beispielsweise zweiatomige Molekeln mit dreizehn Elektronen, so hätten wir einerseits in jedem der beiden Atome eine abgeschlossene K-Gruppe von zwei Elektronen, überdies aber noch eine gemeinsame L-Gruppe von acht Elektronen anzunehmen, so daß das dreizehnte Elektron als Leuchtelektron übrig bliebe. Die Spektren der Molekeln mit 13 Elektronen müßten danach den Alkalispektren analog sein. Daß dies in der Tat der Fall ist, konnten Mulliken, Birge[5], Mecke[6] und andere Forscher feststellen, so beispielsweise bei BeF, BO, CN; aber auch die Spektren zweiatomiger Molekeln mit 21 Elektronen erwiesen sich als den Alkalispektren verwandt, so z. B. die Spektren von MgF, AlO, SiN. In ähnlicher Weise konnten wiederum die Molekularspektren von CO und C^+O in Beziehung zu dem Bogen- und Funkenspektrum des Magnesiums gebracht werden, und so fort.

Die Analogie zwischen den Molekular- und den Atomspektren äußert sich vor allem hinsichtlich der Multiplizität der Bandenspektren. Mecke hat gezeigt, daß der sogenannte Wechselsatz auch für Molekularspektren gilt, so daß bei gerader Elektronenzahl der Molekel die Multiplizität der Terme ungerade ist und umgekehrt. Auf Grund der Multiplizität vermochten Mulliken und Birge für die Elektronenterme der Molekeln ganz ähnliche Bezeichnungen wie bei den Atomspektren einzuführen, so daß nunmehr auch bei den Bandenspektren z. B. von ^2S- oder ^3P-Termen gesprochen werden kann. Die Regeln für eine Systematik der molekularen Elektronenterme wurden vor allem durch Hund[7] entwickelt. Es ist jedoch wichtig zu bemerken, daß eine beobachtbare Multiplizität der Bandenspektren sich in vielen Fällen auch als Isotopie-Effekt erweist.

Ebenso wie die Atome können auch die Molekeln als solche die Träger von Fluoreszenzerscheinungen sein. Besonders eingehend ist dieses Phänomen durch Wood[8] bei der Jodmolekel untersucht worden. Wood bestrahlte bei niedrigem Druck Joddampf mit Quecksilberlicht von 5461 Å. Es zeigte sich, daß Lichtquanten von dieser Wellenlänge von der Jodmolekel absorbiert werden, so daß die Molekel in einen angeregten, energiereicheren Zustand übergeht und aus diesem dann unter gleichzeitiger Änderung der Kernschwingungs- und der Elektronenenergie in den Grundzustand zurückkehrt. Entsprechend dem Umstande, daß sich die Rotationsquantenzahl (m) um eins erniedrigt oder erhöht, zeigt sich in dem Fluoreszenz-

[5] R. T. Birge, Zahlreiche Abhandlungen in Phys. Rev. seit 1925.
[6] R. Mecke, Zeitschr. f. Phys. *36*, 1926, S. 795; *42*, 1927, S. 390.
[7] F. Hund, Zeitschr. f. Phys. *36*, 1926, S. 657.
[8] R. W. Wood, Phil. Mag. *35*, 1918, S. 236.

spektrum des Jods das Auftreten von zahlreichen Dubletts, von denen Wood gegen zwanzig beobachten konnte. Nur bei Steigerung des Drucks oder bei Hinzumischung eines Zusatzgases vervollständigen sich die Dubletts zu eigentlichen Banden.

Eine besondere Bedeutung kommt unter den Bandenspektren denjenigen zu, die von zweiatomigen Grundstoffmolekeln geliefert werden, und eine eigenartige Stellung nimmt hierunter wieder das Molekularspektrum des Wasserstoffs ein. Bei der Wasserstoffmolekel ist nämlich (wie eingehender in § 58 gezeigt werden wird) das Trägheitsmoment außerordentlich klein im Vergleich mit anderen Molekeln. Infolgedessen ist, wie Gl. 1 erkennen läßt, der Abstand zweier benachbarter Linien innerhalb einer Bande verhältnismäßig groß, so daß das Molekularspektrum des Wasserstoffs nicht das sonst gewohnte Aussehen eines Bandenspektrums hat, sondern als „Viellinienspektrum" erscheint, das sich von dem Ultrarot bis zu dem kurzwelligen Ultraviolett erstreckt.

§ 57. Ortho- und Paramolekeln.

Eine Eigentümlichkeit der von Grundstoffen herrührenden Bandenspektren ist ein Intensitätswechsel der Linien. Bei Molekeln, die aus zwei gleichen Atomen bestehen, fällt in den Banden entweder jede zweite Linie völlig aus, oder aber sind die Linien abwechselnd stark und schwach. Heisenberg[1] vermochte diesen Intensitätswechsel vom quantenmechanischen Standpunkte aus zu deuten, wobei er an seine Theorie des Heliumbogenspektrums anknüpfen konnte. Die Eigentümlichkeiten dieses Atomspektrums hatte ja Heisenberg (s. § 23) derart erklärt, daß die Eigenfunktionen bei dem Zwei-Elektronen-Problem in zwei Gruppen zerfallen, von denen hinsichtlich einer Vertauschung der Elektronen die eine Gruppe symmetrisch und die andere antisymmetrisch ist und daß daher auch zwei Termsysteme auftreten, zwischen denen Übergänge im allgemeinen verboten sind. Mit dem Zwei-Elektronen-Problem des neutralen Heliumatoms erweist sich nun in vieler Hinsicht das Zwei-Kerne-Problem einer Grundstoffmolekel verwandt.

Stellt man sich nämlich eine solche Molekel als eine rotierende Hantel vor, so ergeben die Rechnungen (auf die hier nicht näher eingegangen werden kann) für die Eigenfunktionen die einfache Form

$$\psi_n = \sin(n\,\varphi) \quad , \tag{1}$$

wobei φ den Drehwinkel und n die Rotationsquantenzahl bedeutet. Eine Veränderung der Variabeln φ um π bedeutet nun eine Drehung der Hantel um 180°, also eine Vertauschung der beiden Atomkerne. Bei einer solchen Vertauschung bleibt gemäß Gl. 1 der Wert der Eigen-

[1] W. Heisenberg, Zeitschr. f. Phys. *41*, 1927, S. 239.

funktion jedenfalls ungeändert oder kehrt sich um, je nachdem ob die Rotationsquantenzahl gerade oder ungerade ist. Einer geradzahligen Rotation entsprechen also symmetrische, einer ungeradzahligen antisymmetrische Eigenfunktionen. Dementsprechend ergeben sich zwei Moditikationen, die man nach Analogie des Heliumatoms als Para- und Orthomodifikation unterscheiden kann, wobei (ähnlich wie bei dem Helium) die Paramolekeln durch symmetrische Eigenfunktionen, also gerade Rotationsquantenzahl charakterisiert sind, die Orthomolekeln hingegen durch antisymmetrische Eigenfunktionen und somit durch ungerade n-Werte.

Eine ähnliche Rolle wie der Elektronenspin für das Heliumatom spielt nun der Kernspin für die Grundstoffmolekeln. Auf ihn ist die Möglichkeit des Auftretens der Paramodifikation und der Übergänge zwischen den beiden Modifikationen zurückzuführen. Fehlt ein Kernspin, so fehlen auch die mit geraden Quantenzahlen rotierenden Paramolekeln, und die Folge ist das Ausfallen jeder zweiten Linie in den Banden. Ist ein Kernspin vorhanden, so treten wohl Molekeln beider Art auf, aber mit verschiedener Häufigkeit. Dies erklärt sich daraus, daß (ähnlich wie bei dem Helium) in den Orthomolekeln die Kernspinvektoren parallel, in den Paramolekeln hingegen (wegen der Symmetrie der Eigenfunktionen) zufolge dem PAULIschen Prinzip antiparallel sind. Es kommt also auch den Orthomolekeln gegenüber den Paramolekeln ein „Triplett-Charakter" zu, was dahin zu deuten ist, daß im allgemeinen die Orthomolekeln dreimal so häufig wie die Paramolekeln sind. Die Folge hiervon ist eben der schon erwähnte Intensitätswechsel der Banden.

In der Tat vermochten auf Grund einer theoretischen Vorhersage von DENNISON[2] im Jahre 1928 MAC LENNAN und MAC LEOD[3] auf spektroskopischem Wege (nämlich durch Untersuchung des später zu besprechenden RAMAN-Effektes) den experimentellen Nachweis zu erbringen, daß sich bei sehr tiefen Temperaturen der Wasserstoff wie eine Mischung von zwei Molekelarten verhält, deren eine die Rotationsquantenzahl Null und deren andere die Rotationsquantenzahl Eins besitzt.

Die praktische Reindarstellung von Parawasserstoff ist in der Tat im Jahre 1929 auf Grund der Verschiedenheit der Rotationswärmen der beiden Wasserstoffarten gelungen. Nach Gl. 5 des § 55 ist nämlich die Rotationsenergie einer einzelnen Molekel

$$\varepsilon = n(n+1)\frac{h^2}{8\pi^2 J}, \tag{2}$$

wobei n die stets ganze Rotationsquantenzahl und J das molekulare Trägheitsmoment bedeuten, das im Falle der Wasserstoffmolekel zu $4{,}67 \cdot 10^{-41}$ g cm² anzunehmen ist[4]. Durch statistische Betrachtungen, auf

[2] P. M. DENNISON, Proc. Roy. Soc. London (A) *115*, 1927, S. 483.

[3] J. C. MAC LENNAN und H. J. MAC LEOD, Trans. Roy. Soc. Canada Sect. III, *22*, 1928, S. 413; Nature *123*, 1929, S. 160.

[4] Nach T. HORI, Zeitschr. f. Phys. *44*, 1927, S. 834.

die hier nicht näher eingegangen werden kann[5], findet man für die auf ein Mol bezogene Rotationswärme (als den Differentialquotienten der Energie nach der Temperatur T)

$$C = R\,x^2 \frac{d^2 (\ln Q)}{d\,x^2} \,. \tag{3}$$

Hierin bedeutet R die absolute Gaskonstante[6], ferner ist zur Abkürzung gesetzt

$$x = \frac{L}{R\,T}\,, \tag{4}$$

wobei L die Loschmidtsche Zahl ist, und schließlich ist

$$Q = \sum_n (2n+1)\,e^{-n(n+1)\tau} \quad \left(\tau = \frac{h^2}{8\pi^2 J}\,x\right). \tag{5}$$

Da nun dem Parawasserstoff gerade, hingegen dem Orthowasserstoff ungerade Rotationsquantenzahlen zukommen, ist in Gl. 5 einzusetzen für

$$\begin{cases} \text{Parawasserstoff } n = 0,\ 2,\ 4\ \ldots. \\ \text{Orthowasserstoff } n = 1,\ 3,\ 5\ \ldots. \end{cases} \tag{6}$$

Wir finden somit, wenn wir die beiden Wasserstoffarten durch die Indizes p und o unterscheiden:

$$Q_p = 1 + 5\,e^{-6\tau} + 9\,e^{-20\tau} + \ldots; \tag{7}$$

hingegen

$$Q_o = 3\,e^{-2\tau} + 7\,e^{-12\tau} + 11\,e^{-30\tau} + \ldots. \tag{8}$$

Den verschiedenen Q-Werten entsprechen nach Gl. 3 auch verschiedene Werte der Rotationswärme. Fig. 74 zeigt den auf Grund der Gl. 3 unter Benutzung der Gl. 7 und 8 zuerst von Dennison[7] errechneten Temperaturverlauf der Rotationswärme für die beiden Wasserstoffarten. Mit wachsender Temperatur nähern sich, wie Fig. 74 erkennen läßt, beide Kurven dem klassischen Werte von R oder 1,98 cal. Während aber die Kurve des Orthowasserstoffs zu diesem Werte ständig ansteigt, erreicht die Kurve des Parawasserstoffs bei ungefähr -100^0C ein Maximum, das den klassischen Wert um die Hälfte überragt. Bei allmählicher Abkühlung muß also merkwürdigerweise die spezifische Wärme des Parawasserstoffs zunächst ansteigen. Natürlich läßt sich nun auch ohne weiteres der Temperaturverlauf für beliebige Mischungen von Ortho- und Parawasserstoff berechnen, und da, wie schon erwähnt, den Orthomolekeln an sich eine dreimal so große Häufigkeit wie den Paramolekeln zukommt, so ist natürlich diejenige Kurve besonders wichtig, die einem

[5] Vgl. des Verf. Einführung in die theoret. Physik, 5. u. 6. Aufl., Bd. II, § 192.
[6] Die Gaskonstante ist 1,98 cal.
[7] Vgl. Anm. 2.

25%igen Anteil des Parawasserstoffs entspricht. Wie zuerst DENNISON gezeigt hat (vgl. Fig. 74), schmiegt sich in der Tat diese Kurve in ausgezeichneter Weise an die schon früher für den gewöhnlichen Wasserstoff empirisch ermittelten Werte an.

Die Gl. 7 und 8 lassen nun aber auch erkennen, daß das Mischungsverhältnis von 1 : 3 bei sehr tiefen Temperaturen nicht mehr dem Gleichgewichte entsprechen kann. Denn für extrem tiefe Temperaturen wird τ nach Gl. 5 sehr groß, so daß sich Q_p dem Werte Eins und Q_o dem Werte Null nähert. Bei äußerst tiefen Temperaturen müßte also im Falle des

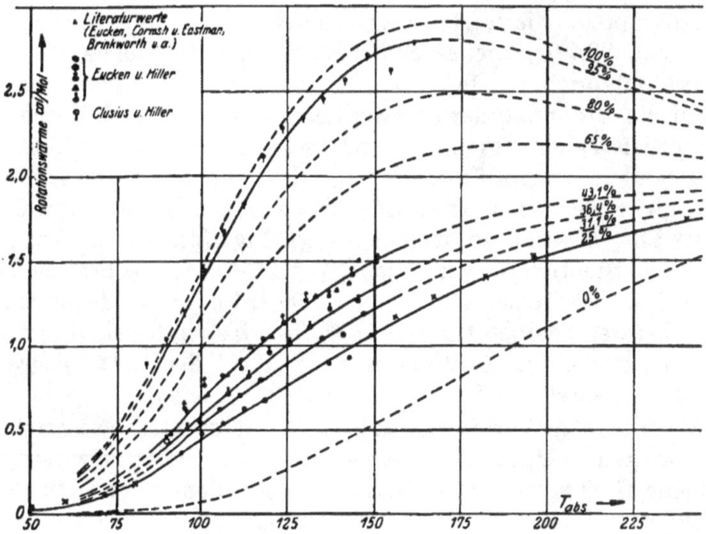

Fig. 74. **Temperaturverlauf der Rotationswärme des Wasserstoffs bei verschiedenem Anteil des Parawasserstoffs. Nach A. EUCKEN; aus Zeitschr. f. physikal. Chem. (Akad. Verlagsges., Leipzig), Abt. B, *3*, 1929, S. 154.**

Gleichgewichtes Wasserstoff nahezu nur mehr aus Paramolekeln bestehen. Für jede beliebige Temperatur ist nun das Mischungsverhältnis (Paraprozente zu Orthoprozenten) durch den Ausdruck $Q_p/3Q_o$ gegeben, wobei für Q_p und Q_o die Werte aus den Gl. 7 und 8 einzusetzen sind. Derart findet man, daß zwar bei 170,0° abs. der Anteil des Parawasserstoffs nur 25,3% beträgt; bei 85,0° abs. beträgt der Anteil aber bereits 48,0%, bei 42,5° beträgt er 85,8% und bei 21,2° (der Temperatur des flüssigen Wasserstoffs) bereits 99,7%.

Wenn also die Messungen der spezifischen Wärme bei tiefen Temperaturen diejenigen Werte ergaben, die einem Mischungsverhältnis von 1 : 3 entsprechen, so muß daraus gefolgert werden, daß während der Messungen weder statistisches Gleichgewicht herrschte noch auch eine merkliche Tendenz zu seiner Einstellung bestand. In der Tat gilt ja, wie schon früher dargelegt wurde, für Übergänge zwischen Ortho- und Parazuständen ein wellenmechanisches Verbot, das nur durch den Spin gemildert wird. Wie die genauen Berechnungen zeigen, würde bei sehr tiefen Temperaturen eine merkliche Verschiebung des Paraanteils Jahre erfordern.

BONHOEFFER und HARTECK[8] gelang es aber nun, die Einstellung des Gleichgewichtes bei tiefen Temperaturen durch Anwendung sehr hohen Druckes zu beschleunigen, und ganz besonders leicht gelang dies durch Verwendung von Holzkohle als Katalysator. BONHOEFFER und HARTECK ließen bei der Temperatur des flüssigen Wasserstoffs (21° abs.) gasförmigen Wasserstoff durch Holzkohle adsorbieren und später wieder verdampfen. Sie fanden bereits nach 20 Minuten einen Parawasserstoffanteil von 99,7%, wie es dem statistischen Gleichgewicht bei dieser Temperatur entspricht[9]. Die Anreicherung des Parawasserstoffs wird sowohl durch die Erhöhung der spezifischen Wärme als auch durch diejenige der Wärmeleitfähigkeit erkennbar und meßbar. So ist es schließlich auch CLUSIUS und HILLER[10] gelungen, den Temperaturverlauf der Rotationswärme des reinen Parawasserstoffs von etwa 80° abs. bis zu 161° abs. messend zu verfolgen (vgl. Fig. 74). Sie fanden genau so, wie es die Quantentheorie voraussagt, bei 115° abs. die beginnende Überschreitung des klassischen Wertes von 1,98 cal und von da an ein stetiges Ansteigen; bei der Temperatur von 161° abs., bis zu der sie ihre Messungen fortzusetzen vermochten, stellten sie einen Wert der Rotationswärme von 2,79 cal experimentell fest[11].

Im Gegensatz zu Parawasserstoff erscheint bei Orthowasserstoff durch die Theorie keine Möglichkeit einer Reindarstellung gewiesen, da die Theorie keine Gleichgewichtszustände kennt, in denen der Orthogehalt den Normalgehalt von 75% überschreiten würde.

Der vorhin erwähnte Ausfall aller zweiten Linien in den Banden eines Molekularspektrums hat im übrigen Gleichheit der beiden Atomkerne zur Voraussetzung. Aus geringen Anomalien, die in atmosphärischen Absorptionsbanden des Sauerstoffs entdeckt wurden, vermochten daher im Jahre 1929 GIAUQUE und JOHNSTON[12] den Schluß zu ziehen, daß nicht alle Sauerstoffkerne, wie man bis dahin gedacht hatte, identisch sein können. Wie die nähere Analyse des Sauerstoffbandenspektrums zeigte, müssen Sauerstoff-Isotope von den Atomgewichten 17 und 18 vorhanden sein, wobei unter 10 000 Sauerstoff-

---

[8] K. F. BONHOEFFER und P. HARTECK, Zeitschr. f. physik. Chem. (B) *3*, 1929, S. 113.

[9] Die Erreichung des Gleichgewichtes erschien auch dadurch erwiesen, daß eine Messung nach weiteren zwei Stunden wiederum denselben Wert von 99,7% ergab.

[10] K. CLUSIUS und K. HILLER, Zeitschr. f. physik. Chem. (B) *3*, 1929, S. 158.

[11] CLUSIUS und HILLER zeigten auch, daß der Dampfdruck des Parawasserstoffs höher als derjenige des gewöhnlichen Wasserstoffs ist (bei 20° abs. 787 mm gegenüber 760) und ferner, daß der Schmelzpunkt erniedrigt ist.

[12] F. W. GIAUQUE und H. L. JOHNSTON, Nature *123*, 1929, S. 123.

molekeln die Verbindung $O^{16}—O^{18}$ etwa achtmal und die Verbindung $O^{16}—O^{17}$ etwa einmal vorkommt. In ähnlicher Weise konnten, wie schon erwähnt, KING und BIRGE[13] ein Kohlenstoff-Isotop 13 und NAUDÉ[14] ein Stickstoffisotop 15 entdecken.

§ 58. Kernabstand und Dissoziationsenergie.

Aus den Bandenspektren einer zweiatomigen Molekel lassen sich zwei Größen ermitteln, die vor allem für den Aufbau der Molekel maßgebend sind, nämlich der Kernabstand und die Dissoziationsenergie. Zunächst kann nämlich aus der Struktur der Banden (nach Gl. 1 des § 56) leicht das molekulare Trägheitsmoment berechnet werden, und für dieses gilt (nach Gl. 3 des § 55) die Beziehung

$$J = \mu r^2 , \tag{1}$$

wenn r der wechselseitige Abstand der beiden Atomkerne ist und μ die sogenannte reduzierte Masse, nämlich

$$\mu = \frac{m_1 m_2}{m_1 + m_2} . \tag{2}$$

Infolgedessen ist bei bekannter chemischer Formel mit dem Trägheitsmoment auch der Kernabstand gegeben.

Das kleinste Trägheitsmoment wurde bei der Wasserstoffmolekel (H_2) festgestellt, nämlich im Grundzustande $4{,}67 \cdot 10^{-41}$ absolute Einheiten (vgl. § 57). Besonders groß ist das Trägheitsmoment bei der Jodmolekel, bei der zwei ungefähr 1500 und 2500mal so große Werte gefunden wurden. Daß ganz allgemein die Hydride (Wasserstoffverbindungen) ein besonders kleines Trägheitsmoment haben müssen, geht aus der Formel für die reduzierte Masse hervor; diese ist (in Atomgewichten gemessen) bei Hydriden stets kleiner als Eins, während sie sich bei Nitriden (Stickstoffverbindungen) nicht viel kleiner als 14 und bei Oxyden nicht viel kleiner als 16 (gemäß Gl. 2) ergibt.

Der kleinste Wert des Kernabstandes wurde ebenfalls bei der Wasserstoffmolekel festgestellt, nämlich im Grundzustand 0,75 Å; einem zweiten Werte des Trägheitsmomentes entspricht bei H_2 ein Kernabstand von 1,06 Å. Zum Vergleich sei daran erinnert, daß sich in der BOHRschen Theorie der Elektronenbahnradius im Grundzustand des Wasserstoffatoms zu 0,53 Å ergibt.

Für chemisch verwandte Verbindungen besteht, wie MECKE[1] zeigte, ein enger Zusammenhang zwischen Kernabstand und chemischer Periodizität. Besonders deutlich tritt dies in Fig. 75 zutage, die nach

[13] A. S. KING und R. T. BIRGE, Phys. Rev. *35*, 1930, S. 133.
[14] M. NAUDÉ, Phys. Rev. *34*, 1929, S. 498.
[1] R. MECKE, Zeitschr. f. Phys. *42*, 1927, S. 390.

Mecke für die Hydride den Kernabstand (in Å) als Funktion der Ordnungszahl des mit dem Wasserstoff verbundenen Grundstoffs darstellt. Die Figur zeigt deutlich Diskontinuitäten bei dem Übergang von einer zu der nächsten Periode und einen monotonen Kurvenabfall innerhalb der einzelnen Perioden. Offenbar ist der Anstieg bei dem Beginn einer neuen Periode auf das Hinzukommen einer weiteren Elektronengruppe und die dadurch bewirkte Vermehrung des Atomvolumens zurückzuführen, hingegen der Kurvenabfall auf die Zunahme der Kernladung und die dadurch bedingte Zusammenziehung des atomaren Planetensystems. Bei den Nitriden, Oxyden und Elementmolekeln[2] zeigen sich in der entsprechenden graphischen Darstellung ebenfalls scharfe Diskontinuitäten an der Stelle der Edelgase, doch fallen innerhalb der Perioden die Kurven nicht monoton ab, sondern sie weisen ein Minimum in der Mitte der Periode auf.

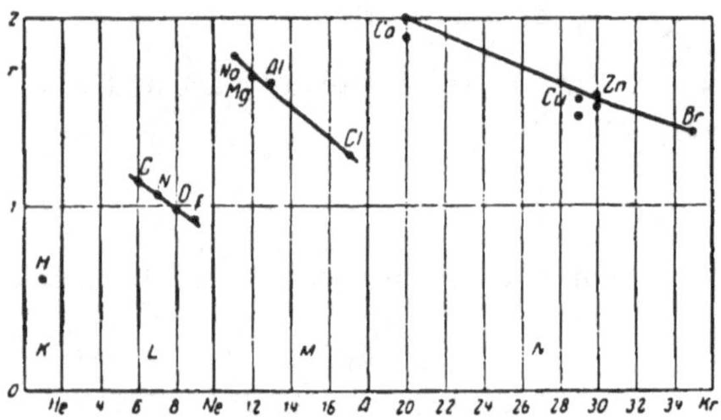

Fig. 75. Kernabstände der Hydride (nach Mecke).

Auch die Kernschwingungsfrequenzen offenbaren bei verwandten Verbindungen deutlich den Zusammenhang mit der chemischen Periodizität. Die Kernfrequenzen sind besonders groß bei den Hydriden, und zwar auch bei den Wasserstoffverbindungen hoher Grundstoffe. Verhältnismäßig kleine Kernfrequenzen treten bei den zweiatomigen Molekeln von Jod, Kalium und Natrium[3] auf. Im allgemeinen entsprechen die Kernschwingungsfrequenzen ultraroten Wellenlängen von einer Größenordnung zwischen 10^{-4} und 10^{-2} cm. Auf Grund der besprochenen Zusammenhänge kann man für jede Molekel Kernschwingungsfrequenz und Kernabstand ungefähr vorhersagen und daher umgekehrt aus den empirischen Daten eines beobachteten Bandenspektrums auf dessen Träger schließen, wofern dieser nicht von vornherein bekannt ist.

In vielen Bandenspektren konnten Konvergenzen von Bandkanten festgestellt werden, die in langen Reihen in der Richtung abnehmender Wellenlänge immer mehr zusammenrücken und schließlich in ein kontinuierliches Absorptionsspektrum übergehen. In solchen Fällen, wo die Konvergenzstelle nicht direkt beobachtet werden kann, kann ihre Lage durch Extrapolation aus den Wellenlängen der beobachtbaren Glieder der Serie ermittelt werden. Da in den Atomspektren eine Kon-

[2] Unter Elementmolekeln verstehen wir solche Molekeln, die aus zwei gleichen Atomen zusammengesetzt sind.

[3] In der Regel sind indessen die Dämpfe von Alkalimetallen einatomig.

vergenzstelle die Ionisierungsenergie repräsentiert, so nahm in naheliegender Weise FRANCK[4] an, daß eine Konvergenzstelle in einem Bandenspektrum die Dissoziationsenergie der Molekel darstellt. Es ergibt sich somit die Möglichkeit einer optischen Bestimmung der sonst auf Grund thermochemischer Beobachtungen ermittelten Dissoziationswärme[5]. Bei einer solchen Berechnung muß allerdings darauf Rücksicht genommen werden, ob die Atome, in die die Molekel zerfällt, normale oder angeregte oder ionisierte sind. In den beiden letzteren Fällen sind die entsprechenden Energiewerte noch in Abzug zu bringen.

Bei den Grundstoffmolekeln von Jod, Brom und Chlor zeigt es sich beispielsweise, daß von den beiden durch den Zerfall gelieferten Atomen eines normal ist, während das andere dem metastabilen $^2P_2$-Zustand entspricht. Der Energieüberschuß, den dieser Zustand gegenüber dem Grundzustand ($^2P_1$) aufweist, ist also von der berechneten Dissoziationsenergie zu subtrahieren. Tabelle XXVI veranschaulicht im Anschlusse an KUHN[6] die optische Berechnung der Dissoziationswärme der drei erwähnten Halogene[7] und zeigt zugleich die gute Übereinstimmung zwischen den berechneten und den durch anderweitige Beobachtung ermittelten Werten.

Tabelle XXVI.

Die spektroskopische Bestimmung der Dissoziationswärmen von Jod, Brom und Chlor.

	Jod	Brom	Chlor
Wellenlänge der Konvergenzstelle in Å	4995	5107	4785
Äquivalente Spannung in Volt	2,469	2,415	2,577
Hiervon in Abzug zu bringendes Äquivalent	0,937	0,454	0,109
Dissoziationsspannung in Volt	1,532	1,961	2,468
Daher Dissoziationswärme (berechnet) in Kcal	35,2	45,2	56,5
Dissoziationswärme (beobachtet) in Kcal	34,5	46,2	57

Als weitere Beispiele für die optische Bestimmung der Dissoziationswärme seien noch angeführt: H_2 mit 100 Kilokalorien berechnet, gegenüber 97 beobachtet; N_2 mit 274 (bzw. 263) und O_2 mit 162 (bzw. 150).

Die Dissoziation einer Molekel kann außer durch Steigerung der Kernschwingungen auch durch Vermehrung der Rotationsgeschwindigkeit der Molekel herbeigeführt werden, indem bei dem Erreichen eines kritischen Geschwindigkeitswertes die dann überwiegende Zentrifugalkraft die

[4] J. FRANCK, Zeitschr. f. physik. Chem. *120*, 1926, S. 144.

[5] Vgl. den zusammenfassenden Bericht von H. SPONER in den Ergebnissen der exakten Naturwissenschaften, Band VI, Berlin (Springer) 1927.

[6] H. KUHN, Zeitschr. f. Phys. *39*, 1926, S. 77.

[7] Die Umrechnung erfolgt gemäß Gl. 3 des § 7 und unter Benutzung der LOSCHMIDTschen Zahl. 1 Volt ist äquivalent 23,07 Kilogramm-Kalorien (Kcal).

Molekel auseinanderreißt. Spektroskopisch kommt diese Zerfallsmöglichkeit derart zum Ausdruck, daß in den Banden von einem bestimmten Werte der Rotationsquantenzahl an die Linien plötzlich schwach und unscharf werden und bald ganz verschwinden; diese Erscheinung wird als Prädissoziation durch Rotation[8] bezeichnet. So konnte LUDLOFF[9] feststellen, daß bei Quecksilberhydrid die Serie mit $m = 31$, bei Aluminiumhydrid mit $m = 23$ und bei Calciumhydrid mit $m = 11$ abbricht[10].

Ebenso wie die Ionisierung eines Atoms, so kann auch die Dissoziation einer Molekel sowohl durch Zusammenstöße mit anderen Molekeln als auch durch Absorption eines Lichtquants, also auf photochemischem Wege, bewerkstelligt werden. Unter Umständen kann die Dissoziation auch durch Licht von solchen Wellenlängen hervorgerufen werden, die von der reagierenden Molekel nicht absorbiert werden, wofern nur ein beigemischter Sensibilisator das Licht zu absorbieren vermag. Dieser überträgt durch molekulare Zusammenstöße die aufgenommene überschüssige Energie an die sodann reagierende Molekel des betreffenden Stoffes. Besonders deutlich zeigt dies ein Versuch von FRANCK und CARIO, bei dem Quecksilberdampf als Sensibilisator für die Dissoziation von Wasserstoff diente[11]. Zur Zerlegung einer Wasserstoffmolekel in ihre beiden Atome ist eine Dissoziationsspannung von 4,2 Volt notwendig; dies ergibt eine Wellenlänge von ungefähr 3000 Å. Andererseits kann aber ein nicht angeregtes Wasserstoffatom keine längerwellige Strahlung absorbieren als die seiner Resonanzlinie, die (als erste Linie der LYMAN-Serie) bei 1216 Å, also weit im Ultravioletten liegt. FRANCK und CARIO setzten nun dem Wasserstoffgas Quecksilberdampf zu und ließen bei genügend tiefer Temperatur auf das Gemisch die von einer Quarzquecksilberlampe emittierten Strahlen von 2537 Å einwirken. Obwohl diese Strahlen von dem Wasserstoff nach dem früher Gesagten nicht absorbiert werden konnten, trat dennoch eine Dissoziation des Wasserstoffs ein; sie offenbarte sich deutlich durch eine Reduktion von Metalloxyden, die bei der benutzten Temperatur erfahrungsgemäß nur durch atomaren, nicht aber durch zweiatomigen Wasserstoff herbeigeführt wird.

§ 59. Die chemischen Bindungen.

Da aus den Bandenspektren die Stufen der molekularen Schwingungsenergie abgelesen werden können und zu jeder Energiestufe wieder (auf

---

[8] Über das allgemeine Phänomen der durch HENRI 1925 entdeckten Prädissoziation, die ein molekulares Analogon zu dem später (§ 65) zu besprechenden AUGER-Effekt darstellt, vgl. den zusammenfassenden Bericht von G. HERZBERG in Ergebn. d. exakt. Naturwiss. *10*, 1931.

[9] H. LUDLOFF, Zeitschr. f. Phys. *39*, 1926, S. 528.

[10] Die kritische Zahl m genügt der Bedingung, daß für sie der zweite Differentialquotient des die Energie darstellenden Ausdruckes nach m verschwindet.

[11] G. CARIO und J. FRANCK, Zeitschr. f. Phys. *11*, 1922, S. 161.

dem Wege über das Trägheitsmoment) der zugehörige Kernabstand ermittelt werden kann, so ist es möglich gewesen, die potentielle Energie der molekularen Bindung in ihrer Abhängigkeit von der Kerndistanz darzustellen. Der Minimalwert der potentiellen Energie bedeutet die Dissoziationsenergie, welche somit auch auf diesem Wege indirekt bei bekanntem Potentialverlauf ermittelt werden kann; die zugehörige Abszisse stellt die Kerndistanz des Grundzustandes dar. Das Auftreten eines Minimums erklärt sich dadurch, daß die Atome selbst aus positiv elektrischen Kernen und negativ elektrischen Elektronenhüllen zusammengesetzt sind und daher die den negativen Energiewerten entsprechende Anziehung bei besonders kleiner Kerndistanz in Abstoßung (also positiven Energiewert) übergehen muß, während andererseits für unendlichen Kernabstand die Wechselwirkungsenergie Null wird.

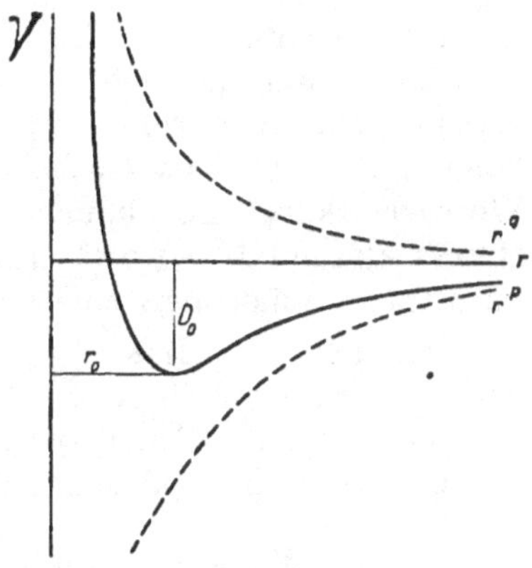

Fig. 76. Potentialverlauf der molekularen Bindung.

Das Potential rührt nun einerseits von anziehenden, andererseits von abstoßenden Kräften zwischen den Atomteilen her; es kann der eine oder der andere Teil überwiegen. Durch Zusammenfassen der Kräfte kann man somit das Potential additiv in zwei Teile zerlegen, deren einer, stets negativer, nur in den anziehenden, deren anderer, stets positiver, nur in den abstoßenden Kräften seinen Ursprung hat. In erster Näherung kann man ferner von jedem der beiden Teile voraussetzen, daß er mit einer Potenz der Entfernung abnehme; man kann also setzen

$$V = -e^2 (C_1 r^{-p} - C_2 r^{-q}) , \tag{1}$$

wobei sich der Exponent p auf das Potential der anziehenden, hingegen der Exponent q auf das Potential der abstoßenden Kräfte bezieht und C_1 und C_2 zwei Konstanten sind. Auf Grund dieser Annahmen läßt sich in der Tat der wirkliche Potentialverlauf angenähert wiedergeben (Fig. 76). Bei den Hydriden ergibt sich p gleich eins, und q etwa gleich drei bis vier. Bei den Oxyden findet man p gleich drei bis vier und q gleich sechs bis neun. Bei den Grundstoffmolekeln sind die Exponenten noch größer[1].

Seit der Begründung der Elektronentheorie lag nun der Gedanke nahe, daß alle chemischen Vorgänge auf elektrische Kräfte zurückzuführen seien, und auf diese Vorstellung gründete in der Tat im Jahre 1916 KOSSEL[2]

[1] Vgl. R. MECKE, Zeitschr. f. Phys. *42*, 1927, S. 390.
[2] W. KOSSEL, Ann. d. Phys. *49*, 1916, S. 229.

eine elektrostatische Theorie der Valenz, wobei er übrigens teilweise an viel ältere Anschauungen anknüpfen konnte, die schon im Jahre 1812 von BERZELIUS entwickelt worden waren. Verhältnismäßig einfach ergab sich in der KOSSELschen Theorie der Gedanke, die Molekeln als eine Verbindung von entgegengesetzt geladenen Ionen aufzufassen, also von Atomen, die entweder eigene Elektronen abgegeben oder fremde, überzählige aufgenommen und dadurch ihre Neutralität verloren haben. Neben solchen „heteropolaren" Bindungen zwischen je einem positiven und je einem negativen Ion mußten aber jedenfalls auch solche zwischen neutralen Atomen, also sogenannte homöopolare Bindungen angenommen werden; dies war schon notwendig, um die Existenz der zweiatomigen Grundstoffmolekeln erklären zu können.

Aus den durch die Bandenspektren gelieferten empirischen Daten geht aber nun deutlich hervor, daß die Annahme elektrostatischer Kräfte zur Erklärung der chemischen Bindungen nicht ausreichen kann. Zu den COULOMBschen Kräften muß also jedenfalls noch eine weitere Wechselwirkung hinzukommen, und diese entspringt, wie im Jahre 1927 HEITLER und LONDON[3] erkannten, der quantenmechanischen Resonanz zwischen den eine chemische Bindung eingehenden Atomen.

HEITLER und LONDON gingen von der Untersuchung der Wechselwirkung zwischen zwei neutralen Wasserstoffatomen aus. Sie benutzten dabei die SCHRÖDINGERsche Gleichung für mehrere Teilchen (Gl. 27 des § 12), und setzten die potentielle Energie

$$V = e^2\left(\frac{1}{r_{ab}} + \frac{1}{r_{12}} - \frac{1}{r_{a1}} - \frac{1}{r_{a2}} - \frac{1}{r_{b1}} - \frac{1}{r_{b2}}\right); \tag{2}$$

dabei beziehen sich die Indizes a und b auf die beiden Kerne und die Indizes 1 und 2 auf die beiden Elektronen.

Indem nun HEITLER und LONDON die bekannten Lösungen des Wasserstoffatomproblems benutzten, konnten sie durch Approximation die Wechselwirkungsenergie der beiden neutralen Wasserstoffatome berechnen. Sie gelangten zu dem zunächst überraschenden Ergebnis, daß zwei neutrale Wasserstoffatome auf zwei ganz verschiedene Weisen aufeinander wirken können. Denn die SCHRÖDINGERsche Gleichung liefert in ihrer Anwendung auf ein System zweier neutraler Wasserstoffatome zwei Lösungen, eine symmetrische und eine antisymmetrische. Dem zweiten Falle entsprechen solche Funktionen der Elektronenkoordinaten, die bei einer Vertauschung der beiden Elektronen das Vorzeichen ändern, während im ersten Fall ein solcher Vorzeichenwechsel bei einer Vertauschung unterbleibt.

Die symmetrische Lösung ergibt nun für die Wechselwirkungsenergie bei mittleren Abständen negative Werte, also Anziehung, die

[3] W. HEITLER und F. LONDON, Zeitschr. f. Phys. *44*, 1927, S. 455.

mit zunehmender Entfernung immer schwächer wird, hingegen bei geringem Abstand in Abstoßung übergeht. Die antisymmetrische Lösung liefert für die Wechselwirkungsenergie nur positive Werte, bedeutet also beständige Abstoßung, so daß bei starker Annäherung der beiden Atome elastische Reflexion eintreten muß. Die symmetrische Lösung, in der HEITLER und LONDON mit Recht die Erklärung der homöopolaren Bindung erblickten, gibt auch mit der Erfahrung in befriedigender Weise übereinstimmende Werte der Dissoziationsenergie und des Kernabstandes. So fand WANG[4], der die Approximationen der HEITLER-LONDONschen Rechnungen weiterführte, 3,8 Volt und 0,74 Å, während die tatsächlich beobachteten Werte 4,2 Volt und 0,75 Å betragen.

Ähnliche Rechnungen wie für zwei neutrale Wasserstoffatome stellten HEITLER und LONDON auch für zwei im Grundzustand befindliche neutrale Heliumatome an. Sie fanden hierbei nur die antisymmetrische Lösung möglich, während sich die symmetrische Lösung als durch das PAULIsche Prinzip verboten erweist. Dieses Prinzip verhindert somit eine homöopolare Bindung zwischen zwei im Grundzustand befindlichen Heliumatomen[5].

Ganz allgemein lehrt nun das PAULIsche Prinzip, daß es in einem Atom zwei, aber auch nie mehr als zwei Elektronen geben könne, die hinsichtlich der Umlaufsbewegung[6] untereinander übereinstimmen, d. h. für die die Haupt- und die Nebenquantenzahl sowie die Orientierung der Bahnebene in einem starken Magnetfeld gleich sind[7]. Wenn wir zwei derart übereinstimmende Elektronen als ein Elektronenpaar ansehen, so enthalten somit im allgemeinen die Planetensysteme der Atome Elektronenpaare, daneben unter Umständen aber auch unpaarige Elektronen (denen sozusagen der andere Zwilling fehlt).

Wie nun LONDON[8] im Jahre 1928 erkannte, kann man ganz allgemein die homöopolare Bindung als Paarung zweier miteinander übereinstimmender Elektronen ansehen, die als unpaarige Elektronen verschiedenen Atomen angehören. Die chemische Valenz eines Atoms erscheint somit durch die Zahl seiner unpaarigen Elektronen bestimmt, womit es natürlich zusammenhängt, daß die Elemente der zweiten, vierten

[4] S. C. WANG, Phys. Rev. *31*, 1928, S. 579.

[5] Nur zwischen angeregten Heliumatomen erscheint eine Bindung möglich; vgl. § 33.

[6] Statt von Umlaufsbewegung kann man auch von Schwerpunktsbewegung sprechen, im Gegensatz zu der Eigenrotation.

[7] Im Sinne der Bezeichnungen des § 19 ist also Übereinstimmung in den Werten von n, l und m (l) gemeint. Der Begriff übereinstimmender Elektronen ist hier enger als der Begriff äquivalenter Elektronen in früheren Abschnitten. Für äquivalente Elektronen müssen nur n und l, für übereinstimmende aber alle drei Quantenzahlen identisch sein, die sich auf die Umlaufsbewegung beziehen.

[8] F. LONDON, Zeitschr. f. Phys. *46*, 1928, S. 455 und *50*, 1928, S. 24.

sechsten und achten Vertikalreihe des periodischen Systems gerade Valenzen haben, die anderen Grundstoffe aber ungerade Valenzen.

Die größtmögliche Zahl untereinander verschiedener Umlaufsbewegungen ist nun für eine n-quantige Elektronengruppe (wie schon in § 19 gezeigt wurde) n^2 (nämlich halb so groß wie die volle Besetzungszahl); also eins für die einquantige Gruppe, vier für die zweiquantige, neun für die dreiquantige und so fort. Andererseits enthält aber die höchstquantige, „äußere" Elektronengruppe bei allen Atomen, wie schon wiederholt dargelegt wurde, ein bis acht Elektronen. Die äußere Gruppe ist in der zweiten Periode des Grundstoffsystems zweiquantig, in der dritten dreiquantig und so fort. Es können somit von der dritten Periode an sämtliche äußeren Elektronen unpaarig sein. Anders ist es jedoch in der zweiten Periode. Für die äußeren Elektronen bestehen hier nach dem vorhin Gesagten nur vier untereinander verschiedene Umlaufsmöglichkeiten, und daher kann von sieben äußeren Elektronen nur eines unpaarig sein, und von sechs äußeren Elektronen können es nur zwei sein.

In Übereinstimmung mit der chemischen Erfahrung führt so die Theorie von London zu der Folgerung, daß die Halogene ein-, drei-, fünf- und siebenwertig seien, mit alleiniger Ausnahme des der zweiten Periode angehörigen Fluors, das sich in der Londonschen Theorie als nur einwertig ergibt und auch in der Tat nie eine andere Valenz aufweist. Ebenso ergibt sich aus der Londonschen Theorie, daß die Grundstoffe der sechsten Vertikalreihe zwei-, vier- und sechswertig seien, mit Ausnahme des Sauerstoffs, der nur zweiwertig auftreten könnte und auch tatsächlich nie anders gefunden wird.

Die Valenzen eines Atoms werden durch das Eingehen einer molekularen Bindung ganz oder teilweise abgesättigt; aber es kann natürlich vorkommen, daß auch eine Molekel in ihrer Gesamtheit noch ungepaarte Elektronen enthält, in welchem Falle die ungesättigte Molekel als ein sogenanntes Radikal auftritt. Keinesfalls kann aber ein bereits gepaartes Elektron überdies noch mit einem dritten eine Bindung eingehen; ein Elektron, das mit einem übereinstimmenden eines anderen Atoms gepaart ist, scheidet für jede weitere Valenzbetätigung aus.

Die Londonsche Theorie der chemischen Bindungen führt ohne weiteres auch zu einem Zusammenhang zwischen Valenz und spektraler Multiplizität. Denn bei z reaktionsfähigen Elektronen ist die Quantenzahl des resultierenden Elektronenspin $z/2$ und daher (nach § 17) die spektrale Multiplizität gleich $(z + 1)$. Die Valenz ist also der um Eins erniedrigten Multiplizität gleich. Diese Regel zeigt sich durchaus erfüllt, und es ist bemerkenswert, daß die Elemente der fünften Vertikalreihe (Stickstoffgruppe), bei denen die Einwertigkeit neben der Drei- und Fünfwertigkeit ganz zurücktritt, in der Tat nur Quartett- und Sextett-Terme, nicht aber Dublett-Terme zeigen.

London[9] hat schließlich auch gezeigt, wie die Untersuchungen über die gegenseitige Beeinflussung zweier neutraler Atome auf die Wechselwirkungen zwischen drei Atomen sowie auf die Wechselwirkung zwischen Atomen und Molekeln ausgedehnt werden können. Hieran anknüpfend, entwickelten Eyring und Polanyi sowie genauer Pelzer und Wigner eine quantenmechanische Kinetik einfacherer chemischer Reaktionen[10]. Erwähnt sei in diesem Zusammenhange noch, daß Heisenberg[11] auch die Erscheinung des Ferromagnetismus auf eine quantenmechanische Resonanz zurückführte.

Die chemische Reaktionsfähigkeit von Atomen und Molekeln hängt wesentlich davon ab, ob sich die Atome oder Molekeln in angeregtem oder normalem Zustand befinden. Die Absorption von Lichtquanten kann daher, durch Überführung von Molekeln in höherquantige Zustände, sonst nicht eintretende chemische Prozesse als photochemische Phänomene herbeiführen. Einstein stellte im Jahre 1912 das sogenannte photochemische Äquivalentgesetz auf, wonach die Zahl der chemisch reagierenden Molekeln der Zahl der absorbierten Lichtquanten gleich sein soll, was in der Tat durch die Erfahrung bestätigt wird. Als bekannte Beispiele photochemischer Reaktionen seien die Bildung von Chlorwasserstoff (HCl) aus H_2 und Cl_2, die Assimilation der Kohlensäure durch die Pflanzen und die der Photographie zugrunde liegende Zersetzung der Silberhalogenide erwähnt. Als Beispiel einer Sensibilisierung eines photochemischen Prozesses ist bereits die Dissoziation von Wasserstoff bei Anwesenheit von Quecksilberdampf besprochen worden. Ein anderes, sehr bekanntes Beispiel ist die Sensibilisierung der photographischen Platte durch geeignete Farbstoffe, die, wie Eosin, im Roten Absorptionslinien aufweisen, die in diesem Spektralgebiete den Silbersalzen fehlen.

Die Umkehrung der photochemischen Vorgänge stellt die Chemilumineszenz dar, die auf einer Umwandlung von chemischer Energie in Lichtquanten beruht. Ein bekanntes Beispiel dafür bieten die auch bei niedrigen Temperaturen mit intensivem Leuchten verbundenen Oxydationen von Aldehyden. Haber und Zisch haben gezeigt, daß auch bei Zusammenführung eines Gasstroms von Chlor mit einem Strom von Natriumdampf Chemilumineszenz eintritt; sie äußert sich durch das Auftreten der für das Natrium charakteristischen D-Linie bei einer Temperatur, bei der ein Temperaturleuchten ausgeschlossen erscheint[12].

Außer durch Absorption von Lichtquanten können chemische Reaktionen auch durch Elektronenstöße und Stöße von α-Teilchen herbei-

[9] F. London, in „Probleme der modernen Physik" (Sommerfeld-Festschrift), Leipzig (Hirzel) 1928, S. 104.

[10] Vgl. Abhandlungen in der Zeitschr. f. physik. Chem. 1932—1933.

[11] W. Heisenberg, Zeitschr. f. Phys. *49*, 1928, S. 619.

[12] F. Haber und W. Zisch, Zeitschr. f. Phys. *9*, 1922, S. 302.

geführt werden. Die experimentelle Untersuchung dieser Vorgänge verspricht deshalb sehr wichtig zu werden, weil sie eine exakte Bestimmung der Mindestenergie gestattet, die zu dem Eintritt einer chemischen Reaktion erforderlich ist[13].

§ 60. Die Atomgitter.

Als ein besonderer Fall molekularer Bindung sind die Atomgitter anzusehen, von denen bereits im Zusammenhang mit der Interferenz der Röntgenstrahlen die Rede war. Als Beispiel eines Atomgitters ist schon früher der aus Natrium- und Chlor-Ionen zusammengesetzte Steinsalzkristall besprochen worden (vgl. die frühere Fig. 43); als zwei weitere Beispiele seien in Figg. 77 und 78 die Strukturen des Diamanten und des Graphits wiedergegeben[1]. Die vor allem von BORN, KÁRMÁN und DEBYE begründete Gittertheorie der Kristalle[2] stellt sich die Aufgabe, aus den Eigenschaften der Atome und den zwischen ihnen im Gitter wirkenden Kräften die Eigenschaften der aus den Atomen aufgebauten Kristalle und deren makrophysikalisches Verhalten, vor allem in elastischer, thermischer, optischer und elektrischer Hinsicht zu deduzieren. So schafft die Gittertheorie neue Zusammenhänge zwischen diesen scheinbar grundverschiedenen makrophysikalischen Er-

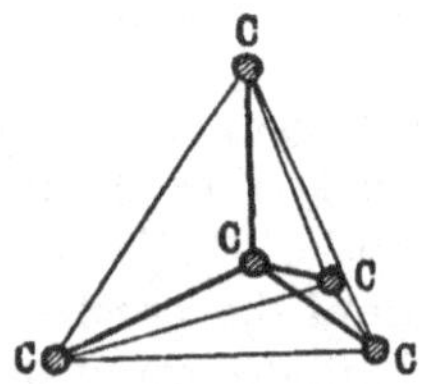

Fig. 77. Struktur des Diamanten.

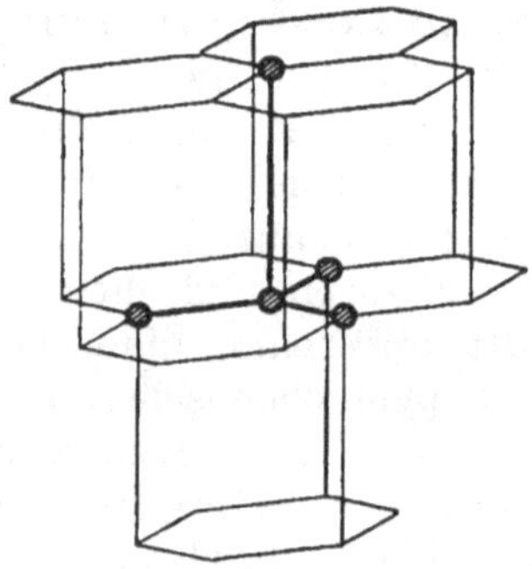
Fig. 78. Struktur des Graphits.

[13] Vgl. insbesondere S. C. LIND, The Chemical Effects of Alpha-Particles and Electrons, 2. Auflage, New York (Chemical Catalog Company) 1927.

[1] Im Diamantgitter stellt jedes Atom die Mitte eines Tetraeders dar, dessen Ecken von vier anderen Kohlenstoffatomen besetzt sind. Der Graphit kristallisiert rhomboedrisch.

[2] Vgl. zu dem Folgenden vor allem die Vorlesungen von M. BORN, „Die Gittertheorie des festen Zustandes“ (zweiter Teil der „Probleme der Atomdynamik“, Berlin, Springer, 1926), ferner den Artikel von M. BORN und M. GÖPPERT-MAYER im Handb. d. Phys., 2. Aufl., Bd. XXIV/2, 1933, sowie K. F. HERZFELD, „Gittertheorie der festen Körper“ im Handbuch der Experimentalphysik (Leipzig, Akademische Verlagsgesellschaft), Bd. VII, 1928.

scheinungsgebieten, indem sie sie auf dieselben atomphysikalischen Ursachen zurückführt.

Forschungen von MADELUNG und NERNST ließen zunächst eine enge Beziehung zwischen dem Kompressionsmodul sowie anderen elastischen Konstanten und den in spektroskopischer Hinsicht für die verschiedenen Kristalle charakteristischen ultraroten Reststrahlen erkennen. NERNST gelangte auch zu der Erkenntnis, daß die mechanische Kohäsion eines festen Körpers im wesentlichen mit den in seinem Innern wirksamen chemischen Kräften identisch sein müsse.

EUCKEN konnte durch die Gittertheorie die außerordentliche Zunahme der Wärmeleitfähigkeit der Kristalle bei tiefen Temperaturen erklären[3]. EWALD gründete auf die Gittervorstellung eine Theorie der Doppelbrechung, für die insbesondere Versuche über die Brechung von Röntgenstrahlen eine gute Stütze bieten. Auch das Verhalten der Kristalle in elektrischen Feldern, sowie die Phänomene der Piezo- und der Pyroelektrizität konnten aus der Annahme elektrischer Atomkräfte abgeleitet werden.

HUND nahm vom gittertheoretischen Standpunkte aus erfolgreich das Grundproblem der chemischen Mineralogie in Angriff, nämlich die Frage, warum bestimmten Ionenarten auch bestimmte Gittertypen eigentümlich seien. HUND ging dabei von der Annahme aus, daß als stabilste diejenige Struktur auftrete, für die bei den gegebenen Ionen die Gitterenergie am größten sei, und er vermochte in der Tat derart die wichtigsten schon früher beobachteten Typen in ihrer Zugehörigkeit zu den Ionenarten zu deduzieren. Schließlich versuchte KOSSEL[4] auf Grund der Gittervorstellung auch das Wachstum der Kristalle zu erklären.

Die Gittertheorie bietet natürlich auch die umgekehrte Möglichkeit, aus den empirischen Erkenntnissen der Kristallographie Schlüsse auf atomare Eigenschaften zu ziehen. Besonders bemerkenswert sind in dieser Hinsicht die Bestimmungen der Ionenradien durch GRIMM, HERZFELD und FAJANS[5]. Diese Bestimmungen zeigten deutlich (z. B. durch Vergleich von O^{--}, F^-, Ne, Na^+, Mg^{++}), daß eine Elektronenschale, die in einem Edelgas als äußere auftritt, mit zunehmender Kernladung zusammengezogen, hingegen mit abnehmender Kernladung ausgedehnt wird (vgl. auch die frühere Fig. 75).

Als ideale feste Körper erscheinen vom Standpunkte der modernen Atomtheorie nur die Kristalle, während die amorphen festen

[3] Vgl. A. EUCKEN, Physik. Zeitschr. *29*, 1928, S. 553. Ein Quarzkristall besitzt bei Zimmertemperatur eine etwa fünfmal so große Leitfähigkeit wie Quarzglas, während bei der Temperatur des flüssigen Wasserstoffs das Verhältnis beider Leitfähigkeiten ungefähr 500 zu 1 wird.

[4] W. KOSSEL, Physik. Zeitschr. *29*, 1928, S. 553.

[5] Vgl. den Artikel über Größe und Bau der Moleküle von K. F. HERZFELD und G. GRIMM im Handbuch der Physik (Berlin, Springer), Band XXII; ferner von K. F. HERZFELD, ebenda, Bd. XXIV/2, 2. Aufl., 1933.

Körper eher als äußerst zähe Flüssigkeiten anzusehen sind. Sehr bemerkenswert ist es jedoch, daß STEWART[6] auf Grund seiner Versuche über die Beugung von Röntgenstrahlen in bestimmten Flüssigkeiten (vor allem Alkoholen) zu dem Schlusse gelangte, daß auch in Flüssigkeiten molekulare Gruppen von bestimmter gitterartiger Struktur auftreten. STEWART vermochte aus seinen Experimenten die von ihm sogenannte „Dicke“ der Molekeln, nämlich den Abstand benachbarter Beugungszentren, zu berechnen und durch Untersuchungen über die Zunahme der Dicke bei chemischen Substitutionen wichtige Erkenntnisse über die Struktur der einzelnen Molekeln zu gewinnen. Genaueren Aufschluß über die Struktur von Flüssigkeiten ergaben auf Grund von Röntgenbeugungsdaten vor allem Arbeiten von PRINS und ZERNIKE sowie von MARK und von DEBYE und deren Mitarbeitern; besonders eingehend wurde die Struktur des Quecksilbers untersucht.

§ 61. Die Elektrolyte.

In mancher Hinsicht ist mit der Theorie der Atomgitter auch eine Theorie der Elektrolyte verwandt, die von DEBYE und HÜCKEL (1923)[1] aufgestellt wurde. Wie im polaren Kristall die einzelnen Ionen von entgegengesetzt geladenen Atomen umgeben sind, so nimmt DEBYE an, daß in starken Elektrolyten jedes Ion von einer „Ionenwolke“ entgegengesetzten Vorzeichens umhüllt ist, die in dem Lösungsmittel zur Ausbildung gelangt. Die Existenz dieser Wolke hat natürlich eine Verringerung der Leitfähigkeit zur Folge, da die Kraft, die die Wolke durch ein äußeres elektrisches Feld erfährt, der auf das Ion ausgeübten und dieses vorwärts treibenden Kraft entgegengesetzt ist. Zu dieser sogenannten elektrophoretischen Bremsungskraft muß aber, wie DEBYE und FALKENHAGEN[2] erkannten, noch eine zweite hemmende Kraft hinzukommen, die sie als Relaxationskraft bezeichneten und deren Auftreten dadurch bedingt ist, daß die Ausbildung der Ionenwolke eine gewisse endliche Zeit erfordert, die durch eine Konstante (die sogenannte Relaxationszeit) charakterisiert erscheint. Da die Wolke der Bewegung des Ions nicht folgt und dieses infolgedessen seine Wolke an immer neuen Stellen aufzubauen beginnt, so muß, wie man leicht einsieht, die Wolke eines bewegten Ions in ihrer Ladungsverteilung eine Dissymmetrie aufweisen, die die Bewegung hemmt; denken wir uns die Wolke durch eine zu der Bewegungsrichtung senkrechte Ebene

[6] Über diesen sogenannten „kybotaktischen“ Zustand der Flüssigkeiten vgl. zahlreiche Abhandlungen von G. W. STEWART und seinen Mitarbeitern in Phys. Rev. seit 1927, sowie die Zusammenfassung von G. W. STEWART in Rev. Mod. Phys. *2*, 1930, S. 116.

[1] P. DEBYE und E. HÜCKEL, Physik. Zeitschr. *24*, 1923, S. 185 und 305.

[2] P. DEBYE und H. FALKENHAGEN, Physik. Zeitschr. *29*, 1928, S. 121.

in zwei Hälften gespalten, so ist die Ladung der für die Bewegung vorderen Hälfte stets kleiner.

In sehr starken Feldern wird aber nun die Geschwindigkeit der Ionen so groß, daß es sozusagen an der Zeit für die Ausbildung von Ionenwolken fehlt. Da in diesem Falle die besprochenen Bremskräfte bedeutungslos werden, so ist von dem Erreichen einer genügend großen Feldintensität an eine Zunahme der Leitfähigkeit mit wachsender Spannung zu erwarten. Diese Erscheinung ist in der Tat von MAX WIEN[3] experimentell festgestellt worden. Durch die Elektrolyttheorie von DEBYE und FALKENHAGEN erscheint somit der sogenannte WIEN-Effekt auf die Relaxation der Ionenwolke zurückgeführt[4].

§ 62. Die Polarität der Molekeln.

Wie DEBYE in der Theorie der Elektrolyte durch die Einführung des Begriffs der Ionenwolke einen wesentlichen Fortschritt herbeiführte, so gelang ihm dies in der Theorie der Isolatoren durch die Begründung der Vorstellung polarer Molekeln (sogenannter Dipolmolekeln)[1]. Er ging hierbei von dem Gedanken aus, daß sich Molekeln, deren Ladungsverteilung eine Dissymmetrie aufweist, wie Elementarmagnete verhalten müßten. Sie müßten also durch ein homogenes elektrisches Feld so orientiert werden, daß die Achse des Moments in die Feldrichtung fällt. Diesem Orientierungsbestreben des Feldes wirkt indessen (wie bei dem Paramagnetismus, vgl. § 32) die Wärmebewegung entgegen, so daß das in der Volumeinheit erzeugte Moment von der Temperatur abhängen muß.

Andererseits erregt aber, wie die Physiker schon lange erkannt hatten, ein elektrisches Feld in den Molekeln eines Isolators auch durch „Deformation“, nämlich durch kleine Verschiebungen der elektrisch geladenen Teilchen ein elektrisches Moment. Ganz allgemein setzt sich somit das erregte Moment aus zwei Anteilen zusammen: einem von der Temperatur unabhängigen Deformations- und einem temperaturempfindlichen Orientierungsanteil. Die Rückwirkung des erregten Momentes auf das Feld ruft in der bekannten Weise (z. B. bei dem Plattenkondensator) diejenigen Erscheinungen hervor, die schon FARADAY durch die Einführung der Begriffe des Dielektrikums und der Dielektrizitätskonstante gedeutet hatte.

Auf Grund der DEBYEschen Theorie muß somit die Dielektrizitätskonstante bei polaren Molekeln von der Temperatur abhängen.

---

[3] M. WIEN, Ann. d. Phys. *83*, 1927, S. 327 und *85*, 1928, S. 795.

[4] Wegen der Einzelheiten der Theorie der Elektrolyte vgl. die umfangreiche Monographie von H. FALKENHAGEN, Die Elektrolyte, Leipzig (Hirzel) 1931.

[1] Vgl. P. DEBYE, Polare Molekeln, Leipzig, Hirzel, 1929, sowie den Bericht über die den Problemen der Dipol-Momente gewidmete Tagung der Faraday-Society in London 1934 (in den Transactions dieser Gesellschaft).

Umgekehrt kann, wenn die Abhängigkeit experimentell festgestellt ist, hieraus auf den polaren Charakter der betreffenden Molekel geschlossen und aus dem bekannten Temperaturverlauf der Wert des polaren Momentes berechnet werden. Die so ermittelten Werte sind von der Größenordnung 10^{-18} cm $\times$ elektrostat. Einh., wie es dem Werte der Elementarladung $(4{,}77 \cdot 10^{-10})$ und den molekularen Abständen (von etwa 10^{-8}) entspricht.

Die Experimente bestätigen auch die Erwartung, daß Molekeln, die eine im chemischen Sinne symmetrische Struktur besitzen, keinen polaren Charakter aufweisen, sondern daß dies nur bei den im chemischen Sinne unsymmetrischen Molekeln der Fall ist. Besonders bedeutungsvoll erscheinen in dieser Hinsicht Beobachtungen von Sänger[2], der die Verbindungsreihe CH_4, CH_3Cl, CH_2Cl_2, $CHCl_3$, CCl_4 in Dampfform und bei konstant gehaltener Dichte untersuchte. Bei denjenigen Molekeln, die außer einem Kohlenstoffatom entweder nur Wasserstoff- oder nur Chloratome enthalten, zeigte sich in der Tat die Dielektrizitätskonstante als von der Temperatur unabhängig, während bei den drei anderen Molekeln das Experiment die Veränderlichkeit mit der Temperatur erwies. In Analogie zu den früher besprochenen Versuchen von Stern und Gerlach (§ 32) konnte endlich Wrede[3] die Aufspaltung polarer Molekularstrahlen im elektrischen Felde experimentell nachweisen.

Debye[4] hat auch die Interferenzerscheinungen untersucht, die bei der Streuung von Röntgenstrahlen in Gasen durch das Zusammenwirken der von den einzelnen Atomen einer Molekel herrührenden Elementarwellen entstehen. Debye und seine Mitarbeiter erhielten z. B. deutliche Interferenzringe mit CCl_4, weil hier vier Chloratome in den Ecken eines regulären Tetraeders angeordnet sind. Aus den Ringen konnte der Abstand zweier Chloratome zu 3,3 Å berechnet werden. Eine wichtige Erweiterung dieser Untersuchungen erzielten Mark und Wierl[5], indem sie Kathodenstrahlen anstatt Röntgenstrahlen verwendeten.

§ 63. Die Metalle.

Schon gegen das Ende des 19. Jahrhunderts entstand die Vorstellung, daß die Eigentümlichkeiten der Metalle auf das Vorhandensein freier Elektronen in ihrem Innern zurückzuführen seien. Damit eröffnete

[2] R. Sänger, Physik. Zeitschr. *27*, 1926, S. 556.
[3] E. Wrede, Zeitschr. f. Phys. *44*, 1927, S. 261.
[4] P. Debye, Physik. Zeitschr. *30*, 1929, S. 524; *31*, 1930, S. 142.
[5] Vgl. hierzu H. Mark und R. Wierl, Die experimentellen und die theoretischen Grundlagen der Beugung von Elektronen, Berlin (Bornträger) 1930; ferner den Artikel von H. Mark in „Stereochemie" (herausgeg. von K. Freudenberg); schließlich H. Stuart, Molekülstruktur, Berlin (Springer) 1934.

sich aber auch die verlockende Möglichkeit, durch Anwendung bewährter gastheoretischer Methoden auf diese Elektronen nicht nur das elektrische, sondern auch das allgemeine physikalische Verhalten der Metalle zu erklären.

Als der Begründer der Elektronentheorie der Metalle ist wohl RIECKE anzusehen. An eine Abhandlung RIECKES aus dem Jahre 1898 knüpfte zwei Jahre später DRUDE an, der vom elektronentheoretischen Standpunkte aus bereits das gesamte Gebiet der Metallphysik zu behandeln versuchte. In das Jahr 1900 fiel auch eine bedeutungsvolle, von DRUDE unabhängige Untersuchung von J. J. THOMSON; in den folgenden Jahren hat sich vor allem H. A. LORENTZ große Verdienste um die exakte Ausgestaltung der Metalltheorie erworben.

Einer der schönsten Erfolge der älteren Metalltheorie war eine überaus einfache Erklärung der Beziehungen zwischen der elektrischen und der thermischen Leitfähigkeit der Metalle. Es war eine schon lange bekannte Erfahrungstatsache, daß alle Körper, die die Elektrizität gut leiten, auch gute Wärmeleiter sind, und einen quantitativen Ausdruck fand diese Erkenntnis in einem von WIEDEMANN und FRANZ im Jahre 1853 empirisch gewonnenen Gesetz; danach hat bei gegebener Temperatur das Verhältnis der thermischen zur elektrischen Leitfähigkeit für alle Metalle denselben Wert und ist im übrigen der absoluten Temperatur umgekehrt proportional. Dieses Gesetz ergab sich in der DRUDEschen Theorie ohne weiteres aus der Erkenntnis, daß jeder Schwarm von Elektronen sowohl elektrische Ladungen als auch Bewegungsenergie transportiert und somit gleichzeitig einen elektrischen Strom und einen Wärmestrom darstellt.

Gleichwohl sah sich die DRUDEsche Elektronentheorie der Metalle einer scheinbar unüberwindlichen Schwierigkeit gegenüber. Auf Grund eines fundamentalen Prinzips der klassischen statistischen Physik müßte nämlich das Elektronengas einen sehr merklichen Beitrag zu der spezifischen Wärme der Metalle liefern, wofür aber die Beobachtungen nicht den geringsten Anhaltspunkt ergeben. So geriet die DRUDEsche Theorie trotz ihrer anfänglichen Erfolge allmählich wieder in Vergessenheit. Ihre Wiedererweckung verdankte sie erst einer eigenartigen neuen Quantenstatistik, die im Jahre 1926 im unmittelbaren Anschluß an das PAULIsche Prinzip von FERMI begründet wurde.

In ihrer Anwendung auf ideale Gase führte die FERMIsche Statistik, auf deren Einzelheiten hier nicht näher eingegangen werden kann[1], zu der Erkenntnis, daß bei einem solchen Gase in Abweichung von der klassischen Zustandsgleichung „Entartungserscheinungen" bestimmter Art auftreten, wenn das Produkt aus dem Molekulargewicht des Gases (M) und

[1] Vgl. z. B. des Verf. „Einführung in die theoret. Physik", 5. u. 6. Aufl., Bd. II, § 193. Hinsichtlich der Metalltheorie sei auf des Verf. Buch „Materiewellen und Quantenmechanik" verwiesen; 4. und 5. Aufl. (Leipzig 1934), Kap. XXII—XXVII.

der absoluten Temperatur (T)

$$M\,T \ll 0{,}3\left(\frac{n}{A}\right)^{2/3} \tag{1}$$

ist, wobei n die Zahl der Molekeln in der Volumeinheit und A die sogenannte AVOGADROsche Konstante[2] ist, nämlich die Zahl der Molekeln in einem Gase bei 1 Atm. und 0° C.

Dieses Kriterium der Entartung ist, wie man leicht einsieht, bei einem eigentlichen Gase unter experimentell realisierbaren Verhältnissen kaum erfüllt. Bei dem Elektronengas ist hingegen das Molekulargewicht nur mit $^1/_{1840}$ anzusetzen; die Zahl der im Kubikzentimeter enthaltenen freien Elektronen ist wohl von derselben Größenordnung wie die Zahl der Metallatome im Kubikzentimeter, und diese überragt jedenfalls tausendemal die AVOGADROsche Zahl. Sogar noch bei Zimmertemperatur erscheint daher für das Elektronengas die Formel (1) erfüllt; außer für sehr hohe Temperaturen ist somit das Elektronengas als völlig „entartet" anzusehen. Auf Grund der Formeln der FERMI-Statistik ergibt sich aber nun in der Tat für das entartete Elektronengas die spezifische Wärme rund hundertmal kleiner, als sie nach der klassischen Statistik sein sollte.

Durch diese Erkenntnis löste sich, wie 1928 SOMMERFELD[3] zeigte, die Schwierigkeit, die der klassischen Metalltheorie unüberwindlich erschienen war, so daß nun der Weg für eine neue Metalltheorie auf quantenstatistischer Grundlage frei war. In ihr ergibt sich die mittlere Energie eines Elektrons bei Zimmertemperatur rund tausendmal größer als nach der klassischen Theorie, nämlich in der Größenordnung von 10^{-11} (statt 10^{-14}) Erg, also in der Größenordnung von einigen Elektron-Volt; z. B. 5,6 eV für Silber und 6,0 für Platin. Dabei ist die Energie der Elektronen zufolge dem kleinen Werte der spezifischen Wärme nahezu unabhängig von der Temperatur.

Multiplizieren wir die mittlere Energie von etwa 10^{-11} Erg mit der Zahl der Atome im Kubikzentimeter, also mit etwa 10^{22}, so ergibt sich die Elektronenenergie des Kubikzentimeters in der Größenordnung von 10^{11} Erg. Von derselben Größenordnung muß auch der Druck der Elektronen sein; und da eine Atmosphäre rund einer Million absoluter Einheiten entspricht, so ergibt sich somit der Druck des Elektronengases in der Größenordnung von etwa 100000 Atmosphären.

Die Anwendung der FERMIschen Statistik auf das Elektronengas führt, wie SOMMERFELD zeigte, ebenso wie die klassische Theorie zu dem WIEDEMANN-FRANZschen Gesetze, liefert jedoch einen in dem Gesetz auftretenden universellen Proportionalitätsfaktor in viel besserer Überein-

[2] Nach dem AVOGADROschen Gesetz sind bei gleichem Druck und gleicher Temperatur in 1 cm^3 aller Gase gleich viel Molekeln enthalten, und zwar bei 0° und 1 Atm. $2{,}705 \cdot 10^{19}$.

[3] A. SOMMERFELD, Zeitschr. f. Phys. *47*, 1928, S. 1.

stimmung mit der Erfahrung als die frühere Theorie. Für Zimmertemperatur soll das Verhältnis zwischen elektrischer und thermischer Leitfähigkeit z. B. in absolutem Maß, multipliziert mit 10^{-10}, nach DRUDE 6,3 sein, nach der verbesserten Theorie von LORENTZ 4,2 und schließlich nach SOMMERFELDS Theorie 7,1. Die experimentelle Beobachtung ergab als Durchschnitt der Messungen an zwölf verschiedenen Metallen 7,11.

Mit besonderem Erfolg wurde die FERMI-Statistik auch auf die Probleme der Elektronenemission der Metalle angewendet. Wenn trotz des ungeheuren Drucks des Elektronengases die Elektronen das Metall im allgemeinen nicht verlassen, so ist dies offenbar auf die elektrostatischen Kräfte zurückzuführen, die von den Ionen des Metallgitters ausgehen. Diese Kräfte halten die Elektronen im Inneren des Metalls fest. Das Verlassen des Metalls erfordert daher Arbeit, zu deren Verrichtung im allgemeinen die kinetische Energie des Elektrons nicht ausreicht.

RICHARDSON, der im Jahre 1903 die Elektronenemission glühender Metalle entdeckte, deutete in der Tat diesen, gewöhnlich nach ihm benannten Effekt bereits auf statistischer Grundlage. Er nahm an, daß die emittierten Elektronen diejenigen seien, für die infolge der Geschwindigkeitsverteilung das halbe Produkt aus Elektronenmasse und dem Quadrate der zu der Grenzfläche des Metalls normalen Geschwindigkeitskomponente die Austrittsarbeit überragt. Die modernen Berechnungen, die die FERMI-Statistik benutzen, führen zu einer wesentlich besseren Übereinstimmung mit den empirischen Daten als die Berechungen von RICHARDSON selbst, der natürlich noch die klassischen Formeln der Geschwindigkeitsverteilung verwendete.

Der RICHARDSON-Effekt steht auch in einem bemerkenswerten Zusammenhang mit den Gesetzmäßigkeiten des lichtelektrischen Effekts. Auf Grund des RICHARDSON-Effektes läßt sich nämlich die sogenannte rote Grenzwellenlänge berechnen, bei deren Überschreitung ein Lichtquant unfähig wird, ein Elektron aus dem Metall loszulösen.

Außer durch Erhitzung und auftreffende Lichtquanten kann eine Elektronenemission von Metallen auch noch durch Anlegung starker äußerer elektrischer Felder herbeigeführt werden; man spricht dann von einer kalten Elektronenemission. Sie tritt bei Zimmertemperatur unter der Einwirkung von Feldern von etwa einer Million Volt pro Zentimeter auf[4]. Vom Standpunkte der klassischen theoretischen Physik erscheint das Phänomen der kalten Elektronenemission völlig unverständlich, da sich nach den Grundgesetzen der Elektrostatik das angelegte elektrische Feld nicht in das Innere des Metalls fortsetzen kann, vielmehr im Metallinnern die elektrische Feldstärke verschwinden muß. Hingegen gelingt eine befriedigende Erklärung mittels der Wellenmechanik unter Zugrundelegung eines Modells, das durchaus dem schon besprochenen Modell

[4] R. A. MILLIKAN und H. EYRING, Phys. Rev. *27*, 1926, S. 511.

analog ist, das das Entweichen der α-Teilchen aus den Atomkernen erklären soll.

Als ein der theoretischen Erklärung noch harrender Elektroneneffekt ist wohl die Erscheinung der Supraleitung anzusehen. Wie KAMERLINGH ONNES im Jahre 1913 entdeckte, gehen bei Erreichung bestimmter, äußerst tiefer Temperaturen einige Metalle sprunghaft in einen Zustand über, in dem sie überhaupt keinen nachweisbaren elektrischen Widerstand zeigen; ein durch Induktion erzeugter elektrischer Strom hält in einem supraleitenden Metall tagelang ungeschwächt an. Die Sprungtemperatur beträgt z. B. für Blei 7,2 und für Quecksilber 4,15° abs. Doch konnte keineswegs bei allen Metallen Supraleitung nachgewiesen werden, z. B. nicht bei Kupfer, während andererseits merkwürdigerweise Legierungen von an sich nicht supraleitenden Metallen Supraleitfähigkeit zeigen. Derzeit (Herbst 1935) sind gegen 16 supraleitende Substanzen bekannt; die höchste Sprungtemperatur, nämlich 12° abs., kommt der Legierung Niobium–Carbid zu[5].

Von prinzipieller Wichtigkeit sind für die Elektronentheorie der Metalle Experimente, die der unmittelbaren Bestimmung der spezifischen Ladung der Metallelektronen dienten. TOLMAN[6], dem die ersten, sehr schwierigen Experimente zu danken sind, ging von dem Gedanken aus, daß in einem metallischen Körper, dem eine Beschleunigung b erteilt wird, die freien Elektronen infolge ihrer Trägheit eine entgegengesetzte Beschleunigung relativ gegen das Metall erfahren müßten. Da nun andererseits eine elektrische Feldstärke E auf ein Elektron eine Kraft eE ausübt und ihm somit eine Beschleunigung im Betrage γE erteilt (wenn γ die spezifische Ladung ist), so kann umgekehrt jede auf ein Elektron wirkende Beschleunigung b als Folge eines elektrischen Feldes von der Stärke b/γ aufgefaßt werden. Daher kann, wenn b die mechanische Beschleunigung ist, die dem metallischen Körper erteilt wird, γ nach der Formel ermittelt werden

$$\gamma = \frac{b}{E} \,. \tag{2}$$

Bei den sehr schwierigen Versuchen von TOLMAN und dessen Mitarbeitern wird ein hohler Metallzylinder in Rotationsschwingungen versetzt, mit einer Frequenz von etwa 20 pro Sekunde. Wegen der freien Beweglichkeit müssen hierbei die Elektronen hinter dem festen Atomgitter des Metalls zurückbleiben; infolgedessen muß der Metallzylinder von einem Strom umkreist erscheinen, und zwar von einem Wechselstrom von der Frequenz der Rotationsschwingungen. Dieser Wechselstrom

[5] Als zusammenfassenden Bericht über die Erscheinungen der Supraleitung vgl. W. MEISSNER, Physik. Zeitschr. *35*, 1934, S. 931 und E. F. BURTON, The Phenomena of Superconductivity, Toronto 1935.

[6] R. C. TOLMAN und verschiedene Mitarbeiter, Phys. Rev. *8*, 1916, S. 97; *28*, 1926, S. 794.

konnte in der Tat mittels einer entsprechenden Verstärkervorrichtung gemessen und hieraus E und somit auch γ ermittelt werden. Aus Tolmans Versuchen[7] folgte zunächst ganz zweifelsfrei ein negatives Vorzeichen für die Ladung der frei beweglichen Teilchen, und für γ selbst ein Wert, der nur um ungefähr 20% nach oben von demjenigen abwich, der an Elektronenstrahlen festgestellt wurde. Versuche, die Barnett[8] über die Elektronenträgheit der Metalle anstellte und bei denen er sich ähnlicher Methoden wie bei dem Nachweis des nach ihm benannten gyromagnetischen Effektes bediente (vgl. § 32), ergaben die spezifische Elektronenladung mit einem Fehler von nur 3%.

Die Vorstellung, daß die Leitungselektronen der Metalle vollkommen frei beweglich seien, stellt naturgemäß nur eine erste Näherung dar. Für feinere Untersuchungen muß berücksichtigt werden, daß sich die Elektronen in dem dreifach periodischen Potentialfeld des räumlichen Metallgitters bewegen, und diese Periodizität Anlaß zu wellenmechanischen Effekten gibt. Eine Theorie, die die Wechselwirkung zwischen den Leitungselektronen und dem Atomgitter des Metalls berücksichtigt, wurde zuerst 1930 von Bloch und von Peierls entwickelt. Insbesondere folgt für die Energiestufung der Leitungselektronen die Existenz von verbotenen Zonen. Auf das Auftreten solcher Zonen ist nach Kronig[9] die beobachtbare Feinstruktur der Röntgenabsorptionskanten (vgl. § 27) zurückzuführen. Sie äußert sich darin, daß innerhalb eines engen Wellenlängenbereiches Stellen starker und schwacher Absorption abwechseln. Nach Kronigs Erklärung muß die Absorption dann unterbleiben, wenn nach der Absorption des Röntgenphotons die Energie des Elektrons einen in eine verbotene Zone fallenden Wert annehmen würde. Die Energiestufung der Leitungselektronen offenbart sich übrigens auch in den Erscheinungen der Linienbreite in den von Metallen emittierten Röntgenspektren, wie zuerst Houston[10] zeigte.

[7] Als ein besonders schwieriges Problem erschien die Ausschaltung der störenden Einflüsse des Erdmagnetismus, der natürlich bei den Schwingungen im allgemeinen elektrische Ströme induziert.

[8] S. J. Barnett, Phil. Mag. *42*, 1931, S. 349.

[9] R. de L. Kronig, Zeitschr. f. Phys. *70*, 1931, S. 317 und spätere Arbeiten ebenda.

[10] W. V. Houston, Phys. Rev. *37*, 1931, S. 1692.

VII. Kapitel.

Die Wechselwirkung zwischen Licht und Materie.

§ 64. Dispersion und RAMAN-Effekt.

Erst auf der Grundlage der Wellen- und Quantenmechanik ist eine exakte Behandlung derjenigen Phänomene möglich geworden, die auf einer Wechselwirkung zwischen elektromagnetischen Wellen und Atomen beruhen. Die am längsten bekannte Erscheinung dieser Art ist die bereits von NEWTON entdeckte Dispersion des Lichtes. SCHRÖDINGER[1] hat eine wellenmechanische Theorie der Dispersion entwickelt, indem er seine Grundgleichung (in einer allgemeineren Form, die auch die mögliche Abhängigkeit des Feldskalars von der Zeit[2] berücksichtigt) auf das Verhalten eines Atoms in einem elektrischen Wechselfeld anwandte (denn als ein schwingendes elektrisches Feld ist ja eine Lichtwelle anzusehen). Indem SCHRÖDINGER das Quadrat des Betrages des Feldskalars als elektrische Ladungsdichte deutete, erhielt er aus seiner für den Feldskalar aufgestellten Gleichung einen Ausdruck für das selbst rasch periodisch veränderliche elektrische Zusatzmoment, das in dem Atom durch das elektrische Wechselfeld hervorgerufen wird. Die Oszillationen des Zusatzmomentes erzeugen aber nun eine sekundäre Strahlung, die mit der primären zusammenwirkt; dadurch wird die Fortpflanzungsgeschwindigkeit der Lichtwelle in einem Grade verändert, der von der Frequenz abhängt, so daß eben Dispersion eintritt.

Denken wir uns die quantentheoretisch möglichen Zustände des Atoms numeriert, und befindet sich das Atom in dem Augenblick, in dem es von der Lichtwelle getroffen wird, in dem k-ten Zustand, ist ferner E_k die diesem Zustand eigentümliche Energie und bedeuten F die Amplitude der elektrischen Feldstärke und ν die primäre Frequenz, so ergibt

---

[1] E. SCHRÖDINGER, Ann. d. Phys. (4) *81*, 1926, S. 139, bzw. Abhandlungen zur Wellenmechanik, Leipzig (Barth) 1927.

[2] Die erweiterte SCHRÖDINGERsche Gleichung, auf deren Begründung hier nicht eingegangen werden kann, hat folgende Form:

$$\Delta S - \frac{4\pi i m}{h}\frac{\partial S}{\partial t} - \frac{8\pi^2 m}{h^2} V S = 0 .$$

sich in der SCHRÖDINGERschen Dispersionstheorie für das elektrische Zusatzmoment der folgende Ausdruck:

$$M = a_{kk} + 2F \cos (2\pi \nu t) \sum_n \frac{(E_n - E_k) a_{kn} b_{kn}}{(E_n - E_k)^2 - h^2 \nu^2}. \tag{1}$$

Hierbei bestimmt die Größe a_{kk} die Wahrscheinlichkeit des Verweilens in dem k-ten Zustand; sie ist also von der Zeit unabhängig und kommt somit für die Dispersion nicht in Betracht. Die Größen a_{kn} und b_{kn} hängen in einer Weise, auf die hier nicht näher eingegangen werden kann, von den Eigenfunktionen des Atoms ab und bestimmen im wesentlichen die Wahrscheinlichkeit eines spontanen Übergangs zwischen dem k-ten und dem n-ten Zustand.

Die Dispersionserscheinungen hängen also, wie die Gl. 1 erkennen läßt, keineswegs von den wirklichen Schwingungs- oder Umlaufsfrequenzen der Elektronen in den Atomen ab, sondern von den möglichen spektralen Frequenzen des von der Lichtwelle getroffenen Atoms; und zwar nicht bloß von einer einzigen, sondern von sämtlichen möglichen, ohne daß indessen diese wirklich aufzutreten brauchten. LADENBURG[3] war (1921) der erste gewesen, der diese wichtige Erkenntnis gewann; seine allerdings noch unvollständige Dispersionsformel wurde durch KRAMERS[4] ergänzt, der in die Dispersionsformel auch die sogenannten negativen Glieder einführte, die Emissionsvorgängen entsprechen ($n < k$), während LADENBURG nur diejenigen Glieder berücksichtigt hatte, für die $n > k$ ist, die also Absorptionsprozessen entsprechen[5].

Aus der neuen Dispersionsformel ergibt sich, wie KRAMERS und HEISENBERG[6] zeigten, die wichtige Folgerung, daß in der sekundären Srahlung auch Licht von einer Kombinationsfrequenz auftreten könne, nämlich von einer Schwingungszahl, die der Summe oder Differenz aus der primären Schwingungszahl und einer Eigenfrequenz des dispergierenden Atoms oder der dispergierenden Molekel gleich ist.

Bezeichnen wir mit ν_0 die primäre Frequenz und mit ν' charakteristische Frequenzen der streuenden Molekel, so sind also einerseits „langwellige Trabanten" von der Frequenz $\nu_0 - \nu'$ zu erwarten, andererseits kurzwellige von der Schwingungszahl $\nu_0 + \nu'$. Die langwelligen Trabanten entstehen, wenn ein Photon durch Abgabe von Energie eine Molekel anregt. Die kurzwelligen können hingegen nur hervorgerufen werden, wenn

[3] R. LADENBURG, Zeitschr. f. Phys. *4*, 1921, S. 451.

[4] H. A. KRAMERS, Nature *113*, 1924, S. 673.

[5] Wenn die primäre Frequenz mit einer spektralen Frequenz des Atoms übereinstimmt, so tritt Resonanz ein. In scheinbarem Gegensatz zu der Dispersionsformel (Gl. 1) wird jedoch die Resonanzenergie nicht unendlich, weil Vernachlässigungen, die bei der nur angenähert gültigen Dispersionsformel gemacht wurden, im Falle vollkommener Resonanz unzulässig werden.

[6] H. A. KRAMERS und W. HEISENBERG, Zeitschr. f. Phys. *31*, 1925, S. 681; vgl. auch eine frühere Arbeit von A. SMEKAL, Naturwiss. *11*, 1923, S. 873.

eine bereits vorher angeregte Molekel Energie an ein Lichtquant überträgt. Da aber außer bei sehr hohen Temperaturen nur ein ganz geringer Bruchteil der Molekeln angeregt ist, ist bei den kurzwelligen Trabanten eine wesentlich geringere Intensität als bei den langwelligen zu erwarten; letztere können bei beliebig tiefen Temperaturen auftreten, während offenbar die Summenfrequenzen nur bei genügend hoher Temperatur beobachtet werden können.

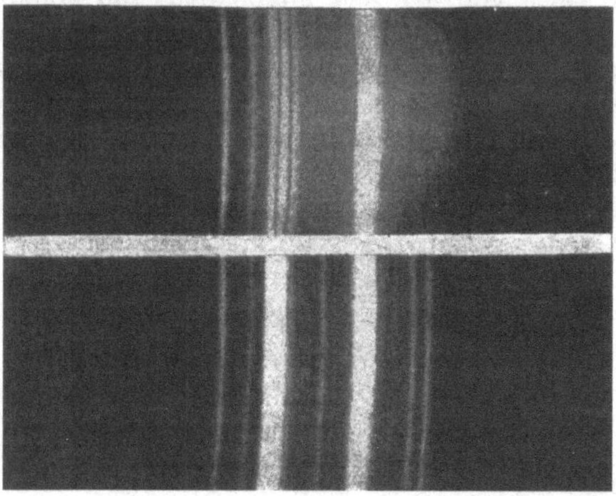

Fig. 79. RAMAN-Effekt an Kohlenstofftetrachlorid (die neuen Linien sind durch Striche angedeutet). Nach RAMAN und KRISHNAN (aus Handbuch der Experimentalphysik, Akademische Verlagsgesellschaft, Leipzig, Bd. 22, S. 416).

Das Auftreten der Kombinationsfrequenzen (das übrigens bereits 1871 von LOMMEL[7] vorausgesagt worden war) wurde in der Tat 1928 durch RAMAN[8] an Flüssigkeiten entdeckt und fast gleichzeitig auch an festen Körpern durch LANDSBERG und MANDELSTAM[9]. Fig. 79 zeigt nach RAMAN und KRISHNAN den Effekt an Kohlenstofftetrachlorid. In den Spektren erwies sich der Frequenzunterschied, wie es die Theorie erfordert, als unabhängig von der primären Frequenz; zum Vorschein kamen die Differenzlinien, überdies aber bei hoher Temperatur und schwach auch die Summenlinien. Seit 1928 sind die RAMAN-Spektren der mannigfachsten Stoffe Gegenstand eingehender Untersuchungen gewesen und haben viel zur Erforschung der Molekularstruktur, vor allem organischer Substanzen, beigetragen[10].

§ 65. Der lichtelektrische Effekt.

Aus der Theorie der Differentialgleichungen folgt, daß im allgemeinen der Eigenwertbereich eines atommechanischen Problems in einen diskontinuierlichen und einen kontinuierlichen Teilbereich zer-

[7] E. LOMMEL, Pogg. Ann. *143*, 1871, S. 26; Wied. Ann. *3*, 1878, S. 251.

[8] C. V. RAMAN und H. P. KRISHNAN, Nature *121*, 1928, S. 501.

[9] G. LANDSBERG und L. MANDELSTAM, Zeitschr. f. Phys. *50*, 1928, S. 769.

[10] Vgl. die zusammenfassende Darstellung von K. W. F. KOHLRAUSCH, Der SMEKAL-RAMAN-Effekt, Berlin 1931 und ferner den Artikel von G. PLACZEK im Handbuch der Radiologie, 2. Aufl., Bd. VI/2, Leipzig (Akad. Verl.-Ges.) 1934.

fällt. In dem besonders einfachen Falle des Wasserstoffatoms bedeutet der diskontinuierliche Bereich negative Energie und geschlossene, periodische Bewegung (nämlich Ellipsenbahnen), der kontinuierliche Bereich hingegen positive Energie und aperiodische Bewegung (nämlich Hyperbelbahnen). Die Grenze zwischen den beiden Bereichen wird durch den Term dargestellt, der der Ionisierungsenergie des Wasserstoffatoms entspricht. Ähnlich, wenn auch komplizierter, sind die Verhältnisse bei anderen Atomen[1].

Wenn nun ein Elektron eines Atoms unter einer äußeren Einwirkung auf ein höheres Niveau gehoben wird, das dem kontinuierlichen Eigenwertbereich angehört, so verwandelt sich seine früher periodische Bewegung in eine aperiodische; d. h. das Elektron verläßt das Atom. Erfolgt die Loslösung aus dem Atom unter der Einwirkung eines Lichtquants, so tritt der bekannte lichtelektrische oder Photo-Effekt ein.

Wie WENTZEL[2] und BECK[3] erkannten, läßt sich derart der lichtelektrische Effekt auf die wellenmechanische Dispersionstheorie zurückführen. Falls der „gestörte" Eigenwert in den kontinuierlichen Bereich fällt, wird eben durch die SCHRÖDINGERsche Dispersionsgleichung die Ausbreitung einer von dem getroffenen Atom ausgehenden Materiewelle beschrieben, und diese bestimmt im Sinne der schon besprochenen statistischen Interpretation BORNS[4] die Wahrscheinlichkeit der Emission eines Photo-Elektrons sowie die Abhängigkeit dieser Wahrscheinlichkeit von der Richtung.

Die theoretischen Deduktionen führen zu dem durch das Experiment bestätigten Ergebnis, daß die Elektronenemission in einer bestimmten Richtung proportional zu $\cos^2 \vartheta$ ist, wenn ϑ der Winkel ist, den die Richtung mit der des elektrischen Lichtvektors einschließt; in die Richtung dieses Vektors fällt also das Maximum der Intensität. In Übereinstimmung mit der Erfahrung ergibt die wellenmechanische Dispersionstheorie auch die Ausbeute des Photo-Effektes, nämlich die Zahl der in der Zeiteinheit ausgelösten Elektronen. Die Theorie zeigt auch, daß die Ausbeute außer von der Frequenz und der chemischen Ordnungszahl noch von der Nebenquantenzahl der Elektronen-Untergruppe abhängt, aus der die Loslösung erfolgt.

Als eine besondere Art des lichtelektrischen Effektes ist der im Jahre 1925 entdeckte sogenannte AUGER-Effekt[5] anzusehen. Er kommt zustande, wenn durch die Einwirkung von Röntgenstrahlen einem Atom des bestrahlten Stoffes ein inneres Elektron entrissen wird und die dadurch

---

[1] Im allgemeinen können diskontinuierlicher und kontinuierlicher Bereich einander natürlich überdecken.

[2] G. WENTZEL, Zeitschr. f. Phys. *40*, 1926, S. 574; *41*, 1927, S. 828.

[3] G. BECK, Zeitschr. f. Phys. *41*, 1927, S. 443.

[4] Siehe § 14.

[5] P. AUGER, Journ. de Phys. *6*, 1925, S. 25; *6*, 1926, S. 183.

frei gewordene Stelle nun durch ein Elektron einer höherquantigen Gruppe eingenommen wird. Die hierbei frei werdende Energie kann sich nun entweder in ein Lichtquant verwandeln, in welchem Falle Röntgenstrahlung als sekundäre oder Fluoreszenzstrahlung emittiert wird, oder aber kann sie unter Umständen auch dazu dienen, um ein weiteres Elektron des Atoms als sogenanntes AUGER-Elektron auszulösen. Dieses verläßt dann das Atom mit einer kinetischen Energie, die der Differenz zwischen der frei gewordenen Energie und seiner Bindungsenergie gleich ist.

WENTZEL[6] und FUES[7] haben den AUGER-Effekt vom wellenmechanischen Standpunkte aus behandelt, indem sie die Materiewelle untersuchten, die von einem Atom ausgeht, dem ein inneres Elektron entrissen wurde. Durch diese statistisch zu interpretierende Materiewelle erscheint die Wahrscheinlichkeit für die Emission eines AUGER-Elektrons festgelegt. Andererseits ist aber auch die Wahrscheinlichkeit bekannt, die für die Aussendung eines Lichtquants als Folge des im Atom eintretenden Quantensprungs besteht[8]. Derart kann das Verhältnis zwischen strahlungslosen und strahlenden Quantensprüngen, mit anderen Worten also die Fluoreszenzausbeute der absorbierten Röntgenstrahlen berechnet werden. Das theoretische Ergebnis stimmt mit dem experimentellen Befund AUGERS gut überein[9].

§ 66. Der COMPTON-Effekt.

Wenn ein Lichtquant mit einem Materieteilchen zusammenstößt, so hat wegen der korpuskularen Natur des Lichtes ein solcher Zusammenstoß im allgemeinen nicht nur eine Richtungsänderung, sondern auch eine Frequenzänderung des Lichtquants zur Folge. Wir wollen mit m_0 die Ruhemasse des Materieteilchens bezeichnen, mit $\mathfrak{v}$ den Vektor seiner Geschwindigkeit, mit ν die Frequenz und mit $\mathfrak{f}$ einen in die Strahlrichtung fallenden Einheitsvektor. Wir setzen ferner zur Abkürzung

$$\beta = \frac{1}{\sqrt{1 - \frac{v^2}{c^2}}} \tag{1}$$

und charakterisieren die Größen nach dem Zusammenstoß durch Striche. Nach den Sätzen von der Erhaltung der Energie und von der Erhaltung des Impulses müssen dann die beiden Beziehungen erfüllt sein:

$$h\,\nu + \beta\, m_0\, c^2 = h\,\nu' + \beta'\, m_0\, c^2 \tag{2}$$

---

[6] G. WENTZEL, Zeitschr. f. Phys. *43*, 1927, S. 524.

[7] E. FUES, Zeitschr. f. Phys. *43*, 1927, S. 726.

[8] Unter dem Quantensprung ist natürlich der Übergang des Elektrons aus der höherquantigen Bahn in die entstandene Lücke von niedrigerer Quantenzahl verstanden.

[9] Vgl. auch E. H. S. BURHOP, Proc. Roy. Soc. London (A) *148*, 1935, S. 272.

und

(3) $$\frac{h\nu}{c}\mathfrak{f} + \beta m_0 \mathfrak{v} = \frac{h\nu'}{c}\mathfrak{f}' + \beta' m_0 \mathfrak{v}' .$$

Diese beiden Gleichungen reichen natürlich nicht aus, um bei gegebenen Größen ν, $\mathfrak{f}$ und $\mathfrak{v}$ auch die Größen ν', $\mathfrak{f}'$ und $\mathfrak{v}'$ zu berechnen; wohl aber gestatten sie bei vorgegebenem Streuwinkel, also bei vorgegebener Richtungsänderung des Lichtquants, die Ermittlung der Frequenzänderung.

Im folgenden möge der besonders einfache Fall betrachtet werden, daß das Materieteilchen vor dem Zusammenstoß ruhe, daß also $v = 0$ und $\beta = 1$ sei; der Stoß kann in diesem Fall jedenfalls als eben angesehen werden. Es sei φ der sogenannte Streuwinkel, nämlich der Winkel, den die sekundäre Strahlrichtung mit der primären einschließt; ψ sei der Winkel, den die Bewegungsrichtung des Teilchens nach dem Stoß mit der primären Strahlrichtung bildet, wobei ψ in entgegengesetztem Sinne wie φ gezählt werde (Fig. 80). Die Energiegleichung (2) nimmt dann die folgende Form an:

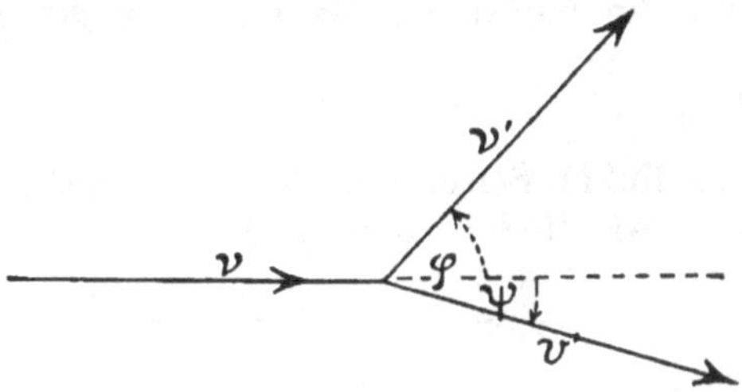

Fig. 80.

(4) $$h\nu + m_0 c^2 = h\nu' + \beta' m_0 c^2 .$$

Die vektorielle Impulsgleichung reduziert sich hingegen auf die folgenden zwei Gleichungen:

(5) $$\frac{h\nu}{c} = \frac{h\nu'}{c}\cos\varphi + \beta' m_0 v' \cos\psi$$

und

(6) $$0 = \frac{h\nu'}{c}\sin\varphi - \beta' m_0 v' \sin\psi .$$

Um aus diesen Gleichungen die geänderte Frequenz ν' bei gegebenem Winkel φ berechnen zu können, verfahren wir am einfachsten folgendermaßen. Wir führen, indem wir als Materieteilchen ein Elektron betrachten, also unter m_0 die Elektronenmasse verstehen, eine universelle Frequenz ν_0 auf Grund der Beziehung ein:

(7) $$h\nu_0 = m_0 c^2 .$$

Wir finden dann aus Gl. 4, indem wir durch $h\nu$ dividieren und dann quadrieren,

(8) $$\left(1 + \frac{\nu_0}{\nu} - \frac{\nu'}{\nu}\right)^2 = \beta'^2 \left(\frac{\nu_0}{\nu}\right)^2 .$$

Andererseits erhalten wir aus Gl. 5

(9) $$\beta' v' \nu_0 \cos\psi = c(\nu - \nu'\cos\varphi)$$

und aus Gl. 6

$$\beta' v' \nu_0 \sin\psi = c\,\nu' \sin\varphi \,. \tag{10}$$

Indem wir diese beiden Gleichungen quadrieren und addieren und schließlich durch $c^2 \nu^2$ dividieren, finden wir:

$$\frac{\beta'^2 v'^2 \nu_0^2}{c^2 \nu^2} = 1 + \left(\frac{\nu'}{\nu}\right)^2 - 2\,\frac{\nu'}{\nu} \cos\varphi \,. \tag{11}$$

Nun ist aber nach Gl. 1

$$\frac{v'^2}{c^2} = 1 - \left(1 - \frac{v'^2}{c^2}\right) = 1 - \frac{1}{\beta'^2} \,. \tag{12}$$

Wir können daher die Gl. 11 in der Form schreiben:

$$1 + \left(\frac{\nu'}{\nu}\right)^2 - 2\,\frac{\nu'}{\nu} \cos\varphi + \left(\frac{\nu_0}{\nu}\right)^2 = \beta'^2 \left(\frac{\nu_0}{\nu}\right)^2 . \tag{13}$$

Die linken Seiten der Gleichungen (8) und (13) erweisen sich also als gleich und wir finden somit nach einfacher Zwischenrechnung:

$$\frac{\nu_0}{\nu} - \frac{\nu'}{\nu} - \frac{\nu_0}{\nu}\,\frac{\nu'}{\nu} = -\,\frac{\nu'}{\nu} \cos\varphi$$

oder[1]

$$\frac{\nu'}{\nu} = \frac{1}{1 + 2\,\frac{\nu}{\nu_0} \sin^2 \frac{\varphi}{2}} \,. \tag{14}$$

Danach wird

$$\frac{\nu}{\nu'} - 1 = 2\,\frac{\nu}{\nu_0} \sin^2 \frac{\varphi}{2} \,.$$

Setzen wir nun

$$\nu' = \nu + \Delta\nu \,;$$

so wird

$$\frac{\nu}{\nu'} = 1 - \frac{\Delta\nu}{\nu'} \,.$$

Wir finden also

$$\Delta\nu = -\,2\,\frac{\nu\,\nu'}{\nu_0} \sin^2 \frac{\varphi}{2} \,. \tag{15}$$

Wenn $\Delta\nu$ klein gegen ν ist, können wir auch ν^2 statt $\nu\nu'$ schreiben. Da (nach Gl. 6 des § 27)

$$\Delta\lambda = -\,\frac{c}{\nu^2}\,\Delta\nu$$

ist, so finden wir schließlich, wenn wir

$$\frac{c}{\nu_0} = \lambda_0 \tag{16}$$

setzen,

[1] Wir benutzen die bekannte Identität:

$$1 - \cos\varphi = 2 \sin^2 \left(\frac{\varphi}{2}\right) .$$

$$\Delta \lambda = 2 \lambda_0 \sin^2 \frac{\varphi}{2} . \tag{17}$$

Dabei ist nach Gl. 7

$$\lambda_0 = \frac{h}{m_0 c} , \tag{18}$$

also ungefähr gleich 0,024 Å.

Die Wellenlängenänderung hängt somit nur von dem Streuwinkel ab und erweist sich als unabhängig von der Wellenlänge selbst. Die relative Wellenlängenänderung ist daher um so größer, je kürzerwellig das gestreute Licht ist. Bei sichtbarem Licht könnte die Änderung nach Gl. 17 nur etwa den 100000sten Teil betragen. Hingegen ist ein merklicher Effekt bei den Röntgenstrahlen zu erwarten, deren Wellenlängen von der Größenordnung von 1 Å bis zu etwa 0,1 Å sind.

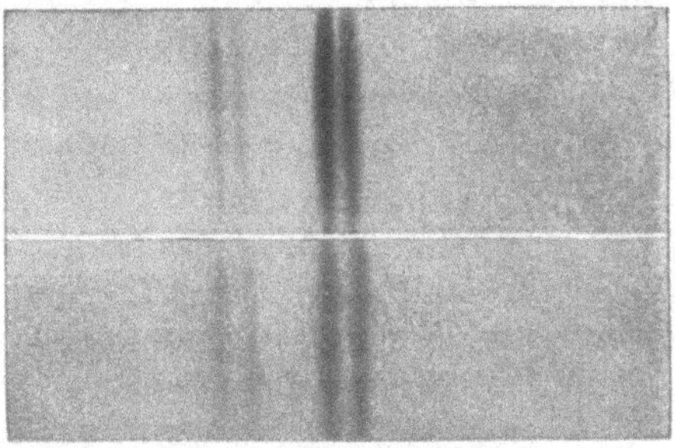

Fig. 81. Compton-Effekt an Graphit nach H. Kallmann und H. Mark (Streuwinkel oben 72°, unten 90°). Aus „Naturwissenschaften“, Verlag Springer, Berlin, Bd. 13, 1925, S. 297.

In der Tat vermochte im Jahre 1922 Arthur H. Compton[2] nachzuweisen, daß Röntgenstrahlen bei der Streuung an leichten Atomen die durch die Theorie geforderte Frequenzverminderung erfahren. Comptons erste erfolgreiche Versuche betrafen die K_α-Strahlung des Molybdäns (0,71 Å). Die Streuung erfolgte an Graphit, also an Kohlenstoffatomen; die bei senkrechter Streuung beobachtete Wellenlängenvergrößerung wurde, in nahezu völliger Übereinstimmung mit der Theorie, zu 0,044 Å gefunden. Daß zwischen der Linienverschiebung und der Streurichtung der vorhin angegebene Zusammenhang (Gl. 17) besteht, wurde durch Versuche von Compton und Ross bestätigt. Sie stellten auch fest, daß in dem Streuspektrum neben der verschobenen Linie stets auch die unverschobene auftritt, und zwar um so stärker, je höher das Atomgewicht des streuenden Stoffes ist. Fig. 81 zeigt den Compton-Effekt an Graphit.

Die sogenannten Rückstoßelektronen, die nach der Theorie eine notwendige Begleiterscheinung der Streuung sein müssen, sind vor allem von Compton und Hubbard[3] untersucht worden. Bothe und Geiger[4] registrierten mittels zweier Spitzenzähler einerseits die Rück-

[2] Vgl. die zusammenfassende Darstellung in dem Buche von A. H. Compton, „X-Rays and Electrons“, New York (Van Nostrand), 1927.
[3] A. H. Compton und J. C. Hubbard, Phys. Rev. *23*, 1924, S. 439.
[4] W. Bothe und H. Geiger, Zeitschr. f. Phys. *32*, 1925, S. 639.

stoßelektronen, andererseits (auf Grund der Ionisierung) die gestreuten Lichtquanten, und vermochten hierbei deutlich Koinzidenzen zwischen den verzeichneten Ausschlägen festzustellen. Dadurch erbrachten sie den wichtigen Nachweis dafür, daß die Erscheinung des Elektronenrückstoßes mit dem Streuungsvorgang nicht nur statistisch, sondern individuell verknüpft ist, indem je ein einzelnes Rückstoßelektron bei der Streuung je eines Lichtquants auftritt. Versuche von COMPTON und SIMON[5] lassen sogar erkennen, daß in jedem Einzelfall zwischen der Richtung des Rückstoßes und der Streurichtung der durch die Gleichungen (5) und (6) geforderte Zusammenhang besteht.

Willkürlich und zufällig ist in jedem Einzelfall nur der Streuwinkel selbst, und darum erscheint die Frage, wie die Intensität der Streustrahlung von dem Streuwinkel abhängt, als ein statistisches Problem, das seine exakte Lösung erst auf Grund der Vorstellung der Materiewellen finden konnte. Vom Standpunkte der neuen Quantenmechanik wurde der COMPTON-Effekt zuerst von DIRAC[6] und dann unter Benutzung der SCHRÖDINGERschen Methode von GORDON[7] behandelt. Beide Forscher betrachteten das Problem eines freien Elektrons unter der Einwirkung elektromagnetischer Wellen; für die Intensitätsverteilung erhielten sie Beziehungen, die mit der Erfahrung noch besser als die früher abgeleiteten übereinstimmten. Hierbei wird der Elektronenspin vernachlässigt. Eine Theorie, die ihn im Sinne der sogenannten DIRACschen Gleichungen[8] berücksichtigt, wurde von KLEIN und NISHINA[9] entwickelt; für harte γ-Strahlen kommt sie allein in Betracht.

Eine vollkommenere Theorie des COMPTON-Effektes hat dann WENTZEL[10] geschaffen, indem er das streuende Elektron nicht mehr als frei ansah, sondern seine Zugehörigkeit zu dem Atom berücksichtigte. WENTZEL gelangte dadurch zu der Folgerung, daß der Streuvorgang ein kontinuierliches Spektrum liefern müsse; von diesem konnte aber WENTZEL auf Grund der SCHRÖDINGERschen Dispersionstheorie zeigen, daß es ein scharf ausgeprägtes Intensitätsmaximum besitzen müsse, wenn die Wirkung des Lichtquants auf das streuende Elektron über die Anziehung des zugehörigen Atomkerns überwiegt. Das Intensitätsmaximum stellt die beobachtbare verschobene Linie dar, deren Wellenlängendifferenz sich mit demselben Werte wie in der früheren Theorie und gemäß dem experimentellen Befund ergibt. In befriedigender Übereinstimmung mit der Erfahrung liefert die WENTZELsche Theorie auch die Intensitätsverteilung der Streustrahlung, ferner das vor allem von der

[5] A. H. COMPTON und A. W. SIMON, Phys. Rev. *25*, 1924, S. 439.
[6] P. A. M. DIRAC, Proc. Roy. Soc. London (A) *111*, 1926, S. 405.
[7] W. GORDON, Zeitschr. f. Phys. *40*, 1926, S. 117.
[8] Vgl. z. B. des Verf. Einführung in die theor. Physik, 5. u. 6. Aufl., Bd. II, § 210.
[9] O. KLEIN und Y. NISHINA, Zeitschr. f. Phys. *52*, 1929, S. 853.
[10] G. WENTZEL, Zeitschr. f. Phys. *43*, 1927, S. 1 und 779.

chemischen Ordnungszahl abhängige **Intensitätsverhältnis** zwischen verschobener und unverschobener Linie und auch ganz allgemein die Abhängigkeit der Intensität von den speziellen Eigenschaften der streuenden Atome[11].

Die Konstante des Compton-Effektes, nämlich die Wellenlänge λ_0 konnte durch die Ausmessungen mit großer Präzision bestimmt werden. Gingrich[12] fand so

$$\lambda_0 = 0{,}02424 \pm 0{,}00004\ \text{Å}. \tag{19}$$

Da die Lichtgeschwindigkeit genau bekannt ist, ist somit auch der Quotient h/m mit großer Präzision gegeben. Es ist in absolutem Maß auf Grund des Compton-Effektes

$$\frac{h}{m} = 7{,}270 \pm 0{,}001\ . \tag{20}$$

Aus dem derzeit als genauesten angenommenen Werte von h $(6{,}547 \cdot 10^{-27})$ folgt somit für die Elektronenmasse

$$m = 9{,}04 \cdot 10^{-28}\ \text{g}, \tag{21}$$

in voller Übereinstimmung mit Gl. 6 des § 3. Der Wert von h läßt sich übrigens auch ganz unabhängig von allen Erkenntnissen über die Eigenschaften des Elektrons ermitteln, z. B. durch Beobachtungen über Wärmestrahlung. Der Compton-Effekt bietet daher die prinzipiell wichtige Möglichkeit, ohne irgendwelche Annahmen über die Elektronenladung die Elektronenmasse direkt zu bestimmen.

[11] Unter Berücksichtigung des Elektronenspin (also auf Grund der sog. Diracschen Gleichungen) wurde der Compton-Effekt gebundener Elektronen von H. Casimir, Helv. Phys. Acta *6*, 1933, S. 279, behandelt.

[12] N. S. Gingrich, Phys. Rev. *36*, 1930, S. 1050.

ANHANG

Zusammenfassung des Inhalts.

I. Kapitel. Elektronen, Atome und Lichtquanten.

§ 1. Aus den Bewegungen, die kleine, schwach elektrisch geladene Teilchen unter dem zweifachen Einfluß der eigenen Schwere und eines vertikal nach aufwärts gerichteten elektrischen Feldes ausführen, folgt direkt, daß die Ladungen solcher Teilchen genau ganzzahlige Vielfache eines elektrischen Elementarquantums (e) sind, für das die Beobachtungen einen Wert von $4{,}77 \cdot 10^{-10}$ elektrostat. Einh. ergeben.

§ 2. Die Zahl, durch die man die Atomgewichtszahlen dividieren muß, um die absoluten Massen der Atome zu erhalten, wird als die Loschmidtsche Zahl (L) bezeichnet. Aus den elektrolytischen Messungsergebnissen ist auf Grund der Faradayschen Grundgesetze das Produkt $L \cdot e$ bekannt, und hieraus folgt für L der Wert von $6{,}06 \cdot 10^{23}$; danach ist die Masse des Wasserstoffatoms $1{,}66 \cdot 10^{-24}$ g.

§ 3. Die spezifische Ladung von Kathodenstrahlteilchen erweist sich auf Grund ihrer elektrischen und magnetischen Ablenkung als 1838 mal größer als die des ionisierten Wasserstoffatoms. Unter der Annahme, daß die Ladung der Strahlteilchen je ein Elementarquantum beträgt, die Kathodenstrahlen also aus Elektronen bestehen, ergibt sich für deren Masse (m) ein Wert von $9{,}04 \cdot 10^{-28}$ g. Die von radioaktiven Substanzen ausgesandten β-Strahlen bestehen ebenfalls aus Elektronen und haben Geschwindigkeiten von 10 bis zu 99,8% der Lichtgeschwindigkeit; bei ihnen konnte die von der Relativitätstheorie geforderte Zunahme der Masse mit der Geschwindigkeit experimentell quantitativ nachgewiesen werden.

§ 4. Kanal- und Anodenstrahlen bestehen aus positiven Ionen, deren Masse sich durch die Strahlenanalyse als stets nahezu ganzzahliges Vielfaches der Wasserstoffatommasse erweist. Die von radioaktiven Substanzen ausgehenden positiven α-Strahlen haben Anfangsgeschwindigkeiten von 5 bis 7% der Lichtgeschwindigkeit. Die Szintillationsmethode ermöglicht eine Zählung der von einem Präparat in einer bestimmten Zeit fortgeschleuderten α-Teilchen. Dadurch konnte die Ladung eines einzelnen α-Teilchens ermittelt werden und somit auch seine Masse, da die spezifische Ladung aus Ablenkungsversuchen bekannt ist. Derart fand man, daß ein α-Teilchen eine viermal so große Masse wie ein Wasserstoffatom bei einer positiven Ladung von zwei Elementarquanten hat. In Wasserstoff erzeugen die α-Strahlen weitreichende, sogenannte natürliche H-Strahlen.

§ 5. Die nähere Untersuchung des lichtelektrischen Effekts zeigt, daß die äquivalente Spannung der ausgelösten Elektronen eine lineare Funktion der Frequenz der auslösenden Strahlung ist. Daraus folgt die Existenz einer universellen Konstanten von der Dimension einer Wirkung, also eines elementaren Wirkungsquantums (h), für das die Messungen einen Wert von $6{,}55 \cdot 10^{-27}$ erg. sec ergeben.

§ 6. Die Vorstellung individueller Lichtquanten ($h\nu$) erklärt die fundamentalen Gesetzmäßigkeiten, die bei der wechselseitigen Umwandlung zwischen elektromagnetischer Wellenstrahlung und materieller Strahlung beobachtet werden. Der COMPTON-Effekt beweist, daß den Lichtquanten auch ein Impuls von der Größe $h\nu/c$ zugeschrieben werden muß. Als Ergänzung zu der korpuskularen Auffassung des Lichtes begründete LOUIS DE BROGLIE die Theorie der Materiewellen, die jedem bewegten Materieteilchen eine charakteristische Wellenlänge von der Größe h/mv zuordnet.

§ 7. Beobachtungen über den Durchgang von α-Strahlen durch Materie lassen es erkennen, daß ein α-Teilchen viele Tausende von Atomen durchqueren kann, ohne eine merkliche Änderung seiner Richtung zu erfahren, während bisweilen durch ein einziges Atom eine sehr große Ablenkung des α-Teilchens hervorgerufen wird. Die Ablenkung muß daher auf einen Atomkern zurückgeführt werden, der nur einen sehr geringen Teil des gesamten Volumens einnimmt und in dem nahezu die ganze Masse des Atoms vereinigt ist. Um den positiv anzunehmenden Kern müssen sich nach der grundlegenden Vorstellung RUTHERFORDS Elektronen bewegen, bei denen die elektrische Anziehung durch die Zentrifugalkraft kompensiert wird.

§ 8. Die Methode der Elektronenstöße offenbart die Existenz einer Anregungsenergie der Atome und gestattet für viele Grundstoffe die experimentelle Ermittlung charakteristischer Potentiale. In Verbindung mit der Vorstellung der Lichtquanten liefert die Tatsache der Energiestufung der Atome eine Erklärung für das Auftreten charakteristischer Linienspektren der Atome, ferner für die Übereinstimmung zwischen Emissions- und Absorptionslinien und für die Termdarstellbarkeit der Spektren. Mit den experimentell bestimmten charakteristischen Potentialen decken sich die Werte, die indirekt auf Grund spektroskopischer Daten errechnet werden.

§ 9. Wie MOSELEY entdeckte, lassen sich die Grundstoffe mit fortlaufender Numerierung derart in eine Reihe ordnen, daß die Quadratwurzel aus der Frequenz einer bestimmten Röntgenlinie linear mit der Nummer (oder Ordnungszahl) des Grundstoffs wächst. Die sich so ergebende „natürliche Reihe“ der Grundstoffe, die mit Wasserstoff beginnt und mit Uran endet, umfaßt 92 Plätze, von denen nur drei Lücken darstellen. Die Ordnungszahl erweist sich als identisch mit der Kernladungszahl.

§ 10. Durch die chemisch passiven Edelgase zerfällt die natürliche Reihe in sieben Perioden; die erste enthält 2 Elemente, die zweite und dritte je 8, die vierte und fünfte je 18, die sechste 32; die siebente Periode bricht an sechster Stelle mit dem Uran ab. Nach der Ähnlichkeit der Grundstoffe lassen sich im periodischen System acht „Vertikalreihen“ mit je zwei Untergruppen unterscheiden.

II. Kapitel. Die Grundlagen der Atommechanik.

§ 11. Die Vorstellung der Materiewellen führt in der Anwendung auf gleichförmige Bewegungen in geschlossenen Bahnen zu der Folgerung, daß nur solche Bahnen möglich seien, für die die Bahnlänge ein ganzzahliges Vielfaches der Wellenlänge und somit der Drehimpuls ein ganzzahliges Vielfaches von $h/2\pi$ ist. Die mechanische Geschwindigkeit eines Teilchens stellt die Gruppengeschwindigkeit der mit ihm verknüpften Materiewellen dar.

§ 12. In Anknüpfung an die Ideen DE BROGLIES schuf SCHRÖDINGER eine Verallgemeinerung der Mechanik, die dem Übergang von dem FERMATschen zum HUYGENSschen Prinzip, also von der geometrischen Strahlenoptik zu der physikalischen Wellenoptik analog sein soll. Die Anwendung auf ein einzelnes Teilchen führt zu der fundamentalen Differentialgleichung

$$\Delta S + \frac{8\pi^2 m}{h^2}(E - V)\,S = 0\ ,$$

wobei S den sogenannten Feldskalar bedeutet, E die totale und V die potentielle Energie. Durch diese Beziehung erscheint das physikalische Problem der Quantisierung der Energie auf das rein mathematische Problem der Bestimmung von Eigenwerten von Differentialgleichungen zurückgeführt. Als Beispiele werden der lineare, harmonische Oszillator und der Rotator mit freier Achse behandelt. Im Gegensatz zu der früheren Theorie ergibt sich die Energie des Oszillators gleich einem ungeraden Vielfachen eines halben Energieelementes, wodurch auch die Hypothese einer Nullpunktsenergie verständlich wird. Für den Drehimpuls eines Rotators findet man den Wert $\frac{h}{2\pi}\sqrt{n\,(n+1)}$.

§ 13. HEISENBERG ersetzte jede periodisch veränderliche Elektronenkoordinate durch ein quadratisches Schema von Partialschwingungen, deren Frequenzen mit den Schwingungszahlen der Spektrallinien übereinstimmen und deren Amplituden für die Linienintensitäten maßgebend sind. Für ein solches Schwingungsschema gab HEISENBERG eine Definition der Multiplikation, wodurch diese Rechenoperation nicht-kommutativ wird. Die Differenz, die sich in dem Produkte aus einer Koordinate und dem zugehörigen Impuls bei einer Vertauschung der Faktoren ergibt, wird durch die HEISENBERGsche Vertauschungsrelation gleich $h/(2\pi i)$ gesetzt. BORN und JORDAN haben die exakte Durchführung des HEISENBERGschen Programms durch die Schaffung der Matrizenmechanik ermöglicht, mittels deren sie zeigen konnten, daß aus der HEISENBERGschen Vertauschungsrelation der Satz von der Erhaltung der Energie und das Lichtquantenprinzip als notwendige Folgen resultieren. Unter Verwendung des Begriffs des mathematischen Operators läßt sich die Äquivalenz der Theorien von SCHRÖDINGER und HEISENBERG nachweisen.

§ 14. Durch BORN wurde der SCHRÖDINGERsche Feldskalar als die Wahrscheinlichkeit gedeutet, die für das Eintreffen eines materiellen Teilchens an einem gegebenen Orte besteht. Nur derartige statistische Wahrscheinlichkeiten erscheinen nach der Quantenmechanik determiniert, nicht aber die elementaren Prozesse der Physik.

§ 15. Vom Standpunkte der Quantentheorie erscheint ein mechanischer Zustand von einem Freiheitsgrade in einer Phasenebene nicht durch einen scharfen Punkt, sondern nur durch eine Zelle darstellbar, deren Flächeninhalt gleich dem elementaren Wirkungsquantum ist. Hieraus läßt sich die Folgerung einer elementaren Unschärfe ziehen.

§ 16. Atommechanische Betrachtungen führen zu der Unterscheidung zwischen der Hauptquantenzahl (n), die für ein Atom mit einem Elektron näherungsweise die Energie festlegt, und der Nebenquantenzahl (l), die den Drehimpuls der periodischen Umlaufsbewegung des Elektrons bestimmt und die Werte 0, 1, 2 ... ($n - 1$) annehmen kann. Überdies muß den Elektronen eine Eigenrotation, ein sogenannter Spin zugeschrieben werden, dem die Quantenzahl $\pm 1/2$ zugeordnet wird. Die Zusammenfügung der Vektoren, die für die einzelnen Elektronen eines Atoms Drehimpuls und Spin bestimmen, muß nach der grundlegenden Annahme von RUSSELL und SAUNDERS wiederum eine quantisierte Resultierende ergeben.

§ 17. Die Resultierende aus den Drehimpuls- und Spinvektoren der einzelnen Elektronen bestimmt die innere Quantenzahl (j) des Atoms. Die Zahl der Werte, die sie annehmen kann, ergibt die Multiplizität der Spektralterme. Für $j = 0$ sind nur Singulett-Terme möglich. Für die Frequenzintervalle innerhalb eines Multipletts gelten einfache Zahlenverhältnisse, die durch die LANDÉsche Regel festgelegt sind.

§ 18. In einem Magnetfeld tritt eine $(2j + 1)$-fache Richtungsquantelung eines Atoms ein, indem die magnetische Quantenzahl (m) sämtliche um Eins voneinander abstehenden Werte von $(-j)$ bis $(+j)$ annehmen kann. In einem schwachen Felde wird die Verschiebung eines Terms $g\, m\, \omega\, H$, wobei H die magnetische Feldstärke, ω eine universelle

Konstante und g der LANDÉsche Aufspaltungsfaktor ist. In einem starken Magnetfeld ist hingegen die Verschiebung stets ein ganzzahliges Vielfaches von ωH.

§ 19. Das PAULIsche Prinzip, nach dem in einem Atom niemals zwei Elektronen in sämtlichen vier Quantenzahlen übereinstimmen können, ergibt die maximalen Besetzungszahlen der ein-, zwei-, drei- und vierquantigen Elektronengruppe zu 2, 8, 18 und 32.

III. Kapitel. Die Spektren der Atome.

§ 20. Die Wellenzahlen der bekannten Wasserstoffserien lassen sich, wie im wesentlichen bereits BALMER erkannte, als Differenzen zweier Terme darstellen, die den Quotienten aus der universellen RYDBERGschen Konstanten (R) und dem Quadrate einer ganzen Zahl gleich sind. Die atomtheoretische Deutung dieser Gesetzmäßigkeit ergab für die RYDBERGsche Konstante den Wert $2\pi^2 e^4 m/h^3$. Die Feinstruktur des Wasserstoffspektrums wurde zuerst von SOMMERFELD durch Einführung einer relativistischen Korrektion, später durch eine solche und den Elektronenspin erklärt.

§ 21. Wird in der Formel des Wasserstoffspektrums die Frequenz mit vier multipliziert, so muß die so abgeänderte Formel das Spektrum des ionisierten Heliums ergeben. In der Tat sind diese Serien, die ursprünglich fälschlich dem Wasserstoff zugeschrieben wurden, durch spätere Experimente als dem Helium zugehörig nachgewiesen worden. Die Violettverschiebung der Heliumlinien gegenüber den Wasserstofflinien erklärt sich, wie BOHR erkannte, durch die Mitbewegung des Atomkerns, so daß durch die Ausmessung der Verschiebung eine genaue Bestimmung der spezifischen Ladung des Elektrons möglich wird.

§ 22. Die wichtigsten Linien der Alkalispektren lassen sich auf vier Termfolgen zurückführen, die als s-, p-, d- und f-Terme mit den Nebenquantenzahlen 0, 1, 2 und 3 unterschieden werden. Die Hauptserie, die diffuse Nebenserie, die scharfe Nebenserie und die Fundamentalserie entstehen bei der Emission durch die Übergänge $p \longrightarrow s$, $d \longrightarrow p$, $s \longrightarrow p$ und $f \longrightarrow d$. Die Alkaliterme, die mit Ausnahme der stets einfachen s-Terme doppelt sind, sind in der Form darstellbar $R/(n + a + \alpha/n^2)^2$, wobei a die stets negative RYDBERG-, α die stets positive RITZ-Korrektion bedeuten und beide Korrektionen nur von der Nebenquantenzahl abhängen. Den Bogenspektren der Alkalimetalle sind die Funkenspektren der Erdalkalien und die höheren Funkenspektren der mehrfach ionisierten Atome analog, denen alle Valenzelektronen bis auf eines entrissen sind.

§ 23. Bei Atomen mit zwei Valenzelektronen ergeben sich für die Terme ein Singulett- und ein Triplettsystem. Überdies treten auch verschobene Terme auf; sie entsprechen Zuständen, in denen gleichzeitig zwei Elektronen angeregt sind. Als ein entartetes Erdalkalispektrum ist das Bogenspektrum des Heliums anzusehen, das aus zwei Termsystemen besteht, zwischen denen Kombinationen nur mit geringer Wahrscheinlichkeit auftreten. Der Gegensatz zwischen Parhelium und Orthohelium findet auf wellenmechanischer Grundlage dadurch seine Erklärung, daß die Eigenfunktionen des Zwei-Elektronensystems in symmetrische und antisymmetrische zerfallen.

§ 24. Die Terme, die durch ein System äquivalenter Elektronen, nämlich durch ein System von Elektronen von untereinander gleicher Haupt- und untereinander gleicher Nebenquantenzahl geliefert werden, können auf Grund des PAULIschen Prinzips berechnet werden. Durch Hinzufügung eines weiteren, nicht äquivalenten Elektrons ergeben sich neue Terme von einer ums Eins größeren oder kleineren Multiplizität.

§ 25. Die wesentlichen Züge der Spektren der Achterreihen lassen sich aus den Erkenntnissen über äquivalente Elektronensysteme deduzieren. Aluminium zeigt ein einfaches Dublettsystem, in der sechsten Vertikalreihe treten Triplett- und Quintetterme auf. Den Bogenspektren der Edelgase erweisen sich die Funkenspektren der Alkalimetalle analog.

§ 26. Die Tatsache, daß das zweifach ionisierte Scandiumatom als einziges dreiquantiges Elektron ein *d*-Elektron enthält, erklärt die Eigentümlichkeiten, die die Achtzehnerperioden hinsichtlich der Elektronenanordnung und der Grundterme aufweisen. Der chemischen Zweideutigkeit des Kupfers entspricht auch eine spektroskopische. Allgemeine Gesetzmäßigkeiten der komplizierteren Spektren finden ihren Ausdruck in dem für die Multiplizität geltenden RYDBERGschen Wechselsatz, in der SLATERschen Grundtermregel und in der Kombinationsregel von LAPORTE und RUSSELL. Die Hyperfeinstruktur der Spektren erklärt sich durch das Vorhandensein eines Kernspins, dessen Quantenzahl sich mit der inneren Quantenzahl des Elektronen-Planetensystems zu einer wieder quantisierten Resultierenden zusammensetzt.

§ 27. Auf der BARKLAschen Entdeckung der charakteristischen Röntgenstrahlung beruht die durch MOSELEY begründete Röntgenspektroskopie. Die *K*-, *L*-, *M*-, *N*-Serie entstehen durch Übergang in ein ein-, zwei-, drei-, vierquantiges Endniveau. Da sich die zu der Erregung einer bestimmten Röntgenlinie erforderliche Anregungsspannung immer gleich der charakteristischen Spannung des Endniveaus erweist, kann eine Röntgenlinie offenbar nur dann emittiert werden, wenn vorher ein Elektron des emittierenden Atoms aus seiner normalen Bahn bis über die Atomgrenze entfernt wurde. Diese Auffassung findet in den Absorptionskanten des kontinuierlichen Röntgenspektrums eine unmittelbare experimentelle Bestätigung. Das Schema der Röntgenterme weist eine weitgehende Ähnlichkeit mit dem Termsystem der Alkalimetalle auf und ist wie dieses ein Dublettsystem, bei dem *s*-, *p*-, *d*- und *f*-Terme auftreten. Terme, die sich nur hinsichtlich der inneren Quantenzahl unterscheiden, bilden reguläre Dubletts, für die die Wellenlängendifferenz nahezu unabhängig von der chemischen Ordnungszahl ist.

§ 28. Die Erkenntnisse über die Vervollständigung innerer Elektronengruppen finden eine unmittelbare Bestätigung durch den Verlauf der Kurven, die die Quadratwurzeln aus den Röntgentermen in ihrer Abhängigkeit von der chemischen Ordnungszahl darstellen. Das übereinstimmende chemische und physikalische Verhalten der seltenen Erden erklärt sich daraus, daß die Vervollständigung der vierquantigen Elektronengruppe von 18 auf 32 erst in der sechsten Periode erfolgt. Die Bohrsche Theorie des periodischen Systems ließ erkennen, daß das 72. Element keine seltene Erde mehr sein könne, und führte so zu der Entdeckung des Hafniums. Elemente, die nicht abgeschlossene Untergruppen von Elektronen enthalten, zeigen häufig Paramagnetismus, mehrfache Valenz und Färbung der Salze.

§ 29. Die Verschiedenheit des normalen und anomalen Zeeman-Effektes wird durch die Quantentheorie auf die Unterscheidung zwischen starken und schwachen Feldern zurückgeführt. Der normale Effekt liefert stets ein äquidistantes Linientriplett; die Erscheinungen des anomalen Effektes können auf Grund der Landéschen Aufspaltungsformel richtig vorausgesagt werden. Bei der allmählichen Verstärkung des schwachen Feldes tritt eine Umwandlung des anomalen in einen normalen Effekt ein, wodurch der Paschen-Back-Effekt hervorgerufen wird.

§ 30. Die Aufspaltung der Spektrallinien im elektrischen Feld, der sogenannte Stark-Effekt, kann als eine empirische Bestätigung der Quantentheorie angesehen werden.

§ 31. Die Intensitäten der Komponenten eines Linienmultipletts sind durch einfache rationale Zahlenverhältnisse untereinander verknüpft. Mit großer Genauigkeit erweist sich hierbei die Beziehung erfüllt, daß die Summe der Intensitäten der Linien, die zu demselben Term als gemeinsamem Anfangs- oder Endterm gehören, dem durch die Zahl $(2j+1)$ bestimmten Gewicht dieses Terms proportional ist. Für die Tripletts der diffusen Nebenserie ist das Intensitätsverhältnis $9:5:1$; dabei ist die mittlere Linie am stärksten und die längstwellige am schwächsten. Bei den Dubletts der Hauptserie ist die kürzerwellige Komponente doppelt so stark wie die andere; bei der scharfen Nebenserie ist es umgekehrt.

§ 32. Gerlach und Stern gelang durch Versuche an Atomstrahlen der unmittelbare experimentelle Nachweis für die von der Theorie geforderte Richtungsquantelung der Atome im Magnetfeld. Sie konnten zeigen, daß sich ein Silberatom so einstellt, daß die Komponente seines magnetischen Moments gerade ein Magneton beträgt, wenn man unter diesem das Moment $e\,h/(4\pi\,m\,c)$ versteht, das einem mechanischen Drehimpuls $h/2\pi$ entspricht. In Übereinstimmung mit der theoretischen Erwartung werden die Atomstrahlen derjenigen Grundstoffe nicht aufgespalten, für die ein Term mit $j = 0$ Grundterm ist. Die Verknüpfung der LANGEVINschen Theorie der Temperaturabhängigkeit des Paramagnetismus mit der neuen Vorstellung der Richtungsquantisierung führt zu einer durch die Erfahrung gut bestätigten Formel, die die magnetische, sogenannte CURIEsche Konstante mit der inneren Quantenzahl und dem LANDÉschen Aufspaltungsfaktor verknüpft. In Übereinstimmung mit der Theorie ist es sowohl gelungen, durch rasche Rotation einen Stab aus ferromagnetischem Material zu magnetisieren (BARNETT-Effekt), als auch durch rasches Ummagnetisieren eine Drehung als mechanische Reaktion hervorzurufen (EINSTEIN-DE HAAS-Effekt). Durch Entmagnetisierung paramagnetischer Substanzen ist die Herstellung allertiefster Temperaturen bis zu 0,005° abs. gelungen.

§ 33. Die Anregung von Atomen durch Zufuhr von Translationsenergie stellt sich als Temperaturleuchten dar. Ionisierung in gleichem Grade erfordert höhere Temperaturen als Anregung, wodurch sich früher paradoxe Ergebnisse der Sonnenspektroskopie erklären. Die Fluoreszenz von Gasen kann durch Erhöhung des Druckes ausgelöscht werden. Beobachtungen hierüber haben für die mittlere Verweilzeit des angeregten Atomzustandes einen Wert von ungefähr 10^{-8} sec ergeben. Als metastabil werden angeregte Atomzustände bezeichnet, aus denen eine spontane Rückkehr in den Grundzustand durch die spektroskopischen Auswahlregeln verboten erscheint. Metastabilität konnte vor allem bei Helium, aber auch bei Neon, Argon und anderen Elementen nachgewiesen werden. Das sogenannte Nebulium, dessen Linien in den Spektren der kosmischen Nebel auffielen, stellt sich als metastabiler Sauerstoff und Stickstoff dar.

§ 34. Der Wirkungsquerschnitt für Elektronenstrahlen nimmt mit abnehmender Voltzahl zunächst zu, nimmt aber bei Energien von weniger als 10 eV wieder ab. Dieser von RAMSAUER und TOWNSEND entdeckte Effekt wird wellenmechanisch gedeutet.

IV. Kapitel. Die Röntgenstrahlen.

§ 35. Ein Raumgitter sondert durch Beugung aus einer einfallenden Wellenstrahlung Strahlen von ganz bestimmten Wellenlängen aus, die für gegebene Ordnungszahlen von der Gitterkonstante und der Einfallsrichtung abhängen.

§ 36. Die Abbeugung der Strahlen durch ein Raumgitter kann auch als Reflexion an den Netzebenen des Gitters aufgefaßt werden. Eine Schar von Netzebenen sondert aus der einfallenden Strahlung die Strahlen aus, für die ein ganzzahliges Vielfaches der Wellenlänge dem Gangunterschied zweier, von zwei benachbarten Netzebenen zurückgeworfenen Strahlen gleich ist. Bei einer Drehung des Raumgitters werden alle Strahlen von gleicher Wellenlänge in bestimmten Punkten eines Kreises fokussiert.

§ 37. Die Beugung der Röntgenstrahlen durch Kristalle wurde von Laue nachgewiesen. Sobald auf Grund der Laue-Photogramme die Struktur eines Kristalls erforscht war, war die Möglichkeit einer exakten Wellenlängenmessung von Röntgenstrahlen gegeben. Mittels der Kristalle konnten Wellenlängen von etwa 50 bis ungefähr 50000 X gemessen werden. Umgekehrt ermöglichten absolute Messungen von Röntgenwellenlängen mittels optischer Gitter eine genaue Bestimmung der Kristallkonstanten und damit der Loschmidtschen Zahl. Die kontinuierliche Röntgenstrahlung weist nach der kurzwelligen Seite zu eine scharfe Grenze auf, die sich mit wachsender Röhrenspannung in der Richtung abnehmender Wellenlängen gemäß der Beziehung verschiebt, daß das Produkt aus Elektronenladung und Spannung einem Lichtquant der Grenzwellenlänge gleich ist.

§ 38. Ähnliche Eigenschaften wie die Röntgenstrahlen weisen Elektronenstrahlen auf. Sie werden, wie Davisson und Germer im Anschluß an die de Brogliesche Theorie fanden, von Kristallen selektiv reflektiert und, wie mannigfache Experimente zeigten, bei dem Durchgang durch Folien gebeugt.

V. Kapitel. Die Atomkerne.

§ 39. Aus der Tatsache, daß zwei Atome bei gleicher Kernladung gleichwohl eine verschiedene Zusammensetzung haben können, erklärt sich die Erscheinung der Isotopie, nämlich Verschiedenheit des Atomgewichtes und der etwaigen radioaktiven Eigenschaften bei scheinbarer chemischer Identität. Mittels der von Aston begründeten Massenspektroskopie konnten nahezu alle Grundstoffe auf Isotopie untersucht werden. Die Zahl der bekannten stabilen Isotope beläuft sich auf ungefähr 250. Grundstoffe mit ungerader Ordnungszahl sind entweder sogenannte Reinelemente, oder weisen sie (von H abgesehen) zwei Isotope auf, deren Massenzahlen mit alleiniger Ausnahme von Li, B und N beide ungerade und um zwei verschieden sind. Bei Elementen mit gerader Ordnungszahl kommen oft zahlreiche Isotope vor, bei Zinn z. B. 11.

§ 40. Deutlich erkennbare chemische und physikalische Verschiedenheiten bestehen zwischen den Wasserstoffisotopen bzw. deren Verbindungen. Das optische Spektrum des schweren Wasserstoffs zeigt gegen das normale Linienverschiebungen, die zu der Entdeckung des schweren Wasserstoffs (Deuteriums) durch Urey führten. Auf elektrochemischem Wege gelang die Trennung des schweren von dem normalen Wasserstoff.

§ 41. Die Abweichungen der Isotopengewichte von den ganzen Zahlen, der sogenannte Packungseffekt, erklärt sich aus dem Satze von der Masse der Energie. Der tausendste Teil einer Atomgewichtseinheit entspricht ungefähr einer Energie von einer Million Elektron-Volt.

§ 42. Die Erscheinungen der Radioaktivität beruhen auf einem Kernzerfall, der durch die Änderung der Kernladungszahl zugleich eine chemische Umwandlung bewirkt. Eine α-Umwandlung erniedrigt die Ordnungszahl um zwei und das Atomgewicht um vier; dagegen erhöht eine β-Umwandlung, ohne merkliche Änderung des Atomgewichts, die Ordnungszahl um Eins. Die Beobachtung der Geschwindigkeit der Heliumbildung aus Radium gestattet in Verbindung mit der Szintillationsmethode eine unmittelbare Bestimmung der LOSCHMIDTschen Zahl.

§ 43. Im radioaktiven Gleichgewicht verhalten sich die Zahlen der vorhandenen Atome umgekehrt wie die Zerfallskonstanten. Von allen Substanzen, die sich untereinander im Gleichgewicht befinden, zerfallen in gleichen Zeiten gleich viel Atome.

§ 44. Zurzeit sind drei Umwandlungsreihen bekannt, die mit Uran, Protaktinium und Thorium beginnen und sämtlich mit stabilen Bleiarten enden. Außerhalb der Reihen sind als Radioelemente noch Kalium, Rubidium und Samarium bekannt. Das Alter von Uranmineralien kann aus ihrem Gehalt an Uranblei berechnet werden.

§ 45. Die Reichweite von α-Strahlen ergibt sich empirisch als angenähert der dritten Potenz ihrer Anfangsgeschwindigkeit proportional. Die Logarithmen der Zerfallskonstanten sind lineare Funktionen der Logarithmen der Reichweiten. β-Strahlspektren werden durch magnetische Ablenkung aufgelöst. Auf angeregte Kernzustände sind die Feinstruktur der α-Strahlen sowie das Auftreten vereinzelter α-Teilchen von übernormaler Reichweite zurückzuführen.

§ 46. Die durch ein ungeheures Durchdringungsvermögen ausgezeichnete kosmische Ultrastrahlung besteht, wie der geographische Breiteneffekt in Verbindung mit der Tatsache des erdmagnetischen Feldes erkennen läßt, im wesentlichen aus elektrisch geladenen Teilchen. Unter ihnen herrschen, wie man aus dem überwiegend westlichen Einfall der Teilchen schließen muß, die positiv elektrischen vor.

§ 47. Die nähere Untersuchung der kosmischen Strahlung führte ANDERSON zu der Entdeckung des positiven Gegenstückes des Elektrons, nämlich des Positrons, dem jedoch nur eine eng begrenzte Lebensdauer zukommt. Aus γ-Strahlung, deren Lichtquanten eine Energie von wenigstens 1 eMV aufweisen, können durch Umwandlung von Licht in Materie Positronen, paarweise mit negativen Elektronen, ins Leben gerufen werden; der Überschuß der Lichtquantenenergie über 1 eMV kommt als kinetische Energie des Paares zum Vorschein. Umgekehrt ist, wenn ein Positron verschwindet und mit ihm zugleich (infolge der Erhaltung der Elektrizität) ein Elektron, das Auftreten einer γ-Strahlung feststellbar; es fliegen zwei Photonen von (mindestens) je $^1/_2$ eMV und zwar infolge der Erhaltung des Impulses paarweise nach entgegengesetzten Richtungen fort.

§ 48. Die Untersuchung der Strahlung, die von Beryllium unter der Einwirkung von α-Strahlen ausgeht, führte Chadwick zu der Entdeckung von ungeladenen Teilchen von der Masse des Wasserstoffatoms, jedoch einem viel, viel kleineren Volumen. Diese als Neutronen bezeichneten Teilchen werden dadurch erkennbar, daß sie aus getroffenen leichten Atomen, vor allem des Wasserstoffs, Kerne mit großer Wucht fortschleudern.

§ 49. Durch die Einwirkung von α-Strahlen gelingt bei zahlreichen Grundstoffen, und zwar besonders stark bei N, Na, Al und P, die Zertrümmerung ihrer Kerne, wobei Protonen fortgeschleudert werden. Die Ausbeute an Protonen beträgt in den günstigsten Fällen bis zu einigen Hundert pro 10^8 α-Teilchen. Bei Aluminium zeigt sich deutlich Kernresonanz, indem Protonen von ganz bestimmten Reichweiten fortgeschleudert werden. Wesentlich ist, daß der Effekt nur bei ganz bestimmten α-Geschwindigkeiten auftritt.

§ 50. Unter der Einwirkung rascher Protonenstrahlen zerfallen, wie zuerst Cockcroft und Walton zeigten, Lithiumkerne in je zwei α-Teilchen, die paarweise nach entgegengesetzten Richtungen fortfliegen. Die Bestimmung der Energie der fortgeschleuderten α-Teilchen liefert unter Berücksichtigung der Massendefekte von H^1, He^4 und Li^7 eine vollkommene experimentelle Bestätigung des Satzes von der Masse der Energie. Derselbe Effekt, der an Li^7 durch Protonen hervorgerufen wird, wird an Li^6 durch Deuteronen hervorgebracht. Borkerne zerfallen unter der Einwirkung von Protonenstrahlen in je drei α-Teilchen. Als ein besonders geeignetes Mittel zur Atomzertrümmerung haben sich die Neutronen erwiesen.

§ 51. Die Einwirkung von Deuteronenstrahlen auf schweren Wasserstoff führt zu der paarweisen Bildung von Protonen und dreifach schweren Wasserstoffkernen. Parallel hierzu verläuft eine zweite Kernreaktion, die zu der Entstehung von Neutronen und Kernen eines Heliumisotops von der Masse 3 führt.

§ 52. Das Produkt einer künstlich herbeigeführten Kernumwandlung kann, wie Irène Curie und Joliot entdeckten, auch eine instabile Grundstoffart sein, die gleich einem natürlichen Radioelement unter Teilchenemission mit genau feststellbarer Halbwertszeit zerfällt. Derartige künstliche Radioaktivität konnte durch α-, Protonen- und Deuteronenstrahlen, vor allem aber in Fermis Versuchen durch Neutronen hervorgerufen werden. In vielen Fällen konnte auch mittels chemischer Methoden der chemische Charakter des erzeugten Radioelementes nachgewiesen werden. Die künstlichen Radioelemente, deren man gegen 50 kennt, weisen durchwegs Massenzahlen auf, die keinem bekannten stabilen Isotop des gleichen Grundstoffs zukommen und die entweder kleiner als die kleinste oder aber größer als die größte, sonst bei dem Element festgestellte Massenzahl sind; im ersten Falle werden Positronen, im zweiten negative Elektronen seitens des Radioelementes emittiert.

§ 53. Die Kerne denkt man sich aus Protonen und Neutronen bei völligem Fehlen von (früher angenommenen) Kernelektronen zusammengesetzt. Die Protonenzahl bestimmt die Kernladung, die Summe aus Protonen- und Neutronenzahl das Atomgewicht. Ist mit einem Kernzerfall eine Umwandlung eines Neutrons in ein Proton verbunden, so ist die Folge die Emission eines β-Teilchens und eines Neutrino. Die Neutronenzahl ist bei stabilen Elementen nie kleiner, meist aber größer als die Protonenzahl. Die Kernspinzahlen erweisen sich für Kerne von ungerader Massenzahl durchwegs als ungerade Vielfache von $^1/_2$; hingegen sind Kerne von gerader Massenzahl im allgemeinen spinlos. Aus Beobachtungen über die Streuung von Protonenstrahlen in Wasserstoff sowie von α-Strahlen in Helium folgt auf Grund des wellenmechanischen Mott-Effektes, daß das Proton einen Spin gleich dem Elektron besitzt, während das α-Teilchen spinlos ist. Elemente mit gerader Ordnungszahl sind nach der Harkinsschen Regel stets häufiger als die beiden Nachbarn in der natürlichen Grundstoffreihe. Die Zahl der Neutronen ist meist gerade; im allgemeinen erscheint eine ungerade Protonenzahl nicht mit einer ungeraden Neutronenzahl kombiniert.

§ 54. Die Emission der α-Teilchen durch radioaktive Elemente kann wellenmechanisch durch die Annahme gedeutet werden, daß die Atomkerne von Potentialwällen umgeben sind, für deren Durchquerung sich bestimmte Wahrscheinlichkeiten ergeben. Der Durchgang von Teilchen durch einen Potentialwall ist ganz analog zu dem Eindringen einer Lichtwelle in ein total reflektierendes Medium. Aus dieser Analogie ergibt sich auch die Formel für die wellenmechanische Durchdringungswahrscheinlichkeit, wonach diese mit dem Verhältnis des Produktes der Ladungszahlen von Kern und Teilchen zu der Geschwindigkeit des letzteren exponentiell abnimmt.

VI. Kapitel. Die Molekeln.

§ 55. Die wesentlichen Gesetzmäßigkeiten der Molekularspektren erklären sich aus der Annahme, daß sich die molekulare Energie aus drei Bestandteilen zusammensetzt, deren jeder nur diskreter, abgestufter Werte fähig ist. Es sind dies die Rotationsenergie, die Energie der Kernschwingungen und die Elektronenenergie. Bleibt bei einem Quantensprunge die Elektronenenergie konstant, so entsteht ein Rotationsschwingungsspektrum, das sich aus Banden äquidistanter Linien unter Ausfallen der Nullinien zusammensetzt.

§ 56. Innerhalb eines Bandenspektrums gehört zu jedem Elektronensprung ein Bandensystem, bestehend aus einzelnen Banden, deren Nullstellen durch das Bandkantengesetz verknüpft sind. Die Banden weisen im allgemeinen je drei Zweige auf, die den drei möglichen Änderungen der Rotationsquantenzahl entsprechen. Hinsichtlich der Elektronenterme läßt sich eine weitgehende Analogie zwischen Molekular- und Atomspektren unter der Annahme begründen, daß die in den Molekeln verbundenen Atome gemeinsame Elektronenschalen besitzen. So sind z. B. die Spektren der Molekeln mit 13 oder 21 Elektronen den Atomspektren der Alkalimetalle ähnlich.

§ 57. Zweiatomige Grundstoffmolekeln zeigen in ihren Banden einen Intensitätswechsel, der von HEISENBERG als quantenmechanischer Resonanzeffekt erkannt wurde. Die Verschiedenheit der Energiestufung von Ortho- und Parawasserstoff führt zu einer Verschiedenheit der Rotationswärme, die sich infolge des geringen molekularen Trägheitsmomentes des Wasserstoffs bei tiefen Temperaturen deutlich äußern muß. Der empirisch ermittelte Temperaturverlauf der spezifischen Wärme des Wasserstoffs stimmt mit demjenigen überein, der für eine Mischung von drei Vierteln Ortho- und einem Viertel Parawasserstoff berechnet werden kann. Das Mischungsverhältnis von 3 : 1 stellt jedoch nur für höhere Temperaturen das Gleichgewichtsverhältnis dar; letzteres verschiebt sich mit sinkender Temperatur immer mehr zugunsten des Parawasserstoffs, dessen Anteil bei der Verflüssigungstemperatur des Wasserstoffs 99,7% beträgt. Die Gleichgewichtseinstellung, die durch den Kern- und Elektronenspin ermöglicht wird, für gewöhnlich aber nur ungemein langsam vor sich geht, kann durch Anwendung hohen Drucks und geeigneter Katalysatoren außerordentlich beschleunigt werden.

§ 58. Aus den Bandenspektren zweiatomiger Molekeln läßt sich zunächst das molekulare Trägheitsmoment und hieraus der Kernabstand berechnen. Die Kerndistanzen und Kernfrequenzen der Molekeln zeigen einen deutlichen Zusammenhang mit der chemischen Periodizität. Die Konvergenzstellen der Bandenspektren bieten die Möglichkeit einer optischen Bestimmung der Dissoziationswärme. Dissoziation kann auch durch Absorption von Lichtquanten, auch auf dem Wege der Sensibilisierung, herbeigeführt werden.

§ 59. Der Charakter der homöopolaren Bindungen läßt erkennen, daß die Annahme elektrostatischer Kräfte nicht ausreicht. Auf wellenmechanischer Grundlage erhielten HEITLER und LONDON für die Wechselwirkungsenergie zweier neutraler, im Grundzustand befindlicher Wasserstoffatome zwei verschiedene Lösungen, deren eine homöopolare Anziehung, deren andere beständige Abstoßung bedeutet. Die erste Lösung ergibt für den Kernabstand und die Dissoziationsenergie der Wasserstoffmolekel mit der Erfahrung übereinstimmende Werte. Bei zwei im Grundzustand befindlichen neutralen Heliumatomen erweist sich nur die Abstoßung bedeutende Lösung als möglich. Ganz allgemein erscheint nach LONDON die homöopolare Bindung auf Grund des PAULIschen Prinzips als Paarung zweier hinsichtlich der Umlaufsbewegungen übereinstimmender Elektronen, die als unpaarige Elektronen verschiedenen

Atomen angehören. Die Zahl der unpaarigen Elektronen in einem Atom bestimmt dessen chemische Valenz. Hierdurch erklärt sich auch die Sonderstellung des Sauerstoffs und des Fluors.

§ 60. Die Gittertheorie der Kristalle liefert Zusammenhänge zwischen elastischen und optischen Konstanten der Kristalle sowie zwischen der Kohäsion und den chemischen Kräften; die Gittervorstellung führt ferner zu einer Theorie der Wärmeleitfähigkeit, der optischen Doppelbrechung, der Gittertypen und des Kristallwachstums.

§ 61. Die DEBYEsche Theorie der Elektrolyte beruht auf der Annahme von Ionenwolken, die in stark verdünnten Lösungen die Ionen umhüllen und deren Ausbildung eine gewisse „Relaxationszeit" erfordert. Derart erklärt die DEBYEsche Theorie den sogenannten WIEN-Effekt, der in der Zunahme der Leitfähigkeit mit wachsender Spannung in starken Feldern besteht.

§ 62. Das in einem Dielektrikum erregte elektrische Moment setzt sich aus einem von der Temperatur unabhängigen Deformationsanteil und einem temperaturempfindlichen Orientierungsanteil zusammen, der aber nur bei polaren Molekeln auftritt. Die Dielektrizitätskonstante zeigt sich daher nur bei symmetrischen Molekeln von der Temperatur unabhängig, während sonst der beobachtete Temperaturverlauf eine Berechnung des polaren Momentes gestattet.

§ 63. Die Eigentümlichkeiten der Metalle, vor allem ihre elektrische und thermische Leitfähigkeit, werden auf das Vorhandensein von freien Elektronen im Inneren der Metalle zurückgeführt. Im Sinne der Quantenstatistik stellen diese Elektronen wegen ihrer gegen die Atommassen geringfügigen Masse auch bei Zimmertemperatur ein völlig entartetes Gas dar. Dadurch erklärt sich die für die klassische Statistik unverständliche Tatsache, daß die freien Elektronen keinen merklichen Beitrag zu der spezifischen Wärme des Metalls liefern. Der bei dem RICHARDSON-Effekt von glühenden Metallen ausgehende elektrische Strom ist als die Gesamtheit der Elektronen zu deuten, die gegen die Metalloberfläche mit einer solchen Geschwindigkeit fliegen, daß das halbe Produkt aus der Masse und dem Quadrate der Normalkomponente der Geschwindigkeit die Austrittsarbeit überragt. Versuche von TOLMAN und BARNETT haben es direkt bestätigt, daß die spezifische Ladung der Leitungselektronen mit derjenigen der Kathodenstrahlen übereinstimmt.

VII. Kapitel. Die Wechselwirkung zwischen Licht und Materie.

§ 64. Nach der neuen Quantentheorie hängen die Dispersionserscheinungen nicht von den wirklichen Schwingungs- oder Umlaufsfrequenzen der Elektronen in den Atomen ab, sondern von sämtlichen möglichen spektralen Frequenzen des von der Lichtwelle getroffenen Atoms, ohne daß diese Frequenzen wirklich aufzutreten brauchen. Die

Folgerung des Auftretens von Kombinationsfrequenzen erscheint durch den RAMAN-Effekt bestätigt. Im Falle der Lichtstreuung kann, wie es in der Tat der RAMAN-Effekt zeigt, die primäre Frequenz in Kombination mit Eigenfrequenzen der streuenden Molekeln treten. Langwellige Trabanten entstehen, wenn ein Lichtquant durch Abgabe von Energie eine Molekel anregt; in selteneren Fällen werden aber auch kurzwellige Trabanten hervorgerufen, wenn eine bereits vorher angeregte Molekel Energie an ein Lichtquant überträgt.

§ 65. Die wellenmechanische Dispersionstheorie liefert auch eine Erklärung des Photoeffektes, der durch eine von dem getroffenen Atom ausgehende Materiewelle beschrieben erscheint. Als eine besondere Art des Photoeffektes ist der AUGER-Effekt anzusehen.

§ 66. Aus den Sätzen von der Erhaltung des Impulses und der Energie folgt, daß bei einem Zusammenstoß zwischen einem Lichtquant und einem freien Elektron eine Änderung der Wellenlänge um einen Betrag eintritt, der nur von dem Streuwinkel abhängt, hingegen von der primären Wellenlänge unabhängig ist. Dies wird in der Tat bei dem COMPTON-Effekt beobachtet. Auf wellenmechanischer Grundlage konnte das Intensitätsverhältnis zwischen verschobener und unverschobener Linie ermittelt werden.

Übersicht über die häufigsten Bezeichnungen.

E Energie oder elektr. Feldstärke
F Feldstärke
G Impuls
H Magnet. Feldstärke
J Trägheitsmoment
L LOSCHMIDTsche Zahl oder lebendige Kraft
R RYDBERG-Term
S SCHRÖDINGERscher Feldskalar
T Abs. Temperatur oder Spektralterm
U Drehimpuls
V Potentielle Energie oder Potential

---

a Radius oder Gitterkonstante
c Lichtgeschwindigkeit
d Netzebenenabstand
e Elektr. Elementarquantum

g Aufspaltungsfaktor (oder Gruppengeschwindigkeit)
h Elem. Wirkungsquantum
i Kernspin-Quantenzahl
j Innere Quantenzahl
k BOLTZMANNsche Konstante
l Nebenquantenzahl
m Masse oder magnetische oder Rotationsquantenzahl
n Hauptquantenzahl
p Impulskomponente
q Lagenkoordinate
r Entfernung oder Quantenzahl des Elektronenspin
t Zeit
v Geschwindigkeit

α, β, γ Richtungskosinus
γ Spezifische Ladung
λ Wellenlänge oder Zerfallskonstante
ν Frequenz

Die universellen Konstanten der Atomphysik.

Elektrisches Elementarquantum .	$(4{,}768 \pm 0{,}005)\cdot 10^{-10}$ elektrostat. Einh.
Masse des Wasserstoffatoms . .	$1{,}662\cdot 10^{-24}$ g
Spezif. Ladung des Elektrons . .	$(1{,}758 \pm 0{,}001)\cdot 10^{7}$ in elektromagn. Maß
Masse des Elektrons	$9{,}04\cdot 10^{-28}$ g
Massenverhältnis von Wasserstoffatom und Elektron	1838 ± 1
LOSCHMIDTsche Zahl	$6{,}06\cdot 10^{23}$
Elementares Wirkungsquantum .	$(6{,}547 \pm 0{,}008)\cdot 10^{-27}$ erg·sec
RYDBERG-Term	$109737{,}42$ cm^{-1}
Lichtgeschwindigkeit	$2{,}99796\cdot 10^{10}$ cm/sec
BOLTZMANNsche Konstante . . .	$1{,}37\cdot 10^{-16}$ erg/grad
Ein Elektron Volt	$1{,}59\cdot 10^{-12}$ erg

Literaturübersicht.

Von neueren Büchern auf dem Gebiete der Atomtheorie seien genannt:

M. Born und P. Jordan, Elementare Quantenmechanik, Berlin (Springer) 1930.

L. Brillouin, Die Quantenstatistik und ihre Anwendungen auf die Elektronentheorie der Metalle, deutsch von E. Rabinowitsch, Berlin (Springer) 1931.

E. Brüche und O. Scherzer, Geometrische Elektronenoptik, Berlin (Springer) 1934.

R. H. Fowler, Statistische Mechanik (deutsch von O. Halpern und H. Smereker), Leipzig (Akad. Verl.-Ges.) 1931.

A. Haas, Materiewellen und Quantenmechanik, 4. u. 5. Aufl., Leipzig (Akad. Verl.-Ges.) 1934.

A. Haas, Die Umwandlungen der chemischen Elemente, Berlin (W. de Gruyter) 1935.

O. Klemperer, Einführung in die Elektronik (Die Experimentalphysik des freien Elektrons im Lichte der klassischen Theorie und der Wellenmechanik), Berlin (Springer) 1933.

H. Mark, Teilchenstrahlen, Berlin (W. de Gruyter, Sammlung Göschen) 1934.

St. Meyer und E. Schweidler, Radioaktivität, 2. Aufl., Leipzig (Teubner) 1927.

A. Sommerfeld, Atombau und Spektrallinien, 5. Aufl., Braunschweig (Vieweg) 1931.

H. Stuart, Molekülstruktur, Berlin (Springer) 1934.

F. W. Aston, Mass Spectra and Isotopes, London 1933.

P. A. M. Dirac, Quantum Mechanics (2 nd ed.), Oxford 1935.

R. A. Millikan, Electrons (+ and —), Protons, Photons, Neutrons and Cosmic Rays, Chicago 1935.

A. C. G. Mitchell und M. W. Zemansky, Resonance Radiation and Excited Atoms, Cambridge 1934.

N. F. Mott und H. S. W. Massey, The Theory of Atomic Collisions, Oxford 1933.

E. Rutherford, J. Chadwick und C. D. Ellis, Radiations from Radio-active Substances, Cambridge 1930.

S. Tolansky, Fine Structure in Line Spectra and Nuclear Spin, London 1935.

J. H. Van Vleck, The Theory of Electric and Magnetic Susceptibilities, Oxford 1932.

H. E. White, Introduction to Atomic Spectra, New York 1934.

Hingewiesen sei auch auf die zahlreichen, die Atomtheorie betreffenden Artikel im „Handbuch der Experimentalphysik“ (Leipzig, Akad. Verl.-Ges.) und im „Handbuch der Physik“ (Berlin, Springer).

Namenverzeichnis.

(Die Zahlen beziehen sich auf die Seiten.)

Sachverzeichnis.

(Die Zahlen beziehen sich auf die Seiten.)

Lehrbuch der organischen Chemie

Von VICTOR MEYER und PAUL JACOBSON †. Herausgegeben von PAUL JACOBSON. In 2 Bänden. Groß-Oktav.

I. Band: **Allgemeiner Teil. Verbindungen der Fettreihe.** Zweite Auflage; Neubearbeitet von P. Jacobson und R. Stelzner. Zwei Teile.

I. Teil: **Allgemeiner Teil. — Die aliphatischen Kohlenwasserstoffe und ihre einwertigen Abkömmlinge.** Mit Figuren im Text. Unveränderter Neudruck. XVI, 1060 Seiten. 1922. RM. 26.80, geb. 32.—

II. Teil: **Die mehrwertigen Abkömmlinge der aliphatischen Kohlenwasserstoffe. — Cyanverbindungen und Kohlensäurederivate.** Mit Figuren im Text und einer beigehefteten Tabelle. Unveränderter Neudruck. XXIV, 1522 Seiten. 1923. RM. 38.80, geb. 44.—

II. Band: **Cyclische Verbindungen. — Naturstoffe.** Fünf Teile.

I. Teil: **Einkernige isocyclische Verbindungen.** Die Gruppe der hydroaromatischen Verbindungen ist in Gemeinschaft mit P. Jacobson bearbeitet von Carl Harries. Unveränderter Neudruck. XX, 1076 Seiten. 1923. RM. 34.30, geb. 39.—

II. Teil: **Mehrkernige Benzolderivate.** In Gemeinschaft mit P. Jacobson bearbeitet von Arnold Reißert, a. o. Professor an der Universität Marburg. Unveränderter Neudruck. XIV, 664 Seiten. 1923. RM. 17.—, geb. 20.—

III. Teil: **Heterocyclische Verbindungen.** Bearbeitet von P. Jacobson. Mit Figuren im Text. Erste und zweite Auflage. Unveränderter Neudruck. XXII, 1634 Seiten. 1920. 1923. RM. 41.40, geb. 47.—

IV. Teil: **Naturstoffe von unbekannter oder nur teilweise erforschter Struktur.** Bearbeitet von P. Jacobson. Im Auftrage der Deutschen Chemischen Gesellschaft aus dem Nachlaß herausgegeben von Hedwig Kuh und Friedrich Richter. Erste und zweite Auflage. VI, 270 Seiten. 1924. RM. 11.—, geb. 14.—

V. Teil: **Naturstoffe von unbekannter oder nur teilweise bekannter Struktur.** (Fortsetzung des IV. Teils.) I. Abteilung. Erste und zweite Auflage. **F. Proteine.** Von ERNST WALDSCHMIDT-LEITZ, München. **G. Stickstofffreie, nichtglykosidische Farbstoffe.** Von FRITZ MAYER, Frankfurt a. M. 216 Seiten. 1929. RM. 12.—

Lehrbuch der organischen Chemie

Von A. F. HOLLEMAN. Zwanzigste, umgearbeitete und vermehrte Auflage von Friedrich Richter. Mit 78 Figuren. Groß-Oktav. XII, 546 Seiten. 1935. Geb. RM. 14.—

Die Praxis des organischen Chemikers

Von L. GATTERMANN. Vierundzwanzigste Auflage. Bearbeitet von Heinrich Wieland. Mit 59 Abbildungen im Text. Groß-Oktav. XIII, 425 Seiten. 1936. Geb. RM. 12.—

Lehrbuch der anorganischen Chemie

für Studierende an Universitäten und technischen Hochschulen. Von A. F. HOLLEMAN, Ll. D., D. Sc., F. R. S. E., Vizepräsident der Königlichen Akademie der Wissenschaften zu Amsterdam. Mit 72 Figuren und einer Spektraltafel. Zwanzigste, verbesserte Auflage, bearbeitet von Dr. E. H. Büchner, Lektor an der Universität Amsterdam. Groß-Oktav. XII, 491 Seiten. 1930. Geb. RM. 14.—

Die industrielle Chemie

in ihrer Bedeutung im Weltbild und Erinnerungen an ihren Aufbau. Von ALBRECHT SCHMIDT, Prof. Dr. Dr. ing. e. h. in Frankfurt a. M. Groß-Oktav. XXXIX, 829 Seiten. 1934. RM. 10.—, geb. 12.—

MIX
Papier | Fördert gute Waldnutzung
FSC® C083411

Zeitfracht Medien GmbH
Ferdinand-Jühlke-Straße 7
99095 Erfurt, Deutschland
produktsicherheit@kolibri360.de